计 算 机 科 学 丛 书

原书第2版

操作系统设计
Xinu方法

[美] 道格拉斯·科默（Douglas Comer）著　陈向群　郭立峰　等译
普度大学　　　　　　　　　　　　　北京大学　尔雅慧联公司

Operating System Design
The Xinu Approach　Second Edition

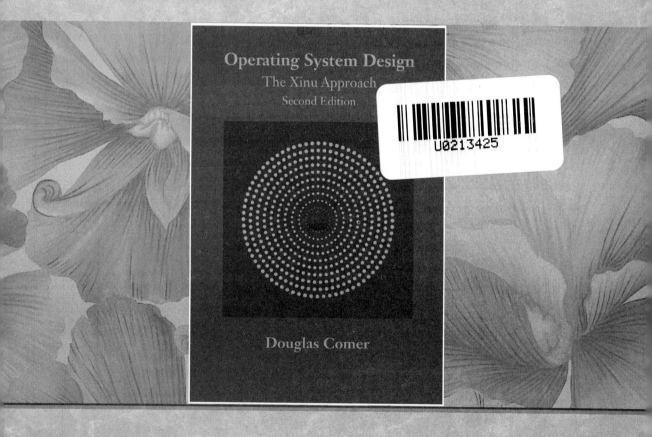

机械工业出版社
China Machine Press

图书在版编目（CIP）数据

操作系统设计：Xinu方法（原书第2版）/（美）道格拉斯·科默（Douglas Comer）著；陈向群，郭立峰等译 . —北京：机械工业出版社，2019.3

（计算机科学丛书）

书名原文：Operating System Design: The Xinu Approach, Second Edition

ISBN 978-7-111-62191-1

I. 操⋯ II. ①道⋯ ②陈⋯ ③郭⋯ III. 操作系统 – 程序设计 IV. TP316

中国版本图书馆 CIP 数据核字（2019）第 043625 号

本书以 Xinu（一个小型简洁的操作系统）为例，全面介绍操作系统设计方面的知识。本书着重讨论用于嵌入式设备的微内核操作系统，采用的方法是在现有的操作系统课程中纳入更多的嵌入式处理内容，而非引入一门教读者如何在嵌入式系统上编程的新课程。

本书从底层机器开始，一步步地设计和实现一个小型但优雅的操作系统 Xinu，指导读者通过实用、简单的原语来构造传统的基于进程的操作系统。本书回顾了主要的系统组件，并利用分层设计范式，以一种有序、易于理解的方式组织内容。

作者的网站 www.xinu.cs.purdue.edu 提供了便于学生搭建实验环境的软件和资料。

本书适用于计算机专业高年级本科生或低年级研究生，也适用于需要了解操作系统知识的 IT 相关从业者。

出版发行：机械工业出版社（北京市西城区百万庄大街22号 邮政编码：100037）

责任编辑：佘 洁　　　　　　　　　　　　　责任校对：李秋荣

印　　刷：三河市宏图印务有限公司　　　　版　次：2019 年 4 月第 1 版第 1 次印刷

开　　本：185mm×260mm 1/16　　　　　　印　张：30

书　　号：ISBN 978-7-111-62191-1　　　　　定　价：99.00 元

文艺复兴以来，源远流长的科学精神和逐步形成的学术规范，使西方国家在自然科学的各个领域取得了垄断性的优势；也正是这样的优势，使美国在信息技术发展的六十多年间名家辈出、独领风骚。在商业化的进程中，美国的产业界与教育界越来越紧密地结合，计算机学科中的许多泰山北斗同时身处科研和教学的最前线，由此而产生的经典科学著作，不仅擘画了研究的范畴，还揭示了学术的源变，既遵循学术规范，又自有学者个性，其价值并不会因年月的流逝而减退。

近年，在全球信息化大潮的推动下，我国的计算机产业发展迅猛，对专业人才的需求日益迫切。这对计算机教育界和出版界都既是机遇，也是挑战；而专业教材的建设在教育战略上显得举足轻重。在我国信息技术发展时间较短的现状下，美国等发达国家在其计算机科学发展的几十年间积淀和发展的经典教材仍有许多值得借鉴之处。因此，引进一批国外优秀计算机教材将对我国计算机教育事业的发展起到积极的推动作用，也是与世界接轨、建设真正的世界一流大学的必由之路。

机械工业出版社华章公司较早意识到"出版要为教育服务"。自1998年开始，我们就将工作重点放在了遴选、移译国外优秀教材上。经过多年的不懈努力，我们与Pearson、McGraw-Hill、Elsevier、MIT、John Wiley & Sons、Cengage等世界著名出版公司建立了良好的合作关系，从它们现有的数百种教材中甄选出Andrew S. Tanenbaum、Bjarne Stroustrup、Brian W. Kernighan、Dennis Ritchie、Jim Gray、Afred V. Aho、John E. Hopcroft、Jeffrey D. Ullman、Abraham Silberschatz、William Stallings、Donald E. Knuth、John L. Hennessy、Larry L. Peterson等大师名家的一批经典作品，以"计算机科学丛书"为总称出版，供读者学习、研究及珍藏。大理石纹理的封面，也正体现了这套丛书的品位和格调。

"计算机科学丛书"的出版工作得到了国内外学者的鼎力相助，国内的专家不仅提供了中肯的选题指导，还不辞劳苦地担任了翻译和审校的工作；而原书的作者也相当关注其作品在中国的传播，有的还专门为其书的中译本作序。迄今，"计算机科学丛书"已经出版了近500个品种，这些书籍在读者中树立了良好的口碑，并被许多高校采用为正式教材和参考书籍。其影印版"经典原版书库"作为姊妹篇也被越来越多实施双语教学的学校所采用。

权威的作者、经典的教材、一流的译者、严格的审校、精细的编辑，这些因素使我们的图书有了质量的保证。随着计算机科学与技术专业学科建设的不断完善和教材改革的逐渐深化，教育界对国外计算机教材的需求和应用都将步入一个新的阶段，我们的目标是尽善尽美，而反馈的意见正是我们达到这一终极目标的重要帮助。华章公司欢迎老师和读者对我们的工作提出建议或给予指正，我们的联系方法如下：

华章网站：www.hzbook.com

电子邮件：hzjsj@hzbook.com

联系电话：（010）88379604

联系地址：北京市西城区百万庄南街1号

邮政编码：100037

华章教育

华章科技图书出版中心

译者序
Operating System Design: The Xinu Approach, Second Edition

《操作系统设计：Xinu方法》一书是道格拉斯·科默先生的倾力巨作。道格拉斯·科默博士是美国普度大学计算机科学系资深教授、美国计算机学会（ACM）会员、因特网体系结构委员会（IAB）成员，是计算机诸多领域的领军人物。

Xinu经过近40年的发展和完善，已经成为一个小而优美的操作系统。它最早可以追溯到1979年——在LSI-11机器上将网络协议整合进操作系统中。有兴趣的读者可以通过官方网站（https://xinu.cs.purdue.edu/）了解Xinu的整个发展历程。

得益于Xinu小而美的特性，本书采用代码实践的方式帮助读者快速、深入地学习操作系统的理论知识。不同于介绍其他操作系统的大部头书籍，当前操作系统的基础理论知识全部浓缩在小小的Xinu里面，通过对本书进行系统化的研习并且调试Xinu提供的源代码，能大大降低读者学习操作系统的难度和缩短学习时间。

自1996年开始，Xinu逐渐在世界上很多知名大学的操作系统课程教学中引入。北京大学于2018年春季开始尝试将Xinu引入本科生教学中。作为操作系统的实践课程，Xinu得到了学生们的积极响应，取得了非常好的教学效果。传统的操作系统课程学习一般是先从理论知识开始，抽丝剥茧，然后再触及代码实践。Xinu非常特别地从动手写代码开始，一点一滴从零开始构建一个操作系统，这种方法能够帮助初学者快速理解操作系统深奥的理论知识。Xinu课程的开设极大地促进了学生的动手实践能力，在课堂演示、拓展Xinu功能的时候，学生们也会将操作系统原理课上学到的理论知识融入Xinu的代码中。

简言之，本书有三大特点：

1）实践性强。从实践中来，到理论中去，读者只要循序渐进地按照书中的代码进行调试和分析，就可以快速掌握操作系统的核心知识。

2）简明扼要。在操作系统领域，本书是最薄的一本，却涵盖了整个操作系统知识的方方面面。

3）便于使用。根据本书和Xinu网站的指导，读者可以快速地搭建Xinu开发环境并进行学习。

Xinu的学习是非常简单和快乐的，在随处可见的MIPS、ARM、x86平台上都可以进行Xinu学习的代码实践，这些平台一般都比较廉价和易于获得。通过运行、调试和改善Xinu代码，读者可以快速领悟操作系统知识。

打开本书，挑选一个合适的硬件平台（MIPS、ARM或x86），并尝试运行和修改Xinu吧！操作系统理论知识晦涩、难于理解的困难很快便会在你的学习中迎刃而解。

本书的出版得到了机械工业出版社华章公司副总经理温莉芳女士的大力支持，华章公司计算机出版中心多位编辑也付出了辛勤劳动，在此表示由衷感谢。

参加本书审阅和校对的还有北京大学2018年春季和秋季选修操作系统实习课程Xinu模块的56名学生，在此对他们的贡献表示诚挚的感谢。

由于译者水平有限，译文中必定会存在一些不足或错误之处，欢迎各位专家和广大读者批评指正。

建立计算机操作系统就像编织锦缎，这两种工作的最终成品都是一个和谐一致、大型、复杂的人造系统。且在以上两种工作中，最后的人造成品都是经由细微、精巧的步骤所构造的。在编织锦缎时，细节至关重要，因为一点点不协调的瑕疵都很容易被观察到。就像锦缎里的缎面一样，加入操作系统里的每个新组件都需要与整体设计相协调。因此，将不同组件组装起来的机械加工只是整个建造过程中的一小部分，一个大师级产品必须以某个模式为蓝本，所有参与系统设计的工作人员都必须遵循这个模式。

具有讽刺意味的是，现有的操作系统教材或课程很少对底层的模式和原理进行解释，而这些模式和原理正是操作系统构造的基础。在学生看来，操作系统似乎是一个暗箱，而现有的教材则加深了这种误解，因为这些教材所解释的不过是操作系统的特性，其关注的也只是操作系统各种功能的使用。更为重要的是，学生在学习操作系统时采取的是从操作系统外面来查看的方式，从而常常导致这样一种感觉：操作系统由一组接口函数组成，这些接口下的功能由一大堆晦涩神秘的代码连接在一起，而这些神秘的代码本身还包含着许多与机器硬件直接相关的、无规律可循的奇技巧术。

令人惊奇的是，学生一旦从大学毕业，就马上觉得与操作系统有关的研究工作已经结束，自己不再需要理解或学习操作系统了，因为由商业公司和开源社区所构造的现有操作系统足以应付各种需要——没有什么比这种想法离真理更远了。与之相反，尽管为个人计算机设计传统操作系统的公司数量比以前更少了，但社会和行业对操作系统专门技术的需求却在增长，许多公司雇佣学生来从事操作系统方面的工作。这些需求增长主要源于更便宜的微处理器，而这些便宜的微处理器被广泛嵌入在智能手机、视频游戏产品、无线传感器、线缆和机顶盒以及打印机等设备中。

在与嵌入式系统打交道时，有关原理和结构的知识非常关键，因为程序员可能需要在现有的操作系统内部构造某种新的机制，或者对现有操作系统进行修改以便可以在新的硬件平台上运行。此外，为嵌入式设备编写应用程序需要理解底层操作系统。如果不理解操作系统设计的各种细微之处，则不可能充分开发小型嵌入式处理器的功能。

本书的目的是揭开操作系统设计的神秘面纱，将方方面面的材料整合为一个系统化的整体。本书对操作系统的主要系统组件进行了详细阐述，并以一种层次架构的设计范例来组织这些组件，从而以一种有序、可理解的方式来展开内容。与其他尽可能多地提供不同方案的评述性书籍不同的是，本书引导读者使用实用的、直截了当的原语来构造一个传统的基于进程的操作系统，从裸机开始，一步一步地设计和实现一个小型但优雅的操作系统。这个名为Xinu的操作系统将成为系统设计的一个样板和模式。

虽然 Xinu 操作系统的规模较小，可以完全容纳在本书中，但是该系统包含了构成一个普通操作系统的全部组件：内存管理、进程管理、进程协调和同步、进程间通信、实时时钟管理、设备无关的 I/O、设备驱动、网络协议和文件系统。本书将这些组件组织成一个多层次架构，这使得它们之间的相互连接清晰可见、设计过程浅显易懂。尽管规模小，Xinu 却拥有大型系统的大部分功能。此外，Xinu 并不是一个"玩具"系统，它在很多商业产品中得到了应用。使用该系统的厂商包括 Mitsubishi、Lexmark、HP、IBM、Woodward（woodward.com）、Barnard Software 和 Mantissa 公司。读者通过本书可以学到的重要一课是：不管是小型嵌入式系统还是大型系统，好的系统设计都一样重要，而好的设计是通过选择好的抽象方法来实现的。

本书所覆盖的议题都以一种特定的次序排列，这种次序就是设计人员在构建操作系统时所遵守的工作次序。本书的每一章描述了设计架构里的一个组件，并提供示例软件来演示该层架构所提供的功能。使用这种方式具有如下优点：第一，每一章所解释的操作系统的功能子集均比上一章所讨论的功能子集更大，这种安排使得我们在考虑一层特定架构的设计和实现时不用关心后续层的实现。第二，一个特定章节的细节描述在第一次阅读时可以跳过去，读者只需要理解该层所提供的服务即可，而不是这些服务是如何实现的。第三，如果按次序阅读本书，读者可以先理解某个功能，然后再应用该功能。第四，有智力挑战的议题（如对并发的支持）出现在书的较前面，高层次的操作系统服务则在后面展示。在本书中，读者将看到大多数核心功能仅仅用几行代码就可以完成，这样我们就可以将大体量的代码（网络和文件系统）放到书的较后面，在读者已经做好充分的思想准备后再进行讲解。

如前所述，与许多其他关于操作系统的书籍不同，本书并不试图对每个系统组件的每种实现方案进行评估，也不对现有的商业系统进行综述，而是对一组使用广泛的操作系统原语的实现细节进行阐述。例如，在讨论进程协调的一章，我们解释的是信号量（使用最广泛的进程协调原语），而将其他原语（如监视器）的讨论放至练习中。我们的目的是展示如何在传统硬件上实现原语，消除其神秘感。学生一旦理解了一组特定原语的魔力，其他原语的实现也就容易掌握了。

本书展示的 Xinu 代码可以运行在多种硬件平台上。我们将关注两种使用不同的流行处理器架构的低成本实验板，分别是基于 Intel（x86）处理器的 Galileo 实验板和基于 ARM 处理器的 BeagleBone Black 实验板。这个范例展示了程序员如何使用常规工具（编辑器、编译器和链接器）来创建 Xinu 镜像，然后把这个镜像加载到一个目标板上，并启动 Xinu 操作系统。

本书适用于高年级本科生或者研究生，也适用于那些想了解操作系统的计算机从业人员。虽然本书所提供的议题的难度都在可理解的范围内，但要在一个学期内学完本书依然需要较快的速度，而一般本科生难以达到。极少本科生擅长读代码，理解运行时环境或机器架构的学生则更少。因此，在进程管理和进程同步相关章节中，必须仔细地对学生进行引导。选择要忽略的内容很大程度上取决于选修课程的学生的背景。如果时间有限，笔者建议学习第 1～7 章（进程管理）、第 9 章（基本内存管理）、第 12 章（中断处理）、第 13 章（时钟管理）、第 14 章（设备无关的 I/O）和第 19 章（文件系统）。如果学生已经学习了包含内存管理和链表操作的数据结构课程，那么可以跳过第 4 章和第 9 章。对于学生来说，了解大多数操作系统都涉及网络通信是很重要的。然而，如果他们将要学习一门独立的网络相关课程，那么可以跳过第 17 章的网络协议内容。本书包含一个远程磁盘系统（第 18 章）和一个远程文件系统（第 20 章），其中一个可以跳过。远程磁盘系统章节可能更有针对性，因为它介绍了磁盘块缓存的内容，而磁盘块缓存是许多操作系统的核心。

对于研究生课程，课堂时间可以用来讨论动机、原理、折中、不同原语集和不同的实现方案比较。在本课程学习结束后，学生应当对进程模型、中断和进程之间的关系有一个深刻的理解，同时也将具备理解、创建和修改系统组件的能力。学生应当在大脑中建立起整个系统的完整概念模型，并且知道所有组件之间是如何交互协作的。不管是本科生课程还是研究生课程，都应该包括的两个议题是：1）在启动过程中，当一个串行程序转化为一个进程时所发生的重要改变；2）当输入行里的字符序列作为一个字符串变量传递给命令进程时，在操作系统外壳（shell）所发生的转化。

在所有情况下，如果学生能够对系统进行动手实验，则学习的效果将大幅提高。我们选择了低成本的实验板（低于 50 美元的价格就可以获取到），这意味着每个学生都可以买得起实验板和将其连接到笔记本电脑或其他计算机所需要的电缆。在理想状态下，学生可以在课程的最初几天或几个星期内开始使用这个系统，然后再试图理解系统的内部结构。本书第 1 章提供了几个例子和一些能够引起学生兴趣的实验（令人吃惊的是，很多学生学习过操作系统课程，却没有写过一个并发程序或使用过操作系统功能）。许多练习都对系统代码提出了改进、测试和替代实现方案。更大的项目同样也是可能的。结合不同硬件来使用的示例包括：分页系统、跨计算机同步执行的机制以及虚拟网络的设计。其他学生将 Xinu 移植到各种处理器或为各种 I/O 设备构建设备驱动程序。当然，编程语言的背景也是需要的——从事代码工作需要具有 C 语言编程能力和对数据结构有基本了解，包括链表、堆栈和队列。

在普度大学，我们有一个实验室，该实验室有一个自动化系统可提供对实验板的访问。一个学生使用传统的 Linux 系统上的跨平台工具创建了一个 Xinu 镜像。然后，该学生使用实验室的网络分配一个实验板、把镜像加载到实验板、将控制台线从板上连接到学生屏幕上的一个窗口并启动镜像来运行一个应用程序。有关详情请联系作者或浏览网页：

www.xinu.cs.purdue.edu

本书的成书要归功于笔者过去在商业操作系统上所获得的各种经验，这些经验有好也有坏。虽然 Xinu 操作系统与现有的操作系统在内部机制上并不相同，但其基本思想并不新颖。另外，虽然 Xinu 系统里的许多思想和名称都来自 UNIX 系统，但读者应当注意，这两个系统的许多函数所使用的参数和内部结构有巨大的差异。因此，为一个系统所写的应用程序在未经修改的情况下不能在另一个平台上运行，因为 Xinu 不是 UNIX。

衷心感谢为 Xinu 项目贡献了思想、辛劳和激情的所有人。在过去的岁月里，普度大学的许多研究生都从事过 Xinu 系统的工作，他们为 Xinu 进行过移植，写过设备驱动。本书的 Xinu 版本是原始版本的一个完全重写，并且普度大学的许多学生都对本书做出了贡献。当我们更新代码时，我们努力保持原始设计的优雅。Rajas Karandikar 和 Jim Lembke 开发了驱动程序和在 Galileo 平台上使用的多步骤下载系统。在笔者所教授的操作系统班级里，包括 Andres Bravo、Gregory Essertel、Michael Phay、Sang Rhee 和 Checed Rodgers 在内的学生，发现了书中的问题并对代码做出了贡献。另外，特别感谢笔者的妻子兼合作伙伴 Christine，她的仔细编辑和建议让本书改善良多。

Douglas Comer

Douglas Comer 是美国普度大学（Purdue University）计算机科学系的杰出教授，国际公认的计算机网络、TCP/IP 协议、Internet 和操作系统设计的专家。Comer 发表论文无数，出版专著多部，是一位为研究和教育而开发课程体系和实验项目的先驱。

作为一个多产作家，Comer 博士的书被翻译成 16 种语言，广泛应用于全世界的计算机科学、工程和工商行政管理等学校院系和相关行业。Comer 博士划时代的三卷巨著《Internetworking with TCP/IP》对网络和网络教育产生了革命性影响。他所编写的教科书和富有创意的实验手册已经塑造和继续塑造着研究生和本科生的教学课程体系。

Comer 博士撰写书籍时的精确和洞见反映出他在计算机系统领域的深厚背景。他的研究横跨硬件和软件。他创建了 Xinu 操作系统，编写了设备驱动程序，并为传统计算机和网络处理器实现了网络协议软件。Comer 博士的研究成果已经应用到工业界的各种产品中。

Comer 博士创建和主讲的课程包括"网络协议""操作系统""计算机体系结构"，其听众既有大学生和学术界同仁，也有工业界的工程师。他的创新教育实验让他和他的学生能够设计和实现大型复杂系统的原型，并对结果原型的性能进行度量。Comer 博士长期在企业、大学和会议上讲课和演说，还为工业界提供咨询服务，以帮助他们设计计算机网络和系统。

20 多年来，Comer 教授担任研究期刊《Software—Practice and Experience》的主编。在普度大学停薪留职期间，他在思科（Cisco）公司担任研究副总裁。Comer 博士是 ACM 院士、普度教育学院院士和无数奖项的获得者，其中包括 Usenix 终身成就奖。

关于 Comer 博士的更多信息可在如下网站找到：

www.cs.purdue.edu/people/comer

关于 Comer 博士所著书籍的更多信息可在如下网站找到：

www.comerbooks.com

引言和概述

我们小小的系统也有风光的时刻。

——Alfred，Lord Tennyson

1.1 操作系统

每一个智能设备和计算机系统中都隐藏着这么一类软件，它们控制处理过程、管理资源以及与显示屏、计算机网络、磁盘和打印机等外部设备进行通信。总的来说，这些进行控制和协调工作的代码通常叫作执行器、监视器、任务管理器或者内核；而我们将用一个更宽泛的术语来概括，即操作系统。

计算机操作系统是人类创造的最复杂的东西之一：计算机操作系统允许多个计算进程和用户同时共享一个处理器，保护数据免受未经授权的访问，并保持独立输入/输出（I/O）设备的正确运行。操作系统提供的高层服务都是通过执行复杂的底层硬件指令实现的。有趣的是，操作系统并不是从外部控制计算机的独立机制——它由软件组成，且这些软件由执行应用程序的同一处理器执行。事实上，处理器运行应用程序的时候，是不能执行操作系统的，反之亦然。

操作系统总在应用程序运行结束后重新夺回控制权这一协调机制使得操作系统的设计变得非常复杂。操作系统最令人印象深刻的特征就是所提供的服务和底层硬件两者功能的不同：操作系统在底层硬件上提供高层服务。随着本书内容的推进，读者就会理解底层硬件是非常粗陋的，以至于即使是一个简单的设备，诸如用于键盘或鼠标的串行I/O设备，系统软件也要做很多处理。而其中的哲学原理很简单，即操作系统提供的抽象应该让编程更加容易，而不是反映底层硬件设备的抽象。因此，我们得出结论：

设计操作系统时，应该隐藏底层硬件的细节，并创建一个为应用程序提供高层服务的抽象机器。

操作系统的设计并不是人们所熟知的工艺。起初，由于计算机的稀少和价格的高昂，只有很少程序员有机会从事操作系统相关工作。而现在，先进的微电子技术降低了制造成本，推动了个人计算机的普及，操作系统成为一种商品，只有极少数程序员有必要从事操作系统方面的工作。有趣的是，由于微处理器变得非常便宜，大多数电子设备现在都是由可编程处理器构建，而不是从分离的逻辑元件构建得到。因此，设计与实现微处理器和微控制器的软件系统不再是专家的专利，它已成为一个称职的系统程序员必须胜任的技术。

幸运的是，随着新计算机生产技术的发展，我们对操作系统的理解也在不断提高。研究人员已经探索出基本原理，形成了设计原则，定义了基本组件，并设计了这些组件一起工作的方式。更重要的是，研究人员还定义了一系列的抽象，如文件和当前进程（这些抽象概念对于所有操作系统都是相同的），并且已经找到实现这些抽象的有效方式。最后，我们掌握了如何将操作系统的不同组件组织成一个有意义的结构，以简化系统设计与实现。

同早期系统相比，现代操作系统是简洁、可移植的。设计良好的系统都遵循着将软件划分成一系列基本组件的基本设计模式。因此，相比早期系统现代系统变得更容易理解和修改，包含更少的代码，处理开销也比较小。

供应商出售的大型商业操作系统通常包括很多额外的软件组件。例如，一个典型的操作系统软件发行版包括编译器、链接器、加载器、库函数和一系列应用程序。为了区分这些额外的软件和基本的操作系统，我们有时会用内核这个术语，指代常驻在内存中并且提供诸如并发进程支持等关键性服务的代码。在本书中，操作系统这个术语指的就是内核，而不包括其他附加的功能。一个最小化内核功能的设计有时称为微内核设计，我们的讨论就将集中在微内核上。

1.2 本书的研究方法

本书讲解了如何构建、设计并且实现操作系统内核。书中使用了工程学方法，而不是仅仅调研现有的操作系统、罗列它们的特性和抽象地对其进行描述。这种方法向我们展示了如何建立每一个操作系统抽象，以及如何将这些独特的抽象组织成一个优雅、高效的设计。

这种工程学方法有两个优势。第一，因为本书的内容涵盖操作系统的各个部分，所以读者会看到整个系统如何融合在一起，而不仅仅是一两个部分之间如何交互。第二，由于读者可以得到书中描述的所有部分的源代码，所以任何部分的实现都没有什么神秘的地方——读者可以获得一份系统的副本来查看、修改、评价、扩展或者将其移植到其他架构。通读本书后，读者会看到操作系统的每个部分是如何满足设计需求的，从而理解可选的设计方案。

本书关注实现，这意味着代码是本书的一个重要组成部分。事实上，代码是讨论的核心，读者必须通过阅读和学习所罗列的程序来欣赏其中的微妙之处和工程中的细节。样例代码都非常精简，这意味着读者可以集中精力在概念的理解上，而不需要费力地阅读许多页的代码。但某些练习建议的改进或修改需要读者深入细节或者找到其他方案，熟练的程序员会找到更多方法来改进和扩展我们的系统。

1.3 分层设计

如果设计得好，操作系统的内部可以如最好的应用程序一样优雅、简洁。本书所描述的设计将系统功能划分为 8 个大类，并将这些组件组织成多个层次。系统的每层提供一个抽象的服务，该服务又通过下层提供的抽象服务实现。该方法的特点很明显：逐渐变大的层次子集可以逐渐形成更加强大的系统。我们将会看到如何利用分层方法提供的模型来帮助设计者降低操作系统设计的复杂性。

该方法的另一个重要特点体现在运行时的效率上——设计者可以在不引入额外开销的情况下将操作系统组件构建为一个层次结构。不过，该方法不同于传统的分层系统。在传统的分层系统中，第 K 层的函数只能调用第 $K-1$ 层的函数。在本书应用的多层次方法中，分层只为设计者提供了一个概念模型——在运行时，高层的函数可以直接调用较低层次的任何函数。我们将看到，直接调用使得整个系统更有效率。

图 1-1 显示了在本书中所使用的层次结构，给出了我们将讨论的组件的预览，并展示了其中所有组成部分的架构。

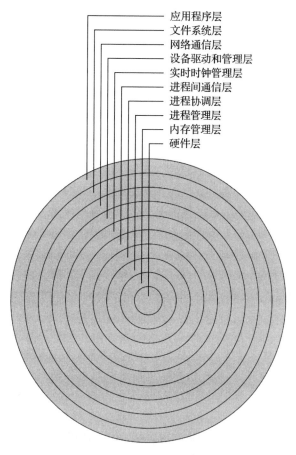

应用程序层
文件系统层
网络通信层
设备驱动和管理层
实时时钟管理层
进程间通信层
进程协调层
进程管理层
内存管理层
硬件层

图 1-1　在本书中使用的多层次结构

6

计算机硬件存在于分层结构的核心。尽管硬件不是操作系统本身的一部分，但现代硬件具有的特性允许其与操作系统紧密集成在一起。因此，我们可以认为硬件层是层次结构中的第 0 层。

从硬件层开始往上，每个更高一层的操作系统软件都会提供更强大的原语，从而为应用程序隐藏原始的硬件。内存管理层控制和分配内存。进程管理层是操作系统最基础的组成部分，它包括进程调度和上下文切换。接下来一层的功能包含了进程管理的其余部分内容，包括创建、杀死、挂起和恢复进程。进程管理的上层是进程协调组件，它实现了信号量。实时时钟管理的功能包含在下一个层次中，它允许应用软件在一定时间内推迟响应。实时时钟上面的一层是与设备无关的 I/O 程序层（即设备驱动和管理层），它提供了我们所熟悉的服务，如读（read）和写（write）操作。设备驱动和管理层之上的一层实现了网络通信，更上一层则实现了文件系统。应用程序位于分层结构的最高概念层——一个应用程序可以访问下层提供的所有基础操作。

系统的内部组织不应该与系统提供的服务相混淆。虽然将组件组织成不同的层次可以使设计和实现更加简洁，但最终的分层结构并不限制运行时的系统调用。也就是说，一旦系统构建完成，各个层次的基础操作都可以暴露给应用程序。例如，应用程序可以调用信号量函数，调用进程协调层的 wait 和 signal 函数如同调用外层的 putc 函数一样容易。因此，多层次结构仅仅描述了内部的实现，并不会限制系统所提供的服务。

1.4　Xinu 操作系统

本书中所用的例子都来自 Xinu[⊖]操作系统。Xinu 是一个小型而优雅的系统，主要用在如手机或 MP3 播放器等嵌入式环境中。通常情况下，系统启动时 Xinu 和一系列固定的应用程序会一起加载到内存中。当然，如果内存有限或者硬件体系结构要求指令使用（与数据）分离的存储，那么 Xinu 将在闪存或者其他只读存储器中被加载执行。然而，在一个典型的系统中，在内存中执行系统会得到更高的性能。

Xinu 不是一个玩具，它是一个功能强大的操作系统，已在商业产品中使用。例如，Xinu 已使用在 Williams/Bally（大型制造商）出售的弹球游戏中，Woodward 公司使用 Xinu 系统来控制大型燃气 / 蒸汽和柴油 / 蒸汽涡轮发动机，Lexmark 公司将 Xinu 作为该公司许多打印机的操作系统直到 2005 年。在每种情况下，当设备启动时，硬件加载包含 Xinu 系统的内存映像。

Xinu 包含了操作系统最基础的组件：进程、内存、计时器管理机制、进程间通信设施、设备无关的 I/O 功能和 Internet 协议软件。Xinu 系统可以控制 I/O 设备并且执行一些基本的操作，如从键盘或面板读取按键、在输出设备上显示字符、管理多个并发的计算、控制计时器、在计算任务之间传递消息，以及允许应用程序访问 Internet。

Xinu 系统说明了上述分层设计是如何应用在实践中的。同时它也展示了操作系统的各个组件如何作为一个统一整体运行，以及一个操作系统是如何将这些服务提供给应用程序的。

1.5　操作系统的界定

在进入操作系统设计之前，我们需要在学习范围上达成共识。令人惊讶的是，许多程序员都没有一个正确直观的操作系统定义。导致该问题的原因可能是供应商和计算机专业人员经常将操作系统这个术语泛指由供应商提供的所有软件以及操作系统本身，也有可能是很少有程序员直接使用操作系统所提供的服务。无论如何，通过排除那些人们熟知的并非操作系统内核的部分，我们可以很快地给出一个操作系统的定义。

第一，操作系统不是编程语言或编译器。当然，操作系统必须用某种编程语言编写，设计编程语言时也要考虑到操作系统的特点。软件供应商可能将多种编译器集成在操作系统中，由此带来了很多困惑。然而，操作系统并不依赖于任何一种语言的特性——我们将会看到，操作系统可以用一种常规的语言和一个常规的编译器来构建。

第二，操作系统不是一个窗口系统或浏览器。许多计算机和电子设备都有一个用来显示图形屏幕，复杂的系统允许应用程序创建和控制多个独立的窗口。虽然窗口机制本身依赖于操作系统，但是窗口系统可以在无须更换操作系统的情况下被更换。

第三，操作系统不是一个命令解释器。嵌入式系统通常包括一个命令行界面（Command Line Interface，CLI），有些嵌入式系统依赖 CLI 来进行所有的控制操作。然而，在一个现代操作系统中，命令解释器只是一个应用程序，在无须修改底层系统的情况下就可以更改命令解释器。

第四，操作系统不是一个由函数或方法组成的库。绝大多数应用程序都使用库函数，建

⊖　Xinu 这个名字表示 Xinu Is Not UNIX，我们可以发现，Xinu 的内部结构与 UNIX（或 Linux）的内部结构迥然。Xinu 更小，设计更加优雅，也更易于理解。

立在库基础上的软件可以提供显著的便捷性和功能性。一些操作系统甚至采用了这样的优化，允许库中的代码加载到内存中，在所有应用程序之间共享。尽管它们之间有密切的关系，库软件仍然独立于底层的操作系统。 ⬚8

第五，操作系统不是计算机开机后最先运行的代码。相反，计算机中包含固件（即保存在非易失存储器中的程序），它负责初始化各种硬件，将操作系统副本加载到内存中，然后跳转到操作系统开始执行的地方。例如，在个人计算机（Personal Computer，PC）中，这种固件被称为基本输入输出系统（Basic Input Output System，BIOS）。我们将在第22章学习更多关于引导程序的知识。

1.6　从外部看操作系统

操作系统的本质在于它给应用程序提供的服务。应用程序通过系统调用来访问操作系统服务。在源代码中，系统调用看起来与常规的函数调用相似。然而在运行时，系统调用和常规的函数调用并不相同。系统调用将控制权转交给操作系统来执行应用程序请求的服务，而不是转交给另一个函数。作为一个集合，系统调用在应用程序和底层操作系统之间建立了一个精心设计的边界，这个边界称为应用程序接口（Application Program Interface，API）⊖。API 在定义系统服务的同时也定义了应用程序使用这些服务的细节。

为了了解操作系统的内部，首先必须了解 API 的特点和应用程序如何使用这些服务。本章会介绍一些基本的服务，并用 Xinu 操作系统中的例子来阐明其中的概念。例如，Xinu 的 putc 可向一个特殊的 I/O 设备写入单个字符。putc 需要两个参数：设备标识符和所要写入的字符。文件 ex1.c 中有一个 C 程序例子，该程序在 Xinu 中运行后会在控制台显示"hi"：

```
/* ex1.c - main */

#include <xinu.h>

/*------------------------------------------------------------------------
 * main  -  Write "hi" on the console
 *------------------------------------------------------------------------
 */
void    main(void)
{
        putc(CONSOLE, 'h');
        putc(CONSOLE, 'i');
        putc(CONSOLE, '\n');
}
```
⬚9

这段代码中包含一些 Xinu 使用的约定。源代码中的语句：

```
#include <xinu.h>
```

定义了一系列声明，使程序可以引用操作系统的参数。例如，在 Xinu 的配置文件中定义了符号常量 CONSOLE 来对应一个控制台串行设备，通过它，程序员可以与嵌入式系统进行交互。接下来，我们会看到 xinu.h 文件中还包含一系列 Xinu 系统引用文件所需要的

⊖　接口也被称为系统调用接口或内核接口。

#include 语句，并学习类似 CONSOLE 这样的名字是如何成为一个设备的代名词的。现在只需要知道，include 语句必须出现在所有 Xinu 应用程序中就足够了。

要支持与嵌入式系统的通信（例如调试），嵌入式系统上的串行设备需要与常规计算机的终端应用程序连接。每次用户按下计算机键盘上的一个键时，终端应用程序通过串行线路向嵌入式系统发送击键信号。类似地，每次嵌入式系统向串行设备发送一个字符时，终端应用程序在用户的屏幕上显示该字符。因此，控制台提供了嵌入式系统与外界之间的双向通信。

上面所列出的主程序向控制台串行设备写入了 3 个字符："h""i"和换行符（NEWLINE）。换行符是一个控制字符，负责将光标移动到下一行的开头。当程序发送控制字符时，Xinu 不执行任何特定操作——控制字符仅仅像字母数字字符一样被传送到串行设备上。在该例子中，引入控制字符是用来说明 putc 不是行导向的——在 Xinu 系统中，程序员需要自己换行。

上述源文件展示了两个贯穿全书的重要约定。首先，文件的开始是一行包含文件名称（ex1.c）的注释。如果源文件包含多个函数，那么每个函数名都需要出现在该注释行中。知道文件的名称，可以帮助我们在 Xinu 的机器可读副本中定位这些文件。其次，文件中需要有一个注释块来标识每个函数的开始（main）。如果文件中每个函数的前面都有一个注释块，那么就可以很容易地定位这些函数。

1.7　其他章节概要

本书其余章节的内容是根据操作系统的设计层次进行推进的，该设计遵循如图 1-1 所示的多层次组织方式。第 2 章介绍并发编程和操作系统提供的服务。接下来的章节顺序大致与设计和构建操作系统的顺序相同：从最内层到最外层。每章介绍了一个层次在系统中所扮演的角色，介绍其中新的抽象并解释说明源代码中的细节。总之，这些章节描述了一个完整的、可工作的系统，同时解释了在这个简洁、优雅的设计中不同组件是如何组织起来的。

虽然自底向上的方法起初稍显笨拙，但它展示了操作系统设计师是如何建立操作系统的。系统的整体结构将自第 9 章开始变得清晰。在第 14 章结束后，读者将会理解一个能够支持并发程序的最小内核。第 20 章介绍系统的远程文件访问。到第 22 章，将实现一套完整的操作系统，以及相应功能和代码。

1.8　观点

为什么要学习操作系统？这似乎毫无意义，因为商业系统应用广泛，只有极少数程序员编写操作系统代码。然而，即使在小型嵌入式系统中，应用程序也要运行在操作系统之上使用它所提供的服务。因此，了解操作系统内部如何工作能够帮助程序员领会并发处理的精妙，在使用有关系统服务时做出明智的选择。在某些情况下，只有了解操作系统如何管理并发进程执行，才能理解应用程序的行为，问题才能得到解决。

学习操作系统的关键在于坚持。一个并发的范例需要你以新的方式思考计算机程序。在你掌握了这些基础知识之前，这些内容可能看起来令人困惑。幸运的是，你并不会被代码淹没——最核心的思想仅仅包含在数行代码之间。一旦你理解了发生了什么，你将能够很容易地阅读操作系统代码，理解为什么进程协调是必需的，以及函数之间如何协同工作。读完本书，你将能够编写或者修改操作系统函数。

1.9 总结

操作系统为底层硬件提供一组方便的、高层次的服务。由于大多数应用程序都要使用操作系统的服务，所以程序员需要了解操作系统原理。从事嵌入式设备工作的程序员需要更深入地理解操作系统设计。使用层次结构可以使操作系统更容易设计、理解和修改。

本书采取了一个切实可行的方法，以 Xinu 系统为例来阐述操作系统是如何设计的，而不是仅仅描述商用系统或罗列操作系统的特征。虽然 Xinu 小而优雅，但它并不是一个玩具——它已在商业产品中获得使用。Xinu 遵循了多层次的设计原则，系统的软件组件被组织成 8 个概念层次。从原始硬件到一个可工作的操作系统，本书对操作系统的每个层次逐个进行说明。

11

练习

1.1 操作系统是否应该使应用程序可以调用硬件设施？为什么？

1.2 举例说明使用一个完整的操作系统有什么优势。

1.3 构成操作系统的 8 个重要组件是什么？

1.4 在 Xinu 多层结构中，位于文件系统代码中的函数能够调用进程管理模块中的函数吗？位于进程管理模块中的函数能够调用位于文件系统中的函数吗？说明原因。

1.5 调查你最喜欢的操作系统的系统调用，并编写一个程序来使用它们。

1.6 各种编程语言在设计时结合了一些操作系统中的概念，如进程和进程同步原语。选择一种编程语言，列出该语言提供的功能清单。

1.7 通过网络查找还在使用的主流商用操作系统。

1.8 比较 Linux 和微软的 Windows 操作系统的功能。其中一个系统支持的功能在另一个系统中也支持吗？

1.9 应用程序可用的操作系统函数集合称为应用程序接口（API）或者系统调用接口。选择两个操作系统，列举每个操作系统提供的接口及数量，并进行比较。

1.10 在习题 1.9 的基础上，找出一个系统有而另一个系统没有的功能。描述这些功能的目的和重要性。

1.11 操作系统有多大？选择一个系统，找出其内核的代码行数。

12

第 2 章

Operating System Design: The Xinu Approach, Second Edition

并发执行与操作系统服务

一篇有关 IBM PC 上新型操作系统的文章是这样说的：真正的并发是当你唤起并使用另一个程序时，当前程序实际上仍然在执行。这种能力可能比常人所能认识到的更加令人惊异，但对普通人却用处甚少。你又运行过多少个执行时间超过几秒的程序呢？

——《纽约时报》，1989 年 4 月 25 日

2.1 引言

本章讨论操作系统为应用程序提供的并发编程环境。首先描述并发执行的模型，并说明为什么并发执行的应用程序需要协调和同步的机制。然后介绍进程和信号量等基本概念，并解释应用程序如何使用它们。

本章并不抽象、空洞地叙述操作系统，而是使用 Xinu 系统上的具体例子来阐述诸如并发、同步等概念。本章包含一些通俗易懂的程序，尽管它们都只有寥寥几行代码，却能体现并发执行的本质。后面的章节将就一个操作系统如何实现上述每种概念来展开讨论。

2.2 多活动的编程模型

现在，即便是小型计算设备都具备同时处理多项任务的能力。比如，当手机接通了语音来电后，仍然可以显示时间、接收通知信息，并且允许用户调整音量。更复杂的计算机系统允许一个用户运行多个同时执行的应用程序。但问题也就产生了：在这类系统中应当如何组织软件？有三种基本方案可供使用：

- 同步事件循环。
- 异步事件处理程序。
- 并发执行。

同步事件循环（synchronous event loop）：术语同步即经过协调的多个事件。同步事件循环使用单个大循环来处理事件协调。在该循环的给定迭代期间，代码检查每一个可能的活动并调用恰当的处理程序。因此，代码结构大致如下：

```
while (1) { /* 同步循环 /*
        Update time-of-day clock;
        if (screen timeout has expired) {
                turn off the screen;
        }
        if (volume button is being pushed) {
                adjust volume;
        }
        if (text message has arrived) {
                Display notification for user;
        }
        ...
}
```

异步事件处理程序（asynchronous event handler）：异步范型可用于这样一类系统，即其硬件在配置后可为每一个事件调用一个处理程序（handler）。比如，调整音量的代码可能放置于内存位置 100，可以把硬件配置为：当按下"音量"按钮时，控制转移至位置 100。类似地，还可把硬件配置为：当一条文本消息到达时，控制转移至位置 200，等等。程序员需要为每一个事件分别写一段独立的代码，并利用全局变量来协调它们的交互。例如，当用户按下"静音"按钮后，与静音事件相关联的代码就会将音频关掉，并将该状态记录至一个全局变量中。此后，当一个用户想要调整音量时，与"音量"按钮相关联的代码会检查这个全局变量，打开音频，并更改这个全局变量来反映音频的打开状态。 16

并发执行（concurrent execution）：用于组织多项活动的第三种架构，也是其中最为重要的。在这种架构下，软件被组织为一组并发运行的程序。该模型有时称为运行至结束（run-to-completion）模型，因为每一项计算似乎都能一直运行下去，直到它自己选择结束为止。从程序员角度看，并发执行是令人愉悦的。与同步或异步事件相比，并发执行更为强大，也更易于理解且更不易出错。

接下来的小节将阐述操作系统为并发性提供的必要支持和并发模型的特征。以后的章节还将深入剖析支持并发编程模型的潜在操作系统机制和相关函数。

2.3 操作系统服务

操作系统提供的主要服务是什么？尽管各个操作系统的具体情况千变万化，但大多数系统都提供一组共同的基本服务。这些服务（以及讨论它们的章节）如下：

- 并发执行支持（第 5、6 章）
- 进程同步机制（第 7 章）
- 进程间通信机制（第 8、11 章）
- 动态内存分配（第 9 章）
- 地址空间和虚拟内存的管理（第 10 章）
- I/O 设备的高层接口（第 13～15 章）
- 网络和互联网通信（第 16、17 章）
- 文件系统和文件访问机制（第 19～21 章）

并发执行在操作系统中处于核心地位，我们将看到并发性的确会影响操作系统中的每一部分代码。因此，我们将首先研究操作系统并发机制，然后借用并发性来说明应用程序如何调用操作系统服务。

2.4 并发处理的概念和术语

传统程序是串行的（sequential），因为程序员假定：计算机是逐条语句地执行这段代码的；在任何时刻，机器只能执行一条语句。操作系统支持一种扩展的计算概念，称为并发处理（concurrent processing）。并发处理意味着在同一时间内可以进行多项计算⊖。

许多与并发处理相关的问题随之而来。很容易想象 N 个独立的程序正同时在 N 个处理器（即 N 个核）上执行，但要想象这组独立的计算正在一台处理单元数少于 N 的计算机上进行却并不容易。即使计算机只有一个核，并发计算是否可行？如果多项计算同时进行，系统 17

⊖ 这里的"计算"指的是一项计算任务，后同。——译者注

又该如何防止一个程序与其他程序发生干扰？程序间将如何协调，以保证在给定时间内一个输入输出设备的控制权只为一个程序所拥有？

尽管多数处理器确实已经蕴含了一定程度的并行性，但最显而易见的并发形式——多个独立的应用程序同时执行，仍是一个大幻觉。为创造出并发执行的错觉，操作系统使用了一种称为多任务（multitasking）或多道编程（multiprogramming）的技巧——操作系统在多个程序间切换可用的处理器，允许一个处理器仅用几毫秒执行一个程序，随后转而处理其他程序。从人的角度看，所有程序似乎都在执行。多任务构成了大多数操作系统的基础。唯一的例外是那些用于基本嵌入式设备的系统（如简化的电视遥控器）以及安全至上的系统（如飞行器上的航空电子设备和医疗设备控制器）。针对这些场景，设计者一般不使用多任务系统，而是使用一个同步事件循环来降低开销或确保苛刻的时间限制得到绝对的满足。

支持多任务的系统可以分成两大类：分时和实时。

分时（timesharing）。分时系统给予所有计算以相同的优先级，并且允许计算在任何时间开始或终止。因为分时系统允许动态地创建一项计算，所以这些系统在面向人类用户的计算机上颇受欢迎。分时系统允许用户在使用浏览器浏览网页的同时运行一个电子邮件应用程序，或者运行一个后台应用程序来播放音乐。分时系统最主要的特征是：一项计算所获得的处理器时间与这个系统的负载呈反比例关系——如果有 N 项计算正在进行，那么每项计算大约会获得可用 CPU 周期的 $1/N$。因此，随着越来越多计算的出现，每项计算的速率将会不可避免地降低。

实时（real-time）。因为实时系统的设计要求就是要满足（苛刻的）性能约束，所以不会同等地对待所有计算。相反，实时系统为每项计算分配一个优先级，并且需要非常小心谨慎地调度处理器以确保每项计算满足所要求的执行计划。实时系统最主要的特征是：它总是将处理器分配给最高优先级的任务，即便其他任务正在等待。比如，通过提高语音传输任务的优先级，手机中的实时系统可以确保会话不被中断，即使此时用户运行了天气查看程序或游戏程序。

多任务系统的设计者使用了大量的术语来表示一项计算，包括进程（process）、任务（task）、作业（job）和控制线程（thread of control）。术语进程或作业经常意味着一项自包含的计算，与其他计算相互独立。一个进程通常占用内存中一块单独的区域，并且操作系统会阻止一个进程访问一块已经分配给另一个进程的内存。术语任务指的是一个静态声明的进程，即程序员使用一种编程语言以类似函数声明的方式来声明一个进程。术语线程指的是一类并发进程，它们与其他线程共享同一个地址空间。共享内存意味着一组线程内的成员可以高效地交换信息。早期的科技文献中常用术语进程来表示通常意义下的并发执行。UNIX 操作系统普及了这样一种观念：每个进程都占用了一块独立的地址空间。Mach 系统引入了一种二级并发编程方案，其中操作系统允许用户创建一个或多个进程，每个进程都运行于独立的内存区域中，并在一个进程中创建多个控制线程。Linux 遵循的是 Mach 模型。我们使用首字母大写的单词 Process 来表示 Linux 风格的进程。

由于 Xinu 是为嵌入式环境设计的，所以它允许进程共享一个地址空间。确切地讲，Xinu 的进程遵循线程模型。然而，因为术语进程已经广为接受，所以本书中不失一般性地将其看作一项并发计算。

2.5 节将通过对几个应用实例的研究来帮助读者区分并发执行和串行执行。正如我们将看到的，这种差异在操作系统设计中扮演了核心角色——操作系统的每一部分都必须以支持并发执行为目标进行构建。

2.5 串行程序和并发程序的区别

当程序员创建一个传统的（即串行的）程序时，他会想象一个处理器在没有中断和干扰的情况下按部就班地执行这个程序。然而在编写并发程序时，程序员则必须采取一种完全不同的思维：想象多项计算同时执行。操作系统的内部代码就是适应并发性极好的例子。在任意给定时刻，可能有多个进程在执行。在最简单的情况下，每个进程执行的应用程序代码不会被其他进程同时执行。然而，操作系统的设计者必须事先计划好这样的情形：多个进程同时调用同一个操作系统函数，甚至执行同一条指令。更复杂的问题在于，操作系统可能会在任意时间进行进程切换；在多任务系统中，对于一个要执行的计算，其相对执行速度无法保证。

要设计出能够在并发环境下正确执行的代码是一项严峻的智力挑战，因为程序员必须确保无论执行什么操作系统代码或者以何种顺序执行，所有的进程都能正确完成预期的功能。后面我们将会看到并发执行的观念是如何影响操作系统的每一行代码的。

为了理解并发环境下的应用程序（如何工作），考虑 Xinu 模型。当 Xinu 启动时，它创建一个单独的并发进程，开始执行主程序。这个最初的进程能够继续独立执行，或者创建其他进程。当创建一个新进程时，原来的进程仍继续执行，并且两者并发地执行。无论是原进程还是新进程，都可以再创建其他并发执行的进程。 `19`

比如，考虑一个创建了两个新进程的并发主应用程序，其中每个进程通过控制台串行设备发送字符：第一个进程发送字母 A，而第二个进程发送字母 B。文件 ex2.c 包含了源代码，它由一个主程序、两个函数 sndA 和 sndB 组成。

```
/* ex2.c - main, sndA, sndB */

#include <xinu.h>

void    sndA(void), sndB(void);

/*------------------------------------------------------------------------
 * main  -  Example of creating processes in Xinu
 *------------------------------------------------------------------------
 */
void    main(void)
{
        resume( create(sndA, 1024, 20, "process 1", 0) );
        resume( create(sndB, 1024, 20, "process 2", 0) );
}


/*------------------------------------------------------------------------
 * sndA  -  Repeatedly emit 'A' on the console without terminating
 *------------------------------------------------------------------------
 */
void    sndA(void)
{
        while( 1 )
                putc(CONSOLE, 'A');
}
```

```
/*------------------------------------------------------------------------
 * sndB  -  Repeatedly emit 'B' on the console without terminating
 *------------------------------------------------------------------------
 */
void     sndB(void)
{
        while( 1 )
                putc(CONSOLE, 'B');
}
```

[20]

在这段代码中，主程序从不直接调用另外两个函数。相反，主程序调用了两个操作系统函数——create 和 resume。每一次调用 create 都会创建一个新的进程，并从第一个参数指定的地址开始执行指令。在这个例子中，对 create 的第一次调用传递了函数 sndA 的地址，第二次调用传递了函数 sndB 的地址[⊖]。因此，这段代码创建了一个执行 sndA 的进程和另一个执行 sndB 的进程。create 建立了一个准备执行但暂时挂起的进程，并返回一个称为进程标识符（process identifier）或进程 ID（process ID）的整数值。操作系统使用进程 ID 来辨别新创建的进程，应用程序使用进程 ID 来引用该进程。在这个例子中，主程序将 create 返回的 ID 作为参数传递给了 resume。resume 启动（即解除挂起）这个进程，允许该进程开始执行。普通函数调用与进程创建（系统调用）的区别在于：

普通函数调用在被调用的函数完成之前不会返回。而进程创建函数 create 和 resume 在启动一个新进程后立即返回，这将使已有的进程与新进程并发地执行。

在 Xinu 中，所有进程都是并发执行的，即一个给定进程是独立于其他进程而持续执行的，除非程序员显式控制进程间的交互。在这个例子中，第一个新进程执行函数 sndA 中的代码，不断发送字母 A；而第二个新进程执行函数 sndB 中的代码，不断发送字母 B。由于进程是并发执行的，所以输出结果是许多 A 和 B 的混合。

那么主程序将发生什么？记住，在一个操作系统中每一项计算都对应一个进程。因此，我们应该问："执行主程序的进程发生了什么？"因为控制已经到达了主程序的末尾，所以执行主程序的进程在第二次调用 resume 后将会退出。它的退出不会影响到新创建的进程——它们将继续不停地发送 A 和 B。后面小节将对进程终止做详细讨论。

2.6　多个进程共享同一段代码

文件 ex2.c 中的例子描述的是每个进程执行独立的函数。然而，还有可能多个进程执行同一个函数。令多个进程共享代码对内存较小的嵌入式系统来说非常重要。文件 ex3.c

[21]

中的程序是一个多进程共享代码的实例。

```
/* ex3.c - main, sndch */

#include <xinu.h>

void     sndch(char);
```

⊖　create 的其他参数指定了所需要的栈空间、调度优先级、进程的名称、传递给该进程的参数个数，以及传递给该进程的参数值（如果有的话），我们将在后面讲述这些细节。

```
/*------------------------------------------------------------------
 * main   -  Example of 2 processes executing the same code concurrently
 *------------------------------------------------------------------
 */
void    main(void)
{
        resume( create(sndch, 1024, 20, "send A", 1, 'A') );
        resume( create(sndch, 1024, 20, "send B", 1, 'B') );
}


/*------------------------------------------------------------------
 * sndch  -  Output a character on a serial device indefinitely
 *------------------------------------------------------------------
 */
void    sndch(
          char  ch                  /* The character to emit continuously  */
        )
{
        while ( 1 )
                putc(CONSOLE, ch);
}
```

正如前面的例子所示，一个进程开始执行主程序。这个进程两次调用 create 来启动两个新进程，它们均执行函数 sndch 的代码。create 调用的最后两个参数指明了 create 将传递一个参数给新创建的进程以及该参数的值。因此，第一个进程收到字符 A 作为参数，而第二个进程收到字符 B。

尽管它们执行的是同一段代码，但是两个进程能够在相互不影响的前提下并发地执行。特别是，每个进程都拥有一份自己的参数和局部变量副本。因此，一个进程产生一系列 A，而另一个进程产生一系列 B。这个问题的关键点在于：

> 一个程序由可被单个控制进程执行的代码组成。相比之下，并发进程并非唯一地关联到一段代码，多个进程可以同时执行同一段代码。

22

这些例子暗示了设计一个操作系统所涉及的诸多困难。设计者不仅必须保证每一段代码在独立运行时的正确性，还要保证多个进程可以在没有互相干扰的情况下并发地执行一段给定的代码。

尽管进程间可以共享代码和全局变量，但每个进程必须有一份私有的局部变量副本。为了理解这样做的原因，可以考虑如果所有进程共享了每个变量将会造成何等混乱。举例来说，假设两个进程尝试使用一个共享变量作为 for 循环的循环变量，一个进程可能会在另一个进程执行循环体期间修改其值。为了避免这种干扰，操作系统为每个进程创建了一组独立的局部变量。

函数 create 还为每个进程分配了一组独立的参数，正如文件 ex3.c 中的实例所展示的。在 create 调用中，最后两个参数分别指明了后面的参数个数（实例中为 1），以及操作系统传递给新创建进程的值。在这段代码中，第一个新进程以字符 A 作为参数，进程开始执行时，形式参数 ch 设为 A。第二个新进程开始执行时，ch 设为 B。因此，输出中包含的是两种字母的混合。这个例子指出了串行编程模型与并发编程模型的一个重大区别。

局部变量、函数参数以及函数调用栈的存储空间与执行一个函数的进程有关，而不是与该函数的代码相关。

重点在于：即便一个进程与其他进程共享了同样的代码，操作系统也必须为每个进程分配额外的存储空间。因此，可用的内存数限制了能够创建的进程数量。

2.7   进程退出与进程终止

文件 ex3.c 中实例的并发程序由三个进程组成：初始进程和两个通过系统调用 create 启动的进程。前文提到当控制到达主程序代码末尾时，初始进程停止执行。我们使用术语进程退出（process exit）来描述这种情形。每个进程从一个函数的开头开始执行。一个进程既可以因为到达函数的末尾而退出，也可以通过在它的初始函数中执行一条返回语句而退出。一旦一个进程退出了，它就从系统中消失了，只是进行中的计算少了一项而已。

不要把进程退出（系统调用）与普通函数调用和返回或者递归函数调用相混淆。正如一个串行程序，每个进程都有自己的函数调用栈。无论何时执行一个调用，被调用函数的活动记录（activation record）都会压入栈中。无论何时调用返回，该函数的活动记录都会从栈中弹出。当一个进程把最后一条活动记录（对应于进程启动时顶层的函数）从栈中弹出时，该进程退出。

系统例程 kill 提供了一种终止（terminate）进程的机制，而无须等待进程退出。从某种意义上说，kill 是 create 的逆操作——kill 接收一个进程 ID 作为参数，并立即将该进程移除。可以在任意时刻、任意函数嵌套层将一个进程终止。当进程终止时，它将立即停止执行，所有分配给该进程的局部变量均消失。事实上，该进程的整个函数调用栈都被移除了。

一个进程可以通过终止自身退出，这同终止其他进程一样容易。若要这样做，进程可以通过系统调用 getpid 获得自己的进程 ID，然后调用 kill 来请求终止：

```
kill( getpid() );
```

如果当前进程通过这种方式终止，那么对 kill 的调用将永远不会返回，因为调用它的进程已经退出了。

2.8   共享内存、竞争条件和同步

在 Xinu 中，每个进程都有它自己的局部变量、函数参数和函数调用副本，但所有进程共享一组全局（外部）变量。数据共享有时候很方便，但也很危险，特别是对那些不习惯写并发程序的程序员来说。比如考虑两个并发进程，两者均递增一个共享整数 n。就底层硬件来说，递增一个整数需要三个步骤：

- 把内存中变量 n 的值载入一个寄存器。
- 递增该寄存器中的值。
- 将寄存器中的值写回内存中的变量 n。

因为操作系统可以选择在任意时刻从一个进程切换到另一个进程，所以可能存在潜在的竞争条件（race condition）：两个进程同时尝试递增 n。进程 1 可能会首先启动并将 n 的值载入一个寄存器。但就在那一刻，操作系统切换到了进程 2，它载入了 n，递增寄存器，并写回结果。不幸的是，当操作系统切换回进程 1 继续执行时，该寄存器中存放的还是原来的 n 值。进程 1 递增原来的 n 值并将结果写回内存，覆盖了进程 2 放入内存的值。

为了理解共享是如何进行的，考虑文件 ex4.c 中的代码。该文件包含两个进程的代码，它们通过一个共享整数 n ⊖进行通信。一个进程不断递增这个整数，而另一个进程不断打印出它的值。

```
/* ex4.c - main, produce, consume */

#include <xinu.h>

void    produce(void), consume(void);

int32   n = 0;          /* Global variables are shared by all processes  */

/*------------------------------------------------------------------------
 *  main  -  Example of unsynchronized producer and consumer processes
 *------------------------------------------------------------------------
 */
void    main(void)
{
        resume( create(consume, 1024, 20, "cons", 0) );
        resume( create(produce, 1024, 20, "prod", 0) );
}

/*------------------------------------------------------------------------
 * produce  -  Increment n 2000 times and exit
 *------------------------------------------------------------------------
 */
void    produce(void)
{
        int32   i;

        for( i=1 ; i<=2000 ; i++ )
                n++;
}

/*------------------------------------------------------------------------
 * consume  -  Print n 2000 times and exit
 *------------------------------------------------------------------------
 */
void    consume(void)
{
        int32   i;

        for( i=1 ; i<=2000 ; i++ )
                printf("The value of n is %d \n", n);
}
```

在上述代码中，全局变量 n 是一个初始值为 0 的共享整数。执行 produce 的进程迭代 2000 次，递增 n。我们将这个进程称为生产者（producer）。执行 consume 的进程同样迭代 2000 次，它用十进制方式显示 n 的值，我们将执行 consume 的进程称为消费者（consumer）。

⊖ 代码中使用类型名称 int32 来强调变量 n 是一个 32 位整数，以后将会解释类型命名的传统做法。

运行文件 ex4.c——它的输出可能会使你惊讶不已。大多数程序员猜想消费者将至少打印出一些，也许全部 0～2000 的值，可是它没有。在一次典型的运行中，n 在前几行中值为 0。在这之后，它的值变为 2000 [⊖]。即使这两个进程并发运行，它们也不要求在每次迭代期间获得相同数量的处理器时间。消费者进程必须对输出进行格式化并写一行输出，这是一个需要数百条机器指令的操作。尽管格式化操作的代价十分昂贵，但它不能控制时序。而输出操作可以。消费者很快填满了可用的输出缓冲区，它必须等待输出设备以便把字符发送到控制台，然后它才能继续运行。当消费者等待时，生产者运行。由于生产者每次迭代只需要执行少量的机器指令，所以它甚至可以在控制台设备发送完一行字符之前，就运行完整个循环并退出。当消费者再次恢复执行时，它发现 n 的值为 2000。

通过独立的进程进行数据的生产与消费是十分常见的。问题是：程序员应该如何同步生产者和消费者进程，从而使消费者可以接收每个生产出来的数据值？显然，生产者必须等待消费者访问了当前数据项后才能产生另一个数据项。同样，消费者必须等待生产者生成下一个数据项。为了使这两个进程能够正确协作，必须仔细地设计出一种同步机制。其至关重要的约束是：

> 在一个并发编程系统中，进程不应该在等待其他进程时仍然占用处理器。

进程在等待另一个进程时仍然执行指令，可以认为它陷入了忙等待（busy waiting）。为了理解禁止忙等待的原因，不妨考虑如下实现。如果一个进程在等待时仍使用处理器，那么这个处理器就不能执行别的进程。在最好的情况下，计算只是被不必要地推迟了；在最坏的情况下，正在等待的进程将会耗尽单核系统的所有可用的处理器时间，并永久等待下去。

许多操作系统都包括了多个协调函数，以供应用程序使用以避免忙等待。Xinu 提供了一个信号量（semaphore）抽象——该系统提供了一组系统调用，允许应用程序操作并动态创建信号量。一个信号量系统由一个整数值（在信号量创建时初始化）和一组（零个或多个在该信号量上等待的）进程构成。系统调用 wait 递减信号量的值，当结果为负时，调用 wait 的进程将被加入等待进程集合中。系统调用 signal 执行相反的操作，即将信号量递增并允许等待进程之一继续运行（如果有的话）。为了实现同步，生产者和消费者需要两个信号量：一个用于使消费者等待，另一个用于使生产者等待。在 Xinu 中，信号量可以通过系统调用 semcreate 动态创建，它接收给定的初始计数作为参数，并返回一个与该信号量相关联的整数标识符。

26

考虑文件 ex5.c [⊖] 中的例子。主进程创建了两个信号量——consumed 和 produced，并将它们作为参数传递给它创建的进程。因为信号量 produced 的初始计数为 1，所以在 cons2 中第一次调用 wait 将不会阻塞。因此，消费者可以自由地打印出 n 的初始值。然而，信号量 consumed 的初始计数为 0，因此在 prod2 中第一次调用 wait 会阻塞。实际上，生产者会在递增 n 之前等待信号量 consumed 以确保消费者已经打印了当前的 n。当执行这个例子时，生产者和消费者进行协调，消费者会打印从 0～1999 的所有 n 值。

```
/* ex5.c - main, prod2, cons2 */
```

⊖ 这个例子假设运行在 32 位体系结构上，每一次操作都会影响整个 32 位整数。当运行在 8 位体系结构上时，n 的某些字节可能会先于其他字节得到更新。

⊖ 2.10 节解释了代码中使用类型 sid32 声明一个信号量 ID。

```
#include <xinu.h>

void      prod2(sid32, sid32), cons2(sid32, sid32);

int32     n = 0;                    /* Variable n has initial value zero    */

/*------------------------------------------------------------------------
 *  main  -  Producer and consumer processes synchronized with semaphores
 *------------------------------------------------------------------------
 */
void      main(void)
{
        sid32     produced, consumed;

        consumed = semcreate(0);
        produced = semcreate(1);
        resume( create(cons2, 1024, 20, "cons", 2, consumed, produced) );
        resume( create(prod2, 1024, 20, "prod", 2, consumed, produced) );
}


/*------------------------------------------------------------------------
 * prod2  -  Increment n 2000 times, waiting for it to be consumed
 *------------------------------------------------------------------------
 */
void      prod2(
            sid32          consumed,
            sid32          produced
          )
{
        int32   i;
        for( i=1 ; i<=2000 ; i++ ) {
                wait(consumed);
                n++;
                signal(produced);
        }
}


/*------------------------------------------------------------------------
 * cons2  -  Print n 2000 times, waiting for it to be produced
 *------------------------------------------------------------------------
 */
void      cons2(
            sid32          consumed,
            sid32          produced
          )
{
        int32   i;

        for( i=1 ; i<=2000 ; i++ ) {
                wait(produced);
                printf("n is %d \n", n);
                signal(consumed);
        }
```

27

2.9 信号量与互斥

信号量还提供了另一种重要用途——互斥（mutual exclusion）。两个或更多进程在协作时需要互斥，以保证在某一时刻它们中只有一个进程能够得到对一个共享资源的访问权。假设有两个正在执行的进程，它们都需要向一个共享链表中插入数据项。如果它们并发地访问这个链表，指针就有可能被错误地设置。生产者–消费者同步无法解决这个问题，因为这两个进程并非交替地访问。取而代之，需要有一种机制允许任一进程能够在任何时间访问这个链表，且必须确保互斥，即一个进程在另一个进程完成前将一直等待。

为了对链表这样的共享资源提供互斥保护，进程创建一个初始计数为1的信号量。在访问这个共享资源之前，一个进程在该信号量上调用 wait，并在完成访问之后调用 signal。可以把 wait 和 signal 调用分别放置在相关函数（用于执行更新操作）的开始和结尾处，或者放置在访问共享资源的那几行代码附近。我们使用术语临界区（critical section）来表示那些不能被多个进程同时执行的代码。

例如，ex6.c 中定义了一个函数，这个函数给一个由多个进程共享的数组增加一个元素 item。临界区关键代码只有下面一行：

```
shared[n++] = item;
```

其给数组增加了元素并且增加了元素的个数，因此互斥代码只需要写在这一行的前后。由于在这个例子中临界区在函数 additem 之中，所以互斥所需要的 wait 和 signal 函数调用放在这个函数的开始和结尾处。

additem 中的代码在访问数组之前就调用信号量 mutex 上的 wait 函数，当访问结束之后，调用这个信号量上的 signal 函数。除了这个函数外，程序中还有三个全局变量的声明：数组 shared、数组的索引 n 和用于实现互斥的信号量 ID mutex。

```
/* ex6.c - additem */

#include <xinu.h>

sid32   mutex;                  /* Assume initialized with semcreate   */
int32   shared[100];            /* An array shared by many processes    */
int32   n = 0;                  /* Count of items in the array          */

/*------------------------------------------------------------------------
 * additem  -  Obtain exclusive use of array shared and add an item to it
 *------------------------------------------------------------------------
 */
void    additem(
          int32         item    /* Item to add to shared array          */
        )
{
      wait(mutex);
      shared[n++] = item;
      signal(mutex);
}
```

这段代码假设全局变量 mutex 在 additem 被调用之前将分配一个信号量 ID。也就是说，在初始化的时候执行了下面的函数：

```
mutex = semcreate(1);
```

ex6.c 展示了串行程序和并发程序的最后一个不同点。在串行程序中，一个函数对一个数据结构的访问是与其他函数隔离开的，程序员可以通过封装变量的修改操作来保证系统的安全性——只需要检查很小一部分代码的正确性就可以保证数据结构的正确性，因为程序中其他部分不会破坏数据的一致性。而在并发环境下，仅仅把数据修改操作隔离起来是不够的，程序员必须确保数据修改操作是互斥的，否则其他进程很可能在同一时刻执行同一个函数，从而影响数据的一致性。 29

2.10　Xinu 中的类型命名方法

上述代码中的数据声明是本书中的范例。比如，信号量标识符的类型名称为 sid32，本节来解释这样命名的原因。

C 语言编程中有两个很重要的问题：应该什么时候定义新的类型名称？怎样选定一个类型名称？要想回答这两个问题，首先必须清楚类型名称在语言概念中的两个角色。

- 空间：一个类型定义了存储一个变量所需要的存储空间，以及什么样的数值可以赋给这个变量。
- 用途：一个类型定义了变量的抽象含义，可以帮助程序员了解如何使用这个类型的变量。

空间。在嵌入式系统中，变量的存储空间特别重要，因为程序员设计的数据结构必须保证内存的高效使用。此外，如果在设计变量的存储空间大小时没有考虑底层硬件的实现细节，可能会导致意想不到的性能开销（比如，大整数的算术运算可能需要多步才能完成）。不幸的是，C 语言中预定义的数据类型并没有明确数据存储空间的大小，比如 int、short 和 long，而这些数据类型存储空间的实际大小是由底层计算机架构来决定的。比如，在一台计算机上一个 long 类型的整数可能需要 32 位的存储空间，而在另外一台计算机上可能需要 64 位的存储空间。因此为了保证自己定义的变量有精确的存储空间大小，程序员必须定义和使用如 int32 这样的类型名称来声明数据的大小。

用途。使用类型的最初目的是定义一个变量的使用目的（也就是说，告诉人们这个变量是用来做什么的）。比如，尽管信号量的标识符是一个整数，但是给这个变量一个类似 sid32 的类型名称，可以让读者清楚地认识到这个变量表示的是一个信号量的标识符，并且这个变量只能用在信号量标识符的应用场合（比如，作为一个信号量操作函数的参数）。这样，尽管这个变量存储的是整数，但由于它的类型名称是 sid32，所以我们不能把这个变量作为一个算术表达式中的临时变量，也不能把它用来存储进程号或者设备号。

头文件让 C 语言中的类型声明变得更加复杂。理论上，每个头文件应该只包含一个模块的类型、常量和变量声明。这样，如果需要寻找进程标识符的类型，就只需要查找那些定义了进程相关元素的头文件。然而，在一个操作系统中，模块之间存在着大量的交叉引用。比如，信号量的头文件引用了进程的头文件，进程的头文件也引用了信号量的头文件。 30

在 Xinu 中采用了一种新的方法，既可以定义一个类型的空间，也能定义一个类型的用途。比如，对于一些 C 语言本身的基本数据类型，如 char、short、int 和 long，在该方法中的定义如图 2-1 所示。

对于那些与操作系统抽象概念相对应的类型，类型的名称由助记符和数字组成，助记符说明了类型的作用，而数字则表示变量存储空间的大小。因此，一个定义了信号量标识符并且存储空间为 32 位整数的类型名称为 sid32，一个定义了队列标识符并且存储空间为 16 位整数的类型名称为 qid16。

类型	含义
byte	无符号8位值
bool8	8位布尔型
int16	有符号16位整型
uint16	无符号16位整型
int32	有符号32位整型
uint32	无符号32位整型

为了支持模块之间的交叉引用，引入了一个头文件 kernel.h，其中包含所有数据类型的定义，包括图 2-1 中的数据类型。因此，每个源文件在使用任何类型之前必须引用 kernel.h。特别是，kernel.h 文件必须在其他模块的头文件之前被引用。为了方便，我们在 Xinu 中使

图 2-1　Xinu 中整数的基本类型名称

用了 xinu.h 头文件，这个头文件以正确的顺序引用了 Xinu 中所有的头文件，我们只要在源文件中引用这个头文件即可。

2.11　使用 kputc 和 kprintf 进行操作系统的调试

本章中的例子使用了 Xinu 的函数 putc 和 printf，以将输出显示在控制台（CONSOLE）上。尽管当操作系统开发出来并通过测试后，这样的函数可以正常运行，但是在构建或者调试时一般不使用这些函数，因为它们正确运行的前提是操作系统中很多模块都已经正常运行。那么操作系统的设计者在调试中使用什么呢？

答案是轮询 I/O。操作系统的设计者创建一个特殊的 I/O 函数，这个 I/O 函数不需要中断就可以工作。仿照 UNIX 传统的命名方式，我们把这个函数叫作 kputc（也就是 putc 的操作系统内核版本）。kputc 接收一个字符 c 作为参数，然后进行以下四个步骤：

- 禁止中断。
- 等待控制台的串行设备空闲。
- 向串行设备发送字符 c。
- 恢复中断到之前的状态。

因此，当程序员调用 kputc 时，其他所有的处理过程都暂停运行直到字符显示出来，一旦字符显示出来，其他处理过程再恢复工作。这种机制的核心思想是操作系统无须运行，因为 kputc 直接操作底层的硬件。

一旦有了 kputc，实现一个格式化输出的函数就很简单了。同样，仿照 UNIX 传统命名方式，我们把这个函数叫作 kprintf。kprintf 和 printf 的操作基本相同，只是 kprintf 调用 kputc 来显示字符，而 printf 调用 putc。⊖

尽管理解轮询 I/O 的具体细节并不重要，但是操作系统调试的本质就是使用轮询 I/O：

当需要修改或者扩展操作系统的时候，应该使用 kprintf 打印调试消息而不使用 printf。

2.12　观点

并发处理是计算机科学中最强大的抽象之一。它使编程变得简单，并且更不容易出错，

⊖ 调试操作系统的代码特别困难，因为禁止中断可以改变一个系统的执行顺序（比如，通过阻止时钟中断响应）。因此，使用 kprintf 的时候必须特别小心。

同时在很多情况下，并发系统的整体性能比那些手动切换任务的系统更好。正是由于性能上的优势，并发执行很快成为绝大多数程序设计的首选。

2.13　总结

想要了解操作系统，首先需要了解它提供给应用程序的服务。操作系统提供的不是传统的串行编程环境，而是一种多线程并发执行环境。在我们所介绍的操作系统中，与大多数操作系统类似，进程可以在操作系统运行时创建和终止，多个进程可以同时执行不同的函数，也可以同时执行一个函数。在并发环境中，代表一个进程的是参数的存储、局部变量和函数调用栈，而不是进程执行的代码。

进程通过信号量这样的同步原语实现协作执行，两种比较常见的协作模式是生产者和消费者同步以及互斥。

[32]

练习

2.1　什么是操作系统的 API？　API 是如何定义的？

2.2　多任务指的是什么？

2.3　列举两种多任务系统的基本类型，并说明它们各自的特点。

2.4　进程、任务和线程各自有什么特点？

2.5　进程的标识符有什么作用？

2.6　调用函数 X 与调用函数 create 启动进程来执行函数 X 有什么不同？

2.7　ex3.c 中使用了 3 个进程，修改代码使得只用两个进程就可得到同样的结果。

2.8　反复测试 ex4.c 中的程序，它每次都打印相同个数的 0 吗？它会打印出不是 0 或者 2000 的值吗？

2.9　在 Xinu 中，全局变量和局部变量有什么区别？

2.10　为什么程序员需要避免忙等待？

2.11　假设有 3 个进程同时调用 ex6.c 中的 additem 函数，解释一下它们执行的步骤以及每一步中信号量的值。

2.12　修改 ex5.c 中生产者 - 消费者代码，使用一个 15 个空槽的缓冲区，按以下方式同步生产者和消费者：生产者可以生产最多 15 个值，然后进入阻塞，消费者获得缓冲区中所有的值，然后进入阻塞。也就是说，生产者按顺序访问缓冲区，写入整数值 1，2，…，当填满最后一个缓冲槽的时候，生产者返回缓冲区的开始处，然后消费者遍历所有的数值并且把它们打印到控制台。此时需要几个信号量？

2.13　在 ex5.c 中，信号量 produced 初始化为 1，重写代码使信号量 produced 初始化为 0，并且生产者在开始迭代的时候就释放信号量，这会影响输出吗？

2.14　找到一个你可以访问的平台串口（或者控制台硬件）文档，描述如何构建使用该设备的轮询 I/O 函数 kputc()。

[33 ~ 34]

第 3 章

Operating System Design: The Xinu Approach, Second Edition

硬件与运行时环境概述

> 一台机器可以做 50 个普通人做的工作，但没有机器可以做一个非凡的人所做的工作。
>
> ——Elbert Hubbard

3.1　引言

由于操作系统需要同处理器、内存等多种不同硬件设备细节打交道，所以在设计操作系统时不可避免地需要考虑硬件容量以及底层硬件设备的特点。本书以 Galileo 和 BeagleBone Black 两个硬件平台为例，展示了 Xinu 的设计思想。上述两个硬件平台虽然都是小型、低功耗的线路板，但是它们都具有处理器、内存和一些 I/O 设备等基本单元。它们的处理器都使用了非常常用的指令集，Galileo 使用的处理器是 Intel 的 x86 指令集，而 BeagleBone Black 则使用的是 ARM 指令集。我们会发现大多数 Xinu 操作系统函数在这两种体系结构上是相同的，本书使用两个指令集的目的是帮助读者了解操作系统底层的一些功能（比如上下文切换）在不同指令集架构（CISC 与 RISC）上的实现区别。

本章的剩余部分将对两种硬件平台的处理器、内存、I/O 设备等特点进行介绍，着重阐述体系结构、内存编址、运行时栈、中断机制以及设备编址等以帮助读者理解接下来的讨论。尽管本章聚焦于特定的开发板，这些基本概念也可以应用在大多数计算机系统中。

3.2　开发平台的物理和逻辑架构

从物理的角度上讲，我们使用的开发平台都是需要外部电源的单个电路板。大多数主要元件都被包含在一个 VLSI 芯片上，这也就是所谓的片上系统（SoC）[⊖]。由于这些开发板（硬件平台）大多是为了在实验环境中使用而设计的，所以它们都是组装完好的。

像大多数计算机系统一样，我们的开发板都包含着调试用的串口控制台——一种用来展示信息、汇报错误、同用户交互的字符设备[⊜]。Galileo 提供了一个（非标配的）接口作为串口控制台，因此使用者必须用一根特殊线缆来连接接口以获取数据。然而尽管 BeagleBone Black 包含着一个串口设备，但它却并不提供物理上的调试接口，使用者必须自己购买 GPIO 到 USB 的转接器来获取这些数据。通过转接器连接笔记本电脑或者台式机的 USB 接口，然后运行一个应用程序将字符发送到控制台上并显示结果。有关串口连接以及相关的操作指令可以在如下网站上获取：

http:// www.xinu.cs.purdue.edu

到目前为止，我们只须知道当操作系统被加载到上述其中一种开发板（硬件平台）并启动后，用户就能够运行应用程序并且展示平台的输出。

⊖ 参见 3.18 节对 SoC 以及开发板区别的解释。

⊜ 技术上，串口使用 RS232 协议进行通信。

从逻辑上讲，开发板都遵循了大多数通用计算机系统的设计架构。SoC 上的组件包含了处理器、内存接口和 I/O 设备接口等。而每块开发板也包含了帮助其连接至局域网或Internet 的以太网接口。图 3-1 展示了这种逻辑架构。

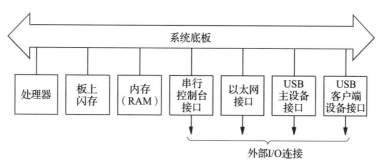

图 3-1   开发板主要组件的逻辑架构

3.3 指令集

从上述讨论中我们知道，Galileo 板实现了 Intel 指令集，而 BeagleBone Black 实现的是ARM 指令集。除了一些特殊情况，操作系统并不需要专注于指令集，因为大多数操作系统的函数都是使用 C 语言编写的，编译器会生成适当的代码。所以，指令集的细节信息仅仅对少数由汇编语言编写的函数来说很重要。

实际上，这些开发板（硬件平台）还包含着一些在图 3-1 中未展示的硬件特点。例如，BeagleBone Black 提供图形和浮点计算的加速模块，以及 HDMI 接口；Galileo 提供了 mini PCI-E 总线接口和 micro SD 卡接口。但是我们仅仅关心与操作系统最相关的硬件特性。现在在我们将关注的重点转移到每个组件的整体设计，以及组件和组件是如何组合到一起的。稍后的章节将讨论额外的一些细节，并举例解释操作系统是如何与硬件进行交互的。

3.4 通用寄存器

大多数计算机体系结构都提供了一组通用寄存器。我们可以将这些通用寄存器用作算术指令、逻辑指令、数据移动指令等指令的临时高速存储部件。寄存器可以保存整数、指针以及其他类型的数据。由于访问寄存器比访问内存的速度快得多，因此编译器在生成二进制代码时经常把常用的变量暂存在寄存器中，直到其他变量需要占用这个寄存器时才把值写回内存中。

硬件寄存器是计算状态的一部分，它们在操作系统设计中扮演了重要角色。也就是说硬件提供了一系列通用寄存器，每次 CPU 的计算都需要使用这些寄存器。为了支持进程的并发执行，操作系统必须给每个进程提供它可完全控制硬件寄存器的假象。从进程的角度来看，一旦进程将一个值存储在某个寄存器中，这个值将会一直保持在那里直到进程改变它。我们知道操作系统会对多个进程进行切换，为了能够在进程切换时保留这种假象，操作系统必须保存被换下的进程的所有寄存器的值，并将被换上进程的最后一次运行状态加载到系统中。在第 5 章中，我们会关注操作系统如何保存和恢复寄存器的副本，在本章中读者只要了解硬件中只有一组由所有进程共享的寄存器即可。

3.4.1　Galileo（Intel）

Galileo 开发板遵循传统的 32 位 Intel 体系结构，除了内部的程序计数器和浮点寄存器外，处理器还包含 8 个通用寄存器，每个寄存器都是 32 位的⊖。图 3-2 列出了 Intel 处理器提供的通用寄存器命名及用途。

实际上，Intel 指令集支持程序开发者访问寄存器的一部分。例如，硬件允许程序开发者将部分 32 位寄存器视为一对 16 位寄存器。也就是说，CPU 指令可以访问和修改寄存器的高 16 位或者低 16 位而不影响其他部分。同时，还有一些指令支持程序开发者访问寄存器的单个字节，当然，这种指令在除了系统启动等这些特殊情况外很少使用。

名称	用途
EAX	累加器
EBX	基地址
ECX	计数
EDX	数据
ESI	源索引
EDI	目的索引
EBP	帧指针
ESP	栈指针

图 3-2　Galileo（Intel）板上的
通用寄存器及其含义

寄存器可以存储指令中的操作数，也可以存储指向内存数据的指针。尽管被归类为通用寄存器，各个寄存器仍会被硬件以及编译器分配具体的用途。例如，ESP 寄存器被用于存储运行时栈的栈指针，这种栈被用于存储临时的计算内容（比如，将计算的中间结果压到栈中然后再弹出来），这在函数调用时是必不可少的，因为在函数调用期间，被调用函数的活动记录被压到栈中，当函数返回时再弹出。

3.4.2　BeagleBone Black（ARM）

BeagleBone Black 开发板遵循传统的 32 位 ARM 体系结构，其具有 15 个通用寄存器和 1 个程序计数器。程序计数器包含下一步将执行的指令的地址，仅在程序跳转时发生更改。图 3-3 列出了 ARM 处理器上的 32 位寄存器的命名、别名及其典型用途⊖。

名称	别名	用途
R0~R3	a1~a4	参数寄存器
R4~R11	v1~v8	变量和临时变量
R9	sb	静态基址寄存器
R12	ip	过程内调用寄存器
R13	sp	栈指针
R14	lr	链接寄存器
R15	pc	程序计数器

图 3-3　BeagleBone Black（ARM）板上的
通用寄存器和程序计数器及其含义

3.5　I/O 总线和存 – 取范例

我们使用"总线"这一术语来指代处理器和其他组件（比如存储器、I/O 设备以及其他接口控制器）之间的通信机制。总线硬件使用存 – 取范例，其中"取"指的是通过总线将数据从存储组件传给 CPU 以进行计算，而"存"是指 CPU 将数据通过总线传递给组件并存储起来。以访问内存为例，处理器会在总线上放置需要读取的内存地址，并发出一个获取数据的请求来读取内存。内存根据 CPU 所需的地址查找值，将这个值放在总线上并通知 CPU 数据已经准备就绪。类似的，为了将值存储在内存中，CPU 在总线上放置地址和数据并发出存储请求，内存提取值并将值存储在指定的位置中。在上述的存 – 取范例中，多数细节比如总线的通信、信号和数据的获取等都是由总线硬件实现的，操作系统使用总线时并不需要了解底层硬件这些细节内容。

示例系统中使用了内存映射 I/O，这意味着操作系统会给每个 I/O 设备在总线地址空间中分配一段地址。这样，CPU 就可以像访问内存一样，对 I/O 设备进行存取了。我们将看到，

⊖　Xinu 系统运行在保护模式下，x86 架构还有其他运行模式，例如在 64 位模式下，包含了更多的通用寄存器。
⊜　ARM 架构中有 8 个额外的浮点寄存器，此处并未列出，因为它们并不直接参与进程管理。

与内存映射 I/O 设备通信类似于数据访问。首先，CPU 计算与设备相关联的地址。接下来如果要访问设备，CPU 可以将一个值存储到特定的地址，或者从该地址获取一个值。

3.6　DMA 机制

多种高速的 I/O 设备（比如以太网设备）提供了直接内存访问（DMA）机制，它使得硬件设备可以通过总线直接同内存进行通信。DMA 允许设备 I/O 的快速进行，因为它不会频繁地给 CPU 发送中断请求，也不需要 CPU 控制每个数据传输。相反，CPU 可以给 I/O 设备一个操作列表使得该设备可以依次执行这些操作。因此，DMA 允许处理器在设备运行时继续运行进程。

以以太网的 DMA 使用为例，为了接收数据包，操作系统会在内存中分配一个缓冲区并启动以太网设备。当数据包到达时，硬件设备接收这个数据包，经过多次总线传输将这个数据包副本写入内存缓冲区中。最后，一旦数据包接收完毕，设备会给 CPU 发送中断请求。发送数据包有相似的过程：操作系统将数据包放在内存缓冲区中并启动设备，设备通过总线并经过多次传输读取内存缓冲区中的内容，并将数据包发送出去，一旦发送完毕，即给 CPU 发送中断请求。

我们看到，示例平台上的 DMA 硬件设备允许处理器请求多个操作。实际上，处理器将创建要发送的一系列数据包以及接收包时使用的缓冲区列表。网络接口硬件会用这些列表收发数据包，并不需要 CPU 在每次操作完成后重启设备。只要 CPU 处理这些数据包的速度比数据包的到达速度快，并向列表中不断添加清空的缓冲区，网络硬件设备就会持续地读取数据包。类似的，只要 CPU 能够一直生成数据包并将它们添加到列表中，网络硬件设备就会持续地发送它们。稍后的章节会详细解释有关 DMA 的其他细节，示例代码将说明操作系统中的设备驱动程序是如何分配 I/O 缓冲区并控制 DMA 操作的。

3.7　总线地址空间

每个开发板（硬件平台）都使用了 32 位的总线地址空间，地址从 0x00000000 开始一直到 0xFFFFFFFF。这其中有一部分地址空间被分配给内存，一部分分配给 FlashROM，一部分分配给 I/O 设备等。这些内存的分配方式细节将在下一节讨论。

42

内存。内存按照 8 位 1 字节的方式划分，字节也是内存的最小地址访问单元。C 语言使用"字符"的概念来代替"字节"，这是因为每字节恰好可以存储一个 ASCII 字符。尽管 32 位的总线可以编址 4GB 大小的内存空间，但是并不是每个地址空间都被使用了。Galileo 开发板中包含了 8MB 大小的 Legacy SPI Flash 设备（用来存储系统固件，比如引导程序加载器）、512KB 大小的 SRAM、256MB 大小的 DRAM，以及大小在 256KB 至 512KB 之间，为 Arduino 系统提供的程序存储空间等。我们注意到，上述空间最大的 DRAM 也仅占 4GB 地址空间的 6.25%。BeagleBone Black 开发板类似，512MB 的 DRAM 仅仅占地址空间的 12.5%，换句话说，大多数地址空间是没有被分配的。

不分配这些地址空间是否会引发问题呢？硬件允许地址保持未分配的状态，前提是这些地址不会被引用。如果 CPU 企图访问这些未分配空间，那么硬件会产生一个异常[⊖]。例如，如果 Xinu 系统中的进程访问数组时越界或者生成一个错误的指针并试图读取指针指向的内

⊖　第 24 章将讨论异常处理问题。

容，那么会产生一个总线异常。总之，重点是：引用一个未分配的总线地址，如一个在物理内存外的地址，将会使得硬件产生一个异常。

3.8   总线启动和配置

所以，操作系统是如何给内存模块和设备分配总线地址空间的呢？有以下两种方式：

- 静态地址分配
- 动态地址分配

两个示例开发板（硬件平台）恰好展示了这两种方法，BeagleBone Black 使用静态分配的方式，而 Galileo 使用动态分配的方式。

静态地址分配。通常应用于小型嵌入式系统。"静态"意味着所有的硬件配置细节在硬件设计中已经被确定。也就是说，硬件设计人员选择一组外围设备，并在总线上为其分配唯一的地址。硬件设计师将任务传递给操作系统设计人员，后者必须配置操作系统以匹配底层硬件。所以这一点需要十分注意——如果操作系统与硬件不完全匹配，系统将有可能无法正常运行（即甚至可能无法启动）。静态地址分配具有提高运行时效率的优点，但缺点是缺乏通用性且容易受到人为错误的影响。

动态地址分配。动态分配意味着在系统启动时，操作系统会在总线硬件和平台固件的帮助下，主动发现连接至总线的设备和内存，并给这些连接至总线的组件分配一个唯一的标识符，以标示硬件类型以及供应商。操作系统会通过总线探测存在哪些组件，组件会返回它们的唯一标识符。例如，操作系统会检测以确定每个内存模块的类型与大小，以及分配给每个内存模块的总线地址。使用动态地址分配的总线具有通用性强的优点，因为同一个操作系统映像可以在各种不同的硬件配置上运行。然而，动态地址分配会使得总线硬件和操作系统代码变得更复杂。

第 25 章将讨论操作系统配置的细节问题，并展示了一个配置的样例。有关设备机制和驱动程序的章节将展示系统如何在静态和动态地址分配之间进行选择。

3.9   函数调用约定和运行时栈

我们可以看到，操作系统严重依赖于"函数调用"这一机制。应用程序通过函数调用引发系统服务，所以函数调用定义了系统服务。此外，当进行从一个进程到另一个进程的上下文切换时，操作系统必须处理进程各自正在进行一系列嵌套函数调用的情况。因此，操作系统的设计者必须了解函数调用的细节。下面将会定义与函数调用相关的关键概念和机制。

函数调用约定。系统在实现函数调用与返回过程中采取的步骤被称为函数调用约定。使用"约定"这个术语是因为硬件不会指定所有细节，在设计硬件时可能会对一些方法进行限制，但最终由编译器设计者决定如何实现这一机制。由于操作系统需要通过调用函数来处理中断及切换进程，因此它必须遵守与编译器相同的函数调用约定。

参数和参数传递。当一个函数被调用时，调用者将会提供一个被称为"实参"的参数集合来匹配函数的"形参"。目前的商业处理器使用了多种参数传递机制。本系统在两个硬件平台中实现了两种常用的参数传递机制，一是将参数置于堆栈中，二是将参数传递到通用寄存器中。

运行时栈和栈帧内容。以 C 语言为代表的静态作用域语言使用运行时栈来存储与函数调用有关的状态。编译器会在栈中分配足够的空间来保存被调用函数的活动记录，所分配的空间称为栈帧。每个活动记录包含了该函数的局部变量的存储空间、计算期间所需的临时存储空间，以及返回地址等其他杂项。我们假设栈生长方向为从较高的内存地址到较低的内存地址。创建栈帧所需的代码是由编译器生成的，同时，编译器也会计算局部变量所需的空间大小以及其他辅助项目所需的空间大小，如用于保存寄存器内容的临时空间大小（正因如此函数可以使用寄存器进行计算，然后在返回之前恢复调用者在调用时的状态）。综上所述，当操作系统创建一个新的进程时，要为这个进程初始化函数创建栈帧。所以，操作系统需要确切地知道栈帧的布局方式，包括参数与返回地址的位置等。我们也将举例说明这一点。在接下来的例子中，我们以 gcc 编译器的函数调用约定为准（其他编译器与此差别不大）。

| 44 |

3.9.1　Galileo（Intel）

在一个 Intel 处理器上，在函数调用之前，调用者会把 EAX、ECX 和 EDX 等寄存器压入栈中，接下来把函数的参数逆序压栈，并调用 call 指令，该指令会将函数的返回地址压栈。在被调用者的代码中，会把 EBP、EBX、EDI 和 ESI 等寄存器压栈，并在栈中创建足够的空间来存储局部变量。当调用过程返回时，上述的值会从栈中逆序弹出。图 3-4 展示了发生函数调用瞬间栈顶的示意图（提示：栈是向下生长的）。

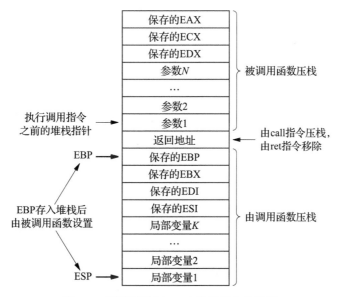

图 3-4　调用函数时 Intel 处理器上的堆栈

| 45 |

3.9.2　BeagleBone Black（ARM）

在 ARM 体系结构中，函数的前 4 个参数通过寄存器 a0~a3（即寄存器 r0~r4）传递。如果函数的参数超过 4 个，超过的部分会通过栈进行传递。为了调用一个函数，调用者需要执行 BL（branch and link）指令，当 BL 指令被执行时，硬件会把返回地址放置在 r14 寄存器上。被调用函数也必须保存它将使用的寄存器，一般来说，被调用函数会将 r14 到 r4 寄存器以及 CPSR（状态）寄存器依次压栈。图 3-5 展示了发生函数调用瞬间栈顶的示意图（提示：栈是向下生长的）。图中栈顶的空间仅仅会用来存放前七个之外的局部变量，根据惯例，函数中前七个局部变量会存放在 4 号至 8 号以及 10 号和 11 号寄存器中。

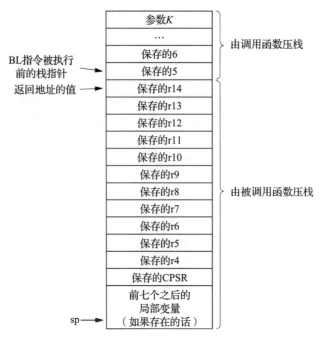

图 3-5　调用函数时 ARM 处理器上的堆栈

实际上，不同 ARM 版本的寄存器保存的集合有所不同。此外，如果程序使用了浮点数，浮点寄存器也必须被保存以及恢复。

3.10　中断和中断处理

现代处理器提供了外部 I/O 设备在需要服务时中断处理器的机制。在大多数情况下，处理器硬件具有紧密关联的异常机制，用于在发生错误或故障时通知软件（例如，应用程序尝试除零或引用存储器中不存在的虚存页面）。从操作系统的角度来看，中断至关重要，因为它允许处理器在进行 I/O 的同时进行计算。⊖

连接到总线的任何 I/O 设备都可能在该设备需要服务时中断处理器。为此，设备将信号放在其中一条总线控制线上。在正常执行的"取指 - 执行"周期中，处理器中的硬件监控着控制线，并在控制线发出信号时启动中断处理。以 RISC 处理器为例，主处理器通常不包含处理中断的硬件。取而代之的是，协处理器代表主处理器与总线进行交互。

无论处理器使用什么中断机制，硬件或操作系统必须保证：
- 处理器的整个状态（包括程序计数器和状态寄存器）在发生中断时被保存。
- 处理器运行适当的中断处理程序，它在中断发生之前必须已经被放置在主存中。
- 当中断完成时，操作系统和硬件提供恢复处理器整个状态并在中断点继续处理的机制。

中断引入了一个渗透整个操作系统的基本思想。中断可以在任何时候发生，而操作系统也可以在中断期间从一个进程切换到另一个进程，这意味着其他进程随时都可能执行。

为了防止由并发进程尝试操纵共享数据引起的问题，操作系统需要采取必要的措施以避免上下文切换。防止其他进程执行的最简单的方法是禁用中断。换言之，硬件中包含了操作

⊖　稍后的章节将介绍操作系统如何管理中断和异常处理，并显示用户执行的高级 I/O 操作与低级设备硬件机制的关系。

系统可以用来控制中断的中断屏蔽机制。在许多硬件系统上，如果中断掩码被赋值为零，则处理器将忽略所有中断；如果掩码被分配了非零值，则硬件允许发生中断。在某些处理器上，硬件对每个设备都有单独的中断位，而在其他处理器上，掩码提供了 8 级或 16 级的集合，每个设备都被分配一个级别。我们发现许多系统级函数在操纵全局数据结构和 I/O 队列时禁止中断。

47

3.11　中断向量

当设备中断时，硬件如何知道处理中断的代码的位置？大多数处理器上的硬件使用称为向量化中断的机制。其基本思想很简单：每个设备分配一个小的整数，如 0、1、2 等。整数称为中断级别号或中断请求号。操作系统在内存中创建一个指针数组，称为中断向量，其中中断向量数组中的第 i 个条目指向处理具有向量号 i 的设备中断的代码。当中断发生时，设备通过总线将其向量号发送给处理器。根据处理器细节，硬件或操作系统使用向量号作为中断向量的索引，获取指针，并使用指针作为运行代码的地址。

由于中断向量必须在发生任何中断之前进行配置，操作系统必须在总线上分配设备地址的同时初始化中断向量。中断级别号的分配通常采用与地址分配相同的模式。手动分配意味着人们为每个设备分配唯一的中断级别号，然后相应地配置中断向量地址。自动分配总线和设备硬件可以在运行时分配中断级别。若使用自动分配，操作系统在启动时对设备进行轮询，为每个设备分配唯一的中断级别号，并相应地初始化中断向量。自动分配相对来说更加安全（即不太容易发生人为错误），但在设备和总线中都需要更复杂的硬件支持。后面我们可以看到关于静态和自动中断向量分配的例子。

3.12　异常向量和异常处理

许多处理器使用与中断处理相同的向量化方法来处理异常。也就是说，每个异常被分配一个唯一的数字，如 0、1、2 等。当发生异常时，硬件将异常号放在寄存器中。操作系统提取异常号码，并将该号码作为寻找异常向量的索引。处理器硬件处理中断和异常的方式之间存在细微差别。我们认为，中断是在两条指令之间发生的，因此对于中断来说，一条指令已经完成，而下一条指令尚未开始。而异常是指在一条指令运行过程中发生的问题。因此，当处理器从异常中返回时，程序计数器尚未累加，相应的指令可以重新执行。重新执行对缺页异常来说非常重要——当缺页发生时，操作系统必须从存储器中读取丢失的页面，设置页表，然后再次执行引起缺页的指令。

48

3.13　时钟硬件

除了传输数据的 I/O 设备之外，大多数计算机还包含了可用于管理定时事件的硬件。时钟硬件有两种基本形式：

- 实时时钟
- 间隔计时器

实时时钟。实时时钟电路由定期产生脉冲（例如，每秒 1000 次）的硬件组成。要将实时时钟电路转化为实时时钟设备，需要把硬件配置为在每一个脉冲发生时都向处理器发送一个中断。实时时钟设备不保留任何计数器，不存储时间，并且无法调整周期（要调整脉冲频率，只能更换电路中的晶体）。

间隔计时器。在概念上，间隔计时器包括实时时钟电路。实时时钟与计数器相连接，并以规则的间隔向计数器发送脉冲，这样计数器就可以记录其脉冲数。计数器又与一个比较电路相连接，比较电路把计数器的值与阈值进行比较。操作系统可以制定阈值，并且可以把计数器清零。当计数器达到阈值时，间隔计数器向处理器发送中断。间隔计时器在效率上具有优势，因为它可以配置为等到事件发生才中断处理器，而不是不停地向处理器发送中断。当然，间隔计时器的硬件比实时时钟复杂。

3.14   串行通信

串行通信设备是最简单的 I/O 设备之一，它已经在计算机上应用了数十年。本书的每个示例平台上都有一个用作系统控制台的 RS-232 串行通信设备。串行硬件既可以处理输入又可以处理输出（即字符的发送和接收）。当发生中断时，处理器检查设备硬件寄存器，以确定是输出端完成传输还是输入端已经接收到字符。第 15 章将会具体阐述串行设备，并展示如何处理中断。

3.15   轮询与中断驱动 I/O

大多数由操作系统驱动的 I/O 都使用中断机制。操作系统先与一个设备交互并发起一个操作（输入或者输出），然后再完成计算。当 I/O 操作完成时，设备中断处理器，操作系统可以选择启动另一个操作。

尽管中断机制优化了并发性并允许多设备并行处理计算，但中断机制并不是在任何情况下都能使用。例如，如果在操作系统初始化中断和 I/O 之前需要向用户展示一个欢迎界面，又比如一个程序员需要调试操作系统代码时，即使必须要禁止中断也需要输出 I/O 信息，上述两种情况下中断机制都是无法使用的。

替代中断驱动 I/O 的方法称为轮询 I/O。当使用轮询 I/O 时，处理器启动了一个 I/O 操作，但不使用中断。取而代之，处理器进入一个循环，并不断地检查设备状态寄存器来判断操作是否结束。在第 2 章讨论 `kputc` 和 `kprintf` 时已经展示操作系统设计师如何使用轮询 I/O 机制的例子。

3.16   存储布局

当 C 编译器编译一个程序时，它将结果镜像切分成 4 个内存段：
- 文本（代码）段
- 数据段
- bss 段
- 栈段

代码段包含了主程序和所有函数的源代码，占据最低的地址空间。数据段包括所有初始化数据，占据代码段地址空间之后的区域。非初始化数据段称为 bss 段，它紧接在数据段之后。最后，栈段占据了地址空间的最高部分并向低地址增长。图 3-6 说明了上述概念结构。

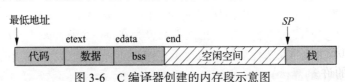

图 3-6   C 编译器创建的内存段示意图

图 3-6 中 etext、edata 和 end 表示加载器插入目标程序的全局变量，它们分别被初始化为代码段、数据段和 bss 段外的第一条地址。因此，一个正在运行的程序可以通过用栈段栈顶地址（即 SP 指针）减去 bss 段的 end 值得出程序剩余的内存容量。

第 9 章将阐述 Xinu 多进程的内存分配机制。尽管所有进程共享代码段、数据段和 bss 段，但是所有进程必须分配独立的栈段。如果 3 个进程同时运行，那么栈的分配就如图 3-7 所示从最高的内存地址连续向下分配。

图 3-7　3 个进程的情况下内存栈段示意图

如图 3-7 所示，每一个进程都有自己的栈指针。在任何一个给定的时刻，进程 i 的栈指针必须指向第 i 个进程栈空间内的一个地址。后面的章节将详细介绍这一概念。

3.17　内存保护

示例平台上可用的内存硬件包含了内存保护机制，该机制可以防止进程之间的相互影响，也可以保护操作系统免受应用程序进程的影响。例如，应用程序可以配置为以用户模式运行，这意味着它们无法读取或写入内核内存。当应用程序进行系统调用时，控制转移到内核，且权限级别提高到内核模式，直到调用返回。保护机制的关键在于敏感操作只能在操作系统设计者提供的特定入口点进行。因此，设计人员可以确保应用程序仅能获得严格控制的服务。

像许多其他嵌入式系统一样，我们的示例代码避免了内存保护的复杂性和运行时开销。代码完全以特权模式运行，没有内存保护。缺少保护意味着程序员必须格外小心，因为任何进程都可以访问任何内存位置，包括分配给操作系统结构的内存或分配给另一个进程的堆栈的内存。如果进程溢出分配的堆栈区域，则进程的运行时堆栈将覆盖另一进程的堆栈中的数据。

3.18　硬件细节和片上系统体系结构

这两个硬件平台都基于片上系统（SoC），即单个 VLSI 芯片包含了处理器、内存和一组 I/O 接口。举例来说，Intel Galileo 包含一个 Quark SoC。我们选择强调主板而不是底层 SoC，因为给定的主板相比 SoC 具有较低的普遍性。例如，Quark 设计允许有多个内核并具有多个 I/O 接口的副本。然而，Galileo 主板上的 SoC 版本只提供一个核和一个以太网连接。同样，ARM 架构比 BeagleBone Black 上可用的版本更为通用。 [51]

尽管我们专注于完整的主板而不是 SoC，但是本书中的大部分内容都可推广到使用相同 SoC 的其他主板上。例如，Galileo 使用的上下文切换代码也可在其他 x86 平台上运行，BeagleBone Black 上使用的上下文切换代码也可在其他 ARM 平台上运行。

3.19　观点

对处理器和 I/O 设备来说，它们的硬件规格说明包含了太多的细节以至于难以学习。幸运的是，处理器的许多不同都是表面的——基础概念在大多数硬件平台中都是通用的。因此，在学习这些硬件时，应该注重整体架构和设计原理而不是小的细节。

在操作系统方面，许多硬件细节影响到总体设计。特别地，硬件中断机制和中断处理限制了操作系统设计的诸多部分。然而，聪明的人最应该领会的是硬件提供的原始设备与操作系统提供的高级抽象之间的巨大差距。

3.20 硬件参考资料

有关 BeagleBone Black 的信息，包括图片、入门页和其他材料的链接可从下面网址找到：

http://beagleboard.org/black

有关处理器和 SoC 的详细信息可以在下面网址找到：

http://www.ti.com/product/am3358

SoC 的数据表可以在下面网址获取：

http://www.ti.com/lit/pdf/spruh73

关于 Galileo 和其他使用 Quark SoC 平台的综合介绍可以从下面网址获得：

http://www.intel.com/galileo

有关 Galileo 开发板的信息，包括图片和更多细节链接，可以访问下面的网址：

http://www.intel.com/content/www/us/en/intelligent-systems/galileo/galileo-overview.html

练习

3.1 有些系统使用可编程的中断地址机制，其允许系统选择当中断发生时进程应该跳转的地址。请问可编程中断机制的优点是什么？

3.2 DMA 有引入未知错误的可能性。如果一个 DMA 操作从距离最高内存地址小于 N 字节的内存单元开始传输 N 字节会发生什么情况？

3.3 阅读有关使用多级中断的硬件的文章。当操作系统正在处理其他级别中断的时候，在某一级别的中断能否打断操作系统？请解释原因。

3.4 图 3-7 中所展示的内存布局的优点是什么？它是不是有缺点？其他的布局可能有用吗？

3.5 嵌入式硬件经常包含多个独立的计时器设备，每一个计时器都有自己的中断向量。为什么多计时器是有用的？一个只有单一计时器的系统能否达到多计时器的所有功能？请解释原因。

3.6 如果你熟悉汇编语言，请阅读允许函数递归调用的调用规约。建立一个使用递归调用的函数，并阐述为什么你的函数能够正确地运行。

3.7 在 Intel 平台上无法直接读取程序计数器（即指令指针寄存器）。请设计 x86 汇编语言代码，通过使用操作指令指针的指令来间接确定程序计数器的值。

链表与队列操作

> 如果某一天需要找出一个牺牲者，我倒是早就准备了一份小小的列表……
>
> ——W.S.Gilbert

4.1 引言

链表操作是操作系统中相当基础的操作，并且遍及每一个组件。链表数据结构使得系统可以高效地管理一系列对象而不需要搜索或复制。就像我们将看到的那样，管理进程链表是尤为重要的。

本章介绍了一系列构成链表操作的核心函数。这些函数体现了一个统一的方法——操作系统的不同层次都使用统一的数据结构和统一的节点集合来维护各个进程。我们将看到这些数据结构及其相关函数如何创建一个新链表、如何在队尾插入一个项、如何在有序队列中插入一个项、如何移除队列首项，以及如何从队列的任意位置移除某项[⊖]。

链表函数相当容易理解，因为系统假设同一时间只有一个进程执行一个链表函数。因此，读者可以将代码视为一个串行程序——没有必要担心来自其他进程的干预。此外，示例代码介绍了多个贯穿全书的编程约定。

55
~
57

4.2 进程链表的统一数据结构

进程管理器管理着进程对象。尽管任意时刻一个进程只出现在一个链表中，但是进程管理器频繁地将进程从一个链表转移到另一个链表。事实上，进程管理器并不存储进程的所有细节。相反，进程管理器仅仅保存进程的 ID——一个用来表示进程的非负整数。出于方便的考虑，我们将在本章交替使用术语进程和进程 ID。

Xinu 的早期版本有很多进程链表，每个链表都有自己的数据结构。一些由先进先出（FIFO）队列组成，另一些由键值排序。一些链表是单向链接的，另一些则需要双向链接来保证可以在链表中的任意位置高效地插入或删除某项。当需求被形式化之后，就会发现将进程链表集中到某个单一的数据结构将会大大缩减代码量并减少特殊分支。也就是说，不是用6 个独立的链表操作函数，而是用单一的函数集合来处理所有情况。

为了适应所有情况，我们选择了一个拥有下列属性的代表。

- 所有的链表都是双向链接，也就是说，一个节点既指向前驱节点也指向后继节点。
- 每个节点都存储一个键值和一个进程 ID，尽管键值并不在 FIFO 链表中使用。
- 每个链表都有头、尾节点，头、尾节点占用与其他节点相同的内存。
- 非先进先出队列是以降序排列的。头节点的键值是最大的，尾节点的键值是最小的。

图 4-1 展示了链表数据结构的概念结构，图中链表是包含两个项的链表。

⊖ 尽管链表操作通常在"数据结构"课程中提及，但是我们仍然讨论这个话题，因为数据结构非比寻常，它组成了操作系统的关键部分。

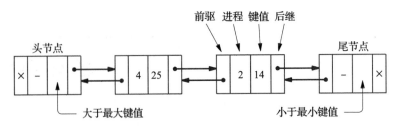

图 4-1 一个双向链表的概念结构（它包含了进程 4 和进程 2，键值分别为 25 和 14）

正如预期的那样，尾节点的后继节点和头节点的前驱节点都是空的（null）。当一个链表为空时，头节点的后继为尾节点，尾节点的前驱是头节点，如图 4-2 所示。

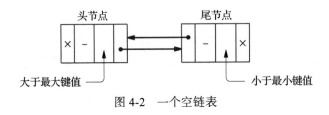

图 4-2 一个空链表

4.3 简洁的链表数据结构

嵌入式系统中的一个关键设计目标就是减少内存的使用。不同于使用传统的链表实现，Xinu 在两个方面优化了内存需求：

- 相对指针
- 隐式数据结构

为了理解优化，我们需要知道大多数操作系统设置了一个进程数量上限。在 Xinu 中，常量 NPROC 指定了这个上限，进程标识符的范围是 0 ~ NPROC-1。在大多数嵌入式系统中，NPROC 相当小（小于 50）。之后我们将看到一个较小的限制会使优化工作更佳。

相对指针。为了理解相对指针的设计动机，我们考虑传统指针占用的空间。在 32 位架构中，每个指针占用 4 字节。如果系统有少于 100 个的节点，那么通过将节点放在连续的内存位置并使用 0 ~ 99 之间的数值作为引用，可以减少所需空间。也就是说，可以将节点分配给一个数组，而数组的索引可以代替节点的指针。

隐式数据结构。第二种优化关注于从所有节点中省略进程的 ID 字段。此类省略是可行的，因为：

一个进程在任一时刻至多只会在一个链表中。

为了省略进程 ID，使用一个数组并且用第 i 个元素代表进程 ID i。因此，在链表中插入
节点 3 就是放入了进程 3，节点的相对路径和存放进程的 ID 一致。

图 4-3 说明了图 4-1 中的链表如何被采用了相对指针和隐式标识符的数组代替。数组的每个项有三个字段：键值、前驱节点的索引、后继节点的索引。头节点的索引为 60，尾节点的索引为 61。

因为 NEXT 和 PREV 字段包含的是相对指针（即数组索引），所以字段的大小取决于数组的大小。例如，如果一个数组包含少于 256 个元素，那么一字节就能满足所有相对指针的需求。

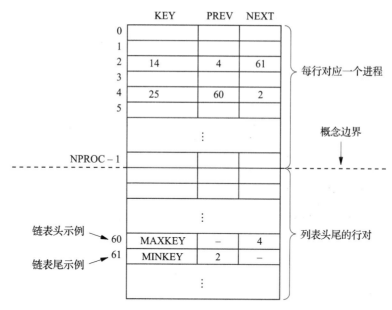

图 4-3   图 4-1 中链表的队列表数组

Xinu 使用术语队列表来代替数组。理解这个数据结构的关键是观察小于索引 NPROC 的数组元素与更大索引的元素的区别。位置 0～NPROC-1 中每一个对应于系统中的一个进程。NPROC 以及更大的索引是用来保存链表的头尾指针的。这个数据结构可行的原因是最大进程和最大链表数在编译阶段都是已知的，并且进程在给定时间内只能出现在一个链表中。

60

4.4   队列数据结构的实现

为了将进程 i 放入链表中，要将索引为 i 的节点加入链表中。仔细看看下面的代码会让操作变得清晰。在 Xinu 中，图 4-3 中的队列表命名为 queuetab，用来存放 qentry 结构的数组。文件 queue.h 包含了 queuetab 和 qentry 的声明。

```
/* queue.h - firstid, firstkey, isempty, lastkey, nonempty           */

/* Queue structure declarations, constants, and inline functions     */

/* Default # of queue entries: 1 per process plus 2 for ready list plus */
/*                   2 for sleep list plus 2 per semaphore           */
#ifndef NQENT
#define NQENT    (NPROC + 4 + NSEM + NSEM)
#endif

#define EMPTY    (-1)              /* Null value for qnext or qprev index */
#define MAXKEY   0x7FFFFFFF        /* Max key that can be stored in queue */
#define MINKEY   0x80000000        /* Min key that can be stored in queue */

struct  qentry  {                 /* One per process plus two per list  */
        int32   qkey;             /* Key on which the queue is ordered  */
        qid16   qnext;            /* Index of next process or tail      */
        qid16   qprev;            /* Index of previous process or head  */
};
```

```
extern   struct qentry    queuetab[];

/* Inline queue manipulation functions */

#define queuehead(q)      (q)
#define queuetail(q)      ((q) + 1)
#define firstid(q)        (queuetab[queuehead(q)].qnext)
#define lastid(q)         (queuetab[queuetail(q)].qprev)
#define isempty(q)        (firstid(q) >= NPROC)
#define nonempty(q)       (firstid(q) <  NPROC)
#define firstkey(q)       (queuetab[firstid(q)].qkey)
#define lastkey(q)        (queuetab[ lastid(q)].qkey)

/* Inline to check queue id assumes interrupts are disabled */

#define isbadqid(x)       (((int32)(x) < 0) || (int32)(x) >= NQENT-1)
```

61

queuetab 数组包含了 NQENT 个表项。如图 4-3 中所示，一个重要隐式边界出现在 NPROC-1 和 NPROC 之间。小于该边界的每个元素对应于一个进程 ID，元素 queuetab[NPROC]～queuetab[NQENT] 对应于链表的头或尾。

queue.h 引入了多种 C 语言的特性和本书中所使用的编程习惯。因为其以 .h 结尾，该文件将会被其他程序引用（"h" 代表头文件）。此类文件经常包含一些全局数据结构的声明、符号常量，以及用于操作数据结构的内联函数（宏）。queue.h 文件定义 queuetab 为一个外部变量（即全局变量），意味着每个进程都可以访问这个数组。该文件还定义了数据结构所使用的符号常量，如用于定义空链表的 EMPTY。

符号常量 NQENT 定义为 queuetab 数组中的表项总数，该定义为条件定义。语句 #ifndef NQENT 的意思是"仅当 NQENT 没有定义时，将往下到对应 #endif 的代码进行编译"。NQENT 被赋的值为：

$$NPROC + 4 + NSEM + NSEM$$

在 queuetab 中为 NPROC 个进程、NSEM 个信号量链表的头指针和尾指针、一个就绪链表、一个睡眠链表分配足够的入口。使用条件编译使 queuetab 数组可以改变大小而不需要修改 .h 文件。

queuetab 数组中每个表项的内容都是由结构 qentry 定义的。该文件只包含一个 queuetab 数组中的元素声明。第 22 章将解释这些数据结构在系统启动时如何初始化。字段 qnext 提供了链表中下一个节点的相对地址，字段 qprev 指向前一个节点，字段 qkey 包含了该节点的一个整数键值。当一个字段（如前驱或后继指针）没有包含一个可用的索引值时，这个字段被赋值为 EMPTY。

4.5   内联队列操作函数

isempty 和 nonempty 两个函数以链表头部的索引为参数并返回一个布尔值来检测链表是否为空。函数 isempty 通过判断链表除头部外的第一个节点是一个进程还是链表尾部来决定该链表是否为空，nonempty 则返回该链表是否不为空。为了理解这个判断，我们回顾 queuetab 数组的前 NPROC 个元素分别对应一个进程，而其他元素则是链表的头部或者尾部，所以我们只需要判断节点的索引是否小于 NPROC 就能知道它是一个进程还是链表尾

62

部。得益于这种实现方式，isempty 和 nonempty 具有非常高的运行效率。

其他的内联函数也很容易理解：firstkey 函数返回链表中第一个进程的键值，last-key 函数则返回最后一个进程的键值；firstid 函数返回链表中第一个进程的 ID，也就是这个进程在 queuetab 数组中的索引。

一般来说这些操作队列的函数是用于非空链表的。然而按照实现方式的特性，即使是一个空链表也会有首尾节点。因此上面提到的函数即使应用到空链表也不会产生运行时错误。举例来说，对一个空链表调用 firstkey 函数时它会返回链表头部的下一个节点即链表尾部的键值，也就是 MINKEY。类似的，对一个空链表调用 firstid 会返回尾部节点的索引，对这个索引进行操作也不会导致数组越界。最终，获得空链表的第一个键值不会引起错误，因为 qkey 字段一直是被初始化的，无论是在头节点还是尾节点。

4.6　获取链表中进程的基础函数

如何从链表中获取进程[⊖]? 如前所述，从 FIFO 队列的头部获取节点会使得存在时间最长的节点被移除。对于一个优先级队列而言，从头开始寻找将会产生一个优先级最高的节点。同样，从尾部开始会产生一个优先级最低的节点。因此，我们可以构造三个简单有效的处理函数：

- getfirst：获取头节点。
- getlast：获取尾节点。
- getitem：获取任意指针位置的进程。

这三个函数的代码可以在 getitem.c 文件中找到。

63

```
/* getitem.c - getfirst, getlast, getitem */

#include <xinu.h>

/*------------------------------------------------------------------------
 *  getfirst  -  Remove a process from the front of a queue
 *------------------------------------------------------------------------
 */
pid32    getfirst(
           qid16         q           /* ID of queue from which to     */
         )                           /* Remove a process (assumed     */
                                     /*    valid with no check)       */
{
       pid32    head;

       if (isempty(q)) {
               return EMPTY;
       }

       head = queuehead(q);
       return getitem(queuetab[head].qnext);
}
```

⊖　我们将在后面考虑向链表插入一个进程。

```
/*-------------------------------------------------------------
 *  getlast  -  Remove a process from end of queue
 *-------------------------------------------------------------
 */
pid32    getlast(
           qid16          q              /* ID of queue from which to     */
         )                               /* Remove a process (assumed     */
                                         /*   valid with no check)        */
{
        pid32 tail;

        if (isempty(q)) {
                return EMPTY;
        }

        tail = queuetail(q);
        return getitem(queuetab[tail].qprev);
}


/*-------------------------------------------------------------
 *  getitem  -  Remove a process from an arbitrary point in a queue
 *-------------------------------------------------------------
 */
pid32    getitem(
           pid32          pid            /* ID of process to remove       */
         )
{
        pid32   prev, next;

        next = queuetab[pid].qnext;      /* Following node in list        */
        prev = queuetab[pid].qprev;      /* Previous node in list         */
        queuetab[prev].qnext = next;
        queuetab[next].qprev = prev;
        return pid;
}
```

64
65

getfirst 函数接收一个队列 ID 作为参数，通过该参数确定一个非空链表，找到该链表的头节点，然后调用 getitem 从链表中获取进程。同样，getlast 接收一个队列 ID 作为参数，从队尾开始寻找，重复上述过程。这两个函数都返回进程的 ID。

getitem 接收进程 ID 作为参数，从链表中找到这个进程。获取过程包括将原来的前驱节点与后驱节点相互连接，当目标进程从链表中完全删除时，getitem 返回该进程的 ID。

4.7 FIFO 队列操作

我们将看到进程管理器维护的很多链表是由先进先出（FIFO）队列组成的。也就是说，一个新的节点插入链表的尾部，每个节点都是从链表的头部被移除的。例如，调度器可以使用先进先出队列来实现循环调度，即将当前进程放入链表的尾部，并切换到链表头的进程。

文件 queue.c 中的函数 enqueue 和 dequeue 实现的是链表上的 FIFO 操作。因为每个链表都有头、尾节点，所以插入和获取的效率都很高。例如，enqueue 将在尾节点前面插入一个项，而 dequeue 则在头节点后面移除一个项。dequeue 接收一个参数作为链表的 ID，而 enqueue 接收两个参数，分别是要插入的进程 ID 和链表 ID。

```
/* queue.c - enqueue, dequeue */

#include <xinu.h>

struct qentry    queuetab[NQENT];          /* Table of process queues    */

/*------------------------------------------------------------------------
 *  enqueue  -  Insert a process at the tail of a queue
 *------------------------------------------------------------------------
 */
pid32    enqueue(
          pid32        pid,                /* ID of process to insert    */
          qid16        q                   /* ID of queue to use         */
        )
{
        qid16   tail, prev;                /* Tail & previous node indexes */

        if (isbadqid(q) || isbadpid(pid)) {
                return SYSERR;
        }

        tail = queuetail(q);
        prev = queuetab[tail].qprev;

        queuetab[pid].qnext  = tail;       /* Insert just before tail node */
        queuetab[pid].qprev  = prev;
        queuetab[prev].qnext = pid;
        queuetab[tail].qprev = pid;
        return pid;
}


/*------------------------------------------------------------------------
 *  dequeue  -  Remove and return the first process on a list
 *------------------------------------------------------------------------
 */
pid32    dequeue(
          qid16          q                 /* ID queue to use            */
        )
{
        pid32   pid;                       /* ID of process removed      */

        if (isbadqid(q)) {
                return SYSERR;
        } else if (isempty(q)) {
                return EMPTY;
        }
        pid = getfirst(q);
        queuetab[pid].qprev = EMPTY;
        queuetab[pid].qnext = EMPTY;
        return pid;
}
```

|66|

函数 enqueue 调用 isbadpid 来检查参数是否是一个合法的进程 ID。第 5 章将说明

isbadpid 由内联函数组成，它检查 ID 是否在正确的值域内以及对应该 ID 的进程是否存在。

文件 queue.c 包含 xinu.h，后者包含了完整的 Xinu 引用文件：

```
/* xinu.h - include all system header files */

#include <kernel.h>
#include <conf.h>
#include <process.h>
#include <queue.h>
#include <resched.h>
#include <mark.h>
#include <semaphore.h>
#include <memory.h>
#include <bufpool.h>
#include <clock.h>
#include <ports.h>
#include <uart.h>
#include <tty.h>
#include <device.h>
#include <interrupt.h>
#include <file.h>
#include <rfilesys.h>
#include <rdisksys.h>
#include <lfilesys.h>
#include <ether.h>
#include <net.h>
#include <ip.h>
#include <arp.h>
#include <udp.h>
#include <dhcp.h>
#include <icmp.h>
#include <tftp.h>
#include <name.h>
#include <shell.h>
#include <date.h>
#include <prototypes.h>
#include <delay.h>
#include <pci.h>
#include <quark_eth.h>
#include <quark_pdat.h>
#include <quark_irq.h>
#include <multiboot.h>
#include <stdio.h>
#include <string.h>
```

67

将分散的头文件整合为一个单一的头文件对程序员来说非常有用，因为这样做可确保所有相关的定义都是可用的，并且还能保证这些分散的头文件处于一个合理的顺序。在后面的章节中，我们将看到这些头文件的内容。

4.8 优先级队列的操作

进程管理器通常需要从进程的集合中选择一个优先级最高的进程。因此，链表例程必须能够维护每个具有相关优先级的进程链表。在我们的示例系统中，优先级是分配给进程的一个整数。通常，查找具有最高优先级进程的任务经常与插入和删除进程任务进行比较。因此，管理进程链表的数据结构应该这样设计：查找最高优先级进程的操作应该比插入和删除操作更为高效。

许多数据结构被设计成能够存储以优先级方式访问的集合。任何一个这样的数据结构都称为优先级队列。我们的示例系统使用线性链表来存储优先级队列，其中进程的优先级就是链表中的键值。因为链表是按键值降序排列的，所以最高优先级的进程总能在链表头中找到。因此，找到最高优先级进程的开销为常数时间。插入是一个开销更大的操作，因为必须搜索链表来决定在哪个位置插入。

在小型嵌入式系统中，通常一个队列中只有2~3个进程，因此线性链表就足够了。对一个大型系统而言，要么会有大量的元素存储于优先级队列中，要么插入操作的数目远大于元素获取操作的次数，此时线性链表就会显得效率很低。后面的练习将会更深入地指出这一点。

从有序链表中删除并不难，即将第一个节点从链表中移除。当插入一个元素时，则必须保持链表的顺序。该函数需要三个参数：要插入进程的ID、要插入队列的ID，以及进程的 68 整数优先级。插入（如下代码所示）使用 queuetab 中的 qkey 字段来存放进程的优先级。为了在链表中找到正确的位置，插入操作搜索比待插入元素的键值小的元素。在搜索时，整数 curr 遍历整个链表。循环最终必定终止，因为尾节点的键值比最小的有效键值小。一旦找到正确的位置，插入操作通过改变必要的指针来加入新节点。

```
/* insert.c - insert */

#include <xinu.h>

/*------------------------------------------------------------------------
 *  insert  -  Insert a process into a queue in descending key order
 *------------------------------------------------------------------------
 */
status	insert(
	  pid32		pid,		/* ID of process to insert	*/
	  qid16		q,		/* ID of queue to use		*/
	  int32		key		/* Key for the inserted process */
	)
{
	int16	curr;			/* Runs through items in a queue*/
	int16	prev;			/* Holds previous node index	*/

	if (isbadqid(q) || isbadpid(pid)) {
		return SYSERR;
	}

	curr = firstid(q);
	while (queuetab[curr].qkey >= key) {
		curr = queuetab[curr].qnext;
	}

	/* Insert process between curr node and previous node */

	prev = queuetab[curr].qprev;	/* Get index of previous node	*/
```

```
        queuetab[pid].qnext = curr;
        queuetab[pid].qprev = prev;
        queuetab[pid].qkey = key;
        queuetab[prev].qnext = pid;
        queuetab[curr].qprev = pid;
        return OK;
    }
```

69

4.9 链表初始化

上述过程都假设，链表即使为空也要初始化。现在考虑创建一个空链表的代码。之所以在本章末尾考虑创建空链表的代码，是因为这体现了设计过程中的一个要点：

> 初始化是设计中的最后一步。

这可能看起来很奇怪，因为设计者不可能延后初始化这个步骤。然而，一般的设计范例是这样的：第一，设计系统需要的数据结构；第二，规划如何初始化这个数据结构。将"稳态"与"瞬态"区分开来，有助于我们关注设计者最重要的意图，避免因为简单的初始化过程而牺牲优秀的设计。

queuetab 数据结构中表项的初始化是按需进行的。运行中的进程调用函数 newqueue 来创建一个新的链表。系统维护一个全局指针，以指向下一个没有分配的 queuetab 元素。

理论上，链表中的头、尾节点可以被任何没有使用过的 queuetab 的表项初始化。实际上，找到任意一个位置需要调用者存储两个项：链表的头、尾索引。为了优化存储，我们定义以下规则：

> 链表 X 的头、尾节点是由 queuetab 数组中的连续位置分配的，链表 X 的唯一标识符是头节点的索引。

在代码中，newqueue 给 queuetab 数组分配了一对相邻的位置以用作头和尾节点，并且通过将头节点的后继节点设为尾节点、尾节点的前驱节点设为头节点的方式将链表初始化为空。newqueue 将 EMPTY 赋给一个没有使用过的指针（即尾节点的后继节点和头节点的前驱节点）。当初始化一个链表时，newqueue 也设置头节点和尾节点的键值字段，分别赋予最大整数值与最小整数值，这两个数值都不会作为键值使用。只需要一个分配函数，因为可以用链表来实现 FIFO 队列或优先级队列。

一旦结束初始化，newqueue 给调用者返回链表头节点的索引。调用者只需要存储一个值，因为尾节点 ID 可以通过将头节点 ID 加 1 计算出来。

70

```
/* newqueue.c - newqueue */

#include <xinu.h>

/*------------------------------------------------------------------------
 *  newqueue  -  Allocate and initialize a queue in the global queue table
 *------------------------------------------------------------------------
 */
qid16    newqueue(void)
{
```

```
static qid16    nextqid=NPROC;   /* Next list in queuetab to use */
qid16           q;               /* ID of allocated queue        */

q = nextqid;
if (q > NQENT) {                 /* Check for table overflow      */
        return SYSERR;
}

nextqid += 2;                    /* Increment index for next call*/

/* Initialize head and tail nodes to form an empty queue */

queuetab[queuehead(q)].qnext = queuetail(q);
queuetab[queuehead(q)].qprev = EMPTY;
queuetab[queuehead(q)].qkey  = MAXKEY;
queuetab[queuetail(q)].qnext = EMPTY;
queuetab[queuetail(q)].qprev = queuehead(q);
queuetab[queuetail(q)].qkey  = MINKEY;
return q;
}
```

4.10 观点

对进程链表使用单个数据结构，创建通用的链表操作函数，可以减少代码冗余。使用具有相对指针的隐式数据结构可减少内存的使用。对小型的嵌入式系统而言，简洁的代码和数据是非常必要的。对于有着充足空间的系统而言呢？不恰当的设计会导致一个软件占用所有它可以占用的空间，从而导致内存不足。因此在设计的时候，考虑周全是非常必要的。 [71]

4.11 总结

本章描述了用来存储进程的一些链表函数。在我们的示例系统中，进程链表是一个单独的、统一的数据结构——queuetab 数组。操作这些进程链表的函数可以创建 FIFO 队列或者优先级队列。所有的链表都有统一的格式：它们是双向的，每个链表都有一个头和一个尾，每个节点都有一个整数键值。当链表是优先级队列时，键值就会被使用。而当链表是 FIFO 队列时，键值会被忽略。

这种实现只使用了一个数组来存储所有的链表元素，数组中的每一个元素要么是一个进程，要么是链表的头部或者尾部。为了节省空间，Xinu 的实现使用了相对指针和隐式数据结构。此外，同一个链表的头部和尾部总是紧挨着存储在一起的，所以只需要一个相对指针就能同时找出链表的头部和尾部。

练习

4.1 队列数据结构是怎么隐式定义的？

4.2 如果优先级的值从 –8～8，为了在 queuetab 中存储每个键值，需要多少位？

4.3 创建单独的一组函数，其允许创建单链表，然后将元素插入 FIFO 或者优先级队列中。这样做比一般的做法增加多少内存，这样做是否可以降低 CPU 的使用？请解释。

4.4 insert 对所有的键值都正常工作吗？如果不是，则哪些键值导致了失败的情况？

4.5 使用指针而不是使用数组索引来维护链表，请问内存开销和 CPU 处理时间有何变化？

4.6   比较在使用指针和数组索引的两种情况下 isempty 实现的复杂度。

4.7   大型系统有时使用堆来实现优先级队列。什么是堆？当长度为 1～3 的时候，它与双向有序链表相比，谁的代价更大？

4.8   函数 getfirst、getlast、getitem 并不检查它们的参数是否是一个合法的队列 ID。修改这些代码，加入校验。

4.9   将下标转换为内存地址的操作可能使用乘法实现。填充 qentry 大小为 2 字节的幂，然后检查编译后的代码是否是使用位移操作而不是乘法。

4.10 根据之前的练习，检查填充的和未填充数据结构在增加、删除时的速度区别。

4.11 在严格字对齐的架构（比如，某些 RISC 架构）上，如果一个结构中包含了不是 4 字节整数倍的数据，编译器就会产生带有掩码和位移的代码。请尝试改变 qentry 的字段，使数据能够按机器字对齐，同时讨论其对队列表的大小以及获取元素的代码所带来的影响。

72

调度和上下文切换

具有强大的执行力，能够将梦想变为现实的工作，才能够称为真正的工作。

——Max Jacob

5.1　引言

操作系统在计算时通过频繁切换处理器给人以并发执行的幻觉。由于运算速度远快于人的反应，其带来的影响就是——多个任务看上去就像同时处理一样。

上下文切换就是并发执行幻觉的核心，包括停止当前进程、保存足够的信息以便稍后重启该进程，然后启动另一个进程。这一过程困难的地方在于上下文切换时处理器不能停止——处理器必须紧接着执行切换后新进程的代码。

本章介绍上下文切换的基本机制，说明操作系统如何保存当前进程的信息、从状态为 ready 的进程中选择下一个运行的进程，然后把控制权交给它。本章介绍的内容包括记录暂时没有运行的进程的状态的数据结构，以及上下文切换是怎么使用这个数据结构的。目前，我们暂时忽略何时以及为何要切换上下文的问题，在后续章节将解答这些问题并解释操作系统上下文切换的高级操作。

5.2　进程表

操作系统将所有与进程相关的信息记录在进程表中。进程表为当前存在的所有进程都保存一个进程表项。当一个进程被创建的时候，我们需要在进程表中分配一个进程表项，当一个进程结束的时候删除该进程表项。由于在任一时刻有且只有一个进程在执行，所以进程表中也只有一个进程表项对应了活动进程——进程表中保存的状态信息对于正在执行的进程来说是过时的。进程表中的其他项包含了暂时停止执行的进程的相关信息。切换上下文时，操作系统将当前正在运行的进程的信息保存在进程表项中，然后从进程表项中恢复将要执行的进程。

哪些信息需要保存在进程表中？系统必须保存新进程运行时所有可能被破坏的值。以栈为例，因为每个进程有自己单独的栈空间，所以栈的内容不需要保存，然而，在进程运行的时候，它会改变指向栈的指针寄存器。因此，栈指针寄存器的内容必须在进程被暂停时保存，并在进程重新执行时恢复。类似地，其他通用寄存器的值也要保存和恢复。除了硬件信息外，操作系统也在进程表中保存元信息。我们将会看到操作系统如何使用这些元信息实现资源计数、错误避免和其他管理任务。例如，多用户系统的进程表将记录每个进程 ID 属于哪个用户。类似地，如果操作系统限制进程可以调用的内存空间，这个限制也会保存在进程表中。我们将在后续的章节中讲述操作进程的系统函数时详细阐述进程表的细节。

与大多数操作系统相同，我们的示例操作系统设置了最多可同时执行的进程数。在系统代码中，常量 NPROC 定义了进程数的上界；同时，进程表 proctab 也就包含了 NPROC 个表项。proctab 中的每个表项定义了一个进程所需要的 procent 结构体信息。图 5-1 列出了一个进程表项所包含的信息。

字段	目的
prstate	进程的当前状态（比如，进程当前正在执行还是正在等待）
prprio	进程的调度优先级
prstkptr	进程不运行时保存的栈指针的值
prstkbase	内存中用作进程栈的最高地址
prstklen	进程栈的最大值
prname	为了能够让人识别进程所分配的进程名字

图 5-1 Xinu 进程表的主要元素

在示例操作系统中，每个进程都被一个进程 ID 唯一标识。下面的规则给出了进程 ID 和进程表之间的关系：

> 一个进程被它的进程 ID 唯一标识。进程 ID 是进程表中包含该进程状态信息的进程表项的索引。

作为一个使用进程 ID 的例子，我们考虑如何在进程表中找到一个进程的相关信息。ID 为 3 的进程状态信息可以在 proctab[3] 中找到，ID 为 5 的进程状态信息可以在 proctab[5] 中找到。使用数组索引作为 ID 可以高效地定位。当然，使用数组索引也有缺点，一旦一个进程结束了，当该数组项被再次使用的时候，这个进程 ID 会被重用。我们在具体实现时会尽量使重用 ID 的时间间隔变大。或者就像在某些操作系统中使用的方法一样，在一个更大的集合中分配进程 ID。这样做可以避免频繁重用 ID，但是缺点是需要维护一个 ID 和进程表项之间的映射。在后面的练习中提出了结合这两种实现的优点的另一种方法。

proctab 中的每个表项都定义为结构体 procent。结构体 procent 及其他与进程有关的声明保存在 process.h 中。进程表中的某些字段包含了操作系统管理进程所需要的信息（比如，进程结束时需要释放的进程的栈内存信息）。其他字段只是用于调试。比如，prname 字段包括了识别进程的名称字符串，这个字段只有在用户调试或者试图理解当前进程组及其对应的计算时才会被用到。

```
/* process.h - isbadpid */

/* Maximum number of processes in the system */

#ifndef NPROC
#define NPROC           8
#endif

/* Process state constants */

#define PR_FREE         0       /* Process table entry is unused  */
#define PR_CURR         1       /* Process is currently running   */
#define PR_READY        2       /* Process is on ready queue      */
#define PR_RECV         3       /* Process waiting for message    */
```

```
#define PR_SLEEP        4       /* Process is sleeping               */
#define PR_SUSP         5       /* Process is suspended              */
#define PR_WAIT         6       /* Process is on semaphore queue     */
#define PR_RECTIM       7       /* Process is receiving with timeout */

/* Miscellaneous process definitions */

#define PNMLEN          16      /* Length of process "name"          */
#define NULLPROC        0       /* ID of the null process            */

/* Process initialization constants */

#define INITSTK         65536   /* Initial process stack size        */
#define INITPRIO        20      /* Initial process priority          */
#define INITRET         userret /* Address to which process returns  */

/* Inline code to check process ID (assumes interrupts are disabled)  */

#define isbadpid(x)     ( ((pid32)(x) < 0) || \
                          ((pid32)(x) >= NPROC) || \
                          (proctab[(x)].prstate == PR_FREE))

/* Number of device descriptors a process can have open */

#define NDESC           5       /* must be odd to make procent 4N bytes */

/* Definition of the process table (multiple of 32 bits) */

struct procent {                /* Entry in the process table        */
        uint16  prstate;        /* Process state: PR_CURR, etc.      */
        pri16   prprio;         /* Process priority                  */
        char    *prstkptr;      /* Saved stack pointer               */
        char    *prstkbase;     /* Base of run time stack            */
        uint32  prstklen;       /* Stack length in bytes             */
        char    prname[PNMLEN]; /* Process name                      */
        sid32   prsem;          /* Semaphore on which process waits  */
        pid32   prparent;       /* ID of the creating process        */
        umsg32  prmsg;          /* Message sent to this process      */
        bool8   prhasmsg;       /* Nonzero iff msg is valid          */
        int16   prdesc[NDESC];  /* Device descriptors for process    */
};

/* Marker for the top of a process stack (used to help detect overflow) */
#define STACKMAGIC      0x0A0AAAA9

extern  struct  procent proctab[];
extern  int32   prcount;        /* Currently active processes        */
extern  pid32   currpid;        /* Currently executing process       */
```

78

5.3　进程状态

　　为了准确记录进程正在做什么并检验进程操作的有效性，系统给每个进程赋予一个状态。在设计过程中，操作系统设计者定义所有可能的状态。因为很多对进程进行操作的系统函数需要使用这些状态来判定操作是否有效，所以进程状态必须在系统实现前完整定义。

Xinu 使用进程表中的 prstate 字段记录每个进程的状态信息。系统定义了 7 个有效状态，每个状态都有自己的符号常量。系统同时定义了一个额外的常量用于标识未被使用的进程表项（即没有进程使用该进程表项）。文件 process.h 包含了相关的定义。图 5-2 列出了所有的状态符号以及每个符号的意义。

常量	意义
PR_FREE	进程表中的表项未被使用（非实际的进程状态）
PR_CURR	进程当前正在执行
PR_READY	进程就绪
PR_RECV	进程正在等待消息
PR_SLEEP	进程正在等待计时器
PR_SUSP	进程处于挂起状态
PR_WAIT	进程正在等待信号量
PR_RECTIM	进程正在等待计时器或消息（无论哪个先发生）

图 5-2　表示进程状态的 7 个符号常量

因为 Xinu 是嵌入式系统，所以它把所有进程的代码和数据一直存放在内存中。在更大型的操作系统中，系统可以把当前不运行的进程移动到二级存储中。因此，在那些系统中，进程状态也需要表述该进程是否驻留内存或者会被临时移动到磁盘。

5.4　就绪和当前状态

后面章节将具体介绍每个进程状态，并且说明如何以及为什么系统函数要改变进程的状态。而本章后面几节关注就绪（ready）和当前（current）进程状态。

几乎每个操作系统都包含就绪和当前进程状态。一个进程处于就绪状态，即该进程已经做好执行的准备（即有资格）但目前还没有被执行。而一个正在执行的进程称为当前进程。⊖

5.5　调度策略

从当前执行的进程转换到另外一个进程需要两个步骤：从有资格使用处理器的进程中挑选一个，然后将处理器的控制权交给该进程。执行进程选择策略的软件称为调度器。在 Xinu 中，函数 resched 使用以下著名调度策略：

　　　　在任何时候，执行有资格获得处理器服务的优先级最高的进程。在优先级相同的情况下，采用时间片轮转（round-robin）调度策略。

调度需要注意以下两个方面：
- 当前执行的进程包括在有资格进程的集合中。因此，如果进程 p 正在执行，并且它的优先级比其他任何进程的优先级高，则进程 p 将继续执行。
- 术语轮转是指这样的情景：一组 k 个进程具有相同的优先级，且这些进程的优先级比

⊖　回想一下，我们最初的讨论都集中在单核处理器。

其他进程高。轮转调度策略让这组进程中的每个成员都能够依次获得服务，所以在第二轮执行之前每个成员都有资格使用处理器。

5.6 调度的实现

理解调度器的关键在于明白调度器仅仅是一个函数。也就是说，操作系统的调度器不是从一个进程"拿出"CPU 并将其转移到另一个进程的主动代理，而是由某个执行中的进程来调用调度器函数[⊖]。

> 调度器包含由正在执行的进程自愿放弃处理器时所调用的一个函数。

进程的优先级由一个正整数表示，并且给定进程的优先级存储在进程表项的 prprio 字段中。用户给每个进程分配一个优先级来控制进程如何选择执行。市场上还有许多复杂的调度策略，如观察每个进程的行为来动态地调整优先级的调度策略。对于大多数嵌入式系统来说，进程的优先级相对保持静态（一般情况下，进程的优先级在进程创建后就不再改变）。

为了快速地选择新进程，我们的示例系统将所有就绪状态的进程存储在一个链表中，称为就绪链表。在就绪链表中的进程按照进程优先级降序排列。因此，最高优先级进程在链表头的位置，可以快速地被访问。

在我们的示例代码中，就绪链表存储在第 4 章描述的 queuetab 数组中，调度器使用第 4 章中的函数对链表进行更新和访问。也就是说，就绪链表中每个元素的键值由该元素对应进程的优先级组成。全局变量 readylist 包含对应就绪链表的队列 ID。

操作系统是否应该将当前进程保持在就绪链表中？这依赖于具体的实现。整个系统一致遵循的每种解决方案都是可行的。Xinu 实现如下调度策略：

81

> 当前进程不出现在就绪链表中。为了能够快速访问当前进程，当前进程的 ID 存储在一个全局整数变量 currpid 中。

考虑处理器从一个进程切换到另一个进程的情况。当前正在执行的进程放弃处理器。通常，刚才正在执行的进程拥有再次使用处理器的资格。在这种情况下，调度器必须把当前进程的状态改成 PR_READY 并将该进程插入就绪链表中，确保它在稍后能再一次获得服务。但是，如果当前进程不再准备继续执行，则该进程不能放在就绪链表中。

那么调度器如何决定是否将当前进程移到就绪链表呢？在 Xinu 中，调度器不是显式地接收参数来决定如何处理当前进程。相反，该函数使用一个隐式参数：如果当前进程不再保持就绪状态，那么在调用 resched 函数之前，当前进程的 prstate 字段必须设置成所需的下一个状态。每次准备切换到新进程时，resched 检查当前进程的 prstate 字段。如果进程的状态依旧是 PR_CURR，则 resched 认为进程会被再次执行，所以将进程移到就绪链表中。否则，resched 认为进程的下一个状态已经选定。第 6 章将给出一个具体例子。

除了将当前进程移到就绪链表，resched 完成调度和上下文切换的所有细节（除了保存和恢复机器寄存器，这不能通过像 C 语言这样的高级语言直接实现）。resched 选择一个新的进程运行，在进程表中更新该进程的表项，将新进程从就绪链表中移除，使其成为当

⊖ 后续章节会解释一个进程如何以及为什么会调用调度器。

前进程，并且更新 currpid。它同时也会更新抢占计数器，这些我们将在稍后讨论。最后，resched 调用 ctxsw 函数以保存当前进程的硬件寄存器，并为新进程恢复寄存器。这部分的源代码可以从 resched.c 文件中找到：

```
/* resched.c - resched, resched_cntl */

#include <xinu.h>

struct  defer   Defer;

/*------------------------------------------------------------------------
 *  resched  -  Reschedule processor to highest priority eligible process
 *------------------------------------------------------------------------
 */
void    resched(void)              /* Assumes interrupts are disabled      */
{
        struct procent *ptold;   /* Ptr to table entry for old process   */
        struct procent *ptnew;   /* Ptr to table entry for new process   */

        /* If rescheduling is deferred, record attempt and return */

        if (Defer.ndefers > 0) {
                Defer.attempt = TRUE;
                return;
        }

        /* Point to process table entry for the current (old) process */

        ptold = &proctab[currpid];

        if (ptold->prstate == PR_CURR) {  /* Process remains eligible */
                if (ptold->prprio > firstkey(readylist)) {
                        return;
                }

                /* Old process will no longer remain current */

                ptold->prstate = PR_READY;
                insert(currpid, readylist, ptold->prprio);
        }

        /* Force context switch to highest priority ready process */

        currpid = dequeue(readylist);
        ptnew = &proctab[currpid];
        ptnew->prstate = PR_CURR;
        preempt = QUANTUM;                 /* Reset time slice for process */
        ctxsw(&ptold->prstkptr, &ptnew->prstkptr);

        /* Old process returns here when resumed */

        return;
}
```

```
/*------------------------------------------------------------------------
 *  resched_cntl  -  Control whether rescheduling is deferred or allowed
 *------------------------------------------------------------------------
 */
status  resched_cntl(                  /* Assumes interrupts are disabled   */
          int32 defer                  /* Either DEFER_START or DEFER_STOP  */
        )
{
        switch (defer) {
            case DEFER_START:    /* Handle a deferral request */

                if (Defer.ndefers++ == 0) {
                        Defer.attempt = FALSE;
                }
                return OK;

            case DEFER_STOP:     /* Handle end of deferral */
                if (Defer.ndefers <= 0) {
                        return SYSERR;
                }
                if ( (--Defer.ndefers == 0) && Defer.attempt ) {
                        resched();
                }
                return OK;

            default:
                return SYSERR;
        }
}
```

83

resched 通过检查全局变量 Defer.ndefers 来判断重新调度是否被延迟。如果被延迟，resched 会设置全局变量 Defer.attempt 来表明在延迟阶段有过一次尝试，然后返回。就像下面介绍的，延迟重新调度一般用于操作系统在选择一个进程运行之前需要使多个进程都准备好的情况。比如某些 I/O 硬件在一次中断内发出了多条数据，同时有多个进程，其中每个进程都在等待读取一条数据，操作系统就需要同时处理这些进程。这样我们就明白调度可以暂时延迟这个问题了。

一旦通过延迟条件测试，resched 就检查如上所述的隐式参数：当前进程的状态。如果进程状态变量包含 PR_CURR 并且当前进程的优先级在系统中是最高的，则 resched 返回，当前进程继续运行。如果进程状态表明当前进程应该再次使用 CPU，但是当前进程不具有最高优先级，则 resched 将当前进程放入就绪链表。然后，resched 取出就绪链表首部的进程（最高优先级的进程）并执行上下文切换。

因为每个并发进程都有自己的指令指针，想象上下文切换如何发生可能是非常困难的。为了说明并发性是如何操作的，设想进程 P_1 正在运行并且调用 resched。如果 resched 选择切换到进程 P_2，则进程 P_1 将在调用 ctxsw 处停止。一旦进程 P_2 开始运行，它可以执行任意的代码。稍后，当 resched 切换回 P_1 时，执行点将在离开处——调用 ctxsw 处恢复。P_1 的执行位置不会因为 P_2 使用过 CPU 而改变。当进程 P_1 再次运行时，对 ctxsw 的调用将返回给 resched。后面章节将详细介绍上下文切换的处理细节。

84

5.7 推迟重新调度

尽管我们的调度策略要求执行最高优先级的就绪进程，但 resched 允许调度暂时延迟。这是由于某些操作系统函数会同时将多个进程移动到就绪链表中。比如考虑一个计时器，如果两个以上的进程延迟到期时间完全一样，那么操作系统就需要将它们全部移到就绪链表。关键的问题是就绪的一个或多个进程可能比当前正在执行的进程拥有更高的优先级。然而，在移动过程中就进行重新调度可能会导致不完整和不正确的操作。特别是，在一个进程就绪之后的重新调度会使得这个进程开始执行，即使其他进程拥有更高的优先级。我们会在第 7 章介绍一个例子，现在，我们只需要明白这样的情况是可能发生的。

对于多进程的解决方法是暂时延缓调度策略，函数 resched_cntl 提供了这样的机制。在任何时候，一个进程可以调用

resched_cntl(DEFER_START)

来延迟重新调度，然后调用

resched_cntl(DEFER_STOP)

来结束延迟，继续正常操作。

为了允许嵌套函数调用请求延迟，我们使用一个全局计数器 Defer.ndefers，其初始值为 0。当请求延迟时，Defer.ndefers 加 1。当延迟阶段结束后，Defer.ndefers 减 1。只要计数变量为正，resched 只是记录请求，然后直接返回而不进行上下文切换。当 Defer.ndefers 变为 0 时，resched_cntl 会检查 Defer.attempt 来判断在延迟阶段是否有 resched 被调用过，如果有，resched_cntl 在返回前会调用 resched。

5.8 上下文切换的实现

因为寄存器和硬件状态不能通过高级语言直接操作，所以 resched 调用一个用汇编语言编写的函数 ctxsw 来执行从一个进程到另一个进程的上下文切换。当然，ctxsw 的代码依赖于具体的机器。最后一步包括重新设置程序计数器（即跳转到新进程的位置）。在 Xinu 中，程序的所有部分都保留在内存中，因此新进程的代码段也在内存中。关键之处在于操作系统必须在跳转进入新进程之前加载新进程的所有其他状态变量。一些体系结构包含用于上下文切换的两条原子指令：一条将处理器状态信息存储在连续的内存单元中，另外一条从连续的内存单元中加载处理器状态信息。在这种体系结构中，上下文切换代码执行一条指令将处理器状态保存在当前进程栈中，用另一条指令加载新进程栈的处理器状态。当然每条指令都花费多个指令周期。RISC 体系结构通常用指令序列来实现 ctxsw，其中一个指令序列的每条指令保存一个寄存器，另一个指令序列的每条指令加载一个寄存器。

5.9 内存中保存的状态

为了理解 ctxsw 如何保存处理器状态，想象我们可以看到一个系统的内存，内存中有 3 个进程，其中 2 个就绪，1 个正在运行。每个进程拥有一个私有栈，运行中的进程正在使用它的栈，即硬件栈指针正在指向这个进程的栈顶。⊖当调用函数时，进程将寄存器的数据

⊖ 栈在内存中向下增长，所以栈顶是进程栈空间中使用的最低地址。

存入栈中，并且为局部变量和被调用函数需要的临时存储分配栈空间。当函数返回时，保存的项会从栈中弹出。

上下文切换函数会在进程栈上保存这个进程的机器状态信息。也就是说，在上下文切换之前，在进程栈上保存了这个进程的所有相关信息。想象在一个时间点冻结系统，然后考虑那两个暂时没有运行的进程。在它们运行时，两个进程分别在其堆栈上保存状态信息，因为在处理器转到另一个进程之前，每个进程最后一步都执行了上下文切换。因此当我们观察内存时，这两个进程在栈顶都保存了状态信息。见图5-3。

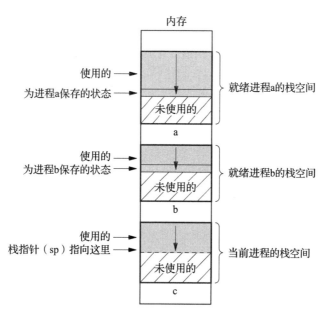

图5-3　内存中栈的解释（a 和 b 为处于就绪链表中的进程，c 为正在执行的进程）

5.10　上下文切换操作

样例函数 ctxsw 接受两个参数：一个当前进程的进程表项的指针，以及新进程的进程表项的指针。

- 在 ctxsw 被调用时，执行将处理器寄存器的值压入当前运行的进程（即旧进程）栈中的指令。
- 在当前进程的进程表项中保存栈指针，并读取"新"进程的栈指针。
- 执行将从新进程栈中恢复处理器寄存器值的指令。
- 返回调用 ctxsw 的新进程中的函数。

由于上下文切换包含了对处理器寄存器的直接操作，相关代码是使用汇编语言编写的。除了保存一份通用寄存器的值的拷贝，大多数处理器还需要一个上下文切换来保存内部硬件寄存器的值，如状态寄存器（即记录上次算术运算结果为正、负或零的寄存器）。

在第二步中，保存和恢复栈指针的过程是通过传递两个参数给 ctxsw 来完成的。第一个参数给出了进程表中当前进程栈指针应当被存储的地址位置，第二个参数给出了进程表中新进程的栈指针先前被存储的地址位置。因此，在为当前进程保存栈指针时，上下文切换仅需要对第一个参数解引用。同样，为了获取新进程的栈指针，上下文切换也仅需要对第二个参数解引用。我们将会看到，在 Intel 处理器上，其中一个通用寄存器的值必须被保存，因为解引用的过程需要使用它。在 ARM 体系结构上，调用序列要求调用者保存 r0 到 r3 寄存器（作用是传递参数）。因为上下文切换函数只包含两个参数，只有 r0 和 r1 寄存器包含参数的值，所以 ARM 上下文切换代码可以使用 r2 或 r3 中的任一个。

在第二步之后，硬件栈指针指向了新进程的栈。ctxsw 提取了该进程栈上的一系列值，并将这些值装载到处理器寄存器中。随后将会介绍 Intel 和 ARM 平台的相关代码。

5.10.1 Galileo（Intel）

在 Intel 平台如 Galileo 上，上下文切换始于在当前栈（即旧进程的栈）上为旧进程保存寄存器值。首先是压入 EBX 寄存器的值（这样 EBX 就可被用于访问参数了）。随后压入状态标志寄存器 flags 和所有通用寄存器的值。之后上下文切换代码在第一个参数指定的位置保存旧进程的栈指针，并从第二个参数指定的位置获取新进程的栈指针的值。一旦栈指针发生了切换，ctxsw 会恢复新进程之前保存的寄存器（通用寄存器、状态标志寄存器 flags 以及 EBX）的值。最后，ctxsw 返回。注意到，当返回发生时，新进程就开始执行。Intel 处理器包含了一条将所有寄存器压栈的机器指令（pushal），以及一条将所有寄存器值从栈中恢复的机器指令（popal）。文件 ctxsw.S 包含了相关代码。

```
/* ctxsw.S - ctxsw (for x86) */

                .text
                .globl  ctxsw


/*------------------------------------------------------------------------
 * ctxsw  -  X86 context switch; the call is ctxsw(&old_sp, &new_sp)
 *------------------------------------------------------------------------
 */

ctxsw:
                pushl   %ebp            /* Push ebp onto stack          */
                movl    %esp,%ebp       /* Record current SP in ebp     */
                pushfl                  /* Push flags onto the stack    */
                pushal                  /* Push general regs. on stack  */

                /* Save old segment registers here, if multiple allowed */

                movl    8(%ebp),%eax    /* Get mem location in which to */
                                        /*   save the old process's SP  */
                movl    %esp,(%eax)     /* Save old process's SP        */
                movl    12(%ebp),%eax   /* Get location from which to   */
                                        /*    restore new process's SP  */

                /* The next instruction switches from the old process's */
                /*    stack to the new process's stack.                 */

                movl    (%eax),%esp     /* Pop up new process's SP      */

                /* Restore new seg. registers here, if multiple allowed */

                popal                   /* Restore general registers    */
                movl    4(%esp),%ebp    /* Pick up ebp before restoring */
```

```
                          /*    interrupts            */
        popfl             /* Restore interrupt mask   */
        add   $4,%esp     /* Skip saved value of ebp  */
        ret               /* Return to new process    */
```

5.10.2 BeagleBone Black（ARM）

ARM平台（如 BeagleBone Black）的上下文切换几乎与 Intel 执行了相同的步骤。在 ARM 处理器上，协处理器会保存内部硬件状态寄存器。因此，要保存一份状态寄存器的拷贝，上下文切换必须从协处理器中获取相关值。指令 mrs 将协处理器的状态值移动到一个指定的通用寄存器中。正如上文所描述，示例代码使用了 r3 寄存器，因为调用序列允许被调用的函数修改 r3。一旦获得状态寄存器的值，代码会在当前进程栈上保存 r3～r12，以及 lr 寄存器的值的拷贝。随后代码会依次在第一个参数指定的位置保存旧进程的栈指针，并从第二个参数指定的位置获取新进程的栈指针的值，从栈中恢复 r3～r12 和 lr 寄存器的值，从 r3 寄存器中恢复状态寄存器的值并返回。

由于 ARM 处理器使用了 RISC 技术，它并不包含可以存储多个寄存器值或恢复多个寄存器值的机器指令。与之相反，一条给定的指令只能保存（即 push）或恢复（即 pop）一个寄存器的值。因此，上下文切换代码可能是开始于一系列语句，每一条语句将一个寄存器压栈：

```
push r3
push r4
push r5
push r6
push r7
push r8
push r9
push r10
push r11
push r12
push lr
```

并结束于一系列指令，其中每条指令从栈中弹出一个寄存器的值：

```
pop lr
pop r12
pop r11
pop r10
pop r9
pop r8
pop r7
pop r6
pop r5
pop r4
pop r3
```

有趣的是，示例代码中不包含这样的指令序列。取而代之，代码使用了汇编程序指令，汇编器会解析并产生多条指令。例如，

```
push {r3-r12, lr}
```

让汇编器产生一系列指令，其中每条都 push 列出的一个寄存器。同样，

```
pop {r3-r12, lr}
```

使得汇编器产生一系列 pop 指令。汇编器产生的 pop 序列的顺序与 push 序列的正好相反，
正如上文所列出的一样。文件 ctxsw.S 包含了相关代码。

90

```
/* ctxsw.S - ctxsw (for ARM) */

        .text
        .globl   ctxsw


/*-----------------------------------------------------------------
 * ctxsw -  ARM context switch; the call is ctxsw(&old_sp, &new_sp)
 *-----------------------------------------------------------------
 */

ctxsw:
        push     {r0-r11, lr}        /* Push regs 0 - 11 and lr       */
        push     {lr}                /* Push return address           */
        mrs      r2, cpsr            /* Obtain status from coprocess. */
        push     {r2}                /*    and push onto stack        */
        str      sp, [r0]            /* Save old process's SP         */
        ldr      sp, [r1]            /* Pick up new process's SP      */
        pop      {r0}                /* Use status as argument and    */
        bl       restore             /*    call restore to restore it */
        pop      {lr}                /* Pick up the return address    */
        pop      {r0-r12}            /* Restore other registere       */
        mov      pc, r12             /* Return to the new process     */
```

5.11 重新启动进程执行的地址

在上下文切换时有一个潜在的问题，即处理器有可能改变寄存器。因此必须小心，因
为一旦寄存器的值被保存了，之后的修改在进程重新运行时会丢失。幸运的是，在上下文切
换被调用时，标准调用序列可帮助保存和恢复寄存器信息。指令指针（即程序计数器）的保
存比较麻烦，因为保存这个值意味着当进程重新运行时会在保存的位置重新执行。如果在上
下文切换完成之前保存指令指针值，进程会在上下文切换位置之前重新运行。ctxsw 的代
码展示了这个问题是如何解决的，指令指针并不同寄存器一起被保存到栈上，我们只保存
ctxsw 应该返回的地址。

为了理解这一点，考虑一个正在执行的进程 P，它调用了 resched，然后调用 ctxsw。
我们假设 P 重新运行的唯一方式是其他进程调用 ctxsw。因此如果我们保存了返回地址，
当 P 重新运行时，ctxsw 会回到这个位置，同正常的函数执行过程一样。

91

当一个进程重新运行时，它会在 resched 中调用 ctxsw 的位置之后继续执行。

我们假设在 ctxsw 之外没有发生上下文切换，即所有进程必须调用 resched 来进行上
下文切换，然后 resched 调用 ctxsw。因此，如果我们在任意时刻冻结系统并检查内存，
每个就绪进程所保存信息的返回地址是相同的——在 resched 中调用 ctxsw 之后的地址。
然而，每个进程都有自己的函数调用栈，意味着当一个进程恢复执行并且从 resched 返回

时，可能会返回到与其他进程不一样的调用者中。

　　函数返回的概念是保持系统设计整洁的一个重要因素。函数调用向下处理，通过系统的各个层次，且每个调用都返回。为了在每一层都规范设计，调度器 resched、上下文切换 ctxsw 都类似于其他函数的调用和返回。概括来讲：

　　　　在 Xinu 中，每个函数，包括调度器和上下文切换，最终都返回到它的调用者。

　　当然，重新调度允许其他进程执行，并且可能执行任意长时间（依赖于进程优先级）。因此，在调用 resched、调用返回和进程重新执行之间可能有比较长的一段延时。

5.12　并发执行和空进程

　　并发执行抽象是完整和绝对的。也就是说，操作系统将所有的计算视为进程的一部分——CPU 不能临时停止执行进程而去执行另外一小段单独的代码。调度器的设计反映了如下准则：调度器的唯一功能就是使处理器在正在执行和一系列准备执行的进程之间进行切换。调度器不能执行进程之外的任何代码，也不能创建新的进程。图 5-4 说明了进程可能的状态转换。

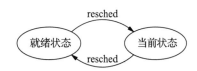

图 5-4　进程在就绪状态和当前状态之间切换的状态转换图

　　我们将看到一个进程不会总是处于准备执行状态。例如，当等待 I/O 操作完成或者需要使用正在被使用的共享资源时，进程就会停止执行。那么，如果所有进程都在等待 I/O 操作呢？由于代码在设计时假设在任何时候都至少有一个合适的进程可以调度运行，所以 resched 将会失败。在当前正在执行的进程被阻塞时，resched 从就绪链表中取出第一个进程而不检测链表是否为空。如果链表为空，就会造成错误结果。综上所述：

　　　　因为操作系统只能将 CPU 从一个进程切换到另一个进程，所以在任何时候都至少存在一个进程处于准备执行状态。

　　为了保证至少有一个进程总是处于准备执行状态，Xinu 使用一个标准技术：它在系统启动时创建一个称为空（null）进程的额外进程。空进程的进程 ID 为 0、优先级为 0（比任何进程的优先级都低）。空进程代码包含无限循环，将在第 22 章中说明。由于所有其他进程都必须有高于 0 的进程优先级，所以调度器只有在不存在其他准备执行的进程时才会切换到空进程。本质上，当其他所有进程都被阻塞时（如等待 I/O 操作完成），操作系统才会将 CPU 切换到空进程$^{\ominus}$。

5.13　使进程就绪和调度常量

　　由于上下文切换需要把一个进程从就绪链表移出，并且（可能）把当前进程放入就绪链表，因此 resched 直接对就绪链表进行操作。我们将会看到很多其他操作都需要使进程对处理器服务准备就绪。这个操作出现得很频繁，因此我们设计了一个名为 ready 的函数来实现。

　　ready 接受一个可以标识进程 ID 的参数，然后使这个进程准备就绪。我们的调度策略要求在任意时刻最高优先级的进程必须优先执行。每个操作系统函数都应该维持一个调度常

$\ominus$　某些处理器包含特殊的指令，这些指令在空进程中用于停止处理器执行直到发生中断。使用这些特殊指令可减少处理器的能耗。

量：最高优先级的进程应该始终在运行，而不论是在某个函数被调用之前还是返回之后。如果一个函数改变了进程的状态，这个函数必须调用 resched 来重置这个常量。所以当一个高优先级的进程进入就绪链表时，ready 调用 resched 来保证这个策略。文件 ready.c 包含了相关的代码。

```
/* ready.c - ready */

#include <xinu.h>

qid16    readylist;                         /* Index of ready list        */

/*------------------------------------------------------------------------
 *  ready  -  Make a process eligible for CPU service
 *------------------------------------------------------------------------
 */
status  ready(
          pid32           pid             /* ID of process to make ready  */
        )
{
        register struct procent *prptr;

        if (isbadpid(pid)) {
                return SYSERR;
        }

        /* Set process state to indicate ready and add to ready list */

        prptr = &proctab[pid];
        prptr->prstate = PR_READY;
        insert(pid, readylist, prptr->prprio);
        resched();

        return OK;
}
```

5.14 其他进程调度算法

进程调度曾经是操作系统中的一个重要课题，研究人员已经提出许多调度算法来替代像 Xinu 中所用的轮转调度算法。例如，有一种策略衡量进程执行的 I/O 量，并把处理器交给花费最多时间执行 I/O 的那个进程。支持者认为，因为 I/O 设备的速度比处理器的慢，所以选择一个执行 I/O 的进程能够增加系统的总吞吐量。

由于调度的方法有限，测验 Xinu 中的调度策略是很容易的。一般来说，改变 resched 和 ready 就能改变调度策略。当然，如果新调度策略使用了 Xinu 中没有收集的数据（比如进程 I/O 时间），那么需要修改其他函数来记录相应的数据。

5.15 观点

调度和上下文切换最有趣的方面在于，它们嵌入正常计算中并成为其中的一部分。也就是说，与操作系统及用户进程分开实现不同，这里的操作系统代码是进程本身执行的。因此，系统没有额外的进程用来停止处理器执行一个应用程序并切换到另一个进程，调度和上下文切换是作为函数调用的副作用（side effect）而存在的。

我们将会看到，使用进程执行操作系统代码会影响到设计。当程序员编写操作系统函数时，必须考虑并发进程的执行。同样，使用进程执行操作系统代码还会影响系统如何与 I/O 设备交互，以及如何处理中断。

5.16　总结

调度和上下文切换形成了并发执行的基础。调度指的是从有资格执行的进程中挑选一个。上下文切换即停止一个进程并开始一个新的进程。为了跟踪进程，系统使用一个称为进程表的全局数据结构。每当它暂时挂起一个进程时，上下文切换将进程的处理器状态保存在进程栈中，并在进程表中放置一个栈指针。当重新启动一个进程时，上下文切换从进程栈中重新加载处理器状态信息，并从上下文切换函数调用的返回点恢复执行进程。

为了确定一个操作何时是允许的，每个进程都被分配了一个状态（state）。正在使用处理器的进程被分配为当前（current）状态，有资格使用处理器但当前没有执行的进程被分配为就绪（ready）状态。因为必须保证在任何时间至少有一个进程能够执行，所以操作系统在启动时创建了一个称为空进程（null process）的额外进程。空进程的优先级为 0，而所有其他进程的优先级均大于 0。因此，空进程只有在没有其他可运行的进程时才运行。

本章介绍了三个在当前状态和就绪状态之间进行切换的函数。`resched` 执行调度，`ctxsw` 执行上下文切换，`ready` 使得一个进程有资格执行。

练习

5.1　如果操作系统共有 N 个进程，那么在给定时间内有多少进程可以处于就绪链表中？请解释。

5.2　操作系统的函数如何知道在给定的时间内哪个进程正在执行？ 95

5.3　重写 `resched` 函数，要有一个显式的参数表明正在执行进程的处理结果（即表明调用 `resched` 后该进程的状态），并检查生成的汇编代码以确定在每种情况下执行的指令数。

5.4　上下文切换期间执行的基本步骤是什么？

5.5　研究另一个硬件架构（例如，SPARC 或 MIPS），并确定什么样的信息需要在上下文切换期间保存下来。

5.6　需要多少内存来存储一个 MIPS 处理器的状态？哪些寄存器必须保存？为什么？处理器的标准调用规约如何影响结果？

5.7　假设进程 k 已在就绪链表中。当进程 k 变成当前状态时，执行将从哪里开始？

5.8　为什么需要一个空进程？

5.9　考虑对存储处理器状态的代码进行修改，将其存储在进程表而不是进程栈中（即假设进程表项中包含一个数组，以保存寄存器的内容）。每种方法的优点是什么？

5.10　在练习 5.9 中，在进程表中保存寄存器信息增加还是减少了上下文切换期间执行的指令数？

5.11　设计一个双核处理器（即包含两个可以并行执行的独立处理器核的处理器）的调度策略。

5.12　扩展练习 5.11：说明在一个核上执行 `resched` 可能需要改变正运行在另一个核上的进程（注：许多双核处理器操作系统通过指定所有操作系统函数（包括调度）运行在其中一个核上来避免这个问题）。

5.13　变量 `Defer.attempt` 记录了在延迟调度期间是否有 `resched` 被调用，但是并没有记录是否发生上下文切换。是否需要重写代码，以记录是否需要调度而不是 `resched` 是否被调用过？为什么？ 96

更多进程管理

当人们停止恐惧之时，正是科学兴旺之时。

——佚名

6.1 引言

第 5 章讨论了并发执行抽象和执行过程。本章介绍操作系统如何在一个表中存储进程的信息，以及如何为每个进程分配一个状态。第 5 章还介绍了进程调度和上下文切换的概念，展示了调度器如何完成一个调度策略，以及进程如何在就绪状态和当前状态之间切换。

本章将扩展操作系统中进程管理函数的知识。本章介绍一个新的进程是如何产生的，以及当进程退出时会发生什么。本章还介绍了允许一个进程暂时挂起的进程状态，并探讨在当前、就绪和挂起状态之间切换进程的方法。

6.2 进程挂起和恢复

操作系统函数有时需要暂时停止一个正在执行的进程，并在一段时间后恢复其执行。已停止的进程处于"假死"状态。例如，"假死"可以应用在进程等待几个重启条件发生时，而无须知道哪个条件首先发生。

实现操作系统功能的第一步是定义一组操作。在"假死"情况下，理论上仅靠两个操作就可以提供所有需要的功能：

- 挂起：停止一个进程并将其设置为"假死"（即让进程不能使用处理器）。
- 恢复：继续执行之前挂起的进程（即让进程可以再次使用处理器）。

因为不能使用处理器，所以一个挂起的进程不能保持就绪（READY）或当前（CURRENT）状态。因此，必须引入一个新的状态。我们称这个状态为挂起，然后在状态图中加入这个新状态并将它与某些状态转换关联起来。图 6-1 展示了拓展后的状态图，总结了挂起和恢复如何影响进程的状态。结果图说明了在就绪、当前和挂起状态之间的可能转换。

6.3 自我挂起和信息隐藏

尽管图 6-1 中的每个状态转换都对应一个特定函数，但进程挂起和进程调度还是存在着一个重要的区别：进程挂起允许一个进程挂起另一个进程，而并不仅仅是作用在当前进程上。更重要的是，因为一个挂起的进程不能恢复它自身，所以必须允许一个正在执行的进程恢复一个之前被挂起的进程。因此，挂起和恢复均需要指定应该被执行挂起或恢复操作的进程 ID。

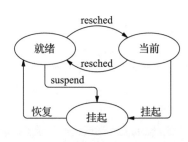

图 6-1 当前、就绪和挂起状态之间的转换

一个进程可以挂起自身吗？是的。为了这么做，进程必须获取自身进程 ID 并将其作为参数传递给挂起函数。实现很明显，由于全局变量 currpid 记录了当前正在执行的进程的 ID，所以一个自我挂起可以如下实现：

```
suspend( currpid );
```

然而，一个设计良好的操作系统应遵循信息隐藏的原则：不暴露实现细节。因此，Xinu 并不允许进程直接接触全局变量，如 currpid，而是调用一个叫作 getpid 的函数来获取自身进程 ID。因此，要挂起自身，进程应这样调用：

```
suspend( getpid( ) );
```

在上述例子里 getpid 的实现仅仅返回了 currpid 的值，这看起来似乎没有什么必要性。然而，当考虑改动操作系统时，信息隐藏的好处就会体现出来。如果所有进程都调用 getpid，设计者可以改变进程 ID 的存储位置和存储方式的细节，而不需要改变其他代码。

这里的重点在于：

> 好的系统设计遵循信息隐藏的原则，除非实在有必要，否则不应暴露实现细节。隐藏这些细节，使得可以在不重写调用函数代码的情况下，更改函数的实现。

6.4　系统调用

理论上，进程恢复是简单的。进程必须处于就绪状态下并插入就绪链表的正确位置。由于第 5 章描述的 ready 函数执行这两个任务，所以看起来恢复函数好像是不需要的。然而实际上，恢复函数增加了一层额外的保护：它不考虑调用者或参数的正确性，任意一个进程可以在任意时间以任意参数调用恢复函数。

我们使用系统调用这个术语来区别恢复函数和就绪这样的内部函数。一般来说，我们认为一组系统调用就是定义了一种从外部观察操作系统的视角——应用程序进程调用系统调用来获取服务。除了增加一层保护外，系统调用接口是另一个信息隐藏的例子：应用程序对内部实现并不知晓，仅仅使用一组系统调用来获取服务。我们将会看到系统调用函数和其他函数的区别。下面总结一下：

> 系统调用为应用程序定义了操作系统服务，它保护系统以避免非法使用，并隐藏底层实现。

为了提供保护，系统调用会做底层函数不做的三个工作：
- 检查所有参数。
- 确保修改会保留全局数据结构状态的一致性。
- 向调用者报告成功或失败。

本质上，系统调用并不对调用它的进程做任何假设。因此，系统调用会检查每个参数，而不是假设调用者提供了正确而有意义的参数。更重要的是，许多系统调用会改变操作系统的数据结构，如进程表和以队列存储的进程链表。系统调用必须确保没有其他进程试图同时改变数据结构，否则会产生不一致性。因为系统调用不能假定在何种情况下被调用，所以必须采取措施以防止在数据结构被修改时其他进程并发执行。这包含两个方面：
- 避免该系统调用进行任何自动让出处理器的函数调用。

- 禁用中断以防止被迫让出处理器。

为了防止自动让出处理器，系统调用必须避免直接或间接地调用 resched。也就是说，当修改正在进行时，系统调用不能直接调用 resched 或者任何调用 resched 的函数。为了防止被迫让出处理器，系统调用禁止中断直至修改完成。在第 13 章中，我们将明白其中的原因：硬件中断可以导致重新调度，因为某些中断例程会调用 resched。

参照 resume.c 中的代码，系统调用的例子将有助于阐明这两个方面：

```c
/* resume.c - resume */

#include <xinu.h>


/*------------------------------------------------------------------------
 *  resume  -  Unsuspend a process, making it ready
 *------------------------------------------------------------------------
 */
pri16    resume(
           pid32            pid            /* ID of process to unsuspend  */
         )
{
         intmask mask;                     /* Saved interrupt mask         */
         struct  procent *prptr;           /* Ptr to process' table entry  */
         pri16   prio;                     /* Priority to return           */

         mask = disable();
         if (isbadpid(pid)) {
                 restore(mask);
                 return (pri16)SYSERR;
         }
         prptr = &proctab[pid];
         if (prptr->prstate != PR_SUSP) {
                 restore(mask);
                 return (pri16)SYSERR;
         }
         prio = prptr->prprio;             /* Record priority to return    */
         ready(pid);
         restore(mask);
         return prio;
}
```

6.5 禁止和恢复中断

resume 函数中的代码会检查参数 pid，以确保调用者提供了一个有效的进程 ID 并且指定的进程处于挂起状态。然而，在执行任何操作之前，resume 函数首先保证中断不会发生（即除非 resume 函数调用导致上下文切换的操作系统函数，否则上下文切换不会发生）。为了控制中断，resume 函数使用如下一对函数[⊖]：

- 函数 disable 禁止中断并且返回先前的中断状态给调用者。
- 函数 restore 从先前保存的值中重新载入中断状态。

resume 函数将在入口处立即禁止中断。resume 函数可以在两种情况下返回：检测到

⊖ 第 12 章解释中断处理的细节。

一个错误或者 resume 函数成功地完成操作请求。无论哪种情况，resume 函数都必须在返回前调用 restore 函数，以重置中断状态，使调用者使用的值与调用开始时相同。

没有编写操作系统代码经验的程序员往往期望系统调用返回前启用中断。然而，restore 函数更具一般性。因为它恢复了中断，而不是简单地启用它们，所以在调用期间无论中断是启用的还是禁止的，resume 函数都能正确工作。一方面，如果一个函数调用 resume 函数时禁止了中断，那么调用也将以中断禁止的状态返回。另一方面，如果一个函数调用 resume 函数时启用了中断，那么调用也将以中断启用的状态返回。

> 系统调用必须禁止中断以阻止其他进程改变全局数据结构，使用一个禁止/恢复范式可增加一般性。

6.6 系统调用模板

我们可以从另一个角度来思考中断处理，将注意力集中到系统函数必须维护的不变性上：

> 操作系统函数必须总是以它被调用时一样的中断状态返回给其调用者。

为了确保这个不变性，操作系统函数遵循图 6-2 阐明的通用方法。

```
syscall function_name ( args )  {

        intmask mask;                /* Saved interrupt mask            */

        mask = disable( );           /* Disable interrupts at start of function */

        if ( args are incorrect ) {
                restore(mask);       /* Restore interrupts before error return */
                return SYSERR;
        }

        ... other processing ...

        if ( an error occurs ) {
                restore(mask);       /* Restore interrupts before error return */
                return SYSERR;
        }

        ... more processing ...

        restore(mask);               /* Restore interrupts before normal return*/
        return appropriate value ;

}
```

图 6-2　操作系统函数的通用形式

6.7 系统调用返回值 SYSERR 和 OK

我们将看到有些系统调用返回一个与正在执行的函数相关的值，另一些仅仅返回一个状态以指示调用成功。resume 函数是前者的一个例子：它返回被恢复进程的优先级。在 resume 函数的例子中，必须注意在调用 ready 之前记录优先级，因为要恢复的进程的优先级可能高于当前执行的进程。因此，一旦 ready 把指定的进程放置就绪链表中并调用

resched 时, 就可能开始执行新的进程。事实上, 任意延迟都可能发生在 resume 调用 ready 和调用执行期间。在延迟期间, 可以执行任意数量的其他进程, 并且这些进程可能 会终止。因此, 为了确保在恢复时, 返回的优先级反映了被恢复进程的优先级, resume 函数在调用 ready 函数之前将一个副本放置局部变量 prio 中, resume 函数使用该局部副本作为返回值。

为了获取状态报告, Xinu 定义了两个常量作为整个系统中使用的返回值。函数返回 SYSERR, 表明在处理过程中发生了错误。也就是说, 如果参数不正确 (如超出可接受的范围) 或请求的操作无法成功完成, 系统函数返回 SYSERR。有的函数如 ready 函数不会计算一个特定的返回值, 而使用常量 OK 表明操作成功。

6.8　挂起的实现

如图 6-1 所示, suspend 函数只能用于处于运行或者就绪状态的进程。对于就绪进程, 挂起操作的实现并不复杂, 只需要从就绪链表中移除该进程, 并且修改进程状态为挂起即可。在从就绪链表中删除该进程并修改进程状态为 PR_SUSP 之后, suspend 函数将恢复中断并且返回给调用者。被挂起的进程不会占用处理器直到其再次恢复执行为止。

挂起当前进程几乎一样简单, 唯一巧妙的一点就是 resched 使用了一个隐含参数来指明如何处置调用函数的进程。回顾第 5 章的内容, 如果调用者不想再次占用处理器, 这个调用者必须在调用 resched 之前设置其自身的状态。因此, 如果要挂起当前进程, suspend 必须先将当前进程的状态设为 PR-SUSP, 然后再调用 resched, 换句话说, suspend 设置当前进程的状态为所期望的下一个状态。

105

在 suspend.c 文件中能够找到 suspend 函数的实现代码。

```
/* suspend.c - suspend */

#include <xinu.h>

/*------------------------------------------------------------------------
 *  suspend  -  Suspend a process, placing it in hibernation
 *------------------------------------------------------------------------
 */
syscall suspend(
          pid32          pid          /* ID of process to suspend    */
        )
{
        intmask mask;                 /* Saved interrupt mask        */
        struct  procent *prptr;       /* Ptr to process' table entry */
        pri16   prio;                 /* Priority to return          */

        mask = disable();
        if (isbadpid(pid) || (pid == NULLPROC)) {
                restore(mask);
                return SYSERR;
        }

        /* Only suspend a process that is current or ready */

        prptr = &proctab[pid];
```

```
        if ((prptr->prstate != PR_CURR) && (prptr->prstate != PR_READY)) {
                restore(mask);
                return SYSERR;
        }
        if (prptr->prstate == PR_READY) {
                getitem(pid);                   /* Remove a ready process   */
                                                /*    from the ready list    */
                prptr->prstate = PR_SUSP;
        } else {
                prptr->prstate = PR_SUSP;       /* Mark the current process */
                resched();                      /*    suspended and resched. */
        }
        prio = prptr->prprio;
        restore(mask);
        return prio;
}
```

与 resume 函数一样，suspend 函数也是一个系统调用。这就意味着，当该函数被调 〔106〕用的时候将禁止中断。此外，suspend 函数还检查参数 pid 是否为合法的进程标识号。因为挂起操作只能用于就绪或当前进程，所以代码还需要检验进程状态是否为这两种状态之一。如果发现了错误，suspend 函数就恢复中断并返回 SYSERR 给调用者。

6.9　挂起当前进程

在挂起当前执行进程的代码中，有两点值得关注。第一，当前执行的进程至少会临时停止执行。因此当前进程在挂起之前，必须预先安排好其他进程以便在以后恢复当前进程（否则当前进程将永远处于挂起状态）。第二，由于当前进程将挂起，所以它必须允许其他进程执行。因此，在挂起当前进程的时候，suspend 函数必须调用 resched 函数。其中的关键在于，当一个进程挂起自身时，进程将继续执行直到 resched 函数选择了其他进程并且完成了上下文切换。

需要注意的是，当进程挂起时，resched 函数并不会将该进程放置在就绪链表中。实际上，挂起的进程也并不放置在一个类似于就绪链表那样的挂起链表中，因为没有挂起进程的链表。将就绪进程存放在一个有序链表中只是为了在重新调度的时候加快对高优先级进程的搜索。因为系统在寻找进程以继续执行时不会考虑挂起的进程，所以也就没有必要使用链表来维护挂起的进程。因此，在挂起进程之前，程序员必须安排一种为另一个进程找到挂起进程的 ID 的方法，以使进程以后能继续执行。

6.10　suspend 函数的返回值

suspend 函数与 resume 函数一样，返回挂起进程的优先级给调用者。对于一个就绪进程，返回值将反映在调用 suspend 函数时该进程的优先级（一旦 suspend 函数禁止中断，任何其他进程都不能修改优先级，所以可在 suspend 函数恢复中断前的任何时间记录优先级）。然而，对于当前正在运行的进程，问题就出现了：suspend 函数返回的优先级是 suspend 函数调用时该进程的优先级还是该进程在恢复后（即在 suspend 返回之后）所拥有的优先级？区分这两个值是因为进程的优先级在任何时刻都有可能变化，这就意味着在进程挂起时优先级可能改变。从代码的角度而言，问题就是对优先级进行记录应该在调用

resched 之前还是之后（上面的代码是在调用之后记录的）。

为了理解为何返回进程被恢复之后的优先级，可以考虑如何用优先级来传递信息。例如，假设进程需要挂起直到某两个事件中的任何一个发生。程序员可以赋予每个事件一个唯一的优先级数值（例如，25 和 26），并且在与这两个事件关联的 resume 函数调用中分别将被恢复进程的优先级设定为对应的值。之后，挂起的进程在被恢复之后就可以通过返回的优先级来确定哪个事件的触发导致其继续执行了：

107

```
newprio = suspend( getpid() );
if (newprio == 25) {
        ... Event 1 has occurred ...
} else {
        ... Event 2 has occurred ...
}
```

6.11 进程终止和进程退出

尽管 suspend 函数临时冻结了进程状态，但是 suspend 保存了进程的相关信息，所以进程仍然可以在之后被唤醒。另一个系统调用 kill 通过从系统中完全移除进程来实现进程的终止。一旦进程被"杀死"，它将无法被重新运行，因为 kill 已经彻底清除了该进程在所有记录并且释放了该进程在进程表中的表项。

kill 所采取的操作取决于进程状态。在编写代码之前，设计者需要考虑每个可能出现的进程状态，以及在该状态下终止进程可能出现的情况。例如，我们将会看到处于就绪、睡眠或者等待状态的进程存放在一个用链表实现的队列数据结构中，这也就意味着 kill 必须先让该进程出队。在第 7 章中，我们将会看到如果一个进程正在等待一个信号量，那么 kill 必须调整该信号量的计数。在我们检查了进程状态和那些控制状态的函数之后，以上情况都将变得清楚明了。目前，能够理解 kill 系统调用的整体结构及其处理处于当前和就绪状态的进程的方法就已经足够了。在 kill.c 文件中可以找到 kill 系统调用的代码。

kill 首先检查输入参数 pid 以确保该参数对应一个合法的进程而不是空进程（空进程不能被"杀死"，因为它必须保持运行状态）。随后，kill 减小 prcount 变量，该全局变量记录活动的用户进程数。之后调用 freestk 函数释放分配给该进程栈的内存空间。剩下的操作取决于进程状态。对于一个处于就绪状态的进程，kill 将会从就绪链表中移除该进程并在进程表中将该进程对应表项的状态设置为 PR_FREE，从而释放该进程的进程表项。由于该进程从就绪链表中移除了，所以在重新调度的时候该进程就不会被选中；因为在进程表中该进程对应的状态为 PR_FREE，所以进程表中的相应条目可以被回收重用了。

现在，让我们来考虑一下当 kill 需要终止当前正在执行的进程时会发生什么。我们称之为进程退出（exit）。与之前一样，kill 首先检查参数并且减小活动进程数。如果当前进程正好是最后一个用户进程，那么减小 prcount 变量将会使之变为 0，在这种情况下 kill 将调用 xdone 函数，这将在之后进行解释。因为 resched 使用一个隐含的参数来控制当前进程的配置，所以 kill 必须在调用 resched 之前将当前进程的状态设置为所需的状态。为了从当前系统中删除当前进程，kill 设置当前进程的状态为 PR_FREE，意思是进程表槽未被使用，然后调用 resched。

108

```
/* kill.c - kill */

#include <xinu.h>

/*------------------------------------------------------------------------
 *  kill  -  Kill a process and remove it from the system
 *------------------------------------------------------------------------
 */
syscall kill(
          pid32          pid             /* ID of process to kill      */
        )
{
        intmask mask;                    /* Saved interrupt mask       */
        struct  procent *prptr;          /* Ptr to process' table entry */
        int32   i;                       /* Index into descriptors     */

        mask = disable();
        if (isbadpid(pid) || (pid == NULLPROC)
            || ((prptr = &proctab[pid])->prstate) == PR_FREE) {
                restore(mask);
                return SYSERR;
        }

        if (--prcount <= 1) {            /* Last user process completes */
                xdone();
        }

        send(prptr->prparent, pid);
        for (i=0; i<3; i++) {
                close(prptr->prdesc[i]);
        }
        freestk(prptr->prstkbase, prptr->prstklen);

        switch (prptr->prstate) {
        case PR_CURR:
                prptr->prstate = PR_FREE;        /* Suicide */
                resched();

        case PR_SLEEP:
        case PR_RECTIM:
                unsleep(pid);
                prptr->prstate = PR_FREE;
                break;

        case PR_WAIT:
                semtab[prptr->prsem].scount++;
                /* Fall through */

        case PR_READY:
                getitem(pid);                    /* Remove from queue */
                /* Fall through */

        default:
```

109

```
                        prptr->prstate = PR_FREE;
            }

            restore(mask);
            return OK;
}
```

当最后一个用户进程退出之后，kill 调用 xdone 函数。在某些系统中，xdone 将会关闭设备，而在其他系统中它会重启设备。在我们的例子中，xdone 仅仅在控制台上打印一条消息，并且将处理器停机。该段代码能够在 xdone.c 中找到。

```
/* xdone.c - xdone */

#include <xinu.h>

/*------------------------------------------------------------------------
 *  xdone  -  Print system completion message as last process exits
 *------------------------------------------------------------------------
 */
void    xdone(void)
{
        kprintf("\n\nAll user processes have completed.\n\n");
        halt();                               /* Halt the processor        */
}
```

为什么 kill 函数一定要调用 xdone？这么做看似没有必要，因为 xdone 中的代码非常普通并且可很容易地加入 kill 函数中。用一个函数将这些操作包装起来是出于功能分隔的考虑。这样，程序员就可以通过修改 xdone 函数来修改所有进程退出之后所做的操作而不需要修改 kill 函数本身。

现在还有一个更严重的问题，在最后一个用户进程从系统中移除之前 xdone 函数就被调用了。为了理解这个问题，考虑这样一个容错设计，当所有进程退出之后，调用 xdone 函数将重启进程。在当前实现中，当 xdone 被调用时，进程表中仍然有一个进程表项被使用（从而可能导致重启之后系统中已经有一个用户进程）。在本章练习中将会考虑另外一种备选实现。

110

6.12 进程创建

正如我们所看到的那样，进程是动态的——进程能够在任何时刻创建。系统调用 create 函数启动一个新的、独立的进程。本质上，create 函数创建进程的映像就好像正在运行的进程被停止了一样。一旦映像被创建并且将进程放置到就绪链表中，ctxsw 就能够切换到该进程了。

让我们看看 create.c 的源代码以解释其中的细节。create 函数使用 newpid 函数从进程表中获取一个空闲（未使用）的条目。一旦找到了空闲的条目，create 函数将会为新进程的栈分配空间，并且填充进程表中对应表项的信息。create 函数通过调用 getstk 函数来为栈分配空间（第 9 章将会讨论内存分配）。

create 函数的第一个参数指定了进程开始执行时的初始函数的地址。create 函数在进程栈空间形成一个被保存的上下文环境，就好像指定函数被调用了一样⊖。因此，我们将

⊖ 即为指定的函数构造一个栈帧。——译者注

对进程上下文的初始配置称为一次伪调用。为了构造这样一个伪调用，create 函数保存寄存器的初始值，包括栈指针和进程栈的伪调用返回地址。当 ctxsw 切换到该进程的时候，该新进程将开始执行指定的函数，遵循通用的调用规范来访问参数并为局部变量分配空间。简而言之，进程的初始函数就像在之前被调用了一样。

那么 create 函数要用什么作为伪调用的返回地址呢？返回地址的值决定了系统在进程从初始（即顶层）函数返回之后所要执行的动作。我们的示例系统遵循一个著名的范例：

> 如果一个进程从它开始执行的初始（顶层）函数返回，那么该进程将退出。

更精确地说，我们必须能够区别从函数自身返回和从初始调用返回。这两者之所以有区别，是因为 C 语言允许函数的递归调用。如果一个进程开始执行函数 X，并且在 X 中递归调用 X，那么第一个返回仅仅将第一层递归的栈帧弹出栈并返回到初始调用栈帧中，而不会导致进程退出。如果进程再一次返回（或者到达了 X 函数的末尾）而不再产生其他调用，进程将退出。

为了在初始调用返回的时候退出进程，create 函数将 userret 函数的地址作为伪调用的返回地址。代码使用符号常量 INITRET 符号来表示 userret 函数名[⊖]。如果在初始调用中进程执行到了指定函数末端或者显式调用了 return，那么控制权将转交给 userret 函数。userret 函数通过调用 kill 函数来终止当前进程。

create 函数还会填充进程表中的表项。特别地，create 函数将新创建的进程状态置为 PR_SUSP，即挂起，而不是就绪。最后，create 函数返回新创建进程的进程 ID。在新进程开始执行之前，必须将该进程唤醒。

许多进程初始化的细节取决于 C 运行环境和函数调用约定——一个人不能在不清楚这些细节的情况下编写启动一个进程的代码。例如，在 x86 平台上，create 将参数安放在运行时栈上；在 ARM 平台上，create 将某些参数放在寄存器内，其余的放在栈上。压入参数的代码可能会难以理解，因为 create 直接从其自身的运行时栈上复制参数到其之前为新进程分配的栈上。为了这么做，它首先找到参数在自身栈上的地址，并用指针运算移动整个参数列表。下面的例子展示了 create 如何在 x86 平台上构建该栈。

111

```
/* create.c - create, newpid */

#include <xinu.h>

local   int newpid();

/*------------------------------------------------------------------------
 *  create  -  Create a process to start running a function on x86
 *------------------------------------------------------------------------
 */
pid32   create(
          void        *funcaddr,    /* Address of the function      */
          uint32      ssize,        /* Stack size in words          */
          pri16       priority,     /* Process priority > 0         */
```

⊖　使用符号常量能够通过修改配置文件而不是代码来完成修改。

```
        char        *name,          /* Name (for debugging)      */
        uint32      nargs,          /* Number of args that follow */
        ...
      )
{
        uint32      savsp, *pushsp;
        intmask     mask;           /* Interrupt mask            */
        pid32       pid;            /* Stores new process id     */
        struct  procent *prptr;     /* Pointer to proc. table entry */
        int32       i;
        uint32      *a;             /* Points to list of args    */
        uint32      *saddr;         /* Stack address             */

        mask = disable();
        if (ssize < MINSTK)
                ssize = MINSTK;
        ssize = (uint32) roundmb(ssize);
        if ( (priority < 1) || ((pid=newpid()) == SYSERR) ||
            ((saddr = (uint32 *)getstk(ssize)) == (uint32 *)SYSERR) ) {
                restore(mask);
                return SYSERR;
        }
        prcount++;
        prptr = &proctab[pid];

        /* Initialize process table entry for new process */
        prptr->prstate = PR_SUSP;       /* Initial state is suspended   */
        prptr->prprio = priority;
        prptr->prstkbase = (char *)saddr;
        prptr->prstklen = ssize;
        prptr->prname[PNMLEN-1] = NULLCH;
        for (i=0 ; i<PNMLEN-1 && (prptr->prname[i]=name[i])!=NULLCH; i++)
                ;
        prptr->prsem = -1;
        prptr->prparent = (pid32)getpid();
        prptr->prhasmsg = FALSE;

        /* Set up stdin, stdout, and stderr descriptors for the shell  */
        prptr->prdesc[0] = CONSOLE;
        prptr->prdesc[1] = CONSOLE;
        prptr->prdesc[2] = CONSOLE;

        /* Initialize stack as if the process was called               */

        *saddr = STACKMAGIC;
        savsp = (uint32)saddr;

        /* Push arguments */
        a = (uint32 *)(&nargs + 1);     /* Start of args             */
        a += nargs -1;                  /* Last argument             */
        for ( ; nargs > 0 ; nargs--)    /* Machine dependent; copy args */
                *--saddr = *a--;        /*   onto created process' stack*/
        *--saddr = (long)INITRET;       /* Push on return address     */
```

112

```
                    /* The following entries on the stack must match what ctxsw     */
                    /*   expects a saved process state to contain: ret address,     */
                    /*   ebp, interrupt mask, flags, registers, and an old SP        */

                    *--saddr = (long)funcaddr;        /* Make the stack look like it's*/
                                                      /*   half-way through a call to */
                                                      /*   ctxsw that "returns" to the*/
                                                      /*   new process                */
                    *--saddr = savsp;                 /* This will be register ebp    */
                                                      /*   for process exit           */
                    savsp = (uint32) saddr;           /* Start of frame for ctxsw     */
                    *--saddr = 0x00000200;            /* New process runs with        */
                                                      /*   interrupts enabled         */
                    /* Basically, the following emulates an x86 "pushal" instruction*/

                    *--saddr = 0;                     /* %eax */
                    *--saddr = 0;                     /* %ecx */
                    *--saddr = 0;                     /* %edx */
                    *--saddr = 0;                     /* %ebx */
                    *--saddr = 0;                     /* %esp; value filled in below  */
                    pushsp = saddr;                   /* Remember this location       */
                    *--saddr = savsp;                 /* %ebp (while finishing ctxsw) */
                    *--saddr = 0;                     /* %esi */
                    *--saddr = 0;                     /* %edi */
                    *pushsp = (unsigned long) (prptr->prstkptr = (char *)saddr);
                    restore(mask);
                    return pid;
        }


        /*------------------------------------------------------------------------
         *  newpid  -  Obtain a new (free) process ID
         *------------------------------------------------------------------------
         */
        local    pid32    newpid(void)
        {
                uint32  i;                       /* Iterate through all processes*/
                static  pid32 nextpid = 1;       /* Position in table to try or  */
                                                 /*   one beyond end of table    */

                /* Check all NPROC slots */

                for (i = 0; i < NPROC; i++) {
                        nextpid %= NPROC;        /* Wrap around to beginning */
                        if (proctab[nextpid].prstate == PR_FREE) {
                                return nextpid++;
                        } else {
                                nextpid++;
                        }
                }
                return (pid32) SYSERR;
        }
```

113

如上所示，create 安排进程在从顶部函数返回时调用函数 userret。实际上，create

将 userret 的地址存储在栈中返回地址本应出现的位置（使用符号常量 INITRET）。将一个函数的地址存放在返回值字段是合法的，因为函数的返回仅仅是跳转到这个地址上。文件
userret.c 包含了该代码。

```
/* userret.c - userret */

#include <xinu.h>

/*------------------------------------------------------------------------
 *  userret  -  Called when a process returns from the top-level function
 *------------------------------------------------------------------------
 */
void    userret(void)
{
        kill(getpid());                         /* Force process to exit */
}
```

create 函数在进程状态图中引入了一次初始状态转移：一个新创建的进程初始时处于挂起状态。图 6-3 说明了这样的状态转移。

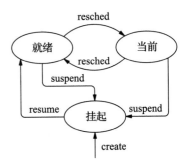

图 6-3 进程状态图，显示了新创建的进程初始化为挂起状态

6.13 其他进程管理函数

另外还有三个系统调用可以用来管理进程：getpid、getprio 和 chprio。正如名字一样，**getpid** 使得当前进程能够获得它的进程 ID，getprio 允许调用者获得任意进程的调度优先级。另外一个系统调用 chprio 允许一个进程修改任意进程的优先级。三个系统调用的实现都十分简单易懂。例如，让我们看一下 getprio 系统调用的代码。在完成参数检查之后，getprio 从进程表中提取指定进程的调度优先级，并且将优先级返回给调用者。

```
/* getprio.c - getprio */

#include <xinu.h>

/*------------------------------------------------------------------------
 *  getprio  -  Return the scheduling priority of a process
 *------------------------------------------------------------------------
 */
syscall getprio(
          pid32         pid             /* Process ID                    */
          )
{
        intmask mask;                   /* Saved interrupt mask          */
        uint32  prio;                   /* Priority to return            */

        mask = disable();
        if (isbadpid(pid)) {
                restore(mask);
                return SYSERR;
```

```
        }
        prio = proctab[pid].prprio;
        restore(mask);
        return prio;
}
```

由于全局变量 currpid 包含了当前正在运行的进程 ID，所以 getpid 的实现代码很简单：

```
/* getpid.c - getpid */

#include <xinu.h>

/*------------------------------------------------------------------------
 *  getpid  -  Return the ID of the currently executing process
 *------------------------------------------------------------------------
 */
pid32   getpid(void)
{
        return (currpid);
}
```

116

chprio 函数可以修改任何进程的调度优先级。该函数的代码在 chprio.c 中。

```
/* chprio.c - chprio */

#include <xinu.h>

/*------------------------------------------------------------------------
 *  chprio  -  Change the scheduling priority of a process
 *------------------------------------------------------------------------
 */
pri16   chprio(
          pid32         pid,            /* ID of process to change      */
          pri16         newprio         /* New priority                 */
        )
{
        intmask mask;                   /* Saved interrupt mask         */
        struct  procent *prptr;         /* Ptr to process' table entry  */
        pri16   oldprio;                /* Priority to return           */

        mask = disable();
        if (isbadpid(pid)) {
                restore(mask);
                return (pri16) SYSERR;
        }
        prptr = &proctab[pid];
        oldprio = prptr->prprio;
        prptr->prprio = newprio;
        restore(mask);
        return oldprio;
}
```

chprio 函数在修改指定进程在进程表中的优先级之前，首先检查进程 ID 以保证该进程存在。在练习中，你将会看到这段实现代码有两个疏忽之处。

6.14   总结

为了扩展对并发执行的支持，本章在调度器和上下文切换的层面上添加了一层进程管理。这一层包括挂起、恢复执行、创建新进程和"杀死"已有进程。本章还分析了另外三个 [117] 函数，它们分别是获取当前进程 ID 的 getpid 函数、获取任意进程调度优先级的 getprio 函数以及修改任意进程调度优先级的 chprio 函数。尽管代码很简洁，但到目前为止，这些代码已经构成了一个基本的进程管理器。使用适当的初始化和其他辅助例程，这个基本的进程管理器可以让多个并发的计算任务在一个处理器上多道并发。

create 函数创建一个新进程，并将进程置于挂起状态。create 函数还为新进程分配栈空间并将一些必需的数值放在栈和进程表中，从而使得上下文切换函数 ctxsw 能够切换到该进程并开始执行。栈中的上下文信息被设置成一个伪调用的形式，就好像从 userret 函数调用该进程一样。当进程从顶层函数返回时，控制权就交给 userret 函数，该函数将调用 kill 函数来终止进程。

练习

6.1   正如本章所述，当挂起的进程被其他进程通过 resume 唤醒之后，它的优先级可以设置为特定且唯一的值，从而可以知道哪些事件触发了唤醒操作。使用这种方法来创建一个进程并挂起该进程，然后判断另外两个进程中哪个进程首先唤醒了它。

6.2   假设一个系统包含三个进程：A、B 和 C，且它们的优先级相同。如果进程 A 正在执行，令进程 C 挂起，之后哪一个进程将会运行？请给出解释。

6.3   假设一个系统包含三个进程：A、B 和 C，它们的优先级分别为 20、20 和 10，且进程 C 已经被挂起。如果进程 A 正在执行，令进程 C 恢复，之后哪一个进程将会运行？为什么？

6.4   为什么 create 创建的伪调用在进程退出之后的返回地址要设置为 userret 函数而不直接设置为 kill 函数？

6.5   全局变量 prcount 表示当前活动的用户进程数。请仔细考虑 kill 中的代码并思考 prcount 所表示的进程数是否包括空进程？

6.6   当一个进程"杀死"自己时，kill 释放栈并调用 resched，这将意味着该进程会继续使用被释放的栈。重新设计一个系统使得当前进程不会释放自己的栈，而是变为一个新的状态：PR_DYING。随意安排某个进程在进程表上寻找"死亡"的进程，释放栈，并将该项设为 PR_FREE。

6.7   正如本章所述，kill 在最后一个进程终止之前调用 xdone。修改整个系统使得空进程持续监控用户进程的数量并且在所有进程完成之后调用 xdone。

6.8   在 6.4 题中，新的实现在 xdone 函数上附加了哪些在当前实现中没有的限制？

6.9   某些硬件体系结构在应用程序进行系统调用时会使用一条特殊的指令。调查这样的架构，并描述一个系统调用是如何传递到对应的操作系统函数的。

6.10   为什么 create 操作将创建的进程设置为挂起状态而不是运行状态？

6.11   resume 函数在调用 ready 之前，将被唤醒进程的优先级保存在一个局部变量中。请证明如果在调用 ready 之后再引用 prptr → prprio，resume 函数返回的优先级值可能是被唤醒进程 [118] 从未拥有过的（即使是在被唤醒之后）。

6.12   在函数 newpid 中，静态整型变量 nextpid 用来在进程表中寻找一个空闲的表项。从之前停下来的地方开始搜索空闲表项避免了每次都遍历之前用过的表项。请说明这种技术在嵌入式系统上是否有价值。

6.13 函数 chprio 有两个设计缺陷。第一个缺陷是代码并不确保输入的新优先级数值是一个正整数。请说明如果一个进程的优先级被设置为 –1 会怎么样。

6.14 chprio 的第二个设计缺陷是它违反了一个基本的设计原则。请识别出这个缺陷，描述其可能产生的后果并修复它。

6.15 除了本章讨论过的功能，系统调用还负责实施系统安全策略。选择一个操作系统并找出其系统调用如何保证安全性。

119
～
120

Operating System Design: The Xinu Approach, Second Edition

协调并发进程

未来属于那些懂得如何等待的人。

——俄罗斯谚语

7.1 引言

前面的章节介绍了进程管理器的部分内容，包括进程调度、上下文切换，以及创建、终止进程。本章将继续探究进程管理如何协调和同步相互独立的不同进程。在本章中，除了解释进程协同的出发点和实现之外，还会对多处理器（多核芯片）上的协调问题做相关的阐述。

第 8 章会通过介绍操作系统底层的消息传递机制，对进程管理的内容进行拓展。后续章节则介绍同步机制在输入输出中的应用。

7.2 进程同步的必要性

并发执行的进程需要通过相互协作来实现共享全局资源。特别是，操作系统的设计者必须保证对于一个指定变量，在任何时候只有一个进程企图改变其值。以进程表为例，当创建一个新进程时，需要在进程表中为其分配空间并写入相应的值。如果两个进程都要创建新进程，系统就必须保证在某一时间只能有一个进程执行 create，否则就会产生错误。

第 6 章展示了一种可以用来保证一个进程不受其他进程影响的方法，即调用一个禁止中断函数，这样也可以避免使用那些调用了 resched 的函数。实际上，像 suspend、resume、create 和 kill 这些系统调用都使用了这种方法。

当进程需要确保不受外界影响时，为什么不使用上述同样的解决方案呢？原因在于禁止中断对整个操作系统都有着负面影响：禁止中断使得操作系统中只有一个进程在执行，其他所有活动都停止，而且还限制了该进程的行为。尤为重要的是，在中断禁止期间输入输出操作无法执行。后面我们还会发现禁止中断太久会导致很多问题（例如，在中断禁止期间，如果网络中不断有数据包到达，那么网络接口会丢弃这些数据包）。因此，我们需要一种更为通用的协调机制，以允许一部分进程之间协调各个数据项的使用，而不会长时间禁用设备中断，并且这种协调不会影响其他进程，也不会限制正在运行的进程。例如，一个进程能够在对某个大数据结构进行格式化和打印的同时禁止其他进程对它进行修改，同时不影响那些不会访问这个数据结构的进程的运行。这种机制必须是透明的，即程序员应该能够理解进程协调的结果。故而，我们讨论的同步机制还必须包括以下内容：

- 允许一部分进程为访问某一资源进行竞争。
- 提供一种策略来保证竞争的公平性。

第一点确保进程协调是一种局部行为：只阻塞那些为了同一资源而竞争的进程，使其等待，而非禁止所有中断。操作系统的其余部分均可不受影响地正常运行。第二点确保如果有 K 个进程试图访问某一资源，则最终这 K 个进程都可以成功访问（也就是说，没有进程会"饿死"）。

在第 2 章中，我们已经介绍了解决这一问题的基本机制——计数信号量，并给出了进程之间通过信号量来协调的例子。正如第 2 章所说，信号量非常优雅地解决了两个问题：

- 互斥。
- 生产者 – 消费者交互。

互斥。 互斥是指确保一系列进程在同一时间只有一个进程运行的情况。互斥不仅仅指访问共享数据，还包括访问共享任意的资源，如共享输入输出设备的情况。

生产者 – 消费者交互。 生产者 – 消费者交互是指进程之间进行数据项交换的情况。其最简单的形式就是令一个生成数据项的进程作为生产者，另一个接收数据项的进程作为消费者。在更复杂的情况下，作为生产者和消费者的进程都可以存在多个。这时协调的关键在于任何生成的数据项都只能被一个消费者所接收（即没有数据项丢失或重复接收）。

无论哪种形式的进程协调问题都在操作系统中广泛存在。例如，考虑将一组应用发出的消息显示在控制台上，则控制台必须协调进程以确保需要显示的字符到达的速度低于硬件显示的速度。需要显示的字符存放在内存的缓冲区里，如果缓冲区满了，则发出消息的进程必须阻塞等待直到缓冲区可用，而如果缓冲区为空，则控制台停止显示消息。这其中的关键在于，当消费者不能接收数据时，生产者必须阻塞等待；而当生产者不再产生数据时，消费者也同样要阻塞等待。

7.3 计数信号量的概念

解决上述问题的计数信号量机制有着相当优雅的实现。从概念上说，信号量 s 由一个整数和一系列阻塞进程构成。当信号量创建之后，进程使用 wait 和 signal 两个函数来操纵信号量。当一个进程调用 wait 函数时，信号量的值减 1；调用 signal 函数时，信号量的值加 1。如果一个进程调用 wait 函数时，信号量的值变为负值，则这个进程将会阻塞，并会被放到信号量的阻塞进程集合中。从进程的角度来讲，对 wait 的调用暂时不会返回。对于阻塞在信号量上的进程，只有当其他进程调用 signal 函数增加了信号量的值时才能继续执行。也就是说，当调用 signal 函数时，若有进程因为等待信号量而阻塞，则阻塞进程之一变为就绪状态并执行。当然，程序员在使用信号量的时候必须注意：如果没有进程调用 signal，则阻塞的进程会一直等待下去。

7.4 避免忙等待

进程在等待信号量时应该做什么呢？当进程对信号量的值减 1 后，似乎就在反复验证信号量的值直到其为正值。对于单 CPU 的系统来说，这种忙等待是不可接受的，因为这样就占用了其他进程的 CPU 资源，同时如果其他进程都无法获得 CPU 资源，那么就没有进程可以调用 signal 函数来终止前一个进程的等待状态。因此，操作系统必须避免忙等待。在实现信号量时，我们应该遵循一个非常重要的原则：

> 当一个进程等待信号量时，该进程不应该执行任何指令。

7.5 信号量策略和进程选择

为了在实现信号量时避免忙等待，操作系统为每个信号量关联了一个进程链表。只有当前进程可以选择等待信号量。当一个进程等待信号量 s 时，系统将信号量 s 对应的值减 1，如果变为负值，则该进程阻塞。操作系统将该进程放入信号量关联的进程链表中，将其状态改为非当前进程，然后调用 resched 函数让其他进程运行。

接着，当有进程在信号量 s 上调用 signal 函数时，s 对应的值相应增加。同时，signal 函数检查 s 关联的进程链表，如果链表非空（即至少有一个进程等待该信号量），则 signal 函数就从该链表中取出一个进程，并将其放回就绪进程链表中。

问题随之而来：如果多个进程在等待，signal 函数会选择哪一个进程？常见的策略有以下几种：

- 最高调度优先级策略。
- 先到先服务（最长等待时间）策略。
- 随机策略。

虽然第一种策略看似合理，但是选择最高优先级的等待进程违反了公平的原则。考虑一组正在使用互斥信号量的低优先级和高优先级的进程。假设每个进程首先反复地等待该信号量，再使用资源，然后释放该信号量。如果信号量系统一直选择高优先级的进程，并且调度策略一直把处理器分配给高优先级的进程，那么低优先级的进程会永远阻塞，而高优先级的进程将继续获得访问。

为了避免不公平，很多实现选择先到先服务策略：如果多个进程在等待，系统总会选择等待时间最长的进程。先到先服务策略的实现既优雅又有效：系统为每个信号量创建一个先入先出（FIFO）队列，并使用此队列来存储正在等待的进程。当需要阻塞一个进程时，wait 操作把该进程插入队列尾；当需要取消阻塞一个进程时，signal 操作把该进程从队列头移除。

高优先级进程可能被阻塞而低优先级进程会先执行，从这个角度来说，先到先服务策略会导致优先级倒置。此外，它会导致一个在练习中讨论的同步问题。一种可替代的策略包括从等待的进程中随机选择。随机选择的主要缺点在于计算开销（如随机数生成）。

考虑了不同方案的优点和缺点之后，我们为 Xinu 系统选择了先到先服务策略：

> Xinu 信号量进程选择策略：如果一个或多个进程正在等待信号量 s，当一个 signal 操作发生在 s 时，等待时间最长的进程会变为就绪状态。

7.6 等待状态

当一个进程等待信号量时，我们应该为其设置怎样的状态呢？由于进程既没有使用 CPU 又不具备运行的条件，所以我们不能将其设置为当前状态或者就绪状态。而第 6 章中介绍的挂起状态在这里也不能使用，因为使进程进入或者离开挂起状态的 resume 和 suspend 函数都与信号量无关。更为重要的是，等待信号量的进程都在一个链表中，而挂起的进程显然不在其中，这个差别在调用 kill 函数终止某一进程时至关重要。由于已有的状态无法精确地概括等待信号量的进程的状态，所以我们必须使用一个新的状态——等待，在代码中用 PR_WAIT 符号常量来表示。图 7-1 是扩展的进程状态转换图。

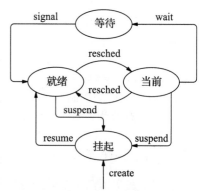

图 7-1 包括等待状态的状态转换图

7.7　信号量数据结构

在示例操作系统中，信号量信息存储在一个全局信号量表 semtab 中，其中的每一个表项都对应一个信号量，包含一个整数值和一个用来存放等待进程的队列 ID。表项由结构体 sentry 来定义，具体细节在 semaphore.h 文件中。

```
/* semaphore.h - isbadsem */

#ifndef NSEM
#define NSEM            120     /* Number of semaphores, if not defined */
#endif

/* Semaphore state definitions */

#define S_FREE  0               /* Semaphore table entry is available   */
#define S_USED  1               /* Semaphore table entry is in use      */

/* Semaphore table entry */
struct  sentry  {
        byte    sstate;         /* Whether entry is S_FREE or S_USED    */
        int32   scount;         /* Count for the semaphore              */
        qid16   squeue;         /* Queue of processes that are waiting  */
                                /*     on the semaphore                 */
};

extern  struct  sentry semtab[];

#define isbadsem(s)     ((int32)(s) < 0 || (s) >= NSEM)
```

在结构体 sentry 中，scount 字段为信号量的当前整数值，等待该信号量的进程链表存储在队列中，squeue 字段给出了指定信号量的队列头部的地址，状态字段 sstate 则表示当前表项是否已使用（已分配空间）或为空（未分配空间）。

在整个操作系统中，信号量均通过一个整数 ID 来识别。信号量的 ID 同样是为了提高查询的效率——信号量表由一个数组来实现，每个信号量的 ID 就是其在数组中的索引。总的来说：

> 信号量由其在全局信号量表 semtab 中的索引来进行识别。

128

7.8　系统调用 wait

信号量的两个主要操作为 wait 和 signal，wait 函数会减少信号量的值。当信号量的值为非负时，wait 函数直接返回。事实上，对非正值的信号量调用 wait 函数的进程自愿交出其对 CPU 的控制权。也就是说，wait 函数将调用自己的进程放入信号量的等待队列中，并将其状态改为 PR_WAIT，然后调用 resched 函数切换到另一个就绪的进程。前面讲过，维护等待队列的策略为先进先出，即新到达的进程放入队尾。wait.c 文件的代码如下：

```
/* wait.c - wait */

#include <xinu.h>
```

```
/*------------------------------------------------------------------------
 *  wait  -  Cause current process to wait on a semaphore
 *------------------------------------------------------------------------
 */
syscall wait(
          sid32          sem              /* Semaphore on which to wait  */
        )
{
        intmask mask;                     /* Saved interrupt mask          */
        struct  procent *prptr;           /* Ptr to process' table entry   */
        struct  sentry *semptr;           /* Ptr to sempahore table entry */

        mask = disable();
        if (isbadsem(sem)) {
                restore(mask);
                return SYSERR;
        }

        semptr = &semtab[sem];
        if (semptr->sstate == S_FREE) {
                restore(mask);
                return SYSERR;
        }

        if (--(semptr->scount) < 0) {            /* If caller must block */
                prptr = &proctab[currpid];
                prptr->prstate = PR_WAIT;        /* Set state to waiting */
                prptr->prsem = sem;             /* Record semaphore ID  */
                enqueue(currpid,semptr->squeue);/* Enqueue on semaphore */
                resched();                      /*   and reschedule     */
        }
        restore(mask);
        return OK;
}
```

129

　　一个进程一旦进入信号量的等待队列便保持在等待状态（即不具备执行的条件），直到
该进程到达队列头部且有另一个进程调用 signal 函数为止。当 signal 调用将一个进程
放回就绪链表时，该进程就具备了使用 CPU 的条件，并最终继续执行。从等待进程的角度
来看，它的最后一个行为是对 ctxsw 的调用。当该进程重启时，对 ctxsw 的调用会返回对
resched 函数的调用，对 resched 函数的调用会返回对 wait 函数的调用，而对 wait 函
数的调用则会最终回到其调用前的状态。

7.9　系统调用 signal

　　signal 函数接受一个信号量 ID 作为参数，增加该信号量的值，如果有进程等待该信
号量，则将等待队列中的第一个进程置为就绪状态。为什么 signal 会在信号量值为负的时
候将一个进程置为就绪状态？为什么 wait 并不总是将调用自己的进程放入信号量的等待队
列中？这些看起来难以理解，其原因却很容易理解，并且很容易实现。不管信号量的值为多
少，wait 和 signal 都遵循下面的不变式：

信号量不变式：信号量值非负，意味着其等待队列为空；信号量值为 –*N*，则等待队列中有 *N* 个等待的进程。

本质上，信号量值为 *N* 意味着进程在该信号量上调用 wait 函数 *N* 次都不会发生阻塞（即第 *N*+1 次调用时才会阻塞）。由于 wait 和 signal 都改变信号量的值，所以这两个函数都必须调整等待队列的长度来满足上面的不变式。当 wait 减少信号量的值直至负值时，当前进程就会加入等待队列中；而 signal 则增加信号量的值，并在等待队列非空时将队首的进程取出。

```
/* signal.c - signal */

#include <xinu.h>

/*------------------------------------------------------------------------
 *  signal  -  Signal a semaphore, releasing a process if one is waiting
 *------------------------------------------------------------------------
 */
syscall signal(
          sid32          sem          /* ID of semaphore to signal   */
        )
{
        intmask mask;                 /* Saved interrupt mask        */
        struct  sentry *semptr;       /* Ptr to sempahore table entry */

        mask = disable();
        if (isbadsem(sem)) {
                restore(mask);
                return SYSERR;
        }
        semptr= &semtab[sem];
        if (semptr->sstate == S_FREE) {
                restore(mask);
                return SYSERR;
        }
        if ((semptr->scount++) < 0) {   /* Release a waiting process */
                ready(dequeue(semptr->squeue));
        }
        restore(mask);
        return OK;
}
```

130

7.10 静态和动态信号量分配

操作系统设计者需要从下面两种方法中选择一种来进行信号量的分配：

- 静态分配：程序员在编译时定义一个固定的信号量集合，这个集合在系统运行的时候不变。
- 动态分配：操作系统包含按需创建和销毁信号量的函数。

静态分配的优点在于节约存储空间，减少 CPU 的负担——系统只需保留信号量所需的内存，无须创建和销毁信号量的函数。因此小型的嵌入式系统会采用静态分配方式。

动态分配的主要优点在于其能够在运行时适应新的用途。例如，动态分配的方案允许用户启动一个应用程序来创建一个信号量，然后关闭这个应用程序然后启动另一个。所以大型的嵌入式系统和大部分大型操作系统都支持包括信号量在内的资源动态分配。在 7.11 节中我们会看到动态分配机制不需要太多额外的代码来实现。

7.11 动态信号量的实现示例

Xinu 系统实现了部分形式的动态分配：进程可以动态创建信号量，某一进程可以创建多个信号量，但同时分配的信号量的总数不超过预定义的上限。另外，为了最小化分配的开销，操作系统在启动时就为每一个信号量预分配了一个队列。所以当进程创建信号量时只需要做很少的事情。

系统调用 semcreate 和 semdelete 分别处理信号量的动态分配和回收。semcreate 接受信号量的初始值作为参数，创建一个信号量并赋初始值，然后返回该信号量的 ID。为了符合信号量不变式，这里的初始值必须为非负值。因此，semcreate 首先检查参数是否合法。如果参数合法，semcreate 调用 newsem 遍历信号量表 semtab 中的所有 NSEM 条记录，找到一条未使用的记录并设置初始值。如果没有可用的记录，则 newsem 返回 SYSERR；否则，newsem 将找到的记录的状态置为 S_USED 并返回其在表中的索引作为 ID。

一旦信号量表中的表项已经分配好，semcreate 就只需要设置初始值并返回信号量的索引给调用者。用来存储等待进程的队列头和尾都已经在操作系统启动时分配好了。semcreate.c 文件中包含了 newsem 和 semcreate 的代码。需要注意的是，代码中使用了静态的索引变量 nextsem 来优化对信号量表的查找（即使得查找可以从上一次查找结束的地方开始）。

```
/* semcreate.c - semcreate, newsem */

#include <xinu.h>

local    sid32    newsem(void);

/*------------------------------------------------------------------------
 *  semcreate  -  Create a new semaphore and return the ID to the caller
 *------------------------------------------------------------------------
 */
sid32    semcreate(
          int32         count          /* Initial semaphore count     */
        )
{
     intmask mask;                      /* Saved interrupt mask        */
     sid32   sem;                       /* Semaphore ID to return      */

     mask = disable();

     if (count < 0 || ((sem=newsem())==SYSERR)) {
             restore(mask);
             return SYSERR;
     }
     semtab[sem].scount = count;        /* Initialize table entry      */
```

```
        restore(mask);
        return sem;
}


/*------------------------------------------------------------------------
 * newsem  -  Allocate an unused semaphore and return its index
 *------------------------------------------------------------------------
 */
local   sid32   newsem(void)
{
        static  sid32   nextsem = 0;    /* Next semaphore index to try  */
        sid32   sem;                    /* Semaphore ID to return       */
        int32   i;                      /* Iterate through # entries    */

        for (i=0 ; i<NSEM ; i++) {
                sem = nextsem++;
                if (nextsem >= NSEM)
                        nextsem = 0;
                if (semtab[sem].sstate == S_FREE) {
                        semtab[sem].sstate = S_USED;
                        return sem;
                }
        }
        return SYSERR;
}
```

7.12 信号量删除

semdelete 与 semcreate 的行为相反，它以信号量的索引为参数，释放其在信号量表中的表项资源以供后续使用。回收信号量分为三个步骤：1）semdelete 验证参数是否为合法的信号量 ID，参数对应的记录是否正在使用；2）semdelete 将记录的状态置为 S_FREE，表示该记录可以重用；3）semdelete 遍历等待该信号量的进程队列，将其中的每个进程都置为就绪状态。semdelete.c 文件的代码如下：

```
/* semdelete.c - semdelete */

#include <xinu.h>

/*------------------------------------------------------------------------
 * semdelete  -  Delete a semaphore by releasing its table entry
 *------------------------------------------------------------------------
 */
syscall semdelete(
          sid32           sem             /* ID of semaphore to delete    */
        )
{
        intmask mask;                   /* Saved interrupt mask         */
        struct  sentry *semptr;         /* Ptr to semaphore table entry */

        mask = disable();
        if (isbadsem(sem)) {
                restore(mask);
```

```
                return SYSERR;
        }

        semptr = &semtab[sem];
        if (semptr->sstate == S_FREE) {
                restore(mask);
                return SYSERR;
        }
        semptr->sstate = S_FREE;

        resched_cntl(DEFER_START);
        while (semptr->scount++ < 0) {   /* Free all waiting processes   */
                ready(getfirst(semptr->squeue));
        }
        resched_cntl(DEFER_STOP);
        restore(mask);
        return OK;
}
```

　　如果信号量回收后等待队列中还有进程，操作系统就必须对每个进程进行处理。在示例实现中，semdelete 将等待队列中的所有进程都置为就绪状态，就像有进程调用 signal 函数一样允许这些进程继续运行。这种实现只是所有策略中的一种。例如，有些操作系统认定如果仍有进程等待指定的信号量，那么回收这一信号量就会产生错误。我们会在后面的练习中讨论其他策略。

134

　　请注意，用于把进程变成就绪态的代码采用了延迟的重新调度（deferred rescheduling）。换句话说，在使进程变成就绪态之前，semdelete 调用 resched_cntl 开始延迟，在所有等待的进程被转移到就绪队列之后，只调用 resched_cntl 以结束延迟期。第二次调用会激活 resched，用于重建调度不变状态（scheduling invariant）。

7.13　信号量重置

　　有时候重置一个信号量的数量很方便，不会带来删除一个旧信号量和申请一个新信号量的开销。系统调用 semreset 重置一个信号量的数量，如下面的文件 semreset.c 所示：

```
/* semreset.c - semreset */

#include <xinu.h>

/*------------------------------------------------------------------------
 *  semreset  -  Reset a semaphore's count and release waiting processes
 *------------------------------------------------------------------------
 */
syscall semreset(
          sid32         sem,           /* ID of semaphore to reset    */
          int32         count          /* New count (must be >= 0)    */
        )
{
        intmask mask;                  /* Saved interrupt mask        */
        struct  sentry *semptr;        /* Ptr to semaphore table entry */
        qid16   semqueue;              /* Semaphore's process queue ID */
        pid32   pid;                   /* ID of a waiting process     */
```

```
        mask = disable();

        if (count < 0 || isbadsem(sem) || semtab[sem].sstate==S_FREE) {
                restore(mask);
                return SYSERR;
        }

        semptr = &semtab[sem];
        semqueue = semptr->squeue;          /* Free any waiting processes */
        resched_cntl(DEFER_START);
        while ((pid=getfirst(semqueue)) != EMPTY)
                ready(pid);
        semptr->scount = count;             /* Reset count as specified */
        resched_cntl(DEFER_STOP);
        restore(mask);
        return OK;
}
```

|135|

semreset 必须符合信号量不变式。通用目标解决方案允许调用者定义任意的信号量数量，但是我们的实现并没有这么做，而是采用了一个要求新的数量为非负的简化方案。这样做的结果是，一旦信号量的数量改变了，等待进程的队列将为空。与 semdelete 一样，semreset 必须确定已经没有进程等待这个信号量了。因此，在检查了其变量并且验证信号量存在后，semreset 迭代等待进程的链表，从这个信号量队列上移除每个进程，并让该进程准备执行。正如预期的那样，semreset 使用 resched_cntl 来延迟重新调度就绪列表中的进程。

7.14　并行处理器（多核）之间的协调

以上描述的信号量系统能够在一个单核计算机上良好地运行。但是，许多现代处理器芯片是多核的。常常用一个核来运行操作系统功能，而其他核用来执行用户应用程序。在这样的系统里，仅仅使用操作系统提供的信号量是不够的。不妨考虑在第二个核上运行这样一个应用程序会发生什么：这个应用程序需要独占地访问某块特定内存。此应用进程调用 wait 函数，并将请求发送给核 1 上的操作系统。核 2 必须中断核 1 来完成请求。此外，当运行操作系统函数时，核 1 已经禁止中断，这使得信号量无法使用。

有些多处理器系统提供称为旋锁（spin lock）的硬件原语，它允许多个处理器来竞争互斥访问。硬件定义了一系列数量为 *K* 的旋锁（*K* 应该小于 1024）。理论上，每个旋锁都是一个单独的位，并且都初始化为 0。指令集包括一个称为 test-and-set 的特定指令（协作的核心），它表现为两个原子指令：设置旋锁为 1 并返回在这个操作前的旋锁值。硬件的原子性保证表明，如果两个或者更多的处理器试图同时设置一个给定的旋锁，那么其中一个会接收到先前的值 0，其他的则会收到 1。一旦完成，获得锁的处理器设置其值为 0，以允许其他处理器获得该锁。

下面讲解旋锁的工作原理。假设两个处理器需要独占地访问一个共享数据项，并且正在使用旋锁 5。当一个处理器想要互斥地获得访问时，该处理器执行下面的循环⊖：

|136|

⊖　由于用到了硬件指令，test-and-set 代码经常使用汇编语言来编写。这里为清楚起见使用了伪代码。

```
while (test_and_set(5)) {
        ;
}
```

这个循环重复使用 `test-and-set` 指令来设置旋锁 5。如果这个锁在指令执行前设置，该指令将返回 1，并且这个循环会继续下去。如果在指令执行前这个锁未被设置，硬件返回 0 且循环终止。如果多个处理器试图同时设置旋锁 5，该硬件保证只允许其中一个能访问。因此，`test-and-set` 类似于 `wait` 指令。

一旦一个处理器使用完共享数据，这个进程就执行一条清除旋锁的指令：

```
clear(5);
```

在多核机器上，厂商会让机器包含用作旋锁的各种指令。例如，除了 `test-and-set`，Intel 多核处理器还提供了原子 `compare-and-swap` 指令。如果多个核试图同时执行这个指令，那么其中一个会成功，其他的会失败。程序员能够使用这些指令来建立等价的旋锁。

直到访问被允许，处理器只是阻塞（即忙等待）在一个循环中，所以旋锁看似浪费。但是，当两个处理器同时竞争一个旋锁的可能性很低时，这个机制就比系统调用（如在信号量上等待）更有效。因此，程序员应当注意何时使用旋锁，以及何时使用系统调用。

7.15　观点

计数信号量的概念很重要，主要有两个原因。第一，它提供了一个强大的机制，能够用来控制互斥和生产者 – 消费者同步，而它们是进程协调的两个主要范例。第二，它的实现相当紧凑并且足够高效。回顾函数 `wait` 和 `signal`，可以发现它们得益于计数信号量只占用很小的空间。如果移除用来测试参数的代码和返回结果，那么就只剩下了寥寥数行代码。与我们检测其他抽象概念的实现时一样，以下这点变得越来越显著：尽管它们很重要，实现计数信号量却只需要极少的代码。

7.16　总结

禁止中断会阻止除了当前进程以外的所有行为。但操作系统并没有这么做，而是提供了同步原语以允许进程的子集在不影响其他进程的情况下进行协作。其中计数信号量允许进程在不使用忙等待的情况下进行协作。每个信号量包括一个整数值加上一个进程队列。这个信号量依赖于一个定义为非负数 N 的不变量，它表示这个队列包括 N 个进程。

`signal` 和 `wait` 这两个基本原语允许调用者增加或者减少信号量值。如果 `wait` 调用使这个信号量值为负，调用进程就会被设置为等待状态，并且会让另一个进程执行 CPU。本质上，一个等待某个信号量的进程会自行让自己加入等待这个信号量的队列中，并且调用 `resched` 函数来允许其他进程执行。

信号量可进行静态或者动态分配。在示例代码中，`semcreate` 和 `semdelete` 函数用于动态分配。如果进程等待时一个信号量被回收，那么这些进程应当被处理——示例代码将进程置为就绪状态，就好像信号量被发出一样。

多处理器使用称为旋锁的互斥机制。尽管需要一个处理器重复测试是否能够访问，但是相比于一个处理器中断另一个处理器来进行系统调用的方法，自旋锁将更有效。

练习

7.1　本章表明有些操作系统认为如果有进程仍然在排队等待信号量，信号量的删除就会出错。重写 semdelete 使得删除一个忙信号量时返回 SYSERR。

7.2　考虑用延迟删除作为本章中所示的信号量删除机制的一种替代。也就是重写 semdelete，使得在所有进程都执行 signal 前，将一个已删除的信号量置于延期状态。修改 signal，使得当最后一个等待进程从队列中移除时才释放信号量表项。

7.3　在前面的练习中，延迟删除是否有一些副作用？试解释之。

7.4　作为延迟删除活动信号量的进一步替代方法，修改 wait，使得当调用进程正在等待时，如果信号量被删除，则返回一个 DELETED 值（为 DELETED 选择一个不同于 SYSERR 和 OK 的值）。一个进程如何确定它等待的信号量已被删除？注意：高优先级的进程能够在任意时刻执行。因此，当低优先级的进程准备就绪后，高优先级的进程能够获得 CPU 并产生一个新的信号量，该信号量在低优先级的进程完成 wait 操作前重用信号量表项。提示：考虑在信号量表项中增加一个序列字段。

7.5　不分配中心信号量表让每个进程按需为信号量表项分配空间，并使用一个表项的地址作为信号量 ID。比较示例代码中中心表的方法。它们的优点和缺点各是什么？

7.6　wait、signal、semcreate 和 semdelete 使用信号量表在它们之间协作。使用一个信号量来保护信号量表的使用是否可行？试解释之。　　|138|

7.7　考虑一种可能的优化：不使用就绪态，而是安排 semdelete 在每个进程加入就绪队列之前检查每个等待进程的优先级。如果当前进程的优先级最高，则不重新安排。但如果任何一个进程有更高的优先级，则调用 resched。该优化的代价以及潜在的节省分别是什么？

7.8　构建一个新的系统调用 signaln(sem,n)，它调用信号量 sem 的 signal 操作 n 次。你能找到一个比 n 次调用 signal 更加有效的实现吗？试解释之。

7.9　示例代码对信号量使用 FIFO 策略。也就是说，当信号量执行 signal 操作时，已经等待最长时间的队列变为就绪。考虑一个修改：等待信号量的进程保存在一个按进程优先级排列的优先级队列中（例如，当信号量执行 singal 操作时，最高优先级的等待进程变为就绪）。优先级策略的主要缺点是什么？

7.10　专门用于编写并发程序的语言通常在语言结构中直接嵌入协调和同步功能。例如可以在组中声明函数，以便编译器自动插入代码以禁止多个进程在给定时间执行给定的组。查找为并发程序设计的语言示例，并将进程协调与 Xinu 代码中的信号量进行比较。

7.11　当一个程序员被要求明确地操作信号量时，程序员可能会犯什么类型的错误？

7.12　当把一个等待进程移至就绪状态链表时，wait 设置进程表项中的 prsem 字段为等待进程的信号量 ID。这个值会被使用吗？

7.13　如果程序员犯了一个错误，这个错误将更有可能产生 0 或者 1，而不是任意整数。为了帮助避免产生错误，修改 newsem 使其从表的最大地址处分配信号量，0 和 1 先不使用，直到所有其他表项已经用完。提出更好的方式来识别增加检测错误能力的信号量。

7.14　当删除一个非负整数值的信号量时，函数 semdelete 会表现异常。识别这个异常行为，并尝试重写代码以修正这个异常。

7.15　画一个第 4~7 章包含的所有操作系统函数的调用图，标注出一个给定函数会调用哪些函数。一个多层结构能否从图中推出？试解释之。　　|139 ~ 140|

消息传递

历史给我们传递的信息明确无误：逝者犹可追。

——佚名

8.1 引言

前面的章节解释了进程管理器的基本构件，包括调度器、上下文切换以及协调并发进程的计数信号量，说明了进程是如何创建和终结的，并解释了操作系统如何在进程表中存放进程信息。

本章将总结基本进程管理组件，介绍消息传递的概念，描述可能的方法，并且列举一个底层消息传递系统的例子。第 11 章解释高层消息传递组件是如何通过基本进程管理机制来建立的。

8.2 两种类型的消息传递服务

我们使用消息传递（message passing）这个词来表示进程间交互的一种形式，即一个进程把（通常是少量的）数据传递给另一个进程。在某些系统中，进程从一个称为收取点（pickup point）的地方存取和检索信息，它有时也称为邮箱（mailbox）。在其他系统中，消息可以直接编址到一个进程。消息传递既方便又强大，有些操作系统使用它作为进程间所有交互和协作的基础。例如，通过计算机网络传送数据的操作就能够使用消息传递原语来实现。

有些消息传递组件提供了进程协作的能力，因为这个机制会阻塞接收者直到消息到达。因此，消息传递可以代替进程挂起和恢复。那么消息传递也能够代替同步原语（比如信号量）吗？答案依赖于消息传递的实现方式。消息传递有两种方式：

- 同步。如果接收者试图在消息到达前接收，那么它就会阻塞；如果发送者试图在接收者就绪前发送消息，它也会阻塞。发送进程和接收进程应当协调否则一方会因为等待另一方而阻塞。
- 异步。消息可以在任意时刻到达，消息到达后通知接收者。接收者不需要知道有多少消息到达或者有多少发送者将发送消息。

尽管可能缺少通用性和便利性，但同步消息传递组件能够在某些方面发挥信号量的作用。例如，考虑生产者–消费者模型。每次产生新的数据时，生产者进程就可发送消息给消费者进程。同样，消费者等待消息，而非等待信号量。使用消息传递来实现互斥更复杂，但常常是可行的。

因为同步消息传递系统适应传统的计算模型，所以它的主要优点就显露出来。为了在同步系统里接收消息，进程需要调用一次系统函数，这个调用会一直阻塞直到消息到达。相反，异步消息传递系统或者要求进程轮询（即隔一段时间就检查消息），或者要求一个允许操作系统暂停进程的机制，以允许进程来处理消息，然后恢复正常执行。尽管异步消息传递导致了额外的负载和复杂度，但是如果进程不知道有多少条消息要到达，以及何时发送消息，或者哪些进程将发送消息，那么使用异步消息传递比较方便。

8.3　消息使用资源的限制

Xinu 支持两种消息传递，即完全同步机制和部分异步机制。这两种方式也表明了直接和间接消息发送的区别：一个提供直接的进程间消息传递，另一个安排消息在会合点交互。本章的讨论从一个组件开始，这个组件提供了从一个进程到另一个进程的直接通信。第 11 章讨论第 2 种消息传递机制。将消息传递分成两个独立的部分有以下优势：可以使得进程间底层的消息传递更高效，同时又允许程序员按需选择复杂的会合方法。

Xinu 进程到进程的消息传递系统经过了仔细设计，以确保进程发送消息时不会阻塞，并且等待消息时不会消耗掉所有的内存。为了确保这些目标，消息传递组件遵循三条原则：

- 限制消息大小。系统限制每个消息为一个较小的固定尺寸。在我们的示例代码中，每个消息包括一个字（即一个整数或者一个指针）。
- 没有消息队列。系统允许一个给定进程为每个进程在任意时刻存储唯一一个未接收的消息。这里没有消息队列。
- 第一消息语义（first message semantic）。如果有多个消息发送给给定进程但该进程还未来得及接收它们，则只存储和发送第一条消息；并且不会阻塞后续发送者。

当需要判断多个事件中的哪一个事件最先完成时，第一消息语义的概念就变得非常有用。需要等待事件的进程可以安排每个事件发送唯一的一个消息，然后该进程等待消息，操作系统将保证进程会收到发送的第一个消息。

8.4　消息传递函数和状态转换

对消息进行操作的系统调用有 3 个：send、receive 和 recvclr。send 接收一个消息和一个进程 ID 作为参数，并且传递消息到特定进程。receive 不需要任何参数，它让当前进程等待直到消息到达，然后将消息返回给调用者。recvclr 提供一个非阻塞的 receive 版本。如果 recvclr 调用时当前进程已经接收了一个消息，那么这个调用就会像 receive 一样返回这个消息。但是如果没有消息在等待中，recvclr 立刻返回 OK 值，而不会等待一个消息的到达。正如名字暗示的，recvclr 在进行一轮消息传递前能够用来删除一个旧消息。

问题来了：当进程等待消息时应处于哪种状态呢？因为等待消息不同于准备执行、等待信号量、等待处理器、挂起或正在执行等已有的状态，因此，在我们的设计中应当使用另一个状态。这个新的状态接收（receiving）在示例软件中表示为符号常量 PR_RECV。增加这个状态产生了如图 8-1 所示的状态转换图。

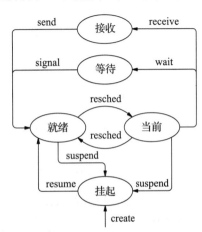

图 8-1　包括接收（receiving）状态的状态转换图

8.5　send 的实现

　　消息传递系统要求发送者和接收者之间达成共识，因为发送者应当在某处存储消息，接收者也能够从这个地方提取消息。消息不能在发送者的内存中存储，因为在消息接收之前发送进程可能退出。大多数的操作系统不允许发送者把消息放至接收者的内存空间，因为允许一个进程写入另一个进程的内存空间会产生安全威胁。在示例系统中，对消息大小的限制消除了这个问题。我们在接收者的进程表项的 prmsg 字段中预留了空间来实现。

　　为了存储消息，send 函数首先检查指定的接收进程是否存在，然后检查以确保接收者没有未完成的消息。为了做到该点，send 函数在接收者的进程表项中检查 prhasmsg 字段。如果这个接收者没有未完成的消息，则 send 函数在 prmsg 字段存储新的消息，并设置 prhasmsg 字段为 TRUE 以表明有消息在等待。最后一步，如果接收者正在等待一个消息的到达（即接收进程具有状态 PR_RECV 或者状态 PR_RECTIM），则 send 函数通过调用 ready 让进程就绪，并且重新建立调度不变状态。在 PR_RECTIM（这个状态稍后介绍）情况下，send 函数应当首先调用 unsleep 从睡眠进程队列中移除这个进程。文件 send.c 包含以下代码。

```
/* send.c - send */

#include <xinu.h>

/*------------------------------------------------------------------------
 *  send  -  Pass a message to a process and start recipient if waiting
 *------------------------------------------------------------------------
 */
syscall send(
        pid32           pid,            /* ID of recipient process      */
        umsg32          msg             /* Contents of message          */
        )
{
        intmask mask;                   /* Saved interrupt mask         */
        struct  procent *prptr;         /* Ptr to process' table entry  */

        mask = disable();
        if (isbadpid(pid)) {
                restore(mask);
                return SYSERR;
        }

        prptr = &proctab[pid];
        if ((prptr->prstate == PR_FREE) || prptr->prhasmsg) {
                restore(mask);
                return SYSERR;
        }
        prptr->prmsg = msg;             /* Deliver message              */
        prptr->prhasmsg = TRUE;         /* Indicate message is waiting  */

        /* If recipient waiting or in timed-wait make it ready */

        if (prptr->prstate == PR_RECV) {
```

```
                ready(pid);
        } else if (prptr->prstate == PR_RECTIM) {
                unsleep(pid);
                ready(pid);
        }
        restore(mask);              /* Restore interrupts */
        return OK;
}
```

147

8.6　receive 的实现

进程调用 receive（或者 recvclr）来获取一个传入的消息。receive 检测当前进程的进程表项，并使用 prhasmsg 字段来确定是否有消息在等待。如果没有消息到达，receive 就把进程状态改为 PR_RECV，并且调用 resched 来允许其他进程运行。当另一个进程发送消息给接收进程时，resched 的调用直接返回。一旦执行通过 if 语句，receive 将提取消息，设置 prhasmsg 为 FALSE，并且返回消息给它的调用者。文件 receive.c 包含以下代码。

```
/* receive.c - receive */

#include <xinu.h>

/*------------------------------------------------------------------------
 *  receive  -  Wait for a message and return the message to the caller
 *------------------------------------------------------------------------
 */
umsg32  receive(void)
{
        intmask mask;                   /* Saved interrupt mask         */
        struct  procent *prptr;         /* Ptr to process' table entry  */
        umsg32  msg;                    /* Message to return            */

        mask = disable();
        prptr = &proctab[currpid];
        if (prptr->prhasmsg == FALSE) {
                prptr->prstate = PR_RECV;
                resched();              /* Block until message arrives  */
        }
        msg = prptr->prmsg;             /* Retrieve message             */
        prptr->prhasmsg = FALSE;        /* Reset message flag           */
        restore(mask);
        return msg;
}
```

仔细观察代码，注意 receive 从进程表项把消息复制到局部变量 msg 中，然后返回 msg 的值。有趣的是，receive 并没有修改进程表中的 prmsg 字段。因此，一种更有效的实现似乎应当避免把消息复制到局部变量，而是直接从进程表返回消息：

```
return proctab[currpid].prmsg;
```

148

不幸的是，这种实现是不正确的。后面的一道练习会让读者考虑为什么这种实现可能导致不正确的结果。

8.7 非阻塞消息接收的实现

除了常常立即返回外，recvclr 操作类似于 receive。如果一个消息正在等待，则 recvclr 返回这个消息；否则，recvclr 返回 OK。

```
/* recvclr.c - recvclr */

#include <xinu.h>

/*------------------------------------------------------------------------
 *  recvclr  -  Clear incoming message, and return message if one waiting
 *------------------------------------------------------------------------
 */
umsg32  recvclr(void)
{
        intmask mask;                   /* Saved interrupt mask         */
        struct  procent *prptr;         /* Ptr to process' table entry  */
        umsg32  msg;                    /* Message to return            */

        mask = disable();
        prptr = &proctab[currpid];
        if (prptr->prhasmsg == TRUE) {
                msg = prptr->prmsg;     /* Retrieve message             */
                prptr->prhasmsg = FALSE;/* Reset message flag           */
        } else {
                msg = OK;
        }
        restore(mask);
        return msg;
}
```

8.8 观点

类似于前面章节的计数信号量部分，基本消息传递组件的代码是极其紧凑而高效的。看看这些函数，寥寥数行就实现了每个操作。此外，在进程表中存储消息缓冲区很重要，因为这样能将消息传递从内存管理中独立出来，并且允许在底层架构中使用消息传递。

|149|

8.9 总结

消息传递组件提供了允许一个进程发送消息给另一个进程的进程间通信机制。完全同步的消息传递系统会阻塞发送方或接收方，具体取决于已发送和接收的消息数量。我们的示例系统包含了两个消息传递机制：一个底层的允许进程间直接通信的机制，一个高层的使用会合点的机制。

Xinu 底层的消息传递机制限制信息的大小为一个字，限制每个进程最多有一个未完成的消息，并使用第一消息语义。消息的存储与进程表相关——发送到进程 *P* 的消息存储在 *P* 的进程表项中。第一消息语义的使用允许进程确定首先触发哪个事件。

底层的消息组件包括三个函数：send、receive 和 recvclr。在这三个函数中，只有 receive 是阻塞的——它阻塞调用进程直到有消息到达。在开始使用消息传递来进行交互之前，进程可使用 recvclr 移除一个旧的消息。

练习

8.1 写一个程序，输出一个提示，然后每 8 秒循环输出这个提示直到某个人输入一个字符。（提示：sleep(8) 延迟这个调用进程 8 秒。）

8.2 假设 send 和 receive 不存在，用 suspend 和 resume 写代码来实现消息传递。

8.3 示例的实现使用了第一消息语义。哪个现有组件处理了最后消息语义？

8.4 实现为每个进程记录 K 个消息的 send 和 receive 的版本（连续调用 send 将阻塞）。

8.5 调查系统最内层使用了消息传递而不是用上下文切换的操作系统。其优点是什么？主要可靠性呢？

8.6 考虑本章提到的直接从进程表项中返回消息的 receive 的修改：

```
return proctab[currpid].prmsg;
```

解释为什么这种实现是错误的。

8.7 实现定义了 32 个固定的可能消息的 send 和 receive 的版本。不要使用整数来代表消息，用字的一位来代表每个消息，并允许一个进程来处理所有的 32 个消息。

8.8 注意，因为 receive 使用了 SYSERR 来表示一个错误，所以发送的消息与 SYSERR 有相同值时就会产生混淆。而且，如果没有消息在等待，recvclr 就返回 OK。修改 recvclr，使得如果没有消息在等待则返回 SYSERR，并修改 send 使得它拒绝发送 SYSERR（即检查它的参数，如果值是 SYSERR 则返回一个错误）。

150

Operating System Design: The Xinu Approach, Second Edition

基本内存管理

回忆是经历的魅影。

——佚名

9.1 引言

之前的章节解释了并发计算和操作系统管理并发进程的机制，讨论了进程的创建和终止、调度、上下文切换、协调和进程间通信。

本章开始讨论第二个关键主题：操作系统内存管理的机制，着重于内存管理中的基本操作——栈和堆的动态分配。本章介绍了一些用于分配和释放内存的函数，并解释了嵌入式系统如何管理各进程的内存。下一章我们将通过描述地址空间、高层内存管理机制和虚拟内存来进一步讨论内存管理。

9.2 内存的类型

由于对程序的执行和数据的存储至关重要，主存储器（主存）在操作系统管理的重要资源中地位很高。操作系统维护空闲内存块的大小和位置信息，并且在接收到请求时给并发程序分配内存。当进程结束的时候系统将回收分配给它的内存，以便再次使用。我们假设代码一直驻留内存中。

在很多嵌入式系统中，主存由一段从地址 0 到 $N-1$ 的连续位置集合构成。但是有些系统的地址空间比较复杂，其中一些特定区域被保留下来（例如，用于内存映射设备或者保证向后兼容性）。我们的样例平台给出了两种风格：BeagleBone Black 平台拥有连续存储地址集，而 Galileo 平台提供了由不连续的块的集合组成的地址空间。

一般来说，存储可以被分为两种类型：

- 稳定存储，比如闪存，在断电后仍能够保存数据。
- 随机访问存储（RAM），只有在系统电源供电时才能保存数据。

在地址使用方面，这两种存储占用不同的位置。比如，地址 0 到 $K-1$ 可以用于闪存，而地址 K 到 $N-1$ 对应动态 RAM $^\ominus$。

有些系统使用特定的存储技术进一步分化了内存的区域。例如，RAM 又可以分成两类：

- 静态 RAM（SRAM）：更快，但是更贵。
- 动态 RAM（DRAM）：价廉，但是慢一些。

由于 SRAM 价格昂贵，系统通常使用少量的 SRAM 和较多的 DRAM。如果内存的类型不同，程序员就需要仔细地将最频繁使用的变量和代码放在 SRAM 中，而将较少使用的放在 DRAM 中。

$\ominus$　通常 K 和 N 都是 2 的幂。

9.3　重量级进程的定义

操作系统提供了一种保护机制，用于阻止一个程序访问或修改已被分配给其他程序的内存区域。例如，在第 10 章我们将讨论如何给每个进程分配一个独立的虚拟地址空间。这种方法（称为重量级进程抽象）首先创建一个地址空间，然后创建一个运行在该地址空间上的进程。通常，重量级进程的代码采用动态加载——程序在被重量级进程使用之前必须被编译并存储在磁盘上的文件中。因此，当创建重量级进程时，程序员需要指定磁盘上包含程序编译代码的文件，然后操作系统将选定的程序文件装载到新的虚拟地址空间中，并启动一个进程来执行该程序。

有趣的是，有些支持重量级进程抽象的操作系统也同时支持轻量级进程抽象（即线程）。这种操作系统首先创建一个单独的进程，之后允许这个进程创建多个执行在同一个地址空间内的附加线程，而不是只允许单独的进程运行在一个地址空间中。

154

上述这种混合系统中的线程与 Xinu 中的进程十分相似。每个线程拥有一个独立的运行时栈，用来存储函数调用时的活动记录（包括局部变量的一份拷贝）。栈是从重量级进程地址空间的数据区域中分配的。一个给定的重量级进程的所有线程共享全局变量，全局变量分配在重量级进程地址空间的数据区域中。共享意味着需要协调——一个重量级进程的不同线程必须使用同步原语，比如使用信号量，来控制共享变量的访问。图 9-1 展示了一个混合系统。

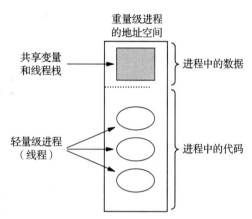

图 9-1　用多个轻量级进程（线程）共享地址空间来说明重量级进程抽象的概念

9.4　示例系统的内存管理

大型嵌入式系统，如应用在视频游戏控制中的系统，拥有实现按需分页的虚拟内存所需的内存管理硬件和操作系统支持。然而，在小型嵌入式系统中，硬件不能支持多个地址空间，也不能保护进程的地址空间不被其他进程访问。因此，操作系统和所有进程共享一个地址空间。

虽然在单个地址空间内运行多个进程缺乏安全保护，但是这种方法也有其优势。这些进程可以相互之间传递指针，因此它们无须将数据从一个地址空间复制到另一个地址空间就可以共享大量数据。此外，由于地址解析不依赖于进程上下文，操作系统可以方便地间接引用任意指针。最后，只有一个地址空间使得这类系统中的内存管理器比更复杂的系统中的简单很多。

155

9.5　程序段和内存区域

一个 C 语言编译器将一个内存映像划分为四个连续的区域，分别是：

- 代码段
- 数据段

- BSS 段
- 空闲空间

代码段（文本段）。文本段从可用内存地址的最低处开始编址，包含内存映像中每个函数的已编译代码（包括 main 函数的代码，像其他函数代码一样被编译和链接）。编译器也会选择将常量放置到文本段中，因为常量只能被读取，而不允许被修改。例如，字符串常量就可以被放到文本段。如果硬件包含保护机制，文本段的地址将被分类为只读，即如果程序运行时试图在文本段位置进行写操作，就会触发错误。

数据段。数据段跟随在文本段之后，存储所有被赋予了初值的全局变量。在 C 语言中通过将变量的声明置于函数声明之外的方法，将变量声明为全局变量。在数据段中的变量被分类为可读可写，因为它们既可以被访问也可以被修改。

BSS 段。BSS 指以符号开始的块（Block Started by Symbol，BSS），取自 PDP-11（C 语言就是在这台计算机上被设计出来的）的汇编语言。BSS 段接在数据段后面，包括未显式初始化的全局变量。根据 C 语言的惯例，Xinu 在执行之前将 BSS 段的所有位置写入 0。

空闲空间。程序开始执行时，BSS 段之后的地址被认为是空闲的（未分配的）。为了简化讨论，我们会假设空闲空间由一个简单的连续区域构成。实际上，有些硬件平台（例如 Galileo 平台）会将空闲空间划分为一系列不连续的块。

正如本书第 3 章所描述的那样，C 语言装载器定义了 3 个外部符号：etext、edata 和 end[⊖]，分别用来标记文本段之后的第一块内存单元、数据段之后的第一块内存单元和 BSS 段之后的第一块内存单元。图 9-2 解释了 Xinu 开始执行时的内存布局和 3 个外部符号。

[156]

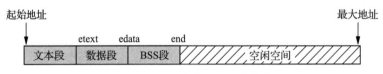

图 9-2　Xinu 开始执行时的内存布局

图 9-2 中的外部符号不是变量，而是当内存映像装载时赋予内存特定位置的名字。因此，程序只能使用某个外部符号来引用位置，而不是装载或存储一个值。例如，文本段占用内存单元 0～etext-1。为了计算大小，程序定义 etext 为一个外部的整数，在表达式中的引用方式为 &etext。

程序如何确定可用空闲空间的大小？我们的样例平台提供了两个方法。在 BeagleBone Black 结构中，硬件手动标注了可用地址。而在 Galileo 结构中，启动时硬件和引导装载程序（boot loader）一起检测存储，构建一个可用地址块表，并将这个表传递给已经启动的操作系统。我们将看到使用了 BeagleBone Black 的 Xinu 包含一些标注了地址范围的常量，而 Galileo 上运行的 Xinu 则在启动时传递一个可用地址块的链表。

9.6　动态内存分配

虽然程序段和全局变量在地址空间里分配有确定的位置，并且一直占用物理内存，但它们只占据一个执行中的进程所用内存的一部分。剩下的内存被动态分配给：

- 栈

⊖　外部符号名会被装载器在前面加上下划线。因此，etext 变为 _etext。

- 堆

栈（stack）。每个进程都需要栈空间来存储与该进程的函数调用相关的活动记录。除了参数声明外，这种活动记录还存储了局部变量。

堆（heap）。一个或者一系列进程也会使用堆来存储动态分配的变量，这些变量独立于特定的函数调用。

Xinu 同时使用这两种动态内存形式。第一，当创建一个新的进程时，Xinu 为这个进程分配一个栈。栈从空闲空间的最高地址向下寻找大小足够的空闲块进行分配。第二，当一个进程请求堆存储时，Xinu 从空闲空间的最低地址向上寻找足够大的空闲块分配给该进程。157 图 9-3 显示了 3 个进程在执行时的内存布局，此时堆已经分配。

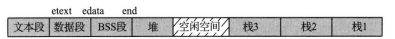

图 9-3　创建 3 个进程后的内存

9.7　底层内存管理器的设计

一组函数和数据结构被用于管理空闲内存。底层内存管理器提供了 5 个这样的函数：

- getstk：当进程创建时分配栈空间。
- freestk：当进程终止时释放栈。
- getmem：按需分配堆存储。
- freemem：按要求释放堆存储。
- meminit：启动时初始化空闲链表。

我们的设计把空闲空间当成一种独占式的、可用尽的资源——底层内存管理器在请求可以被满足时才分配空间。此外，底层内存管理器不会把空闲内存分为提供给进程栈的内存和提供给堆的内存。两者中的任何一种请求都可以申请所有剩余空间而无保留。当然，这种分配只会在进程间协作时有效。否则，一个进程可能会消耗所有空闲内存而不保留空间给其他进程。第 10 章介绍另外一种方式，一系列高层内存管理函数会通过在子系统中划分内存来避免内存耗尽。高层内存管理器还将展示如何在一个进程需要的内存可分配前阻塞该进程。

函数 getstk 和 freestk 不用于普通调用。当创建一个新的进程时，create 调用 getstk 来分配栈。getstk 从空闲空间的最高地址获取一块内存，返回指向该块的指针。create 在进程表项里记录已分配栈空间的大小和位置。然后，当这个进程变成当前程序时，上下文切换会装载这个栈地址到栈指针寄存器，使得这个栈空间可以用于函数调用。最后，当进程终止时，kill 函数调用 freestk 来释放进程的栈，将该块内存返还到空闲链表中。

函数 getmem 和 freemem 为堆存储执行相似的任务。与栈分配方法不同的是，getmem 和 freemem 从空闲空间的最低地址处开始分配可用的内存块。158

9.8　分配策略和内存持久性

因为只有 create 和 kill 两个函数会分配和释放进程栈空间，所以系统可以保证分配给进程的栈空间会在进程退出时释放。然而，系统不会记录进程调用 getmem 所得到的堆内存块，因此系统不会自动地释放堆空间。这样，回收堆空间的任务就留给了程序员：

> 堆空间独立于分配该堆的进程。在进程退出之前，进程必须显式地释放其得
> 到的堆空间，否则该空间会一直处于已被分配的状态。

当然，释放堆空间并不能保证堆永远不会耗尽。一方面，需求可能超过可分配的空间；另一方面，空闲空间可能变成很小的、不连续的碎片，以至于每一片都无法满足请求的大小空间。第 10 章将继续讨论分配策略，并展示一种避免空闲空间碎片的方法。

9.9 追踪空闲内存

内存管理器必须保存所有空闲内存块的信息。为此，内存管理器维护一张链表，表中的每一项记录一个块开始的地址和块的长度。在整个空闲内存是连续的系统中，初始链表只包含一项，该项对应一个程序结束和最高可用地址之间的内存块。在空闲内存被分块的系统中，初始链表包含对应每个块的一个节点。无论哪种情形，当一个进程请求内存块时，内存管理器搜寻这张表并找到一块空闲区域，然后分配请求大小的块，以及更新这张表以显示有新的空闲内存被分配了。类似地，当一个进程释放之前被分配的块时，内存管理器会将这个块加到空闲块链表中。图 9-4 展示了有四个空闲内存块的例子。

块	地址	长度
1	0x84F800	4096
2	0x850F70	8192
3	0x8A03F0	8192
4	0x8C01D0	4096

图 9-4   四个空闲内存块的示例链表

内存管理器必须小心地检查每次存储操作，以避免空闲块表被大量小空闲块填充而变得很长。当释放一个空闲块时，内存管理器扫描整个链表查看该块是否与某个已经存在的空闲块的末端相邻。如果是，则无须加入新的表项，只需要增加原有块的大小。类似地，如果该块与已经存在的空闲块开始处相邻，则更新这个表项。最后，如果释放的块恰恰填充两个空闲块之间的间隔，内存管理器就将这两个表项合并成一个大块，大块涵盖了两个空闲块和刚释放的块。我们用联合（coalesce）来表示合并表项。关键是，如果内存管理器是正确的，一旦将所有分配的块释放，这个空闲链表就回到了初始状态，即操作系统启动时的空闲内存区域集合。

9.10 底层内存管理的实现

空闲内存块的链表存储在哪里？样例的实现遵循一种标准方法，即用空闲内存自身存储这张链表。毕竟，如果一个空闲内存块没有被使用，这个空闲内存块存放的内容就不再被需要。这样，空闲内存块可以用指针连接起来形成链表。

在代码中，全局变量 memlist 拥有一个指向第一个空闲块的指针。理解这种实现的关键是在任何时候都保持不变的状态：

> 所有空闲内存块存储在链表中，空闲链表中的块以地址递增顺序排序。

图 9-4 中的示例链表展示了与每个表项相联系的两个字段：地址和大小。在我们的链表实现中，每个链表中的节点指向下一个节点（即通过存储地址的方式）。同时，我们必须存储每个块的大小。因此，每个空闲内存块包含两个字段：一个指向下一个空闲内存块的指针，一个给出当前块大小的整数。图 9-5 解释了这种概念。

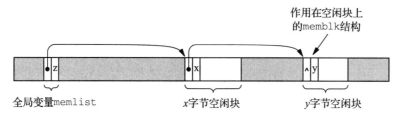

作用在空闲块上
的memblk结构

全局变量memlist   x字节空闲块   y字节空闲块

图 9-5　有两个内存块的空闲内存链表　　　　　　　　　　　160

9.11　使用空闲内存的数据结构定义

memory.h 文件包含了与内存管理相关的声明，在 memory.h 文件中的结构 memblk
给出了可以实现每个空闲节点的数据结构。

```
/* memory.h - roundmb, truncmb, freestk */

#define PAGE_SIZE        4096

/*------------------------------------------------------------------------
 * roundmb, truncmb - Round or truncate address to memory block size
 *------------------------------------------------------------------------
 */
#define roundmb(x)      (char *)( (7 + (uint32)(x)) & (~7) )
#define truncmb(x)      (char *)( ((uint32)(x)) & (~7) )

/*------------------------------------------------------------------------
 *  freestk  --  Free stack memory allocated by getstk
 *------------------------------------------------------------------------
 */
#define freestk(p,len)  freemem((char *)((uint32)(p)           \
                                - ((uint32)roundmb(len))       \
                                + (uint32)sizeof(uint32)),     \
                                (uint32)roundmb(len) )

struct   memblk  {                      /* See roundmb & truncmb      */
         struct  memblk  *mnext;        /* Ptr to next free memory blk */
         uint32  mlength;               /* Size of blk (includes memblk)*/
         };
extern   struct  memblk  memlist;       /* Head of free memory list   */
extern   void    *minheap;              /* Start of heap              */
extern   void    *maxheap;              /* Highest valid heap address */


/* Added by linker */

extern   int     text;                  /* Start of text segment      */
extern   int     etext;                 /* End of text segment        */
extern   int     data;                  /* Start of data segment      */
extern   int     edata;                 /* End of data segment        */
extern   int     bss;                   /* Start of bss segment       */
extern   int     ebss;                  /* End of bss segment         */
extern   int     end;                   /* End of program             */
```

161

在结构 memblk 中，mnext 字段指向链表中的下一个块，如果该块为最后一个块则赋值为 NULL。mlength 字段记录了以字节计量的当前块的长度（包含表头）。注意，长度是 unsigned long 变量，这样最大长度可以满足整个 32 位物理地址空间。

变量 memlist 构成了这个链表的头部，该变量定义为 memblk 结构。因此，表头与表中其他的节点有完全相同的形式。然而，mlength 字段（用来存储块的大小）在 memlist 中却没有意义，因为 menlist 的大小可以直接表示为 sizeof(struct memblk)。所以，我们可以将长度字段用作其他用途。Xinu 使用这个字段存储整个空闲内存的大小（即每个块中长度字段的总和）。知道空闲内存的大小可以在调试或者判断系统是否接近饱和时起到作用。

注意，每个空闲链表中的块必须有完整的 memblk 结构（即 8 字节）。这样的设计导致空闲链表不能存储小于 8 字节的空闲块。我们如何保证不会有进程试图释放一个更小的内存呢？我们可以告知程序员必须释放与他们所请求的大小相同的内存，并且让内存管理程序确保所有的请求必须至少为 8 字节。但是如果内存管理器提取一块空闲内存时，另外一个问题就可能产生：剩余的内存可能小于 8 字节。为了解决这个问题，内存管理器要求所有的请求是 memblk 结构长度的倍数。我们之后会讲到这种方案有一个很有用的特性：一个 8 的倍数减去另一个 8 的倍数的结果必定是 8 的倍数。

在文件 memory.h 中，使用两个内联函数 roundmb 和 truncmb 来实现以上功能。roundmb 将请求取整为 8 字节的倍数，truncmb 用来将内存大小截断为 8 字节的倍数。截断只在初始时使用：如果空闲空间初始的大小不是 8 的整数就必须向下截断而不是向上取整。为了提高效率，实现这两个功能的代码使用常数和布尔操作而不是除法和 sizeof 函数。由于内存块的大小肯定是 2 的幂，所以使用布尔操作才能提高效率。总结来说：

> 将所有的请求取整为 memblk 结构大小的倍数，以确保每个请求满足约束条件，以及保证不会有空闲块因太小而不能链接到空闲链表中。

9.12 分配堆存储

函数 getmem 通过寻找满足请求的空闲块来分配堆存储。我们使用最先适配（first-fit）分配策略来实现，该策略分配空闲链表上第一个满足请求的块。getmem 从找到的空闲块中减去请求的内存大小并相应地调整空闲链表。文件 getmem.c 包含了这部分源代码。

162

```
/* getmem.c - getmem */

#include <xinu.h>

/*------------------------------------------------------------------------
 *  getmem  -  Allocate heap storage, returning lowest word address
 *------------------------------------------------------------------------
 */
char    *getmem(
          uint32         nbytes          /* Size of memory requested    */
        )
{
        intmask mask;                    /* Saved interrupt mask        */
        struct  memblk *prev, *curr, *leftover;
```

```
       mask = disable();
       if (nbytes == 0) {
               restore(mask);
               return (char *)SYSERR;
       }

       nbytes = (uint32) roundmb(nbytes);        /* Use memblk multiples */

       prev = &memlist;
       curr = memlist.mnext;
       while (curr != NULL) {                    /* Search free list      */

               if (curr->mlength == nbytes) {  /* Block is exact match */
                       prev->mnext = curr->mnext;
                       memlist.mlength -= nbytes;
                       restore(mask);
                       return (char *)(curr);

               } else if (curr->mlength > nbytes) { /* Split big block */
                       leftover = (struct memblk *)((uint32) curr +
                                         nbytes);
                       prev->mnext = leftover;
                       leftover->mnext = curr->mnext;
                       leftover->mlength = curr->mlength - nbytes;
                       memlist.mlength -= nbytes;
                       restore(mask);
                       return (char *)(curr);
               } else {                              /* Move to next block    */
                       prev = curr;
                       curr = curr->mnext;
               }
       }
       restore(mask);
       return (char *)SYSERR;
}
```

163

验证了参数合法并且空闲链表不为空后，getmem 使用 roundmb 函数把请求的内存大小调整为 memblk 大小的倍数，然后搜索空闲链表，以寻找第一个大小满足请求的内存块。由于空闲链表是单向链表，所以 getmem 使用 prev 和 curr 两个指针来遍历链表。getmem 在搜索过程中维护以下不变式：当 curr 指向一个空闲块时，prev 指向该块在链表中的前驱块（可能为链表的头节点 memlist）。在遍历链表的过程中，代码必须保证以上不变式。因此，当找到一个大小满足请求的空闲块时，prev 指向该块的前驱块。

在遍历链表的每一步，getmem 把当前块的大小与请求的大小 nbytes 进行比较。比较的结果有 3 种情况。如果当前块的大小小于请求的大小，则 getmem 移动到链表的下一块继续进行搜索；如果当前块的大小正好与请求的大小相等，则 getmem 从空闲链表中删除该块（通过把该块前驱块的 mnext 字段设置为该块的后继块来实现），然后返回指向该块的指针；如果当前块的大小大于请求的大小，则 getmem 把当前块分割为两块，一块大小为 nbytes，该块将返回给调用者，而剩余部分将留在空闲链表上。进行块分割时，getmem 计算剩余部分的地址并保存在变量 leftover 中。计算剩余部分的地址在概念上很简单，即剩余部分在该块开头之后的 nbytes 处。但是，把 curr 增加 nbytes 并不能产生期望的结果，因为 C 语言对指针进行的是指针运算。为了强制 C 语言使用整数运算，在与 nbytes 相加前，curr 指针需要先强制转换为一个无符号整数（(uint32)curr）。当计算出结果后，再使用强制转换把计算结果转换回指向内存块的指针。通过上述方法计算出 leftover 后，更新 prev 块的 mnext 字段，并且相应地对 leftover 块的 mnext 和 mlength 字段进行赋值。

这部分代码依赖一个基本的数学关系：两个 K 的倍数相减将产生一个 K 的倍数。在上述例子中，K 的大小为一个 memblk 结构的大小，即 8 字节。因此，如果系统开始时使用 roundmb 对空闲内存的大小进行取整并使用 roundmb 调整请求的大小，则每个空闲块和每个剩余部分都将足够容纳一个 memblk 结构。

9.13   分配栈存储

函数 getstk 给进程栈分配一块内存。进程创建的时候都会调用 getstk。这部分代码在文件 getstk.c 中。

由于空闲链表按照内存地址有序排列并且栈空间由地址最高的可用块分配，所以 getstk 必须搜索整个空闲链表。在搜索过程中，getstk 记录任何一个能满足请求的块地址[⊖]。这意味着在搜索完成后，最后记录的地址指向满足请求并且地址最高的空闲块。与 getmem 一样，getstk 在搜索过程中维护相同的不变式，即变量 curr 和 prev 分别指向一个空闲块和该空闲块的前驱块。当找到一个大小满足请求的块时，getstk 把变量 fits 设置为该块的地址并把变量 fitprev 设置为该块前驱块的地址。因此，当搜索完成后，fits 指向可用的、内存地址最高的空闲块（如果没有满足请求的块，则 fits 等于 NULL）。

当搜索结束并找到一个块时，与 getmem 类似，这里有两种情况。如果这个块的大小正好与请求的大小相等，则 getstk 从空闲链表中移除该块并返回该块的地址给调用者；否则，getstk 将该块分为两块，一块分配 nbytes 大小，另一块留在空闲链表上。由于 getstk 需要返回选中块的最高地址部分，所以地址计算与 getmem 中的方法稍微有些不同。

```
/* getstk.c - getstk */

#include <xinu.h>

/*------------------------------------------------------------------------
 *  getstk  -  Allocate stack memory, returning highest word address
 *------------------------------------------------------------------------
 */
char    *getstk(
          uint32        nbytes                /* Size of memory requested  */
        )
{
        intmask mask;                         /* Saved interrupt mask      */
        struct  memblk *prev, *curr;          /* Walk through memory list  */
        struct  memblk *fits, *fitsprev;      /* Record block that fits    */
```

⊖ 分配具有最高地址并满足请求的块的策略称为最后适配（last-fit）策略。

```
        mask = disable();
        if (nbytes == 0) {
                restore(mask);
                return (char *)SYSERR;
        }

        nbytes = (uint32) roundmb(nbytes);      /* Use mblock multiples */

        prev = &memlist;
        curr = memlist.mnext;
        fits = NULL;
        fitsprev = NULL;  /* Just to avoid a compiler warning */

        while (curr != NULL) {                          /* Scan entire list      */
                if (curr->mlength >= nbytes) {  /* Record block address */
                        fits = curr;            /*   when request fits  */
                        fitsprev = prev;
                }
                prev = curr;
                curr = curr->mnext;
        }

        if (fits == NULL) {                             /* No block was found    */
                restore(mask);
                return (char *)SYSERR;
        }
        if (nbytes == fits->mlength) {          /* Block is exact match */
                fitsprev->mnext = fits->mnext;
        } else {                                        /* Remove top section    */
                fits->mlength -= nbytes;
                fits = (struct memblk *)((uint32)fits + fits->mlength);
        }
        memlist.mlength -= nbytes;
        restore(mask);
        return (char *)((uint32) fits + nbytes - sizeof(uint32));
}
```

166

9.14　堆和栈存储的释放

当使用完一块堆存储后，进程调用 freemem 函数把该内存块返回到空闲链表中，使这块内存可以被后续的内存分配使用。由于空闲链表中的块按照地址顺序保存，所以 freemem 根据该块的地址找到其在链表上的正确位置。另外，freemem 还负责合并该块与相邻的空闲块。合并存在 3 种情况：新的内存块与前驱块相邻、新的内存块与后继块相邻，或者与两者都相邻。当这 3 种情况中的任一种出现时，freemem 把新块和相邻块合并，在空闲链表上形成一个更大的块。合并可以帮助避免产生内存碎片。

函数 freemem 的代码可以在 freemem.c 文件中找到。与 getmem 相似，prev 和 next 两个指针用来遍历空闲块链表。freemem 搜索空闲链表直到要释放的块地址处于 prev 和 next 之间。一旦找到了正确的位置，代码就执行块合并。

合并的处理过程分为 3 步。代码首先检查能否与前驱块合并，即 freemem 将前驱块的长度和前驱块的地址相加计算出前驱块之后的内存地址。freemem 把计算结果存储在 top

变量中并与插入块的地址进行比较。如果插入块的地址与 top 变量的值相等，freemem 通过增加前驱块的大小把新块包含在前驱块中；否则，freemem 把新块插入链表中。当然，如果 prev 指针指向 memlist 的头节点，则不需要执行合并。

当处理完与前驱块的合并后，freemem 检测能否与后继块合并。freemem 计算当前块之后的第一块的内存地址并测试该地址是否与后继块的地址相等。如果相等，说明当前块与后继块相邻，则 freemem 增加当前块的大小以将后继块包含在当前块中，并把后继块从链表中移除。

freemem 的关键点是处理了以下三种特殊情况：

当向空闲链表中添加块时，内存管理器必须检查新块是否与前驱块相邻、与后继块相邻，或者与两者都相邻。

167

```c
/* freemem.c - freemem */

#include <xinu.h>

/*------------------------------------------------------------------------
 *  freemem  -  Free a memory block, returning the block to the free list
 *------------------------------------------------------------------------
 */
syscall freemem(
          char      *blkaddr,         /* Pointer to memory block    */
          uint32    nbytes            /* Size of block in bytes     */
        )
{
        intmask mask;                       /* Saved interrupt mask       */
        struct  memblk *next, *prev, *block;
        uint32  top;

        mask = disable();
        if ((nbytes == 0) || ((uint32) blkaddr < (uint32) minheap)
                        || ((uint32) blkaddr > (uint32) maxheap)) {
                restore(mask);
                return SYSERR;
        }

        nbytes = (uint32) roundmb(nbytes);      /* Use memblk multiples */
        block = (struct memblk *)blkaddr;

        prev = &memlist;                        /* Walk along free list */
        next = memlist.mnext;
        while ((next != NULL) && (next < block)) {
                prev = next;
                next = next->mnext;
        }

        if (prev == &memlist) {         /* Compute top of previous block*/
                top = (uint32) NULL;
        } else {
                top = (uint32) prev + prev->mlength;
        }
```

```
    /* Ensure new block does not overlap previous or next blocks    */

    if (((prev != &memlist) && (uint32) block < top)
        || ((next != NULL)  && (uint32) block+nbytes>(uint32)next)) {
            restore(mask);
            return SYSERR;
    }

    memlist.mlength += nbytes;

    /* Either coalesce with previous block or add to free list */

    if (top == (uint32) block) {      /* Coalesce with previous block */
            prev->mlength += nbytes;
            block = prev;
    } else {                          /* Link into list as new node   */
            block->mnext = next;
            block->mlength = nbytes;
            prev->mnext = block;
    }

    /* Coalesce with next block if adjacent */

    if (((uint32) block + block->mlength) == (uint32) next) {
            block->mlength += next->mlength;
            block->mnext = next->mnext;
    }
    restore(mask);
    return OK;
}
```

168

由于空闲内存被用作栈或堆存储的独占型资源，所以释放栈内存遵循与释放堆存储相同的算法。堆分配和栈分配唯一的不同点在于 getmem 返回分配块的最低地址，而 getstk 返回分配块的最高地址。在当前实现中，freestk 是一个调用 freemem 的内联函数。在调用 freemem 之前，freestk 必须把它的参数从块的最高地址转换到最低地址。这部分代码可以在 memory.h ⊖中找到。虽然当前的实现使用一个底层单链表，但把 freestk 和 freemem 分开能保持概念区别，并且之后更容易对实现进行修改。它的要点是：

> 尽管当前的实现使用相同的底层函数来释放堆和栈存储，但是为 freestk 和 freemem 生成不同的系统调用可以保持概念区别并使后续优化更为方便。

169

9.15　观点

虽然机制相对简单，但内存管理子系统的设计展现了操作系统中最为精妙之处。这个问题由根本的冲突引起：一方面，操作系统是为了不间断运行而设计的，因此操作系统必须节约资源，即当一个进程使用完一个资源后，系统必须回收该资源并使其对其他进程可用。另一方面，任何允许进程分配和释放任意大小内存块的内存管理机制都不是资源节约的，因为空闲内存可能被分割为小而不连续的块从而使得内存碎片化。因此，设计者必须进行折中。

⊖　文件 memory.h 可以在 9.11 节找到。

允许分配任意大小内存使系统更容易使用，但也引入了一些潜在的问题。

9.16　总结

我们使用术语"重量级进程"（heavyweight process）来指代运行在独立地址空间中的应用程序；而轻量级进程抽象允许在每个地址空间中运行一个或多个进程。

一个 Xinu 内存映像包含 3 段：包含已编译代码的文本段、包含已初始化数据值的数据段和包含未初始化变量的 BSS 段。当系统启动后，没有分配给这三段的物理内存视为空闲内存，一个底层内存管理器按需分配这些空闲内存。

当 Xinu 系统启动时，底层内存管理器维护一个空闲内存块链表，堆和栈存储根据需要从链表中进行分配。堆存储的分配通过寻找第一个满足请求的空闲内存块（即具有最低地址的空闲块）来完成。栈存储的分配则选取满足请求且具有最高地址的内存块。由于空闲内存块链表是按照地址顺序单向连接的，因此分配栈空间需要搜索整个空闲链表。

底层内存管理器把空闲空间视为可耗尽的资源，并且栈存储和堆存储之间没有进行分离。由于这种内存管理器不包含防止一个进程分配完所有可用内存的机制，程序员必须谨慎规划以防止内存耗尽。

练习

170
9.1　编写一个函数，该函数可以追踪空闲内存块，并逐行打印出每个块的地址和长度。

9.2　在前面的练习中，如果函数在搜索链表时不禁用中断，会发生什么情况？

9.3　底层内存管理器的一个早期版本没有提供把内存块返回到空闲链表的功能。对嵌入式系统的内存分配进行推断：freemem 和 freestk 是必要的吗？请说明理由。

9.4　使用一组永久性分配堆和栈内存的函数（即不需要提供机制把存储空间返回到空闲链表）替换底层内存管理函数。新分配程序的大小与 getstk 和 getmem 的大小相比结果如何？

9.5　从空闲空间两端分配栈和堆存储的方法能帮助最小化内存碎片吗？为了找出答案，考虑一系列请求，即混合分配和释放 1000 字节栈存储和 500 字节堆存储。比较本章中描述的方法和一个从空闲空间同一端分配栈和堆请求的方法（即所有内存分配都使用 getmem）。找出一个如果不从两端分配栈和堆请求则会导致内存碎片的请求序列。

9.6　在启动时，调用 meminit 功能形成内存的初始链表。比较 meminit 在 Galileo 和 BeagleBone Black 平台的区别：哪个比较小？哪一个更通用？解释这其中的基本折中。

9.7　许多嵌入式系统都经历一个原型阶段（在该阶段系统建立在一个通用的平台上），以及一个最终阶段（在该阶段为系统设计最小化的硬件）。对内存管理来说，问题涉及每个进程需要的栈的大小。修改程序代码允许系统测量一个进程使用的最大栈空间，并在该进程退出时报告最大栈空间大小。

171
~
172
9.8　考虑这样一个硬件平台，运行在这个平台上的操作系统必须在启动时探测内存的大小（即读取一个地址，接收一个异常或者某个随机数值）。描述一个能够高效查找最大有效地址的策略。

高级内存管理和虚拟内存

是的，我会从我的记忆里抹去所有琐碎的记录。

——William Shakespeare

10.1 引言

前面的章节阐述了操作系统在管理计算以及协调并发进程时使用的抽象机制。第 9 章描述了一个把内存看作可耗尽资源的底层内存管理工具，讨论了地址空间、程序段和管理全局空闲内存块链表的函数。尽管它们是必要的，但底层内存管理工具并不能满足所有需求。

本章将通过介绍高级的工具来完成对内存管理的讨论。本章解释了把分散的内存资源划分为独立子集的原因，介绍了一个允许把内存划分成独立缓冲池的高级内存管理机制，并解释了如何实现一个池中内存的分配和使用不影响其他池中内存的使用。本章还介绍了虚拟内存，以及虚拟内存相关硬件的工作方式。

10.2 分区空间分配

第 9 章描述的 getmem 和 freemem 函数组成了一个基本的内存管理器。在该设计中没有设定一个进程可以分配的内存数量的上限，也没有尝试"公平地"分配空闲空间。相反，它的分配函数仅仅使用先到先服务的方式处理请求，直到没有空闲的内存为止。一旦空闲内存用尽，函数将拒绝后续的请求，而不是阻塞进程或等待内存释放。虽然其效率相对更高，但这种迫使所有进程争夺相同内存的全局分配策略会导致"剥夺"——一个或多个进程由于所有内存用光而无法获得内存。因此，全局内存分配方案并不适合操作系统的所有部分。

为了理解为什么系统不能依赖全局分配的方式，我们以网络通信软件为例进行解释。网络通信中数据包的到达是随机的，由于网络应用程序需要一定时间来处理数据包，所以在处理一个数据包时其他数据包也可能会到达。如果每个传入的数据包都被放在内存缓冲区中，这种可能使内存耗尽的分配方式会导致灾难性后果，因为传入的数据包会堆积并等待处理，而且每一个都占用内存。在最坏的情况下，所有可用空间都分配给了数据包缓冲区，使其他操作系统函数没有可以使用的内存。特别是当磁盘 I/O 使用内存时，所有的磁盘 I/O 将停止，直到有可用的内存。如果处理网络数据包的程序尝试写文件，则可能导致死锁：该进程阻塞等待磁盘缓冲区，但所有内存都用于网络缓冲区并且在磁盘 I/O 完成前没有网络缓冲区能够被释放。

为了防止死锁，高级内存管理必须把空闲内存划分为独立的子集，并确保一个子集分配和释放与分配和释放其他子集相独立。通过限制特定函数可以使用的内存大小，系统可以确保过量的请求不会导致全局剥夺。此外，系统可以假设分配给特定函数的内存总是会被归还，因此它能安排挂起进程直到满足它们的内存请求，从而消除忙等待产生的开销。分区不能保证不发生死锁，但它确实能限制由于一个子系统占有另一个子系统需要的内存而产生的无意识的死锁。

10.3 缓冲池

我们使用缓冲池（buffer pool）管理器来处理内存划分问题。内存将被划分成多个缓冲池，每个缓冲池包含固定数量的内存块，同一个缓冲池中的每一个内存块大小是一样的。缓冲区（buffer）这个术语用来反映 I/O 程序和通信软件对内存的预期用途（例如，磁盘缓冲区、网络数据包缓冲区）。

当创建缓冲池时，内存空间分配到一组缓冲区中。一旦分配了一个缓冲池，缓冲池中的缓冲区数目就不能增加了，缓冲区大小也不能改变。

每个缓冲池由一个整数来标识，这个整数称为缓冲池标识符（pool identifier）或者缓冲池 ID（buffer pool ID）。与 Xinu 中的其他标识符一样，缓冲池标识符将作为访问缓冲池表（buftab）的索引。一旦建立了一个缓冲池，进程就可以使用缓冲池标识符向该缓冲池请求分配缓冲区或者释放之前分配的缓冲区。分配和释放缓冲区的请求不需要指定缓冲区的大小，因为缓冲区的大小在缓冲池创建的时候就已经确定了。

Xinu 系统使用一张表作为保存缓冲池信息的数据结构。表中的每个表项记录了对应缓冲池的缓冲区的大小、信号量 ID 和一个缓冲区链表指针。相关的声明可以在 bufpool.h 文件中找到：

```
/* bufpool.h */

#ifndef NBPOOLS
#define NBPOOLS 20              /* Maximum number of buffer pools     */
#endif


#ifndef BP_MAXB
#define BP_MAXB 8192            /* Maximum buffer size in bytes       */
#endif


#define BP_MINB 8               /* Minimum buffer size in bytes       */
#ifndef BP_MAXN
#define BP_MAXN 2048            /* Maximum number of buffers in a pool */
#endif

struct  bpentry {               /* Description of a single buffer pool */
        struct  bpentry *bpnext;/* pointer to next free buffer        */
        sid32   bpsem;          /* semaphore that counts buffers      */
                                /*    currently available in the pool */
        uint32  bpsize;         /* size of buffers in this pool       */
        };

extern  struct  bpentry buftab[];/* Buffer pool table                 */
extern  bpid32  nbpools;        /* current number of allocated pools  */
```

结构 bpentry 定义了缓冲池表 buftab 中表项的内容。缓冲池中的缓冲区由链表形式记录，其中 bpnext 字段用于指向链表中的第一个缓冲区。信号量 bpsem 控制缓冲区的分配。整数 bpsize 表示缓冲池中缓冲区的大小。

10.4 分配缓冲区

缓冲池机制与底层内存管理器的另一个不同之处在于它采用了同步（synchronous）机制。也就是说，一个进程在请求分配缓冲区时会被阻塞，直到该请求可以被满足才继续执行。与之前的许多例子一样，同步机制使用信号量来实现对缓冲池的访问控制。每个缓冲池有一个信号量。分配缓冲区的代码调用 wait 等待信号量。如果缓冲池中的缓冲区还有剩余，则调用立即返回；如果没有，则调用被阻塞。最后，当另一个进程把自己使用的缓冲区释放回缓冲池时，信号量会发送信号以通知等待的进程获得缓冲区并继续执行。

Xinu 中有三个函数提供了与缓冲池有关的接口。进程通过调用 mkpool 来创建缓冲池并获取缓冲池 ID。缓冲池被创建后，进程就可以调用 getbuf 函数来获取缓冲区，或者调用 freebuf 函数来释放缓冲区。顾名思义，getbuf 函数等待信号量直到有一个缓冲区可用，然后从缓冲区链表中将第一个缓冲区移除。相关代码在 getbuf.c 文件中可以找到：

```
/* getbuf.c - getbuf */

#include <xinu.h>

/*------------------------------------------------------------------------
 *  getbuf  -  Get a buffer from a preestablished buffer pool
 *------------------------------------------------------------------------
 */
char    *getbuf(
          bpid32          poolid          /* Index of pool in buftab     */
        )
{
        intmask mask;                   /* Saved interrupt mask        */
        struct  bpentry *bpptr;         /* Pointer to entry in buftab  */
        struct  bpentry *bufptr;        /* Pointer to a buffer         */

        mask = disable();

        /* Check arguments */

        if ( (poolid < 0  ||  poolid >= nbpools) ) {
                restore(mask);
                return (char *)SYSERR;

        }
        bpptr = &buftab[poolid];

        /* Wait for pool to have > 0 buffers and allocate a buffer */

        wait(bpptr->bpsem);
        bufptr = bpptr->bpnext;

        /* Unlink buffer from pool */

        bpptr->bpnext = bufptr->bpnext;

        /* Record pool ID in first four bytes of buffer and skip */

        *(bpid32 *)bufptr = poolid;
        bufptr = (struct bpentry *)(sizeof(bpid32) + (char *)bufptr);
        restore(mask);
        return (char *)bufptr;
}
```

178

细心的读者可能已经注意到，getbuf 函数并不直接将缓冲区的地址返回给它的调用者，而是把缓冲池 ID 存储在该分配空间的前 4 个字节，只返回除 ID 以外的地址。从调用者的角度看，调用 getbuf 后返回缓冲区的地址，调用者不需要知道前面的字节保存了缓冲池 ID。这样的系统是透明的。当创建缓冲池时，缓冲池 ID 保存在每一个缓冲区中额外分配的空间中。当释放一个缓冲区时，freebuf 函数使用隐藏的缓冲池 ID 来确定该缓冲区属于哪个缓冲池。当缓冲区由不是申请该缓冲区的进程返还给缓冲池时，这种利用隐藏信息来识别缓冲池的方法就会显得特别有用。

10.5 将缓冲区返还给缓冲池

函数 freebuf 的作用是将缓冲区释放回原来的缓冲池中。相关代码在 freebuf.c 文件中可以找到：

179

```
/* freebuf.c - freebuf */

#include <xinu.h>

/*------------------------------------------------------------------------
 *  freebuf  -  Free a buffer that was allocated from a pool by getbuf
 *------------------------------------------------------------------------
 */
syscall freebuf(
          char           *bufaddr       /* Address of buffer to return  */
        )
{
        intmask mask;                    /* Saved interrupt mask         */
        struct  bpentry *bpptr;          /* Pointer to entry in buftab   */
        bpid32  poolid;                  /* ID of buffer's pool          */

        mask = disable();

        /* Extract pool ID from integer prior to buffer address */

        bufaddr -= sizeof(bpid32);
        poolid = *(bpid32 *)bufaddr;
        if (poolid < 0  ||  poolid >= nbpools) {
                restore(mask);
                return SYSERR;
        }

        /* Get address of correct pool entry in table */

        bpptr = &buftab[poolid];

        /* Insert buffer into list and signal semaphore */

        ((struct bpentry *)bufaddr)->bpnext = bpptr->bpnext;
        bpptr->bpnext = (struct bpentry *)bufaddr;
        signal(bpptr->bpsem);
        restore(mask);
        return OK;
}
```

在分配缓冲区时，`getbuf` 函数在返回的缓冲区地址之前的 4 字节中记录了缓冲池 ID。`freebuf` 通过从缓冲区地址头部前移 4 字节来获得缓冲池 ID。之后对缓冲池 ID 进行验证，若验证有效，则 `freebuf` [⊖]用该 ID 来找到缓冲池表中的表项，然后将返还的缓冲区链接到缓冲区链表中。最后给 `bpsem` 缓冲池信号量发送信号，并允许其他进程使用缓冲区。

10.6　创建缓冲池

函数 `mkbufpool` 用来创建一个新的缓冲池并返回其 ID。`mkbufpool` 有两个参数：缓冲区的大小和缓冲区的数量。`mkbufpool` 首先检查函数的参数。如果缓冲区大小超出范围，或者请求的缓冲区数是负数，或者缓冲池表已经满了，那么 `mkbufpool` 就会报错。`mkbufpool` 计算持有这些缓冲区所需要的内存大小，并调用 `getmem` 分配所需要的内存。如果内存分配成功，`mkbufpool` 在缓冲池表中分配并填充表项。`mkbufpool` 创建一个信号量，记录缓冲区大小，并在链表指针 `bpnext` 中存储分配内存的地址。

在缓冲池表的表项初始化后，`mkbufpool` 开始依次访问已分配的内存，把内存块分成一组组的缓冲区。`mkbufpool` 将每个缓冲区链接到空闲链表中。注意，当 `mkbufpool` 创建空闲链表时，每个内存块的大小包含了用户申请的缓冲区大小加上缓冲池 ID 的大小（4 字节）。因此，缓冲池 ID 存入内存块后，余下用户申请的缓冲区的空间是充足的。`mkbufpool` 在创建空闲链表后，将缓冲池 ID 返回给调用者。

```
/* mkbufpool.c - mkbufpool */

#include <xinu.h>

/*------------------------------------------------------------------------
 *  mkbufpool  -  Allocate memory for a buffer pool and link the buffers
 *------------------------------------------------------------------------
 */
bpid32  mkbufpool(
          int32       bufsiz,       /* Size of a buffer in the pool */
          int32       numbufs       /* Number of buffers in the pool*/
        )
{
        intmask mask;               /* Saved interrupt mask        */
        bpid32  poolid;             /* ID of pool that is created  */
        struct  bpentry *bpptr;     /* Pointer to entry in buftab  */
        char    *buf;               /* Pointer to memory for buffer */

        mask = disable();
        if (bufsiz<BP_MINB || bufsiz>BP_MAXB
            || numbufs<1 || numbufs>BP_MAXN
            || nbpools >= NBPOOLS) {
                restore(mask);
                return (bpid32)SYSERR;
        }
        /* Round request to a multiple of 4 bytes */

        bufsiz = ( (bufsiz + 3) & (~3) );
```

```
buf = (char *)getmem( numbufs * (bufsiz+sizeof(bpid32)) );
if ((int32)buf == SYSERR) {
        restore(mask);
        return (bpid32)SYSERR;
}
poolid = nbpools++;
bpptr = &buftab[poolid];
bpptr->bpnext = (struct bpentry *)buf;
bpptr->bpsize = bufsiz;
if ( (bpptr->bpsem = semcreate(numbufs)) == SYSERR) {
        nbpools--;
        restore(mask);
        return (bpid32)SYSERR;
}
bufsiz+=sizeof(bpid32);
for (numbufs-- ; numbufs>0 ; numbufs-- ) {
        bpptr = (struct bpentry *)buf;
        buf += bufsiz;
        bpptr->bpnext = (struct bpentry *)buf;
}
bpptr = (struct bpentry *)buf;
bpptr->bpnext = (struct bpentry *)NULL;
restore(mask);
return poolid;
}
```

[182]

10.7   初始化缓冲池表

函数 bufinit 的作用是初始化缓冲池表。在缓冲池被使用之前，初始化过程只发生一次（也就是说，该表在系统启动的时候被初始化）。bufinit.c 中的代码比较简单：

```
/* bufinit.c - bufinit */

#include <xinu.h>

struct  bpentry buftab[NBPOOLS];                 /* Buffer pool table    */
bpid32  nbpools;

/*------------------------------------------------------------------------
 *  bufinit  -  Initialize the buffer pool data structure
 *------------------------------------------------------------------------
 */
status  bufinit(void)
{
        nbpools = 0;
        return OK;
}
```

函数 bufinit 所需要做的只是设置记录分配缓冲池数的全局计数器。在示例代码中，缓冲池可以被动态分配，然而，缓冲池一旦被分配就不能被释放。通过扩展缓冲池机制来允许动态释放缓冲池将作为练习题留给读者。

[183]

10.8　虚拟内存和内存复用

大多数大型计算机系统都使用虚拟内存技术，并且向应用程序提供抽象的内存视图。每个应用程序看起来可以占用较大的地址空间，在物理内存较小的系统中，这个地址空间的大小甚至可以超过物理内存的大小。操作系统对所有进程需要使用的物理内存进行复用，在需要的时候把应用程序的全部或部分移到物理内存中。也就是说，进程的代码和数据保存在辅助（或称为二级）存储器（磁盘）中，然后在执行进程时暂时将其移入主存储器。尽管很少有嵌入式系统需要虚拟内存，但是许多处理器都带有虚拟内存硬件。

虚拟内存管理系统的主要设计问题是复用的形式。有几种方法已经在使用：

- 交换。
- 分段。
- 分页。

交换（swapping）是指当调度器在执行当前的计算时将所有与计算相关的代码和数据都移到主存储器中。交换方法对长期运行的程序效果最好，例如，文字处理软件在用户输入文档时需要一直运行，程序会被移入主存储器并会驻留很长一段时间。

分段（segmentation）是指在需要时将计算相关的部分代码和数据移入主存储器。可以想象分段就是把每个函数和相关变量放入单独的段中。当调用一个函数时，操作系统把含有该函数的段装入主存储器中。较少使用的函数（例如，一个显示错误信息的函数）放在辅助存储器中。理论上，分段比交换使用更少的内存，因为分段允许在需要时只把程序的一部分装入内存中。虽然该方法直观上看来很好，但很少有操作系统使用动态分段。

分页（paging）是指将每个程序分成许多小且固定大小的页（page）。操作系统将最近引用的页放入主存储器中，把其他页的副本移到辅助存储器中。可根据需要提取页，即当一个运行的程序引用了内存单元 i 时，内存硬件检查包含单元 i 的页是否是驻存的（即该页当前在内存中）。如果该页不是驻存的，则操作系统将进程挂起（其他进程可以执行），然后向磁盘发送请求以获取所需页的副本。一旦该页被放入主存储器中，操作系统就让挂起的进程处于就绪状态。当进程重新尝试引用单元 i 时，引用就会成功执行。

184

10.9　实地址空间和虚地址空间

在许多操作系统中，内存管理器都为每个程序提供单独的地址空间。也就是说，给应用程序分配从 $0\sim M{-}1$ 的私有内存单元。操作系统需要底层硬件把每个地址空间与内存单元进行映射。因此，当一个应用程序引用了 0 地址时，该引用会被映射到 0 对应的内存单元。当另一个应用程序引用了 0 地址时，该引用会被映射到另一个内存单元。因此，虽然多个应用程序可以引用 0 地址时，但是每个引用映射到单独的内存单元，应用程序之间互不干扰。为了更准确地表达，我们使用术语物理地址空间（physical address space）或实地址空间（real address space）来表示内存硬件提供的地址空间，用术语虚地址空间（virtual address space）表示一个程序可以访问的地址空间。操作系统中的内存管理函数在任何时刻都会将一个或多个虚地址空间映射到底层物理地址空间。例如，图 10-1 说明了 3 个 K 单元的虚地址空间是如何映射到 $3K$ 的底层物理地址空间上的。

从运行程序的角度看，只有在虚地址空间中的地址才可以被引用。此外，因为操作系统负责将虚地址空间中的地址映射到对应的一块内存区域中，所以运行的程序不可能偶然地读

取或重写分配给其他运行程序的内存。因此，提供虚地址空间服务的操作系统可以检测编程
错误并预防错误的发生。以上内容可归结如下：

> 把每个虚地址空间映射到单独内存块的内
> 存管理系统，可以防止一个程序读取或者写入
> 分配给其他程序的内存。

在图 10-1 中，每个虚地址空间都比底层物理地
址空间小。但是，大多数内存管理系统都允许虚地
址空间比机器上的内存空间大。比如，一个按需分
页系统只把引用的页放在主存储器中，将其他页的
副本放在磁盘上。

关于虚拟内存的最初研究源于两个动机。首
先，过小的物理内存限制了程序的可行大小。其次，
只有一个程序工作的话，那么在该程序进行 I/O 时

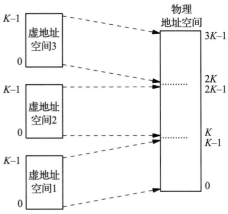

图 10-1　3 个虚地址空间映射到一个底层
物理地址空间

处理器会处于空闲状态。一方面，如果内存中可以存放多个程序，那么操作系统就可以通过
进程的切换，使得有进程阻塞在 I/O 时允许其他进程执行。不过另一方面，让更多的程序挤
进固定的内存意味着每个程序可分配的内存空间就变少了，这使得程序也不得不变小。因
此，能解决这两个问题的按需分页出现了。通过把程序划分为多个片段，按需分页可以在内
存中只保留程序的部分片段，在某些程序阻塞在 I/O 周期时让处理器继续运转。按需分页允
许程序的部分地址空间放入内存，而不必把整个程序放入内存，这样就可以支持比物理内存
更大的地址空间。

10.10　支持按需分页的硬件

操作系统在进行虚地址与实地址之间映射的操作时需要硬件支持。要理解其原因，首先
要注意到每个地址，包括运行时产生的地址，都需要映射。因此，如果一个程序计算一个值
C 然后跳转（jump）到单元 C，那么内存系统必须把 C 映射到对应的实内存地址。只有硬件
单元可以高效地进行这种映射。

支持按需分页的硬件包含一个页表和一个地址转换单元。页表常驻在内核内存中[译注]，每
个进程有一个页表。一般来说，该硬件有两个寄存器，一个指向当前的页表，另一个标识
长度。当操作系统在内存中创建一个页表后，操作系统将相关数值分配给寄存器并开启按
需分页。类似地，当发生上下文切换时，操作系统改变页表寄存器并指向新进程的页表。
图 10-2 解释了该机制。

10.11　使用页表的地址转换

从概念上说，页表包含了指向内存单元的指针数组。除了指针外，每个表项都包含用来
确定表项是否有效（即是否已初始化）的 1 位数据。地址转换（address translation）硬件使
用当前页表来转换内存地址。指令地址和用于存取数据的地址都需要地址转换。地址转换包
括数组查找：硬件把地址的高位作为页号（page number），用页号作为页表的索引，根据对

⊖　内核内存不能被换出，是常驻内存块。——译者注

应的指针找到内存中页的单元。

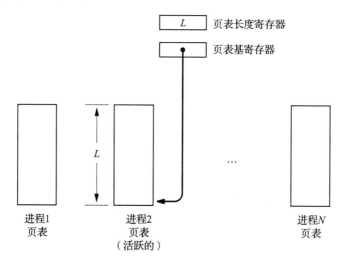

图 10-2　内存中的页表和硬件寄存器（指定了在给定的时间使用的页表）

实际上，一个页表项并不包含完整的内存指针。相反，页的起始内存单元限制在低位为 0 的内存单元上，页表项省略了地址的低位部分。例如，假设一台计算机的地址是 32 位的，使用 4096 字节大小的页（即每个页有 2^{12} 字节）。如果内存按一个页框（frame）4096 字节大小来划分，那么每个页框的起始地址（页框第一字节的地址）低位起的 12 位皆为 0。因此，要指向内存中的页框，页表项只需要包含高位的 20 位即可。

为了转换地址 A，硬件首先把地址 A 的高位作为页表的索引，然后从页驻留的内存中抽取页框的地址，最后用地址 A 的低位作为页框的偏移值。图 10-3 说明了地址转换找到物理内存地址的过程。

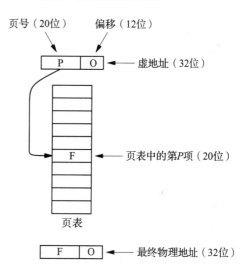

图 10-3　一个使用分页的虚地址转换的例子

我们的表述说明每个地址转换都需要访问页表（即一次内存访问）。但是，内存访问的开销是我们不能容忍的。为了使地址转换更加高效，处理器采用了一个专用硬件单元，称为快表或者转换后援缓冲器（Translation Look-aside Buffer，TLB）。TLB 缓存了最近访问的页表项，使得通过 TLB 查找页表项的速度要远远快于一次普通内存访问。TLB 使用一种被称为内容可寻址存储器（Content-Addressable Memory，CAM）的并行硬件来实现高速访问。当提供给 CAM 一个地址时，CAM 硬件会并行地搜索，并在几个时钟周期内返回结果。有了 TLB，处理器的操作速度将不受地址转换开销的影响。

10.12　页表项中的元数据

除了页框指针外，每个页表项包含了 3 位硬件和操作系统使用的元数据。图 10-4 列出了每一位的含义。

名称	含义
使用位	当页被引用（读取或存入）时，由硬件置1
修改位	当存入页中的数据发生变化时，由硬件置1
存在位	该位由操作系统设置，表示页是否在内存中

图 10-4　页表项中的 3 个元位及其含义

10.13　按需分页以及设计上的问题

按需分页（demand paging）是指在一个系统中，操作系统把所有进程的所有页面都放置在次级存储介质上，只有在需要某个页面时（即按需）才将其读入内存。为了支持按需分页，需要特殊的处理器硬件：如果一个进程试图访问一个不在内存中的页面，该硬件必须暂停当前指令的执行，发出缺页（page fault）异常信号来通知操作系统。当缺页异常发生时，操作系统找到内存中尚未使用的页框，将进程需要的页面从磁盘读入，然后指示处理器从引起缺页异常的指令处恢复执行。

当计算机刚刚启动时，内存相对比较空闲，寻找空闲页框比较容易。然而，最终内存中的所有页框都会被填充，此时操作系统必须从中选出一个页框，将页面内容写回磁盘（如果页面已被修改），获取新的页面，并相应地修改页表。如何选择这个写回磁盘的页面是操作系统设计者所面临的一个关键问题。

分页设计的关键在于页面和进程之间的关系。当进程 *X* 产生一个缺页异常时，操作系统应该从进程 *X* 的页面中选择一个页面写回磁盘，还是从别的进程中选择？在从磁盘读取一个页面期间，操作系统可以运行另一个进程，此时操作系统如何保证至少某个进程有足够多的页面来运行，而不会也产生缺页异常[⊖]？应该锁定一些页面，让它们一直在内存中吗？如果需要，应该锁定哪些页面？页面选择策略如何与调度策略等其他策略交互？例如，操作系统是否应该确保每个高优先级进程的一个最小驻留内存的页面数目？如果操作系统允许进程共享内存，应该对这些共享的页面采用什么策略？

在设计分页系统时有很多有趣的权衡，其一来自于 I/O 和进程运行之间的平衡。为了减小分页开销和进程感受到的延迟，可以在进程运行时让它独占最大数量的物理内存。然而，

很多进程都是 I/O 密集型的，这意味着一个进程很可能会阻塞以等待 I/O 完成。当一个进程阻塞时，如果另一个进程处于就绪状态并且操作系统可以进行上下文切换，那么就能够最大限度地提高总体性能。也就是说，可以通过让很多进程处于就绪状态来增加 CPU 的使用率和总体吞吐量。因此，内存管理问题就产生了：应该允许给定进程使用多帧内存，还是应该在进程间划分内存？

10.14　页面替换和全局时钟算法

人们已经提出并尝试了很多种页面替换策略，包括：

- 最近最少使用（LRU）。
- 最不频繁使用（LFU）。
- 先进先出（FIFO）。

⊖　如果内存中的页框数不够，那么分页系统就会发生抖动现象，意思是缺页异常发生的频率如此之高，以至于系统将全部时间都花在分页上，每个进程需要花费很长的时间段以等待页面变得可用。

有趣的是，人们已经发现了一个可被证明的最佳替换策略——贝莱迪最佳页面替换算法（Belady's optimal page replacement algorithm）。该策略选择一个在未来最长时间内不会被访问的页面进行替换。显然，要实现该算法是完全不现实的，因为操作系统无法预知页面在未来的使用情况。尽管如此，贝莱迪算法还是为研究人员提供了一个标杆，用以衡量替换策略的好坏。

就实际的系统而言，有一个算法已经成为页面替换算法事实上的标准，它被称为全局时钟（global clock）或二次机会（second chance）算法，该算法被设计为 MULTICS 操作系统的一部分，具有相对较小的开销。全局指的是所有进程相互竞争（也就是说，当进程 X 发生缺页异常时，操作系统可以从另一个进程 Y 选择替换页框）。该算法的另一个名字源于全局时钟算法在回收一个页框之前，会给每个使用过的页框"第二次机会"。

全局时钟算法在发生缺页异常时执行。该算法维护一个指针，该指针对内存中的所有页框进行扫描，直到找到一个空闲的页框。算法在下一次运行时，会从上一次结束位置的下一个页框继续。

为了确定是否选择某个页框，全局时钟算法会检查页框的页表中的使用位和修改位。如果使用／修改位的值是（0，0），全局时钟算法就选择这个页框；如果是（1，0），全局时钟算法重设它们为（0，0），并跳过这个页框；如果是（1，1），全局时钟将其修改为（1，0）并跳过该页框，同时保存一份已修改位的副本，用来判断页面是否被修改过。在最坏情况下，全局时钟算法需要扫描所有的页框两次，才能回收一个页框。

实际上，大多数实现使用一个独立的进程来运行全局时钟算法（这样时钟可以进行磁盘 I/O）。此外，全局时钟算法并不是在找到一个页框后就立刻停止。相反，该算法继续运行，以收集一个较小的候选页面的集合。收集这个集合的目的在于使后续的缺页异常处理可以很快完成，避免频繁运行全局时钟算法导致的额外开销（即，避免频繁的上下文切换开销）。

190

10.15　观点

虽然地址空间管理和虚拟内存子系统构成了操作系统中的大量代码，但该问题最具标志性和智慧的方面在于分配策略的选择和随之发生的权衡。允许每个子系统分配任意数量的内存最大限度地提高了灵活性，避免了子系统在内存还有剩余的情况下无法继续运行的问题。内存分区提供了最大程度的保护，避免了一个子系统被另一个子系统抢占的问题。因此，内存管理存在灵活性和安全性之间的权衡问题。

尽管经历了多年的研究，人们仍没有提出一个通用的页面替换解决方案，权衡没有被量化，也不存在通用的设计准则。类似地，尽管虚拟内存系统经过了多年的研究，但仍没有一个按需分页系统可在小内存上很好地运行。幸运的是，经济和科技的发展使得很多与内存管理相关的问题变得无关紧要：动态随机存取存储器（DRAM）芯片密度高速增长，使得大内存变得相当便宜。因此，计算机供应商通过将新产品的内存较之以前的产品大大增加来完全避免内存管理——由于内存大，操作系统无须从其他进程中获取帧即可满足需要。因此，按需分页系统能较好地运行并非因为我们有了优秀的替换算法，而是因为内存已经增长到很少需要调用替换算法的大小。

10.16　总结

底层内存分配机制把所有空闲内存看作一个单一的、可耗尽的资源。高级内存管理机制允许将内存划分为独立的区域,以保证单个子系统不会用尽所有的可用内存。

Xinu 的高级内存管理函数使用缓冲池范例,在这个范例中,每个缓冲池分配了一组固定的缓冲区。一旦建立缓冲池,一组进程便可以动态地分配和释放缓冲区。缓冲池接口只支持同步访问:一个进程将阻塞,直到存在可用的缓冲区。

大型操作系统使用虚拟内存机制来为应用程序进程分配独立的地址空间。使用最广泛的虚拟内存机制——分页将地址空间分为固定大小的页,并且按需加载页面。分页需要硬件的支持,因为每个内存引用都需要经过从虚拟地址到相应物理地址的映射。分页系统仅在内存大到页面替换算法不会被经常调用时才会有较为满意的表现。

191

练习

10.1 设计一个新的 getmem 函数,使其包含 getbuf。提示:允许用户从之前分配的内存块中进行子分配。

10.2 函数 mkbufpool 生成一个缓冲池中所有缓冲区的链表。试解释如何修改其代码,使得该函数只分配内存,并仅在调用 getbuf 来分配新缓冲区时才把缓冲区链接起来。

10.3 函数 freebuf 比 freemem 更高效吗?请解释你的答案。

10.4 调整缓冲池分配机制,使得能够对缓冲池进行回收。

10.5 缓冲池的现有实现在缓冲区前的内存中隐含了缓冲池 ID。重写函数 freebuf 使得不再需要这个缓冲池 ID。请保证你的 freebuf 能够检测无效的地址(换句话说,除非缓冲区是之前从该缓冲池分配的,否则不会将缓冲区释放回该缓冲池)。

10.6 考虑修改缓冲池机制。在该修改中,mkbufpool 函数在缓冲区的前 4 字节存储了缓存池的 ID,然后使用缓冲区接下来的 4 字节来存储一个指针以指向一个空闲链表。请问这种改动有什么优势?

10.7 假定某个处理器支持分页。请描述能实现保护一个进程的栈不被其他进程访问的分页硬件,即使并未实现按需分页(即所有分页都驻留在内存中,不进行页面替换)。

10.8 在 Xinu 中实现上一个练习中设计的栈保护机制。

10.9 建立一个按需分页版本的 Xinu。

192 10.10 概述操作系统用于维持按需分页的数据结构。提示:考虑页面替换算法,如全局时钟算法。

高层消息传递

消息总是给我带来不安。

——Neil Tennant

11.1 引言

第 8 章讲述了一个底层消息传递机制，允许一个进程直接向另一个进程传递消息。尽管底层消息传递系统提供了一个有用的功能，但它并不能协调多个接收方，也不能让指定进程在没有干扰的情况下进行多个消息交换。

本章通过引入一个高层消息传递机制来完成关于消息传递的讨论。该机制提供一个缓冲消息交换的同步接口，允许进程的任意一个子集传递消息，而不影响其他进程。本章还引入了命名会合点的概念，这一概念是独立于进程存在的。该机制的实现依赖于第 10 章所讲述的缓冲池机制。

11.2 进程间通信端口

Xinu 使用进程间通信端口（inter-process communication port）来指定会合点，即进程可以进行消息交换的地方。通过端口进行消息交换不同于第 8 章讲述的进程到进程的消息传递，因为端口允许暂存多个待发消息，并且多个进程还可以从同一端口接收消息，发送和接收消息的进程在请求得到满足之前都会被阻塞。每个端口配置为可以暂存指定数量的消息，每个消息占用一个 32 位的字。当一个进程产生一个消息时，可以使用函数 ptsend 将消息发送到某个端口。消息以先进先出（FIFO）的顺序存储在端口中，当消息发送后，该进程便可继续运行。在任何时候，进程都可以使用函数 ptrecv 从某个端口接收下一个消息。

消息发送和接收是同步的。只要端口还有剩余空间，发送方就可以无延迟地暂存一个消息。然而，当端口存满消息时，其他试图发送消息的进程都将阻塞，直到有消息移除而腾出空间。类似地，如果一个进程试图从一个空端口接收消息，它将被阻塞，直到有消息到达。进程的请求也是以先到先得的方式进行。例如，如果多个进程在同时等待一个空端口，那么在消息到达时等待时间最长的进程将接收到该消息。类似地，如果多个进程在试图发送消息时被阻塞，那么当端口空间可用时，等待时间最长的进程最先被允许继续发送消息。

11.3 端口实现

每个端口由一个暂存消息的队列和两个信号量组成。其中一个信号量管理生产者，阻塞任何试图往满端口发送消息的进程；另一个信号量管理消费者，阻塞任何试图从空端口接收消息的进程。

由于端口可以动态创建，所以任何时候在所有端口上等待的消息总数是不确定的。虽然每条消息都很小（仅有一个字长），但必须限制端口暂存消息队列需要的总空间，以免端口函数用尽空闲内存。为了确保限制总共使用的空间，端口函数分配固定数量的节点以存放待发消息，并让所有端口共享这些节点。一开始，这些消息节点链接到由变量 ptfree 指向的空闲链表；函数 ptsend 从空闲链表中取出一个节点，将消息存入其中，并将其添加到消息发往端口的队列中；函数 ptrecv 从指定的端口获取下一个消息，并将包含该消息的节点释放回空闲链表中，然后将消息传递给函数调用者。

在文件 ports.h 中，结构 ptnode 定义了包含一个消息的节点的内容。结构 ptnode 中有两个字段，其中 ptmsg 保存 32 位的消息，ptnext 指向下一个消息节点。

结构 ptentry 定义了端口表项的内容。ptssem 和 ptrsem 字段分别包含了控制发送和接收的信号量 ID。ptstate 字段指示该项是否正在使用，ptmaxcnt 字段指定了允许暂存在该端口中的最大消息数目。pthead 和 pttail 字段分别指向消息链表的第一个和最后一个节点。对于序列号字段 ptseq，我们将稍后讨论。

|196|

```
/* ports.h - isbadport */

#define NPORTS          30              /* Maximum number of ports      */
#define PT_MSGS         100             /* Total messages in system     */
#define PT_FREE         1               /* Port is free                 */
#define PT_LIMBO        2               /* Port is being deleted/reset  */
#define PT_ALLOC        3               /* Port is allocated            */

struct  ptnode  {                       /* Node on list of messages     */
        uint32  ptmsg;                  /* A one-word message           */
        struct  ptnode  *ptnext;        /* Pointer to next node on list */
};

struct  ptentry {                       /* Entry in the port table      */
        sid32   ptssem;                 /* Sender semaphore             */
        sid32   ptrsem;                 /* Receiver semaphore           */
        uint16  ptstate;                /* Port state (FREE/LIMBO/ALLOC)*/
        uint16  ptmaxcnt;               /* Max messages to be queued    */
        int32   ptseq;                  /* Sequence changed at creation */
        struct  ptnode  *pthead;        /* List of message pointers     */
        struct  ptnode  *pttail;        /* Tail of message list         */
};

extern  struct  ptnode  *ptfree;        /* List of free nodes           */
extern  struct  ptentry porttab[];      /* Port table                   */
extern  int32   ptnextid;               /* Next port ID to try when     */
                                        /*   looking for a free slot    */

#define isbadport(portid)       ( (portid)<0 || (portid)>=NPORTS )
```

11.4　端口表初始化

由于之前初始化代码是在实现基本操作之后才设计的，所以我们总是在讨论其他函数之后才讨论初始化函数。然而，对于端口而言，我们要先讨论初始化，因为这样有助于理解其他函数。文件 ptinit.c 包含了初始化端口的代码和端口表的声明。全局变量 ptnextid 是数组 porttab 的一个索引，给出了在需要新端口时进行搜索的起始位置。初始化代码由

以下三个步骤组成：把所有端口标记为空闲、构造空闲节点的链表、初始化 ptnextid。为
了创建空闲链表，ptinit 使用函数 getmem 分配一块内存，然后遍历该内存，将单独的消
息节点链接起来以组成空闲链表。   197

```c
/* ptinit.c - ptinit */

#include <xinu.h>

struct   ptnode  *ptfree;              /* List of free message nodes  */
struct   ptentry porttab[NPORTS];      /* Port table                  */
int32    ptnextid;                     /* Next table entry to try     */

/*------------------------------------------------------------------------
 *  ptinit  -  Initialize all ports
 *------------------------------------------------------------------------
 */
syscall ptinit(
          int32 maxmsgs                /* Total messages in all ports */
        )
{
        int32   i;                     /* Runs through the port table */
        struct  ptnode *next, *curr;   /* Used to build a free list   */

        /* Allocate memory for all messages on all ports */

        ptfree = (struct ptnode *)getmem(maxmsgs*sizeof(struct ptnode));
        if (ptfree == (struct ptnode *)SYSERR) {
                panic("pinit - insufficient memory");
        }

        /* Initialize all port table entries to free */

        for (i=0 ; i<NPORTS ; i++) {
                porttab[i].ptstate = PT_FREE;
                porttab[i].ptseq = 0;
        }
        ptnextid = 0;

        /* Create a free list of message nodes linked together */

        for ( curr=next=ptfree ; --maxmsgs > 0 ; curr=next ) {
                curr->ptnext = ++next;
        }

        /* Set the pointer in the final node to NULL */

        curr->ptnext = NULL;
        return OK;
}
```
                                                                         198

11.5 端口创建

端口创建过程就是分配端口表中空闲表项的过程。函数 ptcreate 分配空闲表项并返

回端口标识符（端口 ID）。ptcreate 的一个参数指定端口允许暂存的最大消息数目。因此，在一个端口创建后，调用它的进程可以确定引起发送方阻塞之前在该端口上能够暂存的消息数目。

```c
/* ptcreate.c - ptcreate */

#include <xinu.h>

/*------------------------------------------------------------------------
 *  ptcreate  -  Create a port that allows "count" outstanding messages
 *------------------------------------------------------------------------
 */
syscall ptcreate(
          int32          count          /* Size of port              */
        )
{
        intmask mask;                    /* Saved interrupt mask      */
        int32   i;                       /* Counts all possible ports */
        int32   ptnum;                   /* Candidate port number to try */
        struct  ptentry *ptptr;          /* Pointer to port table entry */

        mask = disable();
        if (count < 0) {
                restore(mask);
                return SYSERR;
        }

        for (i=0 ; i<NPORTS ; i++) {     /* Count all table entries   */
                ptnum = ptnextid;        /* Get an entry to check     */
                if (++ptnextid >= NPORTS) {
                        ptnextid = 0;    /* Reset for next iteration  */
                }

                /* Check table entry that corresponds to ID ptnum */

                ptptr= &porttab[ptnum];
                if (ptptr->ptstate == PT_FREE) {
                        ptptr->ptstate = PT_ALLOC;
                        ptptr->ptssem = semcreate(count);
                        ptptr->ptrsem = semcreate(0);
                        ptptr->pthead = ptptr->pttail = NULL;
                        ptptr->ptseq++;
                        ptptr->ptmaxcnt = count;
                        restore(mask);
                        return ptnum;
                }
        }
        restore(mask);
        return SYSERR;
}
```

11.6 向端口发送消息

发送和接收消息是端口最基本的操作，它们分别由函数 ptsend 和 ptrecv 实现。这两个函数都需要调用者通过传递端口 ID 作为参数来指定要进行操作的端口。函数 ptsend 为等待在端口上的进程添加一个消息,它等待端口有空闲空间,将参数指定的消息送入队列,给接收者发出信号量以指示另一个消息可用,然后返回。该函数的代码在文件 ptsend.c 中。

```
/* ptsend.c - ptsend */

#include <xinu.h>

/*------------------------------------------------------------------------
 *  ptsend  -  Send a message to a port by adding it to the queue
 *------------------------------------------------------------------------
 */
syscall ptsend(
          int32          portid,          /* ID of port to use          */
          umsg32         msg              /* Message to send            */
        )
{
        intmask mask;                      /* Saved interrupt mask       */
        struct  ptentry *ptptr;            /* Pointer to table entry     */
        int32   seq;                       /* Local copy of sequence num. */
        struct  ptnode  *msgnode;          /* Allocated message node     */
        struct  ptnode  *tailnode;         /* Last node in port or NULL  */

        mask = disable();
        if ( isbadport(portid) ||
            (ptptr= &porttab[portid])->ptstate != PT_ALLOC ) {
                restore(mask);
                return SYSERR;
        }

        /* Wait for space and verify port has not been reset */

        seq = ptptr->ptseq;                /* Record orignal sequence    */
        if (wait(ptptr->ptssem) == SYSERR
            || ptptr->ptstate != PT_ALLOC
            || ptptr->ptseq != seq) {
                restore(mask);
                return SYSERR;
        }
        if (ptfree == NULL) {
                panic("Port system ran out of message nodes");
        }

        /* Obtain node from free list by unlinking */

        msgnode = ptfree;                  /* Point to first free node   */
        ptfree  = msgnode->ptnext;         /* Unlink from the free list  */
        msgnode->ptnext = NULL;            /* Set fields in the node     */
        msgnode->ptmsg  = msg;

        /* Link into queue for the specified port */

        tailnode = ptptr->pttail;
```

200

```
        if (tailnode == NULL) {          /* Queue for port was empty    */
                ptptr->pttail = ptptr->pthead = msgnode;
        } else {                          /* Insert new node at tail     */
                tailnode->ptnext = msgnode;
                ptptr->pttail = msgnode;
        }
        signal(ptptr->ptrsem);
        restore(mask);
        return OK;
}
```

函数 ptsend 的初始代码仅仅检查参数 portid 是否指定了一个有效的端口 ID。接下来发生的事情更有趣。函数 ptsend 保存一份序列号 ptseq 的临时副本，然后处理这个请求。它在发送方信号量上等待，然后确认端口仍然是已分配状态，并且序列号和保存的临时副本匹配。该函数第二次确认端口 ID 的行为看上去有些古怪，然而，如果执行 ptsend 时端口已满，则调用它的进程会被阻塞。而且，在进程阻塞等待发送消息期间，端口可能被删除（甚至重新创建）。为了理解序列号的作用，可以回想函数 ptcreate 的行为：它在创建端口时增加这个序列号。这里的核心思想是让等待的进程验证对函数 wait 的调用没有因为端口被删除而结束。如果是的话，那么这个端口要么保持未使用的状态，要么序列号已经增加了。因此，调用 wait 之后的代码需要确认原来的端口仍然保持在已分配状态。

函数 ptsend 将消息以先进先出的顺序入队。队列非空时，该函数依赖 pttail 指向队列的最后一个节点。而且，ptsend 总是将 pttail 指向该链表中最新添加的节点。最后，当新消息添加到队列后，ptsend 给接收者发送信号量，以便接收者能够收到该消息。

与前面的代码一样，下面的不变式能帮助程序员理解它的实现：

当 n 条消息在端口中等待时，信号量 ptrsem 有非负的计数 n；当 n 个进程在等待消息时，信号量 ptrsem 有负的计数 $-n$。

对函数 panic 的调用更值得一说，因为它首次出现在代码中。在我们的设计中，消息节点耗尽是一个灾难性错误，系统不能从中恢复。这表示在消息节点上为了防止端口用尽所有空闲内存而设置某个限制，这种做法是不能完全解决问题的。也许是使用端口的程序未能正确运行；也许请求是合法的，但是系统限制的消息数量太少，我们没有办法知道是哪种情况。在这种情况下，相对于尝试继续执行，报告出错并停止执行通常是比较好的做法。在我们的系统中，函数 panic 用来应对这样的情况，它输出指定的错误消息，然后暂停处理器。panic 函数也可修改为重启整个系统。（本章练习中提出了处理这个问题的替代方案。）

11.7 从端口接收消息

函数 ptrecv 实现了一个基本的消费者操作：从指定端口移除一个消息，并将它返回给调用者。函数代码在 ptrecv.c 中。

```
/* ptrecv.c - ptrecv */

#include <xinu.h>

/*------------------------------------------------------------------------
 *  ptrecv  -  Receive a message from a port, blocking if port empty
 *------------------------------------------------------------------------
```

```
 */
uint32 ptrecv(
        int32         portid          /* ID of port to use        */
        )
{
        intmask mask;                  /* Saved interrupt mask      */
        struct  ptentry *ptptr;        /* Pointer to table entry    */
        int32   seq;                   /* Local copy of sequence num. */
        umsg32  msg;                   /* Message to return         */
        struct  ptnode  *msgnode;      /* First node on message list */

        mask = disable();
        if ( isbadport(portid) ||
             (ptptr= &porttab[portid])->ptstate != PT_ALLOC ) {
                restore(mask);
                return (uint32)SYSERR;
        }

        /* Wait for message and verify that the port is still allocated */

        seq = ptptr->ptseq;            /* Record orignal sequence     */
        if (wait(ptptr->ptrsem) == SYSERR || ptptr->ptstate != PT_ALLOC
            || ptptr->ptseq != seq) {
                restore(mask);
                return (uint32)SYSERR;
        }

        /* Dequeue first message that is waiting in the port */

        msgnode = ptptr->pthead;
        msg = msgnode->ptmsg;
        if (ptptr->pthead == ptptr->pttail)    /* Delete last item   */
                ptptr->pthead = ptptr->pttail = NULL;
        else
                ptptr->pthead = msgnode->ptnext;
        msgnode->ptnext = ptfree;              /* Return to free list */
        ptfree = msgnode;
        signal(ptptr->ptssem);
        restore(mask);
        return msg;
}
```
203

函数 ptrecv 首先检查参数，等待消息可用，确认端口没有被删除或重用，然后将消息节点出队。用局部变量 msg 记录要返回的消息，之后将消息节点返回到空闲链表中，最后将消息返回给调用者。

11.8 端口的删除和重置

系统有时需要删除或重置一个端口。在这个时候，操作系统必须销毁所有等待处理的消息实体（如果这个通信端口存在未处理消息的话），将消息节点返还空闲队列，然后许可之前等待着的进程继续执行。但是系统如何销毁等待处理的消息实体呢？一种解决方案是直接把消息实体丢弃，或者返回给发送进程。不过出于系统灵活性方面的考虑，在我们的设计中没有采取上述方案。我们的解决方法是，调用者可以自定义销毁一个消息实体的操作。ptdelete 和 ptreset 两个函数实现了消息实体的删除和重置。这两个函数都有一个函数指针参数，用于指定销毁消息实体的函数。代码描述在文件 ptdelete.c 和 ptreset.c 中。

```
/* ptdelete.c - ptdelete */

#include <xinu.h>

/*------------------------------------------------------------------------
 *  ptdelete  -  Delete a port, freeing waiting processes and messages
 *------------------------------------------------------------------------
 */
syscall ptdelete(
          int32          portid,           /* ID of port to delete        */
          int32          (*disp)(int32)    /* Function to call to dispose  */
          )                                /*    of waiting messages       */
{
        intmask mask;                      /* Saved interrupt mask         */
        struct  ptentry *ptptr;            /* Pointer to port table entry  */

        mask = disable();
        if ( isbadport(portid) ||
            (ptptr= &porttab[portid])->ptstate != PT_ALLOC ) {
                restore(mask);
                return SYSERR;
        }
        _ptclear(ptptr, PT_FREE, disp);
        ptnextid = portid;
        restore(mask);
        return OK;
}
```

204

```
/* ptreset.c - ptreset */

#include <xinu.h>

/*------------------------------------------------------------------------
 *  ptreset  -  Reset a port, freeing waiting processes and messages and
 *                  leaving the port ready for further use
 *------------------------------------------------------------------------
 */
syscall ptreset(
          int32          portid,           /* ID of port to reset         */
          int32          (*disp)(int32)    /* Function to call to dispose  */
          )                                /*    of waiting messages       */
{
        intmask mask;                      /* Saved interrupt mask         */
        struct  ptentry *ptptr;            /* Pointer to port table entry  */

        mask = disable();
        if ( isbadport(portid) ||
            (ptptr= &porttab[portid])->ptstate != PT_ALLOC ) {
                restore(mask);
                return SYSERR;
```

```
        }
        _ptclear(ptptr, PT_ALLOC, disp);
        restore(mask);
        return OK;
}
```

函数 ptdelete 和 ptreset 都验证它们的参数是否正确，然后调用 _ptclear 函数来执行清除消息和等待的进程的操作⊖。这个清除函数有可能引起进程切换，这就意味着其他进程可能会使用刚刚释放了的通信端口而导致错误。为了避免这个问题，该函数在清除一个通信端口的时候，会将其标记为 limbo 状态（PT_LIMBO），limbo 状态表示其他进程不能使用这个通信端口——无论是通过 ptsend 函数也好，还是 ptrecv 函数也罢，它们都需要端口是已分配状态，而 pcreate 函数只有在通信端口是空闲的时候才会被调用。这就保证了即使清除函数导致了进程切换，也不会出现问题。

在声明一个端口可以再使用前，_ptclear 会重复地调用 dispose，并将每个等待的消息传送给它。最后，当所有的消息都移除后，_ptclear 删除或用它的第二个参数指定的值重置信号量。在清除消息前，_ptclear 将端口的序号加 1，这样当等待的进程被唤醒后可以辨别端口已经发生了变化。这里的代码实现在 ptclear.c 文件中。

205

```
/* ptclear.c - _ptclear */

#include <xinu.h>

/*------------------------------------------------------------------------
 *  _ptclear  -  Used by ptdelete and ptreset to clear or reset a port
 *                 (internal function assumes interrupts disabled and
 *                 arguments have been checked for validity)
 *------------------------------------------------------------------------
 */
void    _ptclear(
          struct ptentry *ptptr,        /* Table entry to clear        */
          uint16         newstate,      /* New state for port          */
          int32          (*dispose)(int32)/* Disposal function to call  */
          )
{
        struct  ptnode  *walk;          /* Pointer to walk message list */

        /* Place port in limbo state while waiting processes are freed */

        ptptr->ptstate = PT_LIMBO;

        ptptr->ptseq++;                 /* Reset accession number      */
        walk = ptptr->pthead;           /* First item on msg list      */

        if ( walk != NULL ) {           /* If message list nonempty    */

                /* Walk message list and dispose of each message */

                for( ; walk!=NULL ; walk=walk->ptnext) {
```

⊖ _ptclear 以下划线开头说明这个函数是系统内部函数，不会被用户所调用。

```
                    (*dispose)( walk->ptmsg );
            }

            /* Link entire message list into the free list */

            (ptptr->pttail)->ptnext = ptfree;
            ptfree = ptptr->pthead;
    }

    if (newstate == PT_ALLOC) {
            ptptr->pttail = ptptr->pthead = NULL;
            semreset(ptptr->ptssem, ptptr->ptmaxcnt);
            semreset(ptptr->ptrsem, 0);
    } else {
            semdelete(ptptr->ptssem);
            semdelete(ptptr->ptrsem);
    }
    ptptr->ptstate = newstate;
    return;
}
```

11.9 观点

端口机制提供同步接口，所以允许进程等待下一个消息的到来。同步接口可以很强大——聪明的程序员可以利用该机制来协调进程（例如，实现进程间的互斥）。有趣的是，其在协调进程的同时也可能导致一个潜在的问题：死锁。也就是说，可能会有一系列使用端口交换消息的进程处于阻塞状态，所有的进程都在等待消息，却没有进程发送消息。因此，当程序员使用端口时，应该小心确保避免发生死锁。

11.10 总结

本章介绍了一个高级消息传递机制——通信端口，该机制允许进程间通过会合点交换信息。每个端口包含一个固定长度的消息队列。函数 ptsend 在队列末尾存入消息，而 ptrecv 获取队列头部的消息。当进程试图从一个空端口接收消息时，该进程会被阻塞，直到有消息到达。当进程试图往一个队列已满的端口发送消息时，该进程会被阻塞，直到队列中有空闲空间。

练习

11.1 考虑函数 send 和 receive、ptsend 和 ptrecv。是否可以设计一个简单的包含这两组函数的消息传递方案？解释应如何设计？

11.2 静态分配和动态分配资源之间存在很大的区别。例如，进程间的消息槽是静态分配的，而端口是动态分配的。在多进程的环境中，动态分配的关键问题是什么？

11.3 改变消息节点的分配方案，使一个信号量可以控制空闲链表中的节点。如果没有空闲节点，让 ptsend 等待一个空闲的节点。如果新引入的方案存在潜在问题的话，请问是什么？

11.4 panic 用于内部不一致或潜在死锁的情况。通常引起 panic 的条件是不能复制的，所以难以精确地找到原因。讨论在 ptsend 中，你可以采取何种措施来跟踪引起 panic 的原因？

11.5 因为在 ptsend 中对 panic 的调用是可选的，所以考虑分配更多的节点或重试该操作。每个操作的弊端是什么？

11.6 重写 ptsend 和 ptrecv，当删除它们等待的端口时返回一个特殊的值。这个新机制的主要不利方面是什么？

11.7 修改前面章节中分配、使用和删除对象的程序，使得它们像通信端口函数那样通过使用序列号来检测删除操作。

11.8 ptsend 和 ptrecv 不能传递带有 SYSERR 值的消息，因为 ptrecv 不能区别其是带有该值的消息，还是一个错误返回。重新设计该函数以便能传递任何值。

11.9 尽管每次调用 ptcreate 函数时说明了消息的数量，但是在目前的实现中系统并没有检查已分配的消息节点是否足够来响应这些请求。请修改 ptcreate 函数来保证所有通信端口上的消息数量之和小于 PT_MSGS。

11.10 如果实现了上一个练习，那么对 ptsend 函数有什么重要的改变？ 　　208

中 断 处 理

音乐的乐趣从来不应该被商业广告所打断。

——Leonard Bernstein

12.1　引言

前面的章节主要讲述了处理器和内存管理。在讲述处理器管理的章节中，主要介绍了并发处理的概念，说明了进程是怎样创建和终止的，以及进程间是如何协调工作的。在内存管理的章节中描述了用于管理动态分配和释放栈、堆存储器的底层机制。

本章开始讨论输入 / 输出（I/O）机制。首先回顾中断的概念，并介绍操作系统用来处理中断的整体软件架构。然后，本章将会描述当中断发生时，操作系统如何将控制权传递给合适的中断处理程序软件。更重要的是，本章解释中断间的复杂关系和并发进程的操作系统抽象，给出当中断发生时中断代码必须遵循的总指导方针，以便提供正确安全的并发进程实现。在后续章节中，我们将继续讨论特定的设备，包括允许抢占式进程调度的实时时钟，还将介绍中断处理程序软件如何在驱动程序中实现。

12.2　中断的优点

中断机制主要用于第三代计算机系统，可以强有力地将输入 / 输出活动和计算处理分开。如果没有硬件支持中断，操作系统提供的很多服务是不可能实现的。

中断机制是出于对 I/O 硬件并行处理的考虑。为了不再依赖处理器来完全控制输入 / 输出，每一个 I/O 设备都包含一个可以独立操作的硬件。处理器只需要启动或停止一个设备——一旦启动，设备将继续传送数据，而不需要进一步帮助。因为大多数的输入 / 输出比计算操作慢很多，所以处理器可以启动多个设备，允许它们并行进行。启动输入 / 输出后，处理器可以执行其他的计算（即执行一个进程）直到设备发生中断以表明处理已经完成。这里的关键思想是：

中断机制允许处理器和输入 / 输出设备并行。尽管实现细节可能有差别，但是硬件一般包括可以自动中断正常处理的机制，以及当一个设备完成操作或需要 CPU 处理时通知操作系统的机制。

12.3　中断处理

当中断发生时，处理器中的硬件执行三个基本步骤：

- 设置硬件，以防止在处理中断时发生其他中断。
- 保存足够的状态以允许中断处理完后处理器从被中断的地方继续执行。
- 跳转到预先定义好的内存单元，其中放置了操作系统处理中断的代码。

每个处理器都包含一些使得中断处理复杂的细节。例如，当硬件保存状态时，大多数系统中的硬件并没有保存所有处理器寄存器的完整副本信息。相反，这些硬件一般只记录了一些基本的值，比如指令指针⊖的副本，因此操作系统需要保存其他所有在中断处理期间需要用到的寄存器信息。为了保证中断处理不会改变正在执行的进程的任何值，操作系统必须在中断处理完成之后、返回正常处理之前恢复所有保存的寄存器值。

212

12.4　中断向量

当中断发生时，操作系统必须能识别出哪个设备发出了中断请求。为了进行设备识别，人们提出了很多硬件机制。例如，在一些系统中，处理器使用总线询问中断设备来进行设备识别。在其他系统中，一个独立的控制器负责与设备的通信，也有些设计使用单独的协处理器而不是控制器。在考虑中断处理的其他方面之后，我们将介绍示例平台是如何处理中断的。

一个设备怎样识别自己呢？最常用的机制是使用中断向量，给每个设备分配一个唯一的整数（如 0、1、2 等）。用一个比较流行的术语，这个整数称为中断请求号（IRQ）。当中断发生时，设备说明自己的中断请求号。向量中断机制使得中断处理非常有效：IRQ 可作为中断向量数组的索引。操作系统用指针预先设置中断向量数组的每个单元，该指针指向一个处理该中断的函数。当 IRQ 为 i 的设备发出中断时，控制分支为：

```
interrupt_vector[i]
```

图 12-1 说明了中断向量作为指针数组的概念组织。

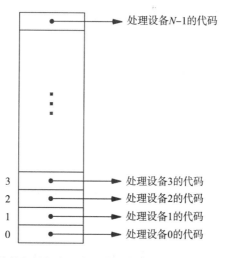

图 12-1　中断向量作为指针数组的概念组织（其中每个条目给出处理特定设备中断的代码地址）

213

12.5　中断和异常集成

虽然向量化方法最初用来处理 I/O 设备的中断，但是现在这种方法已经扩展到用来处理异常。也就是说，向量可以有处理错误的附加槽，如缺页、"零作除数"错误、"保护违反"错误、非法指令和非法内存引用。当出现错误时处理器硬件会生成一个异常。实际上，异常处理十分基础，所以一些平台用异常向量来表示指针数组，而不用中断向量来表示。下面是两个平台的例子，介绍了供应商集成异常和中断的两种方法。

⊖　指令指针有时也被称为程序计数器，包含了下一条要执行的指令的地址。

12.5.1 Galileo（Intel）

Galileo 有一个很大的向量表，同时包含处理异常和设备中断的入口。数组中的前几个入口对应异常，设备会被分配与异常对应的 IRQ 值。比如，数组的第一个位置（索引为 0）用来处理"零作除数"的错误。当一个程序出现零作除数错误时，硬件发现这个错误并且生成异常 exception 0。其实，硬件的处理方法就像出现 IRQ 值为 0 的中断一样（即程序计数器被保存，同时控制传递到中断向量的第一个位置 interrupt_vector[0]）。同样，如果出现非法操作码，处理器生成异常 exception 5，就像出现 IRQ 值为 5 的中断一样。

12.5.2 BeagleBone Black（ARM）

BeagleBone Black 处理器用双层方法来集成。在顶层，处理器定义了 8 种可能出现的异常：重置，未定义指令，软件中断，预读取中止，数据中止，未使用，中断请求（IRQ）和快速中断请求（FIQ）。所有的错误（如零作除数）可以归结到 8 种异常中的一种。其中两种异常（IRQ 和 FIQ）对应 I/O 设备中断。[⊖]当一个设备出现 IRQ 中断时，硬件对应生成一个IRQ 异常。处理器通过异常向量分支到处理该异常的代码。也就是说，所有的设备中断都对应同一个异常向量指针。处理 IRQ 异常的代码必须检查硬件，获取中断设备的 IRQ 值，然后用第二层间接寻址来找到处理特殊设备的代码。总结如下：

用向量化的方法来处理异常，如"零作除数"和缺页。Galileo 说明了将中断和异常集成到同一个异常向量中。BeagleBone Black 说明了一个双层策略：设备中断对应一个特殊的异常，同时操作系统必须通过第二层间接寻址来寻找一个特殊设备的中断处理函数。

214

12.6 使用代码的 ARM 异常向量

ARM 体系结构为异常向量处理增加了一个额外的方式：不同于 Intel 体系结构包含指向处理程序的指针，ARM 异常向量包含了处理器执行的指令。当出现异常 i 时，处理器开始执行代码，起始位置为：

exception_vector[i]

异常向量中的每个位置只有一个指令的长度（即 4 字节），这意味着指令必须分支到处理异常的代码。设备中断异常向量中的指令跳转到设备调度代码，软件中断异常向量中的指令跳转到软件中断代码，以此类推。

操作系统必须初始化异常向量，稍后可能需要更改向量。因为 ARM 异常向量包含代码而不是数据，所以改变内容意味着创建可执行指令，这可能是有风险的。为了避免在运行时修改代码，Xinu 使用间接分支指令。也就是说，Xinu 定义了与异常向量并行的额外的指针数组，并使每个异常向量包含引用指针并行数组中相应位置的间接跳转指令。图 12-2 说明了这个概念。

使用额外的数组具有实际和概念上的优势。首先这是实用的，因为操作系统只需要改变一个指针来改变与给定异常相关的功能；在运行时无须创建可执行指令。其概念优势也是清晰的：该方案使得 ARM 异常机制与图 12-1 所示的模型相匹配。

⊖ IRQ 对应一个正常中断；FIQ 可以用来优化设备硬件的中断处理，这些设备硬件无须处理器存储同样多的状态。

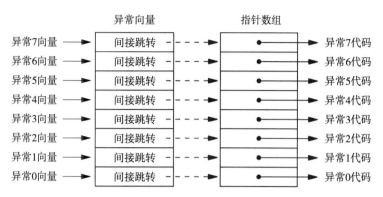

图 12-2　包含指令的 ARM 异常向量（每条指令通过指针数组中的条目间接跳转）　215

图 12-2 的并行数组机制如何实现？因为正常的跳转指令需要两个字，因此 Xinu 将新引入的并行数组直接放在异常向量之后，并使用 PC 相对寻址，这使得这条跳转指令可用单个字表示。更重要的是，由于并行数组的第 i 个位置与第 i 个异常向量的距离保持不变，每个异常向量位置的跳转指令中包含相同的偏移量。⊖图 12-3 说明了实现。

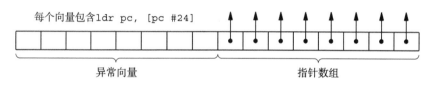

图 12-3　ARM 异常向量和间接数组在内存中是连续的

接近 intr.S 文件末尾的函数 initevec 将相对跳转指令分配给异常向量所在的位置，将默认异常处理程序的地址分配给并行数组中的每个位置，然后将与 IRQ 关联的指针更改为指向 IRQ 异常处理程序 irq_except。

```
/* intr.S - enable, disable, restore, halt, pause, irq_except (ARM) */

#include <armv7a.h>

        .text
        .globl  disable
        .globl  restore
        .globl  enable
        .globl  pause
        .globl  halt
        .globl  irq_except
        .globl  irq_dispatch
        .globl  initevec
        .globl  expjmpinstr


/*-------------------------------------------------------------------------
 * disable  -  Disable interrupts and return the previous state
 *-------------------------------------------------------------------------
 */
disable:
```

⊖　因为程序计数器指向正在执行指令之后的两个字，所以间接跳转的偏移量为 24 字节，而不是 32 字节。

```
        mrs     r0, cpsr        /* Copy the CPSR into r0        */
        cpsid   i               /* Disable interrupts           */
        mov     pc, lr          /* Return the CPSR              */
```
`216`

```
/*--------------------------------------------------------------
 * restore - Restore interrupts to value given by mask argument
 *--------------------------------------------------------------
 */
restore:
        push    {r1, r2}        /* Save r1, r2 on stack         */
        mrs     r1, cpsr        /* Copy CPSR into r1            */
        ldr     r2, =0x01F00220
        and     r1, r1, r2      /* Extract flags and other important */
        bic     r0, r0, r2      /*    bits from the mask        */
        orr     r1, r1, r0
        msr     cpsr_cfsx, r1   /* Restore the CPSR             */
        pop     {r1, r2}        /* Restore r1, r2               */
        mov     pc, lr          /* Return to caller             */

/*--------------------------------------------------------------
 * enable - Enable interrupts
 *--------------------------------------------------------------
 */
enable:
        cpsie   i               /* Enable interrupts            */
        mov     pc, lr          /* Return                       */

/*--------------------------------------------------------------
 * pause or halt - Place the processor in a hard loop
 *--------------------------------------------------------------
 */
halt:
pause:
        cpsid   i               /* Disable interrupts       */
dloop:  b       dloop           /* Dead loop                */

/*--------------------------------------------------------------
 * irq_except - Dispatch an IRQ exception to higher level IRQ dispatcher
 *--------------------------------------------------------------
 */
irq_except:
        sub     lr, lr, #4      /* Correct the return address   */
        srsdb   sp!, #19        /* Save return state on the supervisor */
                                /*    mode stack                */
        cps     #19             /* Change to supervisor mode    */
        push    {r0-r12, lr}    /* Save all registers           */
        bl      irq_dispatch    /* Call IRQ dispatch            */
        pop     {r0-r12, lr}    /* Restore all registers        */
        rfeia   sp!             /* Return from the exception using info */
                                /*    stored on the stack       */
```
`217`

```
/*--------------------------------------------------------------
 * defexp_handler - Default Exception handler
 *--------------------------------------------------------------
 */
```

```
defexp_handler:
        ldr     r0, =expmsg1
        mov     r1, lr
        bl      kprintf
        ldr     r0, =expmsg2
        bl      panic

/*-------------------------------------------------------------------
 * initevec - Initialize the exception vector
 *-------------------------------------------------------------------
 */
initevec:
        mrc     p15, 0, r0, c1, c0, 0 /* Read the c1-control register  */
        bic     r0, r0, #ARMV7A_C1CTL_V/* V bit = 0, normal exp. base  */
        mcr     p15, 0, r0, c1, c0, 0 /* Write the c1-control register */
        ldr     r0, =ARMV7A_EV_START   /* Exception base address       */
        mcr     p15, 0, r0, c12, c0, 0/* Store excp. base addr. in c12 */
        ldr     r0, =ARMV7A_EV_START   /* Start address of exp. vector */
        ldr     r1, =ARMV7A_EV_END     /* End address of exp. vector   */
        ldr     r2, =expjmpinstr       /* Copy the exp jump instr      */
        ldr     r2, [r2]               /*   into register r2           */
expvec: str     r2, [r0]               /* Store the jump instruction   */
        add     r0, r0, #4             /*   in the exception vector    */
        cmp     r0, r1
        bne     expvec
        ldr     r0, =ARMV7A_EH_START   /* Install the default exception */
        ldr     r1, =ARMV7A_EH_END     /*   handler for all exceptions  */
        ldr     r2, =defexp_handler
exphnd: str     r2, [r0]
        add     r0, r0, #4
        cmp     r0, r1
        bne     exphnd
        ldr     r0, =ARMV7A_IRQH_ADDR /* Install the IRQ handler to    */
        ldr     r1, =irq_except       /*   override the default        */
        str     r1, [r0]              /*   exception handler           */
        mov     pc, lr

/*-------------------------------------------------------------------
 * expjmpinstr - A PC relative jump instruction, copied into exp. vector
 *-------------------------------------------------------------------
 */
expjmpinstr:
        ldr     pc, [pc, #24]
```

218

该文件的最后一个语句是相对跳转指令。我们使用汇编器创建指令，它比定义常量的方式更容易阅读，并且不太容易出错。

12.7　设备中断向量号的分配

异常在异常向量中的位置在系统设计时就选好了，并且从不改变。例如，我们说 Galileo 硬件被建立为当出现一个非法指令错误时总是引发异常 5。而在 BeagleBone Black 中，非法指令引发异常 6。然而，IRQ 值不能被预先指定，除非在硬件建立时设备组就已经固定了（如有三个设备的系统级芯片）。原因在于，我们可以发现大多数计算机系统都允许所有者购买和安装新的硬件设备。为了适应任意一组设备，IRQ 的分配使用下面三种基本方法：

- 手动配置设备
- 通过引导程序自动分配
- 可插拔设备的动态分配

手动配置设备。 对于早期的硬件，人们必须在设备被连接到计算机上之前给每个设备分配一个唯一的中断请求。通常，分配是通过在设备电路板上使用开关或跳线完成的。一旦对硬件进行了分配，操作系统的设置就必须与硬件相匹配。手动分配有繁琐和容易出错的问题，如果一个人不小心给两个不同的设备分配同一个 IRQ，或操作系统设置的向量号与设备硬件配置的 IRQ 值不匹配，设备将无法正常工作。

通过引导程序自动分配。 随着总线硬件变得越来越复杂，发展出了中断向量自动分配技术。自动分配需要可编程设备。也就是说，操作系统通过总线发现连接到总线上的设备，并为每个设备分配 IRQ。在本质上，可编程设备允许相反的模式：不是为设备分配一个 IRQ，然后再对操作系统进行相匹配的设置，而是允许操作系统选择一个 IRQ，然后分配设备的编号给它。因为操作系统是在计算机启动时进行分配的，自动的方法消除了人为误差，使得用户可以在不了解 IRQ 分配的情况下为他们的计算机添加新硬件。

[219] **可插拔设备的动态分配。** 最后一种方法用于在操作系统运行时可以插入计算机的设备。例如，考虑一个通用串行总线（USB），它允许设备在运行时连接或断开连接。USB 使用两级中断绑定。在第一级中，计算机包含一个连接到计算机总线上的 USB 主机控制器设备。当它启动时，操作系统识别该主机控制器，并使用与其他设备相同的自动分配方式为它分配一个唯一的 IRQ 值。操作系统为 USB 主机控制器配置一个设备驱动程序，并且该驱动程序包括处理中断的功能。我们将使用主驱动程序这个术语来描述处理 USB 主机控制器中断的软件。

在运行时，用户将设备插入 USB 端口，此时会发生第二级绑定。USB 控制器硬件检测新设备，并生成中断。主驱动程序接管控制权，并通过 USB 通信来获得新设备的类型和型号。主驱动程序动态加载新设备的驱动程序，并记录该驱动程序的位置。稍后，当 USB 设备中断时，主驱动程序获得控制权，确定插入的 USB 设备中哪个产生了中断，并将控制权转给合适的驱动程序。最后，当用户断开一个 USB 设备连接时，主驱动程序收到一个中断，确定哪些设备已被拔掉，并删除该设备的记录。

12.8 中断分派

在设计中断和／或异常的机制之前，需要明白若干个相关的问题。表示中断或者异常的向量需要多大空间？除了中断处理程序的地址，向量是否还包含了其他信息？向量存储在什么地方？是由硬件还是由操作系统来执行索引呢？现在已经有多种设计方式。大部分操作系统选择给异常向量的大小指定一个最大值。有的系统在内存上开辟了一个固定的存储区域，用于存储向量；还有一些更先进，其设计允许操作系统可以动态地选择在内存上的存储区域并通知硬件。

中断分派的含义是，系统会获取到中断的设备号，而设备号对应中断向量的索引；系统获得中断向量，从中断向量中提取中断处理程序的入口地址，同时，将 CPU 的处理权移交给中断处理程序。为了将输入／输出操作的管理从处理器中剥离开来，许多系统会使用一种专用硬件设备——中断控制器[○]来管理设备的输入／输出操作，从而提升调度的效率。

○ 在传统计算机的设计中，中断控制器由一个单独的芯片组成；在 SoC 设计中，控制器的物理位置位于 SoC，但仍然处于处理器外部。

我们通过示例平台来说明两种类型的中断控制器。BeagleBone Black 主板上使用的控制器只处理总线上的通信，但是不会存储中断向量。当发生中断时，控制器会从设备获取到一个整数的中断请求，触发一个中断请求的异常，并将中断请求值传递给中央处理器。而操作系统需要管理中断向量，以及执行如下步骤：使用中断请求值作为中断向量的索引、将处理器的控制权移交给合适的处理程序。而 Galileo 上的中断控制器则是存储整个中断向量。当设备发出中断时，控制器会获取到中断请求，使用中断请求值作为中断向量数组索引，并调用对应的处理程序。在 Galileo 上，操作系统必须在启动及中断或异常发生之前将整个中断向量数组加载到控制器中。本节的要点是：

220

绝大多数系统使用一种称为中断控制器的外部硬件。控制器的设计决定了哪些中断调度步骤需要由硬件处理，哪些步骤需要由操作系统处理。

12.9　中断的软件结构

由于中断调度包括保存和恢复硬件状态，所以调度程序必须用汇编语言来编写。然而，系统设计人员偏好用一些高级语言（如 C 语言）来编写设备驱动，包括中断处理程序。为了满足汇编语言的需求，我们用大多数系统所采用的方法：将中断代码分为两部分，即用汇编语言编写的底层部分和用 C 语言编写的高层部分。我们用分派器来描述底层部分，用处理程序来描述高层部分。图 12-4 展示了这个概念。

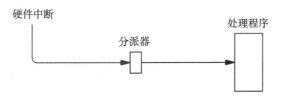

图 12-4　将中断代码概念上划分为用汇编语言编写的分派器和用 C 语言编写的处理程序

像图 12-4 中展示的各部分的大小一样，分派器通常比处理程序小。在大多数系统中，一个分派器由少量的汇编语言代码组成。分派器通常通过将通用寄存器的副本压入栈中来保存硬件状态，同时调用处理程序代码。当处理程序返回时，分派器恢复机器状态（比如通过将寄存器从栈中弹出），然后执行从中断中返回的特殊指令。当然，调用处理程序必须遵循 C 语言的标准调用约定。因此，在一些架构中，分派器包含一些额外的指令，这些指令用来搭建 C 语言函数运行所需要的环境。

12.9.1　Galileo（Intel）

回顾前面提到的 Intel 中断控制器将存储中断和异常向量，同时调用与特定异常或设备有关的代码。比如，当以太网设备出现中断时，控制传递到以太网中断代码；当串口终端出现中断时，控制传递到处理串口终端中断的代码。

221

调用特定设备代码的中断控制器硬件可以节省时间，因为操作系统不需要在内存中索引中断向量。然而，这样的设计会对设备驱动软件造成影响：驱动器必须包含底层的调度代码。Galileo 设备驱动器展示了这个组成：每个驱动器都有一个调度函数（用汇编语言编写）和处理程序函数（用 C 语言编写）。图 12-5 展示了该结构。

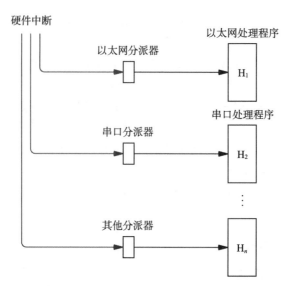

图 12-5　Galileo 中的中断代码结构（每个设备驱动都包含一个底层分派器和高层处理程序）

12.9.2　BeagleBone Black（ARM）

BeagleBone Black 所使用的中断控制器硬件与 Galileo 的不同。BeagleBone Black 的控制器不存储中断向量，也不调用特定设备的代码。相反，该硬件将设备中断归结到两种异常中：IRQ 和 FIQ。由于设备通常只使用 IRQ 机制，我们这里不讨论 FIQ，同时假设所有的设备都被归结为 IRQ 异常。当设备出现中断时，则生成一个 IRQ 异常，同时该硬件调用操作系统中的一个函数。一个硬件寄存器指定中断设备的 IRQ 值。

回顾一下驻存在内存中的异常向量，操作系统必须在启动时初始化向量。该硬件将来自任意设备的中断映射到对应的 IRQ 异常，并跳转到中断向量，这个中断向量已经被初始化为跳转到 IRQ 分派器的代码。IRQ 分派器决定哪一个设备中断，然后调用合适的处理程序。图 12-6 展示了这个结构。

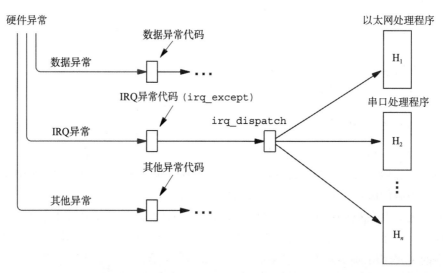

图 12-6　BeagleBone Black 中的两层中断代码（设备异常传递到一个汇编语言函数 irq_
　　　except，这个函数调用一个由 C 语言编写的分派器，然后分派器调用一个处理程序）

irq_dispatch 函数在 evec.c 文件中。虽然这个文件包含其他函数（initintc 函数用来初始化中断控制硬件，set_evec 函数用来分配并行异常向量数组的入口），我们只需要考虑 irq_dispatch 函数。

```
/* Snippet of code from evec.c */

/*--------------------------------------------------------------------
 * irq_dispatch  -  Call the handler for specific interrupt
 *--------------------------------------------------------------------
 */
void    irq_dispatch()
{
        struct  intc_csreg *csrptr = (struct intc_csreg *)0x48200000;
        uint32  xnum;                           /* Interrupt number of device   */
        interrupt (*handler)();                 /* Pointer to handler function  */

        /* Get the interrupt number from the Interrupt controller */

        xnum = csrptr->sir_irq & 0x7F;

        /* If a handler is set for the interrupt, call it */

        if(intc_vector[xnum]) {
                handler = intc_vector[xnum];
                handler(xnum);
        }

        /* Acknowledge the interrupt */

        csrptr->control |= (INTC_CONTROL_NEWIRQAGR);
}
```

12.10 禁止中断

中断在操作系统设计中起着基础性作用。其基本思想很容易理解，一旦发生中断，硬件就禁止进一步中断。因此，中断代码不能被打断。也就是说，当运行分派程序、调用处理程序，以及处理程序返回时，中断仍然是禁用的。只有当处理器执行从中断返回到最初程序被中断的位置的特殊指令（或指令序列）时，中断才被启用。这一点可以概括为：

中断在中断发生时被禁用，并且一直保持禁用状态直到代码从中断返回。

很明显，上面提到的中断策略有微妙的后果。设备硬件对处理器在禁用中断状态下运行的时间进行了严格限制。如果操作系统将中断禁用任意长时间，设备将无法正确执行。例如，如果数据包缓冲区填满了而中断仍处于禁用状态，则网络设备可能会丢失传入的数据包。因此，中断例程必须编写得可以尽可能快地完成处理，并重新执行启用中断的代码。更重要的是，中断是全局的——如果一个设备的处理程序使中断失效，所有设备都会受到影响。因此，当创建中断代码时，程序员必须知道系统中其他设备的约束，并且必须使该设备适配最小的时间约束。这一点可以概括为：

设备的中断处理程序使中断禁用的最大时间不能通过检查设备自身来计算，而要通过选择在系统的所有设备中最小的约束来计算。

规则看起来是明显而微不足道的。但我们必须记住，计算机的设计是为了适应任意一组设备，并允许所有者随时连接新设备。因此，当为特定设备编写中断处理程序时，程序员并不知道将要连接到计算机的设备集合。用户可能体验到的结果是：现有设备 X 的驱动程序可能与新设备 Y 的硬件不兼容。

12.11 中断代码调用函数的限制

除了确保中断代码满足设备最小时间限制，操作系统的设计者必须保证中断代码能够被任意进程执行。也就是说，当中断发生时，任何正在运行的进程都可以执行中断代码。

执行中断处理的进程看起来毫不相关，直到以下两个操作使得它们间接关联起来：

- 中断处理程序可以调用操作系统函数。
- 由于调度器假设至少有一个进程保持就绪状态，所以空进程必须保持在当前或就绪状态。

空进程是一个不调用任何函数的无限循环。然而，中断被认为是发生在两个连续的指令"之间"。因此，当中断发生在空进程运行时，空进程仍然会在处理程序执行时运行。这里最主要的结论是：

中断例程只能调用使运行进程停留在当前或就绪状态的操作系统函数。

也就是说，中断例程可以调用如 send 或 signal 这样的函数，但不能调用如 wait 这种使运行进程转为等待状态的函数。

12.12 中断过程中重新调度的必要性

考虑在中断过程中重新调度这个问题。为了了解重新调度的必要性，考虑以下情况：

- 时序不变指明在任何时候，最高优先权的符合条件的进程将一定会执行。
- 当一个 I/O 操作完成时，一个高优先级的进程可以合法地执行。

[225]

例如，假设一个高优先级进程 P 选择从网络上读取数据包。即使这个进程的优先权很高，但 P 在等待数据包的时候也会阻塞。当 P 阻塞时，其他进程（比如 Q）会运行。而当数据包到达后，中断就会发生，进程 Q 将被中断，并执行中断处理程序。如果中断处理程序仅仅是将 P 变为就绪状态就返回，则进程 Q 还是会继续运行。如果 Q 的优先级比 P 低，则时序不变将会被打破。

考虑一个更加极端的例子，即一个系统只有一个应用程序进程，这个进程等待 I/O 操作而阻塞。当中断发生时，空进程将运行。如果中断处理程序不能重新调度，则中断将返回给空进程，应用程序将永远不会执行。这里的关键思想就是：

为了确保进程能在 I/O 操作结束时被唤醒，同时维护时序不变，当中断处理程序使得等待进程变为就绪状态时，必须进行重新调度。

12.13 中断过程中的重新调度

中断策略和调度之间的交互导致了一个比较复杂的问题：什么情况下才能允许重新调度？我们说过在处理一个中断时，中断例程必须保持中断禁止。我们还说过，当一个等待 I/O 的进程可以执行时，中断处理程序应该重新确保时序不变性。然而，考虑重新调度时会发生的事情。假设被选定执行的进程执行时会使中断开启。一旦开始执行，这个进程会从调度器返回并开启中断。这意味着中断处理程序似乎不应该进行重新调度，因为切换到一个能响应中断请求的进程可能会引起一系列连锁的中断。我们必须说服自己：只要全局数据结构是合法的，那么中断期间的重新调度也是安全的。

为了理解重新调度为什么是安全的，考虑导致从中断处理程序调用 resched 函数的一系列事件。假设在中断开启的条件下，当中断发生时进程 U 在运行。中断分派程序使用进程 U 的栈来保存状态，并在中断处理程序执行且中断禁止时让进程 U 运行。假设中断处理程序调用 resched，以切换到另一个进程 T。当 T 从上下文切换返回时，T 可能在中断启用状态下运行，这样另一个中断就可能发生。那么，怎样才能够阻止那些未完成的中断不断累积直到栈溢出这样一个无限循环呢？回顾一下，每个进程都有自己的栈，当进程 U 因上下文切换而停止时，在它的栈中会记录一个中断。新的中断发生时处理器正在执行进程 T，这意味着处理器正在使用 T 的栈。

考虑进程 U，在另一个中断在 U 的栈中堆积之前，进程 U 必须恢复处理器的控制权，同时也必须开启中断。在放弃控制前的最后一步，进程 U 调用调度器 resched 进行上下文切换。此时，U 在中断禁止状态下运行。因此，当 U 恢复控制时（即调度器再次选择了 U 并执行上下文切换），U 将在中断禁止状态下执行。也就是说，U 在上下文切换中开始执行。上下文切换会返回到调度器，调度器将返回到中断处理程序，中断处理程序将返回到分派器。 226

在返回的序列中，U 将继续在中断禁止状态下执行，直到分派器从中断返回（即直到中断处理完成，且分派程序返回到初始发生中断的位置）。因此，进程 U 执行中断代码时不会发生额外的中断（即使在 U 切换到另一个进程，而该进程在中断开启状态下运行时发生中断）。重要的约束是，在任何时候，一个给定的进程只有一个中断请求被响应。由于系统在一个给定的时间内只有有限的进程存在，且每个进程至多有一个未完成的中断，所以未完成的中断数目是有限的。总结如下：

中断处理期间的重新调度是安全的，只要：1）中断程序让全局数据在重新调度前保持在合法的状态；2）没有函数能使中断恢复，除非它先禁止了它们。

这个规则解释了为什么所有的操作系统函数使用的是禁止／恢复中断而不是关闭／开启中断。禁止中断的函数总是在返回到调用它的函数前恢复中断。没有一个例程能够显式地开启中断。管理中断的硬件遵循与操作系统相同的范例。发生中断时，将禁止进一步的中断，直到处理器从中断处理中返回。关于禁止和恢复中断的规则的唯一例外就是系统初始化函数在系统启动时显式开启中断。⊖

12.14 观点

中断和进程之间的关系是操作系统最细微和复杂的一面。中断是一种底层机制——它们是底层硬件的一部分并以序列概念来定义，如访问－执行循环。进程是高层抽象——它们是操作系统设计者想象出来的，并以一套系统函数来定义。因此，理解中断时只考虑机制而不考虑并发进程，理解并发进程时只考虑抽象而不考虑中断，这样思考是最简单的。

不幸的是，进程的抽象世界与中断的现实世界相结合形成了一个智力挑战。如果中断和进程间的交互不是想象中那样复杂，说明你可能还没有深入地考虑问题。如果读者觉得这种交互难以理解，请放心，很多人都遇到相同的问题。仔细思考，你就能够掌握其中的基本原理。 227

⊖ 启动时，处理器禁止所有中断处理，直到操作系统运行并启用中断。

12.15 总结

为了处理中断，硬件和操作系统配合保存处理器状态、确定发出中断的设备并调用相应设备的处理程序。由于高级语言不提供操纵处理器状态的方法，中断代码分成了两部分：用汇编语言写的分派程序和用高级语言如 C 编写的中断处理程序。对于 Galileo，每一个设备需要单独的分派函数，而对于 BeagleBone Black 只需要一个分派函数处理所有设备。

有三个规则控制着中断过程。第一，中断代码不能让中断禁止任意长的时间，这样会使设备无法正确使用。中断时间的长度取决于连接到系统的所有设备，而不是正在被服务的设备本身。第二，中断代码可能有空进程运行，它决不能调用会使执行程序离开当前或就绪状态的函数。第三，中断处理程序必须使用从中断返回的特殊指令，不能显式地开启中断。

尽管开启中断是禁止的，但在一个等待的进程变成就绪状态时，中断处理程序可以调用 resched 进行重新调度。这样做就能重建时序不变，同时这也意味着一个进程等待 I/O 操作结束后会被唤醒。当然，系统必须保证在重新调度前全局数据结构是合法的。重新调度不会引起连锁中断，因为每个进程在自己的栈中最多只有一个中断。

练习

12.1 假设一个中断处理程序包含了显式的中断开启功能，描述系统可能遇到的问题。

12.2 修改中断处理程序使其能够开启中断，观察系统经过多长时间会崩溃。感到惊讶吗？具体确认系统崩溃的原因（注意：本题中需要关闭计时器设备，这在第 13 章进行描述）。

12.3 在 BeagleBone Black 平台上，每次通过串行线路到达一个字符要调用多少个函数？可以减少调用次数吗？即软件架构是否依赖硬件？请解释。

12.4 设想一个处理器，当中断发生时，该硬件能够自动地将上下文切换到一个特殊的中断进程中。这个中断进程的唯一目的是执行中断代码。试解释这样的操作系统是更容易设计还是更难设计。提示：中断进程是否允许重新调度？

12.5 如果可以重新设计中断控制器硬件，你会做哪些变动以最小化操作系统需要做的工作？

12.6 假设有 8 个串行设备，每个设备接收字符的速度是 115 Kbaud（115kbit/s，或大约 11 500 字符 /s），计算每个中断要花费多少毫秒？

228

12.7 下载 Xinu 的源代码，在 Galileo 和 BeagleBone Black 平台上检验 intr.S 中的中断函数（对于 Galileo 平台，还包括设备驱动程序的分派函数）。解释每一行代码的用途。

12.8 了解 ARM 架构中的 IRO 模式。哪些寄存器会被存入？为什么？

229 ~ 230

12.9 下载 ARM 和 Galileo 版本的 Xinu 源代码。比较两种架构的 set_evec 函数，它们的主要区别是什么？

实时时钟管理

白驹过隙，时不我待。

——Eugene Ionesco

13.1 引言

前面章节介绍了操作系统的两个重要部分：一个是提供并发处理机制的进程管理器；一个是控制内存块动态分配和释放的内存管理器。第 12 章介绍了中断处理，强调了中断处理规则，描述了当中断发生时操作系统如何获取控制权，以及如何将控制权由分派程序转移给特定设备的中断处理程序。

本章继续讲述中断处理中的定时事件控制，它是由计时器硬件和操作系统通过实时机制来进行处理的。本章介绍了两个基本概念，即增量链表数据结构和进程抢占，以及操作系统如何利用时钟向一组优先级相同的进程提供轮转服务。后续的章节将通过研究其他 I/O 设备的驱动程序来深入地学习中断处理。

13.2 定时事件

许多应用程序都会使用定时事件。比如，一个应用打开一个窗口来显示一个消息，让窗口在屏幕上停留 5s，然后关闭窗口。又如一个要求用户输入密码的应用程序，如果在 30s 内没有得到用户的响应就会关闭。操作系统的部分功能也使用定时事件。比如，许多网络协议都要求发送方在特定时间内没有收到响应时重发请求。类似地，一个外部设备，比如一台打印机，如果在几秒内仍保持无连接状态，则操作系统就应该通知用户。小型的嵌入式系统中如若没有独立硬件机制，操作系统将使用定时事件来记录当前的日期和时间。

因为时间管理是重要的，所以大多数操作系统都提供一些机制，使得应用程序创建和管理一整套定时事件更加容易。有些操作系统使用通用的异步事件模式，其中，程序员定义一套事件处理程序，在事件发生时由操作系统调用相应的事件处理程序。定时事件易于使用在异步模式中：运行中的进程要求特定事件在 T 个时间单元后发生。有些系统则使用同步事件模式，其中，操作系统仅提供延迟，当需要调度事件的时候，程序员按需创建额外的进程。本书的示例系统将使用同步方式。

13.3 实时时钟和计时器硬件

有四种硬件设备与时间有关：

- 处理器时钟。
- 实时时钟。
- 日历时钟。
- 间隔定时器。

处理器时钟。处理器时钟指的是产生高精度周期性脉冲（即方波）的硬件设备。处理器时钟控制处理器执行指令的速率。为了使硬件最小化，低端嵌入式系统经常使用处理器时钟作为定时信号源。不幸的是，处理器时钟速率使用起来不方便（因为时钟脉冲快，并且速率不能被 1 秒整除）。

实时时钟。实时时钟独立于处理器之外，每 1 毫秒间隔产生一次脉冲（如 1000 次 / 秒），每个脉冲产生一次中断。通常，实时时钟硬件并不对脉冲计数——如果操作系统需要计算流逝的时间，系统必须在每个时钟中断发生时，对计数器加 1。

[234]

日历时钟。技术上讲，日历时钟是一个计算流逝时间的精密计时器。其硬件包括一个内部实时时钟和一个测量脉冲的计数器。与普通的时钟一样，时间可以被修改。然而，一旦设定，它的运行就独立于处理器，只要系统不断电它就能够持续运行 (某些装置会配备一个小电池来确保在外部电源关闭时时钟依然能够正常工作)。不像其他时钟，日历时钟并不会产生中断，要使用它，处理器必须设置或者询问时钟。

间隔计时器。间隔计时器有时称为倒计时器或定时器，它同样由一个内部实时时钟和一个计数器构成。使用间隔计时器时，系统将计数器初始化为一个正值，每产生一个实时时钟脉冲，计数器减 1，当计数器的值归 0 时发生中断。正计时器是计时器的一个变种，操作系统将计数器值初始化为 0 并且设定一个上限值。正如其名，正计时器在每次产生实时时钟脉冲时将计数器加 1，当计数器达到上限值时发生中断。

相对于实时时钟来说，计时器的主要优点在于更低的中断开销。实时时钟将产生周期性中断，即使下一个事件发生在许多个时间单元之后。而计时器只有在事件调度时才会产生中断。而且，计时器比实时时钟更灵活，因为它可以模拟实时时钟。例如，为了模拟一个每秒 R 次脉冲的实时时钟，可以将定时器设置为每 $1/R$ 秒产生一次中断。当中断产生，计时器便会被重置为相同值。以上可以总结为：

操作系统用来管理定时事件的硬件由实时时钟和间隔计时器组成，实时时钟周期性地产生中断；间隔计时器在特定的时延之后产生中断。

以具体的平台为例，Galileo 使用实时时钟，BeagleBone Black 使用间隔计时器。在启动时，Galileo 配置实时时钟为每毫秒中断一次。BeagleBone Black 配置间隔计时器来模拟实时时钟，其指定计时器每毫秒产生一次中断，并且在中断产生后自动重启。因此，接下来的章节将描述在两个示例平台中操作系统如何应用实时时钟。

13.4   实时时钟中断处理

实时时钟产生周期性的中断，无须计数或者累加中断。同样，如果使用计时器模拟实时时钟，计时器也不会累加中断。在任何一种情况下，如果处理器不能在下一次时钟脉冲到来之前对上一次的时钟中断做出处理，处理器将不会收到第二次中断。更重要的是，硬件不会检测和报告这样的错误⊖。

[235]

如果处理器耗费太长时间来处理实时时钟中断，或者运行在中断被禁用超过一个时钟周期后，则它会错过时钟中断，并且不会报告错误。

实时时钟硬件的操作会对系统设计人员产生两个重要的影响。首先，在两次时钟中断之间系统必须能够执行多条指令，所以处理器的操作必须要远快于实时时钟。其次，实时时钟

⊖   尽管存在能够报告溢出的硬件，但是许多时钟模块并不具有这种功能。

中断可能成为潜在的错误源。如果操作系统运行时间过长，且中断禁用，那么时钟中断将会被漏算，计时也会受到影响，而这样的错误是不易被察觉的。

显然，系统必须设计成能够快速响应时钟中断。有些硬件会给予实时时钟中断最高的优先级。这样，如果 I/O 设备和时钟设备同时请求中断，处理器会先处理时钟中断，当时钟中断处理完后再接收 I/O 中断。

13.5   延时与抢占

操作系统通过两种方式来使用定时事件：

- 定时延迟。
- 抢占。

定时延迟。操作系统允许任意进程请求定时延迟。当进程请求一个定时延迟时，操作系统把进程从当前状态变迁到一个新的状态（休眠），并在指定时间调度一个唤醒（wakeup）事件来重启该进程。当唤醒事件出现时，进程对处理器的使用变为合法，并根据调度策略来运行。后面的各节将介绍进程如何进入睡眠状态以及如何在正确的时间被唤醒。

抢占。与第 5 章讲述的调度策略一样，操作系统中的进程管理器使用抢占机制来实现时间分片，进而保证优先级相同的进程可以轮转地使用处理器。系统定义了一个最大时间片 T，进程可以在时间片 T 内执行而不受其他进程的影响。当从一个进程切换到另一个进程时，调度器会在未来 T 个时间单元后调度抢占事件。当抢占事件发生时，事件处理程序简单地调用 resched。

为了理解抢占的工作机制，我们假定系统包含许多具有相同优先级的进程。当一个进程执行时，其他有着相同优先级的进程都在就绪链表中等待运行。在这种情况下，调用 resched 把当前进程放在就绪链表的最后，即其他具有相同优先级的进程的后面，并切换到链表的第一个进程。因此，如果 k 个相同优先级的进程准备使用处理器，则在任何进程收到更多服务前，所有 k 个进程都将最多执行一次时间片。

时间片的长度应该为多少呢？时间片的长度决定了抢占粒度。使用短的时间片使得频繁调度而粒度变小。小的粒度使得相同优先级的各个进程可按几乎相同的速度执行，没有进程可以运行超过 T 个时间单元，因为之后又有另一个进程会运行。然而，小的粒度会造成更高的开销，因为系统经常进行上下文切换。如果粒度太小，系统花费在处理时钟中断和上下文切换的时间将超过执行应用进程的时间。大的粒度可以减小上下文切换的开销，但也会让一个进程切换到下一个进程前占有处理器太长时间。

业已证明，在大部分系统中，为了抢占，进程很少使用处理器太长时间。相反，进程通常执行 I/O 或执行系统函数，比如 wait，导致重新调度。事实上，进程一般在时间片结束前自动放弃对处理器的控制。更重要的是，因为输入和输出比处理慢，进程的大部分时间都用于等待 I/O 完成。尽管存在预期的情况，抢占依然提供了重要的功能：

没有抢占，操作系统将无法从执行无限循环的进程那里夺回 CPU 的控制权。

13.6   抢占的实现

示例程序实现了抢占和定时延迟。在检查这段代码之前，我们首先讨论这两种方式的实现。抢占是最容易理解的。预先定义的常量 QUANTUM 指定了一个时间片内时钟滴答的次数。当从一个进程切换到另外一个进程时，resched 将全局变量 preempt 设置为 QUANTUM。

每次时钟滴答时，时钟中断处理程序将 preempt 的值减 1。当它减为 0 时，时钟中断处理程序将 preempt 重新设置为 QUANTUM，并调用 resched。调用 resched 后，处理程序从中断返回。

对 resched 的调用会产生两种可能的结果。第一，如果当前执行的进程是唯一拥有最高优先级的进程，则 resched 将立即返回，中断处理程序也将返回，且当前进程将返回中断处继续执行下一个时间片。第二，如果另一个就绪进程与当前进程拥有相同的优先级，则 resched 将切换到新进程。最终，resched 将切换回被中断的进程。将 preempt 赋值为 QUANTUM 可以处理当前进程持续运行的问题。这样的赋值是必要的，因为 resched 只在进程切换时重置抢占计数器[○]。注意重置抢占计数器可以防止在一个进程无限执行时抢占计数器下溢。

13.7 使用增量链表对延迟进行有效管理

为了实现延迟，操作系统必须维护申请延迟的进程集合的信息。每个进程根据它申请的时间指定一个延迟，任何进程可以在任何时间提出申请。当一个进程的延迟到期时，系统将该进程的状态转换为就绪并调用 resched。

每个进程都有特定的延迟请求，操作系统如何维护延迟进程集合呢？操作系统无法在每一个时钟滴答内搜索完任意长的睡眠进程链表。因此，需要设计高效的数据结构，这种结构只需要时钟中断处理程序在每一个时钟滴答内执行几条指令来检测请求了特定延迟的进程集合。

解决方案是使用一种称为增量链表的数据结构。增量链表包含一个进程集合，并且链表按照每个进程唤醒的时间进行排序。使计算更高效的方法是使用相对时间而非绝对时间。也就是说，不是存储进程被唤醒的绝对时间，而是在增量链表中存储进程相对于前一个进程必须延迟的剩余的时间：

增量链表中第一个进程的键值指定了相对于当前时间，该进程需要等待的时钟滴答数。其他每一个进程的键值指定了相对于各自的前一个进程，该进程需要等待的时钟滴答数。

例如，假设进程 A、B、C、D 分别请求延迟 6、12、27、50 个时钟滴答。而且假设这样的请求在几乎相同时间做出（即，在一个时钟滴答内）。图 13-1 显示了增量链表的结果。

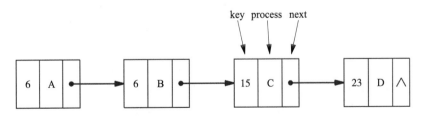

图 13-1 有 4 个进程的增量链表概念图（图中各进程的延迟分别为 6、12、27、50 个时钟滴答）

给定一个增量链表，就可以通过计算部分键值的和找到每个进程被唤醒的时间。在图 13-1 中，进程 A 被唤醒的时间为 6，进程 B 被唤醒的时间为 6+6，进程 C 被唤醒的时间为 6+6+15，进程 D 被唤醒的时间为 6+6+15+23。

○ 关于 resched 的代码见 5.6 节。

13.8　增量链表的实现

以最少的机制实现最多的功能是操作系统设计者们的首要目标。以最小开销提供强大功能的设计是可贵的。为了实现这些目标，设计者们寻求适应多种功能的底层机制。在增量链表的例子中，我们将看到使用第 4 章提到的基本链表数据结构是可能的。即延迟进程的增量链表将保存在 queuetab 结构中，就像其他进程链表一样。

从概念上讲，增量链表所需的处理是直接的。全局变量 sleepq 包含睡眠进程增量链表的队列 ID。在每个时钟滴答，时钟中断处理程序检查睡眠进程队列，如果队列非空就递减第一项中的键值。如果键值变为 0，延迟时间到期，进程必须被唤醒。为了唤醒一个进程，时钟处理程序调用 wakeup 函数。

使用增量链表的函数看起来好像很直接，但是实现起来可能需要一些技巧。因此，程序员必须关注每一个细节。insertd 函数需要 3 个参数：进程 ID（pid）、队列 ID（q）和延迟（key）。insertd 发现一个新进程应该在增量链表中被插入的位置，然后将该进程插入增量链表。在该代码中，变量 next 扫描增量链表以搜寻插入新进程的位置。文件 insertd.c 包含这段代码。

从观察可得，参数 key 的初始值指定了相对于当前时间的延迟。因此，参数 key 能够与增量链表中第一项的键值进行比较。然而，增量链表中的后续键值指定的是相对于各自前一项的延迟。因此，链表中后续节点的键值不能直接与参数 key 的值进行比较。为了实现延迟的可比较性，当搜索进行时，insertd 函数将从 key 中减去相对延迟量，以保证不变性：

在搜索的任意时刻，key 和 queuetab[next].qkey 都指定了被唤醒的延迟时间（相对于"下一个进程"的前一个进程）。

尽管在搜索过程中 insertd 显式地检查链表的尾部，但在不影响运行的情况下，该测试可以被忽略。记住，链表尾部的键值比任何要插入的键值都大。只要这个断言成立，当到达尾部时循环就会终止。因为 insertd 不会检查参数的值，所以保证该测试提供了安全检查。

insertd 遍历链表，当它发现待插入节点的相对延迟值小于链表中某一节点时，会在该位置插入新的节点。同时 insertd 必须在链表的剩余节点中减去由于新节点插入所带来的延迟值的改变。为此，insertd 在下一个节点的键值中减去了待插入节点的键值。这里的减法操作一定会产生一个非负数，这是因为循环终止的条件保证了待插入节点的键值小于链表中下一个节点的键值。

239

```
/* insertd.c - insertd */

#include <xinu.h>

/*------------------------------------------------------------------------
 *  insertd  -  Insert a process in delta list using delay as the key
 *------------------------------------------------------------------------
 */
status  insertd(                        /* Assumes interrupts disabled  */
          pid32         pid,            /* ID of process to insert      */
          qid16         q,              /* ID of queue to use           */
          int32         key             /* Delay from "now" (in ms.)    */
```

```
        )
    {
        int32    next;                   /* Runs through the delta list  */
        int32    prev;                   /* Follows next through the list*/

        if (isbadqid(q) || isbadpid(pid)) {
                return SYSERR;
        }

        prev = queuehead(q);
        next = queuetab[queuehead(q)].qnext;
        while ((next != queuetail(q)) && (queuetab[next].qkey <= key)) {
                key -= queuetab[next].qkey;
                prev = next;
                next = queuetab[next].qnext;
        }

        /* Insert new node between prev and next nodes */

        queuetab[pid].qnext = next;
        queuetab[pid].qprev = prev;
        queuetab[pid].qkey = key;
        queuetab[prev].qnext = pid;
        queuetab[next].qprev = pid;
        if (next != queuetail(q)) {
                queuetab[next].qkey -= key;
        }

        return OK;
    }
```

240

13.9　将进程转入睡眠

应用程序既不调用 insertd，也不直接访问睡眠队列。相反，应用程序调用系统调用 sleep 或 sleepms 来请求延迟。这两个函数唯一的区别在于它们参数的粒度。sleepms 的参数以毫秒为单位指定延迟，当时钟每毫秒中断一次时，这是可实现的最小粒度的延迟。sleep 的参数以秒为单位指定延迟，这个函数在一些情形下更容易使用。比如，人们见到的延迟通常以秒而不是毫秒来表达。

为了避免重复代码，sleep 函数通过将其参数乘以 1000 后再调用 sleepms 来实现。sleep 唯一有趣的方面是关于其参数大小的检查：为了避免整数溢出，sleep 限制延迟为可以被表示成 32 位无符号整数的值。如果调用者指定一个更大的值，sleep 返回 SYSERR。

在 32 位处理器上，以毫秒来衡量延迟为绝大多数应用程序提供了足够的延迟范围。一个无符号 32 位整数可以表示长达 1100 小时（49 天）的延迟。超过 49 天的延迟可以通过控制一个进程反复进行多天睡眠、唤醒、检查时间、再次睡眠的过程来管理。然而，在使用 16 位整数的嵌入式系统中，毫秒级延迟意味着调用者只能表示最多 32 秒的延迟。这类系统一般内存不大，计算能力不强，所以使用一个进程来管理更长的延迟可能并不可行。因此，为慢速 16 位处理器设计的操作系统可以为时钟中断选择更大的粒度（例如 1/10 秒而不是毫秒）。如果时钟每 1/10 秒产生一次中断，sleep 函数必须被修改成以 1/10 秒来衡量延迟。

延迟粒度的选择也可能会受到处理器速度的限制。处理时钟中断可能消耗惊人数量的时间，因为它们从不停止，即使在没有进程睡眠的时候。如果时钟中断太快，处理器会花费其绝大多数时间来处理时钟中断。幸运的是，处理器已经变得相当快了。随着处理器速度的提升，提升时钟中断的速率、允许延迟更加细粒度成为可能。最快的处理器允许微秒级的延迟。

考虑睡眠进程的状态。我们说过为了延迟一个进程，sleepms 将该进程插入睡眠进程的增量链表中。当其已经被移动到睡眠进程的链表中后，该进程不再是就绪或当前状态。那么它将处于什么状态？睡眠不同于挂起，后者等待接收消息或者等待接收信号量。因为没有一个已存在的状态符合它的情况，一个新的进程状态必须被加入设计中。我们将这种新状态称为睡眠，并且用符号常量 PR_SLEEP 表示它。图 13-2 说明了包含睡眠状态的状态转换关系。

241

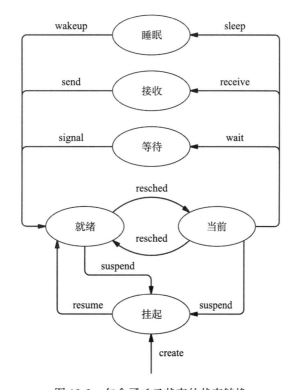

图 13-2　包含了睡眠状态的状态转换

下面的文件 sleep.c 展示了 sleepms 的实现，它包括一个特殊的情况：如果一个进程将延迟指定为 0，sleepms 不会延迟这个进程，而是立即调用 resched。在其他情况下，sleepms 调用 insertd 将当前进程插入睡眠进程的增量链表中，并将进程的状态改为睡眠，调用 resched 允许其他进程执行。

```
/* sleep.c - sleep sleepms */

#include <xinu.h>

#define MAXSECONDS        4294967        /* Max seconds per 32-bit msec */
```

242

```
/*------------------------------------------------------------------------
 *  sleep  -  Delay the calling process n seconds
 *------------------------------------------------------------------------
 */
syscall sleep(
          uint32          delay              /* Time to delay in seconds    */
          )
{
        if (delay > MAXSECONDS) {
                return SYSERR;
        }
        sleepms(1000*delay);
        return OK;
}


/*------------------------------------------------------------------------
 *  sleepms  -  Delay the calling process n milliseconds
 *------------------------------------------------------------------------
 */
syscall sleepms(
          uint32          delay              /* Time to delay in msec.      */
          )
{
        intmask mask;                        /* Saved interrupt mask        */

        mask = disable();
        if (delay == 0) {
                yield();
                restore(mask);
                return OK;
        }

        /* Delay calling process */

        if (insertd(currpid, sleepq, delay) == SYSERR) {
                restore(mask);
                return SYSERR;
        }

        proctab[currpid].prstate = PR_SLEEP;
        resched();
        restore(mask);
        return OK;
}
```

243

13.10　定时消息接收

　　Xinu 拥有一个在计算机网络中非常有用的机制：定时消息接收。本质上该机制允许进程等待一段指定的时间或消息到达为止（以先出现者为准）。这个机制增强了 send 和 receive 函数。也就是说，这种机制执行起来就像一个含有等待时间上界的同步接收函数。

　　定时消息接收机制的基本原理是分离等待（disjunctive wait）：进程阻塞直到两个事件的其中之一发生。很多网络协议采用分离等待以实现发送者处理丢包的超时重传技术。当发送者发送一个消息时，它也同时启动计时器，然后等待回应到达或者计时器超时，以先出现者为准。如果回应消息先到，网络就删除计时器。当消息或者回应消息丢失时，若计时器超时，协议软件就重传请求的副本。

在 Xinu 中，当一个进程请求定时接收时，该进程就进入睡眠进程队列中，就像其他睡眠进程一样。不同的是，进程不会被分配 PR_SLEEP 进程状态，而是系统将进程置于 PR_RECTIM 状态以指明它已加入拥有计时模式的接收中。如果睡眠计时器超时，进程就像其他睡眠进程一样被唤醒。如果一个消息在延迟到期之前到达，进程也会被从睡眠进程队列中移除。在我们的实现中，send 函数负责移除进程任务。也就是说，当发送消息给一个使用分离等待机制的进程时，send 通过调用 unsleep 将进程从睡眠进程队列中移除，然后继续传送消息。

进程如何知道计时器是否在消息到来之前已经超时了呢？在我们的实现中，由进程检测消息的出现。也就是说，一旦其在定时延迟后恢复执行，进程检查它的进程表条目查看是否收到消息。如果没有消息，则计时器一定已经超时。后面练习题展现了实现的结果。

图 13-3 显示了一个定时消息接收的状态图，该状态图拥有一个新状态：TIMED-RECV。 |244|

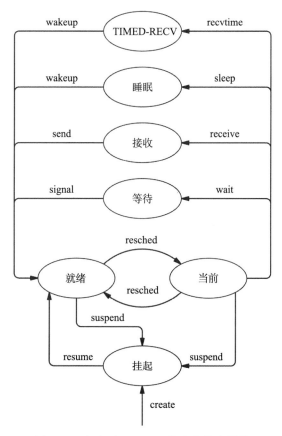

图 13-3　包含了定时接收状态的状态转换

正如我们已经见到的，当一个进程处于定时接收状态时，第 8 章中的 send ⊖ 函数将处理这种情况。因此，我们只须检查 recvtime 和 unsleep 函数的代码。recvtime 函数与

⊖　send 函数见 8.5 节 send.c 文件。

receive[⊖]函数几乎一样。区别在于 recvtime 函数在调用 resched 之前，需要调用 insertd 以将调用进程插入睡眠进程队列中，并分配 PR_RECTIM 状态而不是 PR_RECV 状态。文件 recvtime.c 中包含该函数的代码。

[245]

```
/* recvtime.c - recvtime */

#include <xinu.h>

/*------------------------------------------------------------------------
 *  recvtime  -  Wait specified time to receive a message and return
 *------------------------------------------------------------------------
 */
umsg32  recvtime(
          int32          maxwait          /* Ticks to wait before timeout */
        )
{
        intmask mask;                      /* Saved interrupt mask          */
        struct  procent *prptr;            /* Tbl entry of current process  */
        umsg32  msg;                       /* Message to return             */

        if (maxwait < 0) {
                return SYSERR;
        }
        mask = disable();

        /* Schedule wakeup and place process in timed-receive state */

        prptr = &proctab[currpid];
        if (prptr->prhasmsg == FALSE) { /* If message waiting, no delay */
                if (insertd(currpid,sleepq,maxwait) == SYSERR) {
                        restore(mask);
                        return SYSERR;
                }
                prptr->prstate = PR_RECTIM;
                resched();
        }

        /* Either message arrived or timer expired */

        if (prptr->prhasmsg) {
                msg = prptr->prmsg;       /* Retrieve message              */
                prptr->prhasmsg = FALSE;/* Reset message indicator       */
        } else {
                msg = TIMEOUT;
        }
        restore(mask);
        return msg;
}
```

[246]

unsleep 函数是一个将进程从睡眠进程队列中移除的内部函数[⊜]。为了维护队列中剩余

⊖ receive 函数见 8.6 节 receive.c 文件。
⊜ 术语内部强调 unsleep 不是一个系统调用，也不应该被用户进程调用。

进程的延迟正确，unsleep 必须保持所有延迟与进程移除之前的延迟相同。为了实现这一点，unsleep 检查移除进程的后一个节点。如果该节点存在，unsleep 会将它的延迟加上被移除进程的延迟值。unsleep.c 文件包含该函数的代码。

```c
/* unsleep.c - unsleep */

#include <xinu.h>

/*------------------------------------------------------------------------
 *  unsleep  -  Internal function to remove a process from the sleep
 *                queue prematurely.  The caller must adjust the delay
 *                of successive processes.
 *------------------------------------------------------------------------
 */
status  unsleep(
          pid32           pid            /* ID of process to remove      */
        )
{
        intmask mask;                    /* Saved interrupt mask         */
        struct  procent *prptr;          /* Ptr to process' table entry  */

        pid32   pidnext;                 /* ID of process on sleep queue */
                                         /*   that follows the process   */
                                         /*   which is being removed      */

        mask = disable();

        if (isbadpid(pid)) {
                restore(mask);
                return SYSERR;
        }

        /* Verify that candidate process is on the sleep queue */

        prptr = &proctab[pid];
        if ((prptr->prstate!=PR_SLEEP) && (prptr->prstate!=PR_RECTIM)) {
                restore(mask);
                return SYSERR;
        }

        /* Increment delay of next process if such a process exists */

        pidnext = queuetab[pid].qnext;
        if (pidnext < NPROC) {
                queuetab[pidnext].qkey += queuetab[pid].qkey;
        }

        getitem(pid);                    /* Unlink process from queue */
        restore(mask);
        return OK;
}
```

247

13.11 唤醒睡眠进程

我们说过在每个时钟滴答，时钟中断处理程序递减 sleepq 中第一个键值的计数，然后当延迟到达 0 的时候调用 wakeup 来唤醒进程。事实上，wakeup 不仅仅唤醒一个进程——它必须处理多个进程在同一时刻唤醒的情况。因此，延迟重新调度之后，wakeup 迭代遍历所有具有零延迟的进程，使用 sleepq 将这些进程从睡眠队列中移除，使用 ready 使进程具有使用处理器的资格（注意因为它从禁用中断的中断分派程序中被调用，wakeup 无须显式地禁用中断就能调用 ready）。一旦 wakeup 将进程移入就绪链表中，wakeup 调用 resched_cntl 来允许重新调度，这意味着如果一个更高优先级的进程变为就绪态，上下文切换就会发生。

```
/* wakeup.c - wakeup */

#include <xinu.h>

/*------------------------------------------------------------------------
 *  wakeup  -  Called by clock interrupt handler to awaken processes
 *------------------------------------------------------------------------
 */
void    wakeup(void)
{
        /* Awaken all processes that have no more time to sleep */

        resched_cntl(DEFER_START);
        while (nonempty(sleepq) && (firstkey(sleepq) <= 0)) {
                ready(dequeue(sleepq));
        }

        resched_cntl(DEFER_STOP);
        return;
}
```

248

13.12 时钟中断处理

我们现在已经准备好检验处理时钟中断的代码了。时钟被配置为每毫秒中断一次。回想一下中断处理的安排，中断机制调用一个使用汇编语言编写的分派函数来保存处理器状态以及调用一个使用 C 语言编写的处理程序。在 Galileo 系统上，每台设备有一个单独的分派函数，时钟分派函数是 clkdisp。这个文件只包含几行用来保存寄存器、调用中断处理程序 clkhandler、恢复寄存器，以及从中断返回的代码。

```
/* clkdisp.s - clkdisp (x86) */

/*------------------------------------------------------------------------
 * clkdisp  -  Interrupt dispatcher for clock interrupts (x86 version)
 *------------------------------------------------------------------------
 */
#include <icu.s>
                .text
                .globl  clkdisp                 # Clock interrupt dispatcher
clkdisp:
```

```
        pushal                  # Save registers
        cli                     # Disable further interrupts
        movb    $EOI,%al        # Reset interrupt
        outb    %al,$OCW1_2

        call    clkhandler      # Call high level handler

        sti                     # Restore interrupt status
        popal                   # Restore registers
        iret                    # Return from interrupt
```

用来管理睡眠进程和抢占的时钟中断处理程序 clkhandler 可以在 clkhandler.c 文
件中找到。

249

```
/* clkhandler.c - clkhandler */

#include <xinu.h>

/*------------------------------------------------------------------------
 * clkhandler - high level clock interrupt handler
 *------------------------------------------------------------------------
 */
void    clkhandler()
{
        static  uint32  count1000 = 1000;       /* Count to 1000 ms      */

        /* Decrement the ms counter, and see if a second has passed */

        if((--count1000) <= 0) {

                /* One second has passed, so increment seconds count */

                clktime++;

                /* Reset the local ms counter for the next second */

                count1000 = 1000;
        }

        /* Handle sleeping processes if any exist */

        if(!isempty(sleepq)) {

                /* Decrement the delay for the first process on the     */
                /*   sleep queue, and awaken if the count reaches zero   */

                if((--queuetab[firstid(sleepq)].qkey) <= 0) {
                        wakeup();
                }
        }

        /* Decrement the preemption counter, and reschedule when the */
        /*   remaining time reaches zero                             */
```

```
            if((--preempt) <= 0) {
                    preempt = QUANTUM;
                    resched();
            }
    }
```

250

clkhandler 初始时会增加局部变量 count1000，然后该变量从 1000 倒数到 0。当 count1000 减到 0 时，1 秒（也就是 1000 毫秒）的时间就流逝了，因此 clkhandler 递增全局变量 clktime，该变量以秒为单位存储系统启动后的时间。clktime 被用来提供日期（例如，Xinu shell 的 date 命令就使用它）。

一旦其已经递增了全局计数器，clkhandler 会执行两项与进程相关的任务：睡眠进程和时间分片。为了管理睡眠进程，clkhandler 递减 sleepq 中第一个进程的剩余时间（假设 sleepq 是非空的）。如果剩余延迟到达了 0，clkdisp 调用 wakeup 移除睡眠队列中所有为零延迟的进程。正如我们所见，wakeup 使进程为就绪态。最终，clkint 递减抢占计数器，在抢占计数器为 0 时调用 resched。

13.13 时钟初始化

时钟初始化可以被分为两个概念部分，即操作系统相关的初始化和底层时钟硬件的初始化。就操作系统而言，时钟初始化代码执行三个步骤。第一，它分配一个队列来保存睡眠进程的增量链表，并将队列 ID 存储在全局变量 sleepq 中。第二，它初始化抢占计数器，将 preempt 初始化为 QUANTUM。第三，代码将用于记录系统启动之后秒数的全局变量 clktime 初始化为 0。

就时钟硬件初始化而言，具体细节在各平台间差异很大。在最简单的系统中，时钟硬件是完全预先配置的——中断向量和时钟速率二者都是无法修改的固定电路。在绝大多数系统中，硬件是参数化的，这意味着操作系统可以控制中断产生的速率。操作系统也能够分配中断向量。

Galileo 和 BeagleBone Black 这两个平台都有可配置的时钟硬件。在 Galileo 上，操作系统必须分配一个中断向量、设置时钟的模式，以及设置精确的时钟速率。我们的代码调用 set_evec 来配置 clkdisp 成为可以接收中断的函数，然后使用 outb 调用来配置时钟为一个 16 位计时器。最后，使用两次 outb 调用来配置 16 位速率寄存器的值为 1193，这将导致时钟每毫秒中断一次。关于 Galileo 的时钟初始化代码可以在 clkinit.c 文件中找到。

251

```
/* clkinit.c - clkinit (x86) */

#include <xinu.h>

uint32  clktime;                /* Seconds since boot              */
uint32  ctr1000 = 0;            /* Milliseconds since boot         */
qid16   sleepq;                 /* Queue of sleeping processes     */
uint32  preempt;                /* Preemption counter              */

/*------------------------------------------------------------------------
 * clkinit  -  Initialize the clock and sleep queue at startup (x86)
 *------------------------------------------------------------------------
 */
void    clkinit(void)
```

```
{
        uint16  intv;               /* Clock rate in KHz                  */

        /* Allocate a queue to hold the delta list of sleeping processes*/

        sleepq = newqueue();

        /* Initialize the preemption count */

        preempt = QUANTUM;

        /* Initialize the time since boot to zero */

        clktime = 0;

        /* Set interrupt vector for the clock to invoke clkdisp */

        set_evec(IRQBASE, (uint32)clkdisp);

        /* Set the hardware clock: timer 0, 16-bit counter, rate */
        /*   generator mode, and counter runs in binary          */

        outb(CLKCNTL, 0x34);

        /* Set the clock rate to 1.190 Mhz; this is 1 ms interrupt rate */

        intv = 1193;    /* Using 1193 instead of 1190 to fix clock skew */

        /* Must write LSB first, then MSB */

        outb(CLOCK0, (char) (0xff & intv) );
        outb(CLOCK0, (char) (0xff & (intv>>8)));

        return;
}
```

BeagleBone Black 平台的时钟初始化代码也存放于一个名为 clkinit.c 的文件中；文件的第一行指定了具体的平台。

```
/* clkinit.c - clkinit (BeagleBone Black) */

#include <xinu.h>

uint32  clktime;                /* Seconds since boot              */
uint32  ctr1000 = 0;            /* Milliseconds since boot         */
qid16   sleepq;                 /* Queue of sleeping processes     */
uint32  preempt;                /* Preemption counter              */

/*------------------------------------------------------------------------
 * clkinit - Initialize the clock and sleep queue at startup
 *------------------------------------------------------------------------
 */
void    clkinit(void)
{
```

252

```
              volatile struct am335x_timer1ms *csrptr =
              (volatile struct am335x_timer1ms *)AM335X_TIMER1MS_ADDR;
                        /* Pointer to timer CSR in BBoneBlack   */
              volatile uint32 *clkctrl =
                        (volatile uint32 *)AM335X_TIMER1MS_CLKCTRL_ADDR;

              *clkctrl = AM335X_TIMER1MS_CLKCTRL_EN;
              while((*clkctrl) != 0x2) /* Do nothing */ ;

              /* Reset the timer module */

              csrptr->tiocp_cfg |= AM335X_TIMER1MS_TIOCP_CFG_SOFTRESET;

              /* Wait until the reset os complete */

              while((csrptr->tistat & AM335X_TIMER1MS_TISTAT_RESETDONE) == 0)
                      /* Do nothing */ ;

              /* Set interrupt vector for clock to invoke clkint */

              set_evec(AM335X_TIMER1MS_IRQ, (uint32)clkhandler);
              sleepq = newqueue();    /* Allocate a queue to hold the delta   */
                                      /*    list of sleeping processes        */

              preempt = QUANTUM;      /* Set the preemption time              */

              clktime = 0;            /* Start counting seconds               */

              /* The following values are calculated for a    */
              /*    timer that generates 1ms tick rate        */

              csrptr->tpir = 1000000;
              csrptr->tnir = 0;
              csrptr->tldr = 0xFFFFFFFF - 26000;

              /* Set the timer to auto reload */

              csrptr->tclr = AM335X_TIMER1MS_TCLR_AR;

              /* Start the timer */

              csrptr->tclr |= AM335X_TIMER1MS_TCLR_ST;

              /* Enable overflow interrupt which will generate */
              /*    an interrupt every 1 ms                    */

              csrptr->tier = AM335X_TIMER1MS_TIER_OVF_IT_ENA;

              /* Kickstart the timer */

              csrptr->ttgr = 1;

              return;
      }
```

253

13.14   观点

时钟与计时器管理无论在技术上还是认识上都是富于挑战的。一方面，因为时钟或计时器中断经常发生且具有高优先级，所以处理器用于执行时钟中断的总时间是很高的，并且在处理时屏蔽了其他中断。因此，必须谨慎编写中断处理程序的代码，从而缩短处理中断的时间。另一方面，当操作系统允许进程响应定时事件时，意味着它可以调度很多事件在同一时间同时发生，也就意味着对于一个给定的中断，它的执行时间可以是任意长的。对于处理器速度相对较慢的实时嵌入式系统以及其他要求实时服务的设备而言，该矛盾就显得尤为突出。 | 254 |

大多数操作系统允许调度任意事件，并对多个事件发生冲突时采用延迟处理方法。当手机启动一个程序时，这种方法就可能造成其界面不能实时显示，或者当运行多个程序时短信可能要花很长时间才能发送出去。核心问题是：操作系统如何在硬件资源有限的条件下提供精确时钟服务，以及当请求无法响应时通知用户？事件要不要分配优先级？如果要的话，事件优先级与调度优先级如何进行交互。这些问题都不是很容易就能回答的。

13.15   总结

实时时钟周期性地中断处理器。操作系统使用时钟来处理抢占和进程延迟。在每次系统切换上下文时被调度的抢占事件，会在一个进程已经使用处理器 QUANTUM 个时钟滴答后强制调用调度程序。抢占保证了没有进程会永远使用处理器，并且通过确保相同优先级进程间的时间片轮转服务来强制执行调度策略。

增量链表为管理睡眠进程提供了一种有效的方法。当一个进程请求一段定时延迟（即睡眠）时，进程会将自己放入睡眠进程的增量链表中。之后，当它的延迟到期时，时钟中断处理程序会通过移动进程回到就绪链表并重新调度来唤醒睡眠进程。

练习

13.1 修改代码使时钟中断频率提高 10 倍，并让时钟中断处理程序在处理时忽略前 9 个中断。这些新添的中断会产生多少额外的开销？

13.2 对于由时钟中断唤醒的两个睡眠进程，其中一个拥有比当前运行进程更高的优先级，跟踪这两个进程的函数调用情况。

13.3 当 QUANTUM 设置为 1 时，将会导致哪一部分失效。提示：考虑以下情况，即当处理中断时，切换到一个由 resched 挂起的进程。

13.4 sleepms(3) 函数能否保证至少 3 毫秒、整 3 毫秒，还是至多 3 毫秒的延迟？

13.5 wakeup 调用 wait 时会出现什么问题？

13.6 要准确记录进程占有处理器的时间，操作系统就要处理以下问题：当一个中断产生时，即使这个中断与当前进程看起来不相关，最便利的方法是仍让当前进程处理中断事件。对操作系统如何衡量执行中断例程的代价进行分析，如 wakeup 对受影响进程的执行代价分析。 | 255 |

13.7 为了获得在使用高级中断处理程序中的开销，重写代码使得 clkint 可以完成所有的时钟中断处理。设计一种方法来测量额外的开销。

13.8 仔细考虑进程调度和 recvtime 中的代码。说明对 recvtime 而言，即使消息在计时器失效和进程被唤醒很久之后到来，返回该消息仍然是可能的。

13.9 设计一个实验验证抢占事件是否会导致系统重新调度。注意：一个用于测试变量或者执行 I/O 操作的独立进程通过调用 resched 函数会干扰实验。

13.10 假定一个系统有 3 个进程：一个处于睡眠状态的优先级比较低的进程 L 和两个具备执行条件的且优先级较高的进程 H_1 与 H_2。再假定当切换到进程 H_1 时立刻产生一个时钟中断，此时中断处理程序调用 resched 函数且进程 L 处于就绪状态。虽然进程 L 不会运行，但 resched 也会将进程 H_1 切换到进程 H_2 同时不会将 quantum 值赋给 H_1。给出一个修改 resched 的方案，使得它能够保证一个进程不失去对处理器的控制权，除非优先级高的进程处于就绪状态或者它的时间片到期了。

设备无关的 I/O

我们总是被自己的意念所束缚，以至于一段时间之后，我们会接受被他人掌控的不确定性。

——Tom Stoppard

14.1 引言

前几章解释了并发进程支持和内存管理机制。第 12 章对中断的重要概念进行了讨论，描述了中断处理流程、给出了中断代码架构并且解释了中断处理与并发进程之间的关系。第 13 章对第 12 章进行了扩充，描述了如何使用实时时钟中断来实现抢占和进程延迟。

本章将对操作系统如何实现 I/O 进行更宽泛的概述，内容包括建立 I/O 抽象的理论基础和适用于通用目的 I/O 设备的架构。本章描述了进程如何在不必理解底层硬件的基础上与设备之间进行数据收发。除此之外，本章还定义了一个通用模型，并且描述了其如何组合设备无关的 I/O 函数。最后，本章对一个高效的 I/O 子系统进行了测试。

我们总是喜欢大包大揽，之后再把不确定的东西留给别人。

14.2 I/O 和设备驱动的概念结构

操作系统之所以要控制并管理输入和输出设备，其中有 3 个原因。第一，由于大部分设备硬件使用底层接口，所以软件接口较为复杂。第二，由于设备是共享资源，所以操作系统提供的设备访问方式应基于公平和安全的原则进行考虑。第三，操作系统定义了高层接口，当接口与设备交互时，它隐藏了其中的细节，从而让程序员能够使用一组连贯且统一的操作来进行处理。

在概念上，I/O 子系统可分为 3 部分：抽象接口，包括处理时执行 I/O 的高层 I/O 函数；一组物理设备；以及连接前两者的设备驱动软件。图 14-1 描述了三者之间的结构关系。

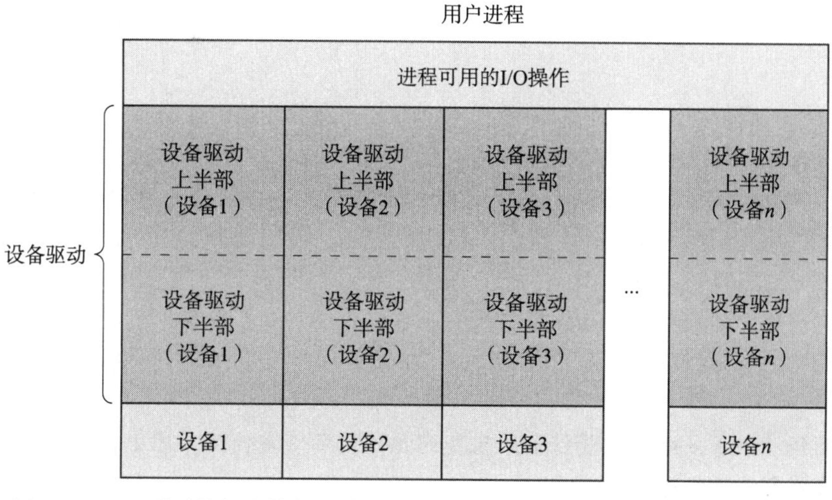

图 14-1　I/O 子系统概念结构（其中的设备驱动软件介于进程和底层设备之间）

从图 14-1 中可以看出，设备驱动软件在高层并发进程和底层硬件设备之间建立了桥梁。每个驱动在概念上分为两部分：上半部（upper half）和下半部（lower half）。当进程请求 I/O 时，调用上半部分的函数。这些函数通过进程间数据传送实现诸如读和写等操作。当设备中断时，中断分派程序调用下半部分的处理程序函数。这些处理程序不仅处理中断，还与设备相互传送数据，并有可能触发额外的 I/O 操作。

260

14.3　接口抽象和驱动抽象

操作系统设计者的最终目标是创建方便的编程抽象和找到高效的实现方法。关于 I/O，有两个编程抽象：

- 接口抽象。
- 驱动抽象。

接口抽象。接口抽象的问题是：操作系统应该给进程提供什么样的 I/O 接口？有多种选择方案，这些选择策略代表了在灵活性、简单性、高效性和通用性之间的权衡折中。为了理解这个问题涉及的范围，参见图 14-2，图中列出了一组示例设备和适合于该设备的操作类型。

设　　备	I/O 范例
硬件驱动	移动到一个位置并且传输整块数据
键盘	接收单个字符输入
打印机	传输整个文档到打印机
音频输出	传输已编码的持续的音频流
无线网络	发送或者接收单个网络包

图 14-2　示例设备和每个设备使用的 I/O 范例

早期的操作系统为每个单一硬件设备提供了单独的一组 I/O 操作。不幸的是，将设备特定的信息存放在软件里意味着当 I/O 设备被另一个供应商提供的同等设备取代时，就必须相应地修改软件。一个更加通用的方法是为每一类设备定义一组操作，并要求操作系统在给定设备上执行合适的底层操作。例如，操作系统提供了抽象函数 send_network_packet 和 receive_network_packet，这两个函数能够在任何类型的网络上传输网络数据包。第三种方法起源于 Multics 并由 UNIX 推广：选择一组数量小并能足够处理所有 I/O 的抽象 I/O 操作集。

驱动抽象。我们可将第二类抽象看作 I/O 语义。最重要的语义设计问题之一是同步：当进程正在等待 I/O 操作完成时是否会阻塞？同步接口（类似于前面描述的那个接口）提供了阻塞操作。例如，为了在同步系统中从键盘请求数据，进程调用上半部分的函数，这些函数能够阻塞进程直到用户按下一个键。一旦用户按键，设备就产生中断，同时中断分派程序调用下半部分的函数来处理中断。中断处理程序对处于等待状态的进程解除阻塞，并重新调度使其运行。与之相反，异步 I/O 接口允许进程在产生一个 I/O 操作后继续执行。当 I/O 完成后，驱动必须通知请求 I/O 的进程（例如，可以调用与该进程相关的事件处理程序函数）。总结如下：

261

当使用同步 I/O 接口时，进程被阻塞直到操作完成。当使用异步 I/O 接口时，进程继续执行并在操作完成时收到通知。

每一种方法都有其优点。当程序员需要对重叠的 I/O 和计算进行控制时，异步接口很有用。而同步的方法在编程的简便性上有优势。

另一个设计问题是关于数据的格式和传输的大小。这里涉及两个问题。首先，数据以块还是字节进行传输？其次，一次单独的操作能传输多少数据？据观察，有些设备以单数据字节传输，有些设备以不同大小的数据块（比如网络数据包或文本行）传输，还有一些设备（比如磁盘）则按固定大小的数据块进行传输。由于通用操作系统必须处理各种 I/O 设备，所以 I/O 接口可能同时支持单字节传输以及多字节传输。

最后一个设计问题是驱动提供的参数及其对每种操作的定义和解释。例如，进程需要在磁盘上指定位置并重复请求下一个磁盘块吗？或者进程需要在每次请求中指定一个块编号吗？下一章的示例设备驱动程序将介绍这些参数的使用。

关键的思想是：

在现代操作系统中，I/O 接口和设备驱动程序用于隐藏设备的细节并为程序员提供便捷的、高层抽象。

14.4　I/O 接口示例

经验表明，一组小的 I/O 函数既够用又方便。示例系统包含了一个有 9 个抽象 I/O 操作的 I/O 子系统，这些 I/O 操作适用于所有的输入和输出，这些操作是从 UNIX 操作系统中的 I/O 操作派生出来的。图 14-3 列出了这些操作及其用途。

262

操　作	用　途
close	终止使用某个设备
control	执行操作而不是传输数据
getc	输入单字节数据
init	在系统启动时初始化设备
open	使设备进入使用前的准备状态
putc	输出单字节数据
read	输入多字节数据
seek	移到指定的数据位置（通常是磁盘）
write	输出多字节数据

图 14-3　Xinu 使用的一组抽象 I/O 接口操作

14.5　打开 – 读 – 写 – 关闭范例

类似于许多操作系统中的编程接口，Xinu 的示例 I/O 接口也遵循打开 – 读 – 写 – 关闭（open-read-write-close）范例。也就是说，在执行 I/O 前，进程必须打开（open）一个特定的设备。一旦设备已经打开，设备就允许进程调用读（read）操作来获取输入或者调用写（write）操作来发送输出。最后，一旦进程结束使用该设备，进程就调用关闭（close）操作来终止设备的使用。

打开 – 读 – 写 – 关闭范例要求进程在使用设备前打开设备并在使用完成后关闭设备。

open 和 close 允许操作系统管理需要独占使用的设备、在数据传输过程中准备设备、在传输结束后终止该设备的使用。例如，如果一个设备在没有使用的情况下需要切断电源或者进入待机状态，那么关闭该设备是非常有用的。read 和 write 两个操作负责处理数据传输，与主存的缓冲区进行数据字节的收发。getc 和 putc 传输单字节（通常是 1 个字符）。control 允许程序控制某个设备或设备驱动（比如，检查打印机的作业或者在无线频率中选择通道）。seek 是 control 的特例，它能够随机访问存储设备（如磁盘）的特定位置。最后，init 在系统启动时初始化设备及其驱动。

下面考虑操作如何应用到控制台窗口上。getc 从键盘读入下一个键入的字符，putc 在控制台窗口上显示字符，write 能够在一次调用中显示多个字符，read 能够读入特定数目的字符（或者所有输入的字符，这取决于它的参数）。最后，control 允许程序改变驱动的参数来控制诸如当输入密码时系统是否终止输出字符等这类情况。

14.6　绑定 I/O 操作和设备名

像 read 这样的抽象操作怎样在底层硬件设备上起作用呢？答案在于操作绑定。当进程调用一个高层操作时，操作系统必须将该调用映射到设备驱动函数上。例如，如果进程在控制台设备上调用了 read 函数，那么操作系统就将这个调用传递给实现 read 的控制台设备驱动。这样，操作系统对程序进程隐藏了硬件和设备驱动的细节并提供设备的一个抽象。通过对键盘和显示器上的窗口使用一个单独的抽象设备，操作系统可以对程序隐瞒底层硬件包含两个不同设备的事实。此外，操作系统能够通过为不同供应商提供的硬件提供相同的高层抽象来隐藏设备细节。

操作系统创建一个虚拟 I/O 环境——进程只能够通过接口和设备驱动提供的抽象察觉到外围设备的存在。

除了将抽象的 I/O 操作映射到驱动程序外，操作系统还必须将设备名映射到具体设备上。这种映射有许多不同的方法。早期的系统要求程序员在源代码中嵌入设备名。后来的系统在程序中用小的整数来识别设备，并允许命令解释器在程序启动时将每个整数链接到具体的设备。许多现代系统将设备嵌在文件名字空间的层次结构中，允许程序对设备使用符号名。

早期和后期的绑定方法都有它们的优点。一般来说，在后期绑定模式下，操作系统要等到运行时才将抽象设备名绑定到真实的物理设备上，并将一组抽象操作绑定到设备驱动函数上，这种方式非常灵活。可是，这些后期绑定的系统会产生较多的计算开销，使它们在小型的嵌入式系统中不可用。另外一种极端则是早期绑定，即在编写应用程序时就要指定设备信息。因此，I/O 设计的本质就是在达到所要求性能的同时，使得绑定机制灵活性最大化。

我们的示例系统使用了适用于典型的小型嵌入式系统的方法：在操作系统编译前就指定设备信息。对于每个设备，操作系统准确地知道每个抽象 I/O 操作对应于哪个驱动器函数。另外操作系统也知道每个抽象设备对应于哪个底层硬件设备。因此，无论何时安装一个新设备或卸载已有的设备，操作系统都必须重新进行编译。由于不包含具体的设备信息，所以程序代码能够很方便地从一个系统移植到另外一个系统。例如，一个仅仅在 CONSOLE 串口上处理 I/O 操作的应用程序，也能够在任何一个提供 CONSOLE 设备和相关驱动的 Xinu 系统上运行，而且独立于物理设备硬件和中断结构。

14.7　Xinu 中的设备名

在 Xinu 中，系统设计者必须在系统配置时指定一组抽象设备。配置程序为每个设备名指派一个唯一的整数值，这个整数值就是设备描述符（device descriptor）。例如，如果设计者命名一个设备为 CONSOLE，配置程序就分配描述符 0。配置程序则生成一个头文件，该头文件包含每个名字的 #define 语句。因此，一旦包含这个头文件，程序员就能够在代码中引用 CONSOLE。例如，如果 CONSOLE 分配了描述符 0，那么调用：

```
read(CONSOLE,buf,100);
```

就等同于：

```
read(0,buf,100);
```

总结如下：

Xinu 为每个设备名使用了静态绑定。在操作系统编译前，每个设备名在配置阶段与一个整数描述符绑定。

14.8 设备转换表概念

每当进程调用高层 I/O 操作（比如 read 和 write）时，操作系统必须将这次调用转发给适当的驱动器函数。Xinu 使用称为设备转换表（device switch table）的数组来提高实现效率。分配给设备的整数描述符是设备转换表的索引。为了便于理解，可以想象设备转换表是一个二维数组。从概念上来看，数组的每行对应于一个设备，每列对应于一次抽象操作。数组中的项指定了处理操作要用到的驱动函数。

例如，假设一个系统包含了如下 3 个设备：

- CONSOLE：发送和接收字符的串行设备。
- ETHER：以太网接口设备。
- DISK：硬盘驱动器。

图 14-4 描述了设备转换表的一部分。表中每一行表示一个设备，每一列表示一次 I/O 操作。表中的项表示处理操作的驱动函数，该操作涉及的设备由行给出，操作由列给出。

	open	close	read	write	getc	
CONSOLE	conopen	conclose	conread	conwrite	congetc	
ETHER	ethopen	ethclose	ethread	ethwrite	ethgetc	...
DISK	dskopen	dskclose	dskread	dskwrite	dskgetc	

...

图 14-4 设备转换表的概念结构（每一行表示一个设备，每一列表示一次抽象操作）

例如，假设进程在 CONSOLE 设备上调用写（write）操作。操作系统进入表中 CONSOLE 设备对应的行，找到对应于 write 操作的列，然后调用该位置的函数：conwrite。

本质上，设备转换表的每一行定义了 I/O 操作如何应用到单个设备上，这就意味着 I/O 语义因设备的不同而不同。例如，当设备是 DISK 时，一次 read 操作传输 512 字节的数据块，但是当设备是 CONSOLE 时，read 传输由用户输入的一行字符。

设备转换表的最重要方面是它在多个物理设备间定义了统一的抽象。例如，假设一台计算机有两块磁盘，一个扇区大小为 1KB，另一个扇区大小为 4KB，两块磁盘的驱动器能够为应用程序提供相同的接口，同时隐藏了底层硬件的不同之处。这就意味着，驱动器总是能够传输 4KB 的数据给用户，并且将每次传输操作转换成 4 次 1KB 的磁盘传输。

14.9　设备的多个副本和共享驱动

　　假设一台计算机有两个使用相同硬件的设备，那么操作系统需要两个不同的设备驱动副本吗？不需要。每个驱动程序只保持一个副本，而系统使用参数来区分两个设备。除了图 14-4 中的函数外，参数也可以保存在设备转换表的列中。例如，如果系统有两个以太网接口，每个以太网接口在设备转换表中都有一行，那么两行中大多数项都是相同的。然而，有一列将为每个设备指定唯一的控制和状态寄存器（Control and Status Register，CSR）地址。当系统调用驱动函数时，它将传入一个参数，该参数包含了指向该设备的设备转换表中行的指针。因此，驱动函数就可以将操作应用到正确的设备上。即：

　　操作系统为每一类设备维护一个驱动副本，同时操作系统提供参数让驱动程序可区分物理硬件的多个副本，而不是为每个物理设备创建一个设备驱动。

　　在示例代码中，设备转换表的名称为 devtab，它能帮助我们了解其中的细节。结构体 dentry 定义了表中每项的格式，它的声明可以在 conf.h [⊖]文件中找到。

```
/* conf.h (GENERATED FILE; DO NOT EDIT) */

/* Device switch table declarations */

/* Device table entry */
struct   dentry   {
        int32    dvnum;
        int32    dvminor;
        char     *dvname;
        devcall (*dvinit) (struct dentry *);
        devcall (*dvopen) (struct dentry *, char *, char *);
        devcall (*dvclose)(struct dentry *);
        devcall (*dvread) (struct dentry *, void *, uint32);
        devcall (*dvwrite)(struct dentry *, void *, uint32);
        devcall (*dvseek) (struct dentry *, int32);
        devcall (*dvgetc) (struct dentry *);
        devcall (*dvputc) (struct dentry *, char);
        devcall (*dvcntl) (struct dentry *, int32, int32, int32);
        void     *dvcsr;
        void     (*dvintr)(void);
        byte     dvirq;
};

extern   struct   dentry   devtab[]; /* one entry per device */

/* Device name definitions */

#define CONSOLE     0        /* type tty    */
#define NULLDEV     1        /* type null   */
#define ETHER0      2        /* type eth    */
```

　　⊖　第 25 章描述了 Xinu 配置并且详细介绍了 conf.h。

```
#define NAMESPACE     3         /* type nam      */
#define RDISK         4         /* type rds      */
#define RAM0          5         /* type ram      */
#define RFILESYS      6         /* type rfs      */
#define RFILE0        7         /* type rfl      */
#define RFILE1        8         /* type rfl      */
#define RFILE2        9         /* type rfl      */
#define RFILE3        10        /* type rfl      */
#define RFILE4        11        /* type rfl      */
#define RFILE5        12        /* type rfl      */
#define RFILE6        13        /* type rfl      */
#define RFILE7        14        /* type rfl      */
#define RFILE8        15        /* type rfl      */
#define RFILE9        16        /* type rfl      */
#define LFILESYS      17        /* type lfs      */
#define LFILE0        18        /* type lfl      */
#define LFILE1        19        /* type lfl      */
#define LFILE2        20        /* type lfl      */
#define LFILE3        21        /* type lfl      */
#define LFILE4        22        /* type lfl      */
#define LFILE5        23        /* type lfl      */

/* Control block sizes */

#define Nnull     1
#define Ntty      1
#define Neth      1
#define Nrds      1
#define Nram      1
#define Nrfs      1
#define Nrfl      10
#define Nlfs      1
#define Nlfl      6
#define Nnam      1

#define DEVMAXNAME 24
#define NDEVS 24


/* Configuration and Size Constants */

#define NPROC         100       /* number of user processes             */
#define NSEM          100       /* number of semaphores                 */
#define IRQBASE       32        /* base ivec for IRQ0                   */
#define IRQ_TIMER     IRQ_HW5   /* timer IRQ is wired to hardware 5     */
#define IRQ_ATH_MISC  IRQ_HW4   /* Misc. IRQ is wired to hardware 4     */
#define CLKFREQ       200000000 /* 200 MHz clock                        */
#define LF_DISK_DEV   RAM0
```

设备转换表（devtab）中的每项对应于一个设备。表中的项为设备指定了构成驱动器的函数的地址、设备 CSR 地址和驱动使用的其他信息。dvinit、dvopen、dvclose、dvread、dvwrite、dvseek、dvgetc、dvputc 和 dvcntl 字段保存了对应高层操作的驱动程序地址。dvminor 字段包含了设备控制块数组的整数索引。次设备号通过允许驱动为每个物理设备维护一个单独的控制块项，从而容纳多个相同的硬件设备。dvcsr 字段包含了设备的硬件 CSR 地址。设备的控制块中保存了与特别的设备和驱动实例相关的额外信息。控制块的内容取决于设备，但可能包含输入或输出缓冲区、设备状态信息（例如，一个无线网络设备当前是否与另一个无线设备通信）和统计信息（例如，自系统启动后发送或接收数据的总量）。

14.10　高层 I/O 操作的实现

由于设备转换表将高层 I/O 操作从底层细节中分离出来，所以它允许高层函数在任何设备驱动编写完之前创建。这种策略的一个主要优点是程序员可以不需要理解具体的硬件设备就能建立 I/O 系统。

我们的示例系统为每个高层 I/O 操作设计了一个函数。该系统包含了 open、close、read、write、getc、putc 等函数。然而，这些高层 read 函数并不执行 I/O 操作。相反，每一个高层 I/O 函数间接地（indirectly）执行 I/O 操作：函数使用设备转换表找到并调用适当的底层设备驱动程序来执行请求的任务。

读（read）和写（write）等高层函数为具体的设备间接调用底层驱动函数，而不是直接执行 I/O 操作。

269　　研读代码将有助于理解概念，下面为 read.c 文件中的 read 函数：

```c
/* read.c - read */

#include <xinu.h>

/*------------------------------------------------------------------------
 *  read  -  Read one or more bytes from a device
 *------------------------------------------------------------------------
 */
syscall read(
        did32        descrp,        /* Descriptor for device      */
        char         *buffer,       /* Address of buffer          */
        uint32       count          /* Length of buffer           */
        )
{
        intmask      mask;          /* Saved interrupt mask       */
        struct dentry *devptr;      /* Entry in device switch table */
        int32        retval;        /* Value to return to caller  */

        mask = disable();
        if (isbaddev(descrp)) {
                restore(mask);
                return SYSERR;
        }
        devptr = (struct dentry *) &devtab[descrp];
        retval = (*devptr->dvread) (devptr, buffer, count);
        restore(mask);
        return retval;
}
```

函数 read 的参数由设备描述符、缓冲区地址和要读取的最大字节数组成。read 使用

descrp 设备描述符作为 devtab 表中的索引，并指定指针 devptr 的设备转换表入口地址。return 语句包含调用底层设备驱动函数并将结果返回给调用 read 的函数的代码。代码：

```
(*devptr->dvread)(devptr,buffer,count)
```

执行间接函数调用。也就是说，通过传入 3 个参数：devptr（devtab 表项的地址）、buffer（缓冲区地址）和 count（要读取的字符数），该代码调用设备转换表项中 dvread 字段给出的驱动函数。

270

14.11   其他高层 I/O 函数

其他高层传输和控制函数与 read 函数的操作方式一致：它们利用设备转换表来选择并调用合适的底层驱动函数，并将结果返回给调用者。下面是各个函数的实现代码。

```c
/* control.c - control */

#include <xinu.h>

/*------------------------------------------------------------------------
 *  control  -  Control a device or a driver (e.g., set the driver mode)
 *------------------------------------------------------------------------
 */
syscall control(
          did32          descrp,         /* Descriptor for device       */
          int32          func,           /* Specific control function   */
          int32          arg1,           /* Specific argument for func   */
          int32          arg2            /* Specific argument for func   */
        )
{
          intmask        mask;           /* Saved interrupt mask         */
          struct dentry  *devptr;        /* Entry in device switch table */
          int32          retval;         /* Value to return to caller    */

          mask = disable();
          if (isbaddev(descrp)) {
                  restore(mask);
                  return SYSERR;
          }
          devptr = (struct dentry *) &devtab[descrp];
          retval = (*devptr->dvcntl) (devptr, func, arg1, arg2);
          restore(mask);
          return retval;
}
```

271

```c
/* getc.c - getc */

#include <xinu.h>

/*------------------------------------------------------------------------
 *  getc  -  Obtain one byte from a device
 *------------------------------------------------------------------------
 */
syscall getc(
```

```
                did32           descrp              /* Descriptor for device        */
            )
    {
            intmask         mask;               /* Saved interrupt mask          */
            struct dentry   *devptr;            /* Entry in device switch table */
            int32           retval;             /* Value to return to caller     */

            mask = disable();
            if (isbaddev(descrp)) {
                    restore(mask);
                    return SYSERR;
            }
            devptr = (struct dentry *) &devtab[descrp];
            retval = (*devptr->dvgetc) (devptr);
            restore(mask);
            return retval;
    }


/* putc.c - putc */

#include <xinu.h>

/*------------------------------------------------------------------------
 *  putc  -  Send one character of data (byte) to a device
 *------------------------------------------------------------------------
 */
syscall putc(
            did32           descrp,             /* Descriptor for device         */
            char            ch                  /* Character to send             */
            )
    {
            intmask         mask;               /* Saved interrupt mask          */
            struct dentry   *devptr;            /* Entry in device switch table */
            int32           retval;             /* Value to return to caller     */
            mask = disable();
            if (isbaddev(descrp)) {
                    restore(mask);
                    return SYSERR;
            }
            devptr = (struct dentry *) &devtab[descrp];
            retval = (*devptr->dvputc) (devptr, ch);
            restore(mask);
            return retval;
    }


/* seek.c - seek */

#include <xinu.h>

/*------------------------------------------------------------------------
 *  seek  -  Position a random access device
 *------------------------------------------------------------------------
 */
```

272

```
syscall seek(
        did32          descrp,        /* Descriptor for device    */
        uint32         pos,           /* Position                 */
        )
{
        intmask        mask;          /* Saved interrupt mask     */
        struct dentry  *devptr;       /* Entry in device switch table */
        int32          retval;        /* Value to return to caller   */

        mask = disable();
        if (isbaddev(descrp)) {
                restore(mask);
                return SYSERR;
        }
        devptr = (struct dentry *) &devtab[descrp];
        retval = (*devptr->dvseek) (devptr, pos);
        restore(mask);
        return retval;
}
/* write.c - write */

#include <xinu.h>

/*------------------------------------------------------------------------
 *  write  -  Write one or more bytes to a device
 *------------------------------------------------------------------------
 */
syscall write(
        did32          descrp,        /* Descriptor for device    */
        char           *buffer,       /* Address of buffer        */
        uint32         count          /* Length of buffer         */
        )
{
        intmask        mask;          /* Saved interrupt mask     */
        struct dentry  *devptr;       /* Entry in device switch table */
        int32          retval;        /* Value to return to caller   */

        mask = disable();
        if (isbaddev(descrp)) {
                restore(mask);
                return SYSERR;
        }
        devptr = (struct dentry *) &devtab[descrp];
        retval = (*devptr->dvwrite) (devptr, buffer, count);
        restore(mask);
        return retval;
}
```

用户进程可以使用上述函数来访问I/O设备。另外，系统还提供一个高层I/O函数init，这个函数只供操作系统使用。每次系统启动时，操作系统就调用各个设备的init函数。与其他I/O函数一样，init函数也使用设备转换表来调用合适的底层驱动函数。每个驱动内部的初始化函数能够初始化硬件设备，如果有必要的话，也能够初始化驱动所使

用的数据结构（如缓冲区和信号量）。后面我们将看到一些驱动初始化的例子。目前，理解
init 函数与其他 I/O 函数具有相同的实现方式就足够了：

```
/* init.c - init */

#include <xinu.h>

/*------------------------------------------------------------------------
 *  init  -  Initialize a device and its driver
 *------------------------------------------------------------------------
 */
syscall init(
          did32          descrp          /* Descriptor for device        */
        )
{
        intmask        mask;           /* Saved interrupt mask         */
        struct dentry  *devptr;        /* Entry in device switch table */
        int32          retval;         /* Value to return to caller    */

        mask = disable();
        if (isbaddev(descrp)) {
                restore(mask);
                return SYSERR;
        }
        devptr = (struct dentry *) &devtab[descrp];
        retval = (*devptr->dvinit) (devptr);
        restore(mask);
        return retval;
}
```

14.12 打开、关闭和引用计数

open 和 close 函数与其他 I/O 函数的操作方式非常相似，它们也使用设备转换表来调用合适的驱动函数。之所以使用 open 和 close 函数，原因在于可以通过它们建立设备的所属关系或者为一个将要使用的设备提供准备工作。例如，如果一个设备需要互斥访问，那么 open 函数将阻塞后续用户直到设备变得空闲为止。又如，操作系统在设备处于未使用状态时可通过使设备保持空闲来节约资源。虽然设计者可以通过使用 control 函数来启动或者关闭磁盘，但是 open 和 close 函数显得更为方便。因此，当进程调用 open 函数时，磁盘就会启用，而当进程调用 close 函数时，磁盘就会关闭。

虽然一个小型嵌入式系统可能会选择在进程调用一个磁盘的 close 函数时让磁盘处于休眠状态，但是由于在较大型系统中多个进程能够同时使用一台设备，所以需要一套更为复杂的机制。大部分设备驱动都引入了一套称为引用计数的技术，即驱动维护一个整型变量来记录占用当前设备的进程数。在初始化过程中，这个引用计数设置为 0。一旦进程调用 open 函数，驱动器就将引用计数加 1；当进程调用 close 函数时，驱动器就将引用计数减 1。当这个计数为 0 时，驱动器就关闭设备。

open 和 close 函数的实现方法与其他高层 I/O 函数的实现方法相同：

```
/* open.c - open */
```

```
#include <xinu.h>

/*------------------------------------------------------------------------
 *  open  -  Open a device (some devices ignore name and mode parameters)
 *------------------------------------------------------------------------
 */
syscall open(
          did32      descrp,         /* Descriptor for device      */
          char       *name,          /* Name to use, if any        */
          char       *mode           /* Mode for device, if any    */
        )
{
        intmask      mask;           /* Saved interrupt mask        */
        struct dentry *devptr;       /* Entry in device switch table */
        int32        retval;         /* Value to return to caller   */

        mask = disable();
        if (isbaddev(descrp)) {
                restore(mask);
                return SYSERR;
        }
        devptr = (struct dentry *) &devtab[descrp];
        retval = (*devptr->dvopen) (devptr, name, mode);
        restore(mask);
        return retval;
}


/* close.c - close */

#include <xinu.h>

/*------------------------------------------------------------------------
 *  close  -  Close a device
 *------------------------------------------------------------------------
 */
syscall close(
          did32      descrp          /* Descriptor for device      */
        )
{
        intmask      mask;           /* Saved interrupt mask        */
        struct dentry *devptr;       /* Entry in device switch table */
        int32        retval;         /* Value to return to caller   */

        mask = disable();
        if (isbaddev(descrp)) {
                restore(mask);
                return SYSERR;
        }
        devptr = (struct dentry *) &devtab[descrp];
        retval = (*devptr->dvclose) (devptr);
        restore(mask);
        return retval;
}
```

276

14.13 devtab 中的空条目和错误条目

I/O 函数的操作方式带来一个有趣的问题。一方面，高层函数（比如 read 和 write）不检查 devtab 中的条目是否有效而直接使用。因此，对于每个设备的每个 I/O 操作都需要提供一个函数。另一方面，一个操作可能并不对所有的设备都有意义。例如，seek 就不能在串行设备上使用，而 getc 对于以数据包为单位传输的网络设备也没有意义。而且，设计者可以选择忽略特定设备的一些操作（比如，选择让 CONSOLE 设备一直处于打开状态，这样 close 操作就不能起到作用）。

对于那些没有意义的操作应该在 devtab 中赋予什么值呢？可以使用如下两个特殊例程来描述那些在 devtab 中没有驱动函数的条目：

- ionull——不执行任何动作返回 OK。
- ioerr——不执行任何动作返回 SYSERR。

按照惯例，那些值为 ioerr 的条目不应该被调用，因为它们意味着非法操作。对于那些没有必要但是又无害的操作（比如，打开终端设备），应该使用 ionull 函数。这两个函数的代码实现是不重要的：

|277|

```
/* ionull.c - ionull */

#include <xinu.h>

/*------------------------------------------------------------------------
 *  ionull  -  Do nothing (used for "don't care" entries in devtab)
 *------------------------------------------------------------------------
 */
devcall ionull(void)
{
        return OK;
}


/* ioerr.c - ioerr */

#include <xinu.h>

/*------------------------------------------------------------------------
 *  ioerr  -  Return an error status (used for "error" entries in devtab)
 *------------------------------------------------------------------------
 */
devcall ioerr(void)
{
        return SYSERR;
}
```

14.14 I/O 系统的初始化

如何初始化设备转换表？如何安装驱动函数？在大型复杂操作系统中，设备驱动是动态管理的。因此，当发现一个新的设备硬件时，操作系统不需要重新启动就可以识别这个设备并为它寻找和安装一个合适的驱动。

一个小型嵌入式系统在二级存储器内没有可用的驱动集合，也可能没有足够的计算资源以便在运行时安装驱动。因此，大部分嵌入式系统使用静态设备配置文件，在这个文件中，设备集合和设备驱动集合在系统编译时就确定了。Xinu 使用的就是这种静态方法，它要求系统的设计者指定设备集合和构成每一个驱动的底层驱动函数的集合，而不需要程序员显式地声明整张设备转换表。然而，它使用一个单独的应用程序来读取配置文件并且生成一个 C 文件，这个文件包含了一个所有字段都有初始值的 devtab 的声明。

278

小型嵌入式系统使用静态设备定义，在这个定义中，设计者指定设备集合和每一个设备的驱动函数集合。配置文件程序能够生成代码，为设备转换表的每个字段赋值。

conf.c 文件包含了一个由配置文件程序生成的 C 语言代码的范例。目前，它已经足以检测 devtab 中的每一个条目并观察每个字段是如何初始化的。

```c
/* conf.c (GENERATED FILE; DO NOT EDIT) */

#include <xinu.h>


extern   devcall ioerr(void);
extern   devcall ionull(void);

/* Device independent I/O switch */

struct   dentry  devtab[NDEVS] =
{
/**
 * Format of entries is:
 * dev-number, minor-number, dev-name,
 * init, open, close,
 * read, write, seek,
 * getc, putc, control,
 * dev-csr-address, intr-handler, irq
 */

/* CONSOLE is tty */
        { 0, 0, "CONSOLE",
          (void *)ttyinit, (void *)ionull, (void *)ionull,
          (void *)ttyread, (void *)ttywrite, (void *)ioerr,
          (void *)ttygetc, (void *)ttyputc, (void *)ttycontrol,
          (void *)0x3f8, (void *)ttydispatch, 42 },

/* NULLDEV is null */
        { 1, 0, "NULLDEV",
          (void *)ionull, (void *)ionull, (void *)ionull,
          (void *)ionull, (void *)ionull, (void *)ioerr,
          (void *)ionull, (void *)ionull, (void *)ioerr,
          (void *)0x0, (void *)ioerr, 0 },

/* ETHER0 is eth */
        { 2, 0, "ETHER0",
          (void *)ethinit, (void *)ioerr, (void *)ioerr,
          (void *)ethread, (void *)ethwrite, (void *)ioerr,
          (void *)ioerr, (void *)ioerr, (void *)ethcontrol,
```

279

```
                    (void *)0x0, (void *)ethdispatch, 43 },

    /* NAMESPACE is nam */
            { 3, 0, "NAMESPACE",
            (void *)naminit, (void *)namopen, (void *)ioerr,
            (void *)ioerr, (void *)ioerr, (void *)ioerr,
            (void *)ioerr, (void *)ioerr, (void *)ioerr,
            (void *)0x0, (void *)ioerr, 0 },

    /* RDISK is rds */
            { 4, 0, "RDISK",
            (void *)rdsinit, (void *)rdsopen, (void *)rdsclose,
            (void *)rdsread, (void *)rdswrite, (void *)ioerr,
            (void *)ioerr, (void *)ioerr, (void *)rdscontrol,
            (void *)0x0, (void *)ionull, 0 },

    /* RAM0 is ram */
            { 5, 0, "RAM0",
            (void *)raminit, (void *)ramopen, (void *)ramclose,
            (void *)ramread, (void *)ramwrite, (void *)ioerr,
            (void *)ioerr, (void *)ioerr, (void *)ioerr,
            (void *)0x0, (void *)ionull, 0 },

    /* RFILESYS is rfs */
            { 6, 0, "RFILESYS",
            (void *)rfsinit, (void *)rfsopen, (void *)ioerr,
            (void *)ioerr, (void *)ioerr, (void *)ioerr,
            (void *)ioerr, (void *)ioerr, (void *)rfscontrol,
            (void *)0x0, (void *)ionull, 0 },

    /* RFILE0 is rfl */
            { 7, 0, "RFILE0",
            (void *)rflinit, (void *)ioerr, (void *)rflclose,
            (void *)rflread, (void *)rflwrite, (void *)rflseek,
            (void *)rflgetc, (void *)rflputc, (void *)ioerr,
            (void *)0x0, (void *)ionull, 0 },

    /* RFILE1 is rfl */
            { 8, 1, "RFILE1",
            (void *)rflinit, (void *)ioerr, (void *)rflclose,
            (void *)rflread, (void *)rflwrite, (void *)rflseek,
            (void *)rflgetc, (void *)rflputc, (void *)ioerr,
            (void *)0x0, (void *)ionull, 0 },

    /* RFILE2 is rfl */
            { 9, 2, "RFILE2",
            (void *)rflinit, (void *)ioerr, (void *)rflclose,
            (void *)rflread, (void *)rflwrite, (void *)rflseek,
            (void *)rflgetc, (void *)rflputc, (void *)ioerr,
            (void *)0x0, (void *)ionull, 0 },

    /* RFILE3 is rfl */
            { 10, 3, "RFILE3",
            (void *)rflinit, (void *)ioerr, (void *)rflclose,
```

```
        (void *)rflread, (void *)rflwrite, (void *)rflseek,
        (void *)rflgetc, (void *)rflputc, (void *)ioerr,
        (void *)0x0, (void *)ionull, 0 },

/* RFILE4 is rfl */
      { 11, 4, "RFILE4",
        (void *)rflinit, (void *)ioerr, (void *)rflclose,
        (void *)rflread, (void *)rflwrite, (void *)rflseek,
        (void *)rflgetc, (void *)rflputc, (void *)ioerr,
        (void *)0x0, (void *)ionull, 0 },

/* RFILE5 is rfl */
      { 12, 5, "RFILE5",
        (void *)rflinit, (void *)ioerr, (void *)rflclose,
        (void *)rflread, (void *)rflwrite, (void *)rflseek,
        (void *)rflgetc, (void *)rflputc, (void *)ioerr,
        (void *)0x0, (void *)ionull, 0 },

/* RFILE6 is rfl */
      { 13, 6, "RFILE6",
        (void *)rflinit, (void *)ioerr, (void *)rflclose,
        (void *)rflread, (void *)rflwrite, (void *)rflseek,
        (void *)rflgetc, (void *)rflputc, (void *)ioerr,
        (void *)0x0, (void *)ionull, 0 },

/* RFILE7 is rfl */
      { 14, 7, "RFILE7",
        (void *)rflinit, (void *)ioerr, (void *)rflclose,
        (void *)rflread, (void *)rflwrite, (void *)rflseek,
        (void *)rflgetc, (void *)rflputc, (void *)ioerr,
        (void *)0x0, (void *)ionull, 0 },
```

281

```
/* RFILE8 is rfl */
      { 15, 8, "RFILE8",
        (void *)rflinit, (void *)ioerr, (void *)rflclose,
        (void *)rflread, (void *)rflwrite, (void *)rflseek,
        (void *)rflgetc, (void *)rflputc, (void *)ioerr,
        (void *)0x0, (void *)ionull, 0 },

/* RFILE9 is rfl */
      { 16, 9, "RFILE9",
        (void *)rflinit, (void *)ioerr, (void *)rflclose,
        (void *)rflread, (void *)rflwrite, (void *)rflseek,
        (void *)rflgetc, (void *)rflputc, (void *)ioerr,
        (void *)0x0, (void *)ionull, 0 },

/* LFILESYS is lfs */
      { 17, 0, "LFILESYS",
        (void *)lfsinit, (void *)lfsopen, (void *)ioerr,
        (void *)ioerr, (void *)ioerr, (void *)ioerr,
        (void *)ioerr, (void *)ioerr, (void *)ioerr,
        (void *)0x0, (void *)ionull, 0 },

/* LFILE0 is lfl */
```

```
        { 18, 0, "LFILE0",
          (void *)lflinit, (void *)ioerr, (void *)lflclose,
          (void *)lflread, (void *)lflwrite, (void *)lflseek,
          (void *)lflgetc, (void *)lflputc, (void *)lflcontrol,
          (void *)0x0, (void *)ionull, 0 },

/* LFILE1 is lfl */
        { 19, 1, "LFILE1",
          (void *)lflinit, (void *)ioerr, (void *)lflclose,
          (void *)lflread, (void *)lflwrite, (void *)lflseek,
          (void *)lflgetc, (void *)lflputc, (void *)lflcontrol,
          (void *)0x0, (void *)ionull, 0 },

/* LFILE2 is lfl */
        { 20, 2, "LFILE2",
          (void *)lflinit, (void *)ioerr, (void *)lflclose,
          (void *)lflread, (void *)lflwrite, (void *)lflseek,
          (void *)lflgetc, (void *)lflputc, (void *)lflcontrol,
          (void *)0x0, (void *)ionull, 0 },

/* LFILE3 is lfl */
        { 21, 3, "LFILE3",
          (void *)lflinit, (void *)ioerr, (void *)lflclose,
          (void *)lflread, (void *)lflwrite, (void *)lflseek,
          (void *)lflgetc, (void *)lflputc, (void *)lflcontrol,
          (void *)0x0, (void *)ionull, 0 },

/* LFILE4 is lfl */
        { 22, 4, "LFILE4",
          (void *)lflinit, (void *)ioerr, (void *)lflclose,
          (void *)lflread, (void *)lflwrite, (void *)lflseek,
          (void *)lflgetc, (void *)lflputc, (void *)lflcontrol,
          (void *)0x0, (void *)ionull, 0 },

/* LFILE5 is lfl */
        { 23, 5, "LFILE5",
          (void *)lflinit, (void *)ioerr, (void *)lflclose,
          (void *)lflread, (void *)lflwrite, (void *)lflseek,
          (void *)lflgetc, (void *)lflputc, (void *)lflcontrol,
          (void *)0x0, (void *)ionull, 0 }
};
```

[282]

14.15 观点

设备无关的 I/O 是现在主流计算不可分割的一部分，它的优势非常明显。然而，仅在使用设备无关的 I/O 上达成共识并建立初步的原语操作就花费了计算机界十年的时间。由于每个程序语言定义 I/O 抽象集合不同也导致了很多的争议。例如，FORTRAN 语言使用设备号，并要求一个机制将每个设备号绑定到 I/O 设备或者文件上。因为每一种语言都实现了大量的代码，所以操作系统设计者需要兼容所有语言。那么产生的问题是：我们是否选择了最好的设备无关 I/O 的函数集，还是我们只是习惯于使用它们而没有寻找更好的替代方案？我们使用的函数集是否适用于以图形设备为中心的系统？

14.16　总结

操作系统隐藏了外部设备的细节，提供了抽象集合和用于执行 I/O 操作的设备无关的函数。本书示例系统使用了 9 个 I/O 抽象函数：open、close、control、getc、putc、read、write、seek 和一个初始化函数 init。在我们的设计中，每个 I/O 原语都是同步操作的，直到请求得到满足才响应调用进程（例如，read 函数延迟调用进程直到数据已经到达）。

Xinu 系统为每一个设备定义了抽象设备名（比如，CONSOLE），并给设备分配一个唯一的整型设备描述符。系统在运行时使用设备转换表把描述符绑定到特定的设备上。从概念上讲，设备转换表中一行对应一个设备，一列对应一个抽象 I/O 操作，附加的列指向设备的控制块，次设备号用来区分一台物理设备的多份副本。有些高层 I/O 函数，比如 read 或者 write，使用设备转换表来调用设备驱动函数来完成指定设备要求的操作。单个驱动程序以特定方式对调用进行解释。如果一个操作在一个设备上是无意义的话，那么设备转换表应该为其配置 ionull 或 ioerr 函数。 [283]

练习

14.1　识别 Linux 系统上所有抽象 I/O 操作。

14.2　对于一个使用异步 I/O 的系统，可通过观察一个 I/O 操作完成时是否会唤醒一个运行的程序来识别这种异步机制。阐述同步和异步这两种机制中哪一种更容易实现。

14.3　本章讨论了两种独立的绑定：通过设备名（比如 CONSOLE）绑定描述符（比如，0）和通过设备描述符来绑定特定硬件设备。解释 Linux 系统如何进行这两种绑定。

14.4　参考示例代码中有关设备名的实现。解释是否有可能编写一个程序允许用户输入设备名（比如 CONSOLE）来打开设备，并解释原因。

14.5　假设在调试过程中，你怀疑进程正在错误地调用某些高层 I/O 函数（比如，在 seek 操作无意义的设备上调用 seek），应该如何快速修改你的代码来中断这样的错误并显示错误进程的进程标识符？（这种修改不需要重新编译源代码。）

14.6　解释在本章中提到的抽象 I/O 函数是否已经可以满足所有的 I/O 操作。（提示：考虑 UNIX 系统中的 socket 函数。）

14.7　Xinu 系统把设备子系统定义为最基本的 I/O 抽象并把文件也并入了设备系统。UNIX 系统定义文件系统为最基本的抽象且把设备也归为文件系统。请比较这两种方式的差异并列举各自的优点。 [284]

设备驱动示例

现在要找到一个品格和风度皆佳的司机（dviver，驱动）是非常困难的。

——佚名

15.1 引言

本章探索 I/O 系统中的通用结构，其中包括中断处理及实时时钟管理。前面章节介绍了 I/O 子系统的组成结构、I/O 抽象操作集以及应用设备转换表的高效实现。

本章继续探索 I/O 系统。我们将阐述驱动是如何独立于底层硬件来定义高层抽象的 I/O 服务的。此外，本章还详细描述在概念上设备驱动上半部及下半部的划分，并解释这两部分如何共享数据结构（如缓冲区），以及如何交互。最后，本章将给出一个异步字符串行设备驱动的例子。

15.2 使用 UART 硬件进行串行通信

大多数嵌入式系统的控制台线路使用一种通用异步传输与接收（Universal Asynchronous Transmitter and Receiver, UART）芯片来实现串行通信。这种通信也满足 RS-232 标准。UART 硬件是非常原始的，它只能够提供发送与接收单字节的功能，不能涵盖字节的意义并且不能提供如回退之前的输入等函数。

15.3 tty 抽象

Xinu 使用 tty 这个术语来指代字符串行设备的接口抽象，它使用字符文本窗体来显示用户输入（如键盘）的字符[⊖]。概括来说，tty 设备支持双向通信：进程可以向输出端发送字符，并从输入端接收字符。尽管底层串行硬件机制单独处理输入和输出，但是 tty 抽象允许将两者连接起来。举例来说，我们的 tty 设备支持字符回显操作，即驱动的输入端可以配置为将每一个输入字符的拷贝传输到输出端。当用户在键盘上输入时期望能在屏幕上同时看到所输入的字符时，回显操作就非常重要。

tty 抽象阐明许多设备驱动的重要特征：运行时可以选择多种模式。我们的 tty 驱动提供三种不同的模式，说明驱动在将输入字符传送到应用前如何处理。图 15-1 给出这三种模式的总结。

raw 模式旨在向应用提供没有预处理的输入字符。在 raw 模式中，tty 驱动仅传送字符，而不解析或者变更字符。驱动既不回显字符也不处理流控制。raw 模式在处理非交互通信时非常有用，例如，通过串行线路下载二进制文件，或者用串行设备控制传感器。

⊖ tty 这个名字是从早期 UNIX 操作系统继承下来的，早期 UNIX 操作系统使用 ASCII 码电传设备（包括键盘及相关的打印机制）。

模　式	意　义
raw	驱动在接收到字符后，不进行回显、缓存、转义、控制输出流等操作，直接传输字符串
cooked	驱动缓存输入，以可读的形式回显字符，处理退格和行删除，允许提前键入，处理流控制，以及发送整行文本
cbreak	驱动处理字符转换、字符回显和流控制，但并不缓存整行文本，在字符到达时直接将其传送出去

图 15-1　tty 抽象支持的三种模式

cooked 模式旨在处理交互式的键盘输入。每当接收一个字符时，驱动回显该字符（即将一份该字符的拷贝传输到输出端），允许用户在输入的同时看到所输入的字符。回显并不是强制性的。相反，驱动中有一个参数控制字符回显，这意味着应用可以在如请求用户输入密码的时候将回显关闭。cooked 模式支持行缓存，即驱动在收集一行的所有字符之后才将其传输给读进程。因为 tty 驱动在中断时执行字符回显和其他功能，所以即使没有应用程序来读取字符，用户仍然可以提前键入（如在当前指令运行期间，用户可以输入下一条指令）。cooked 模式的主要优势在于可以对行进行编辑，用户可以退格或者键入一个删除整行的特殊字符，以便重新输入该行。

此外，cooked 模式还提供额外的两个功能：流控制和输入映射。首先，cooked 模式支持流控制，允许用户临时终止输出，并在之后重启输出。当 cooked 模式启用时，键入 control-s 终止输出；键入 control-q 重启输出。其次，cooked 模式也支持输入映射。有些计算机或应用使用一个包含回车（cr）和换行（lf）的双字符序列来表示一行的结束，而另一些仅使用一个字符 lf。cooked 模式包含一个 crlf ⊖ 参数，用来控制驱动如何处理行的结束。当用户按下 ENTER 或者 RETURN 键后，驱动就会查询该参数并决定是否给应用传送一个换行（也称为 NEWLINE）字符或者映射为回车和换行组成的双字符序列。

cbreak 模式提供一种介于 cooked 模式和 raw 模式之间的折中方案。在 cbreak 模式中，接收的字符会立即传送给应用，不需要累积至一行文本。因此，驱动并不缓存输入，也不支持退格、行删除操作。尽管如此，驱动仍然处理回显字符和流控制。

15.4　tty 设备驱动的组织结构

与大多数设备驱动一样，示例 tty 驱动也被划分为上半部和下半部。上半部包含可被应用进程调用的函数（从设备转换表间接调用）；下半部包含设备中断时调用的函数。上、下部分共享包含设备信息、驱动的当前模式、输入 / 输出数据缓冲区的数据结构。通常，上半部函数从共享数据结构读取数据或者向其写入数据，它与设备硬件的交互极少。举例来说，上半部函数将输出数据放置在共享数据结构中，下半部函数访问该结构内的数据并将这些数据发送到设备。同样，下半部函数将输入数据放置在共享数据结构中，上半部函数可以从中抽取这些数据。

驱动划分的目的一开始并不好理解。然而，我们可以看出将驱动划分为上、下两部分是功能性需求，因为这样的划分允许系统设计者解除正常处理与硬件中断处理之间的耦合，并正确理解每个函数是如何调用的。这里的关键点在于：

　　⊖　发音为 curl-if。

当创建一个设备驱动时，程序员需要非常小心地保持上、下半部的划分，因为上半部函数是由应用进程调用的，而下半部函数是由中断调用的。

15.5 请求队列和缓冲区

驱动中的共享数据结构通常包含两个关键元素：

- 请求队列。
- I/O 缓冲区。

请求队列。原则上，在被上、下半部共享的数据结构中最重要的元素是上半部存放请求的队列。从概念上来讲，请求队列连接由应用指定的高层操作和运行在设备上的底层行为。每个驱动都有它自己的请求集合，请求队列中元素的内容依赖于具体的设备以及所执行的操作。举例来说，发送给磁盘设备的请求指明传输的方向（读或写）、硬盘的地址和待传输数据的缓冲。向网络设备发出的请求可以指定一组包缓冲区，并且指定是从缓冲区向网络设备发送包，还是从网络设备向缓冲区发送包。我们的示例驱动包含两个队列，一个包含了一组待发送字符，另一个包含了接收字符。本质上，发送队列中的一个字符是一个待发送的请求，接收队列中的一个空间就是一个待接收的请求。

I/O 缓冲区。大部分驱动会缓存输入与输出数据，输出缓冲区允许一个应用在缓存中保存一个待发送数据项，然后继续执行。输出的数据项在应用将其发送出去至设备准备好接收它期间一直保留在缓冲区中。输入缓冲区则在应用准备好处理数据前存放从设备接收的数据，输入的数据项在设备存储该项至某一进程请求期间一直保留在缓冲区之中。

缓冲区的重要性体现在如下几点：第一，驱动可以在用户进程读取数据前接收输入数据。输入缓冲区对异步设备而言特别重要。例如对于网络接口而言，数据包可以在任意时刻到达；或者对于键盘而言，用户可以在任意时刻敲击按键。第二，缓冲区允许应用读或写任意长度的数据，即使底层设备只传输整块数据。通过在缓冲区中的数据块，操作系统可以在不进行 I/O 传输的情况下完成连续的请求。第三，因为一个进程可以写入一段数据到缓冲区中，并在驱动将数据写入设备的同时继续执行，所以输出缓冲允许驱动在执行 I/O 的同时进行其他处理。

我们的 tty 驱动使用了环形输入与输出缓冲，此外还有额外的一个回显字符缓冲（回显字符保存在与正常输出不同的缓冲区中，因为回显字符具备更高的优先级）。我们认为每个缓冲区都是一个概念上的队列，字符从尾部插入、从头部读出。图 15-2 阐释了环形输出缓冲的概念，并展示了用内存中字节数组的一种实现。

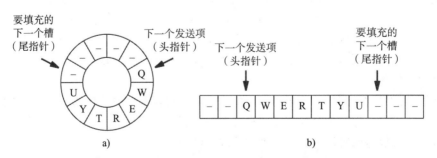

图 15-2　a）环形输出缓冲队列；b）字节数组的实现方式

输出函数把即将发送的字符存储输出缓冲区中，并返回给它的调用者。当它将字符放置输出缓冲区后，上半部函数还必须启动设备上的输出中断。一旦设备生成输出中断，下半部函数就从输出缓冲区中提取至多 16 个字符，然后将字符存储在设备的先进先出（FIFO）输出队列上⊖。当队列上的所有字节都传输完后，设备再次产生中断。因此输出会继续直至清空输出缓冲区，这时驱动停止输出，设备恢复空闲状态。

输入与输出相反。一旦接收字符，设备就产生中断，中断分派程序调用下半部函数（即 ttyhandler）。中断处理程序将字符从设备的先进先出（FIFO）输入队列中读取出来，并存储在环形输入缓冲区中。当进程调用上半部函数读取输入时，上半部函数从输入缓冲区中读取字符。

从概念上来讲，驱动的上、下半部只通过共享的缓冲区来通信。上半部函数将输出数据放在缓冲区中，或者从缓冲区中提取输入数据。下半部函数从缓冲区提取输出数据并发送给设备，或者将设备的输入数据放在缓冲区中。总之：

上半部函数在进程和缓冲区之间传输数据，下半部函数在硬件设备和缓冲区之间传输数据。

15.6　上半部和下半部的同步

在实践中，驱动的上、下半部需要处理数个共享数据结构。举例来说，如果设备空闲，上半部函数就可能需要启动输出传输。更重要的是，两个部分需要在请求队列和缓冲区中协调操作。例如，如果输出缓冲区没有空槽，那么当进程试图写数据时，它将被阻塞。之后当 291 缓冲区中的字符被传送到设备中，缓冲区又变成可用时，必须允许阻塞的进程继续执行。同样，当进程尝试从设备读数据时，如果输入缓冲区空闲，那么进程被阻塞。之后当接收到输入数据并将数据放置在缓冲区中时，必须允许等待输入的进程继续执行。

乍一看，驱动上半部和下半部之间的同步包括两个生产者 – 消费者协调问题，它们可以用信号量来解决。在输出端，上半部函数生产数据，上半部函数消费数据；在输入端，下半部函数生产输入数据，上半部函数消费数据。输入并不会为生产者 – 消费者模型带来任何问题，可以创建信号量来解决协调问题。当进程调用上半部输入函数时，进程等待输入信号量直至下半部生产输入数据项并通知该信号量。

输出则有一个难题需要解决。为了理解这个问题，回想我们对于中断处理的限制：由于中断例程可以被 null 进程执行，所以一个中断处理函数不能调用一个会将进程状态变更为就绪或者当前之外状态的函数。特别地，下半部函数不能调用 wait。因此，驱动不能通过信号量实现上半部函数生产数据，下半部函数消费数据。

如何协调上半部和下半部函数的输出呢？令人惊讶的是，信号量可以很容易地解决这个问题。方法是变更输出信号量的目的，将调用转向 wait 函数。不是让下半部等待上半部生产数据，而是让上半部等待缓冲区中的空间。因此，下半部不再看成消费者，而是在缓冲区中产生空间（即槽）的生产者，并通知每个槽对应的输出信号量。总之：

信号量可以用于协调设备驱动的上、下半部。为了防止下半部函数被阻塞，将输出设计为由上半部函数等待缓冲区中的空间。

⊖　为了提高效率，大多数 UART 硬件都有一个小的板载字符缓冲区，一次最多可以容纳 16 个输出字符。

15.7 UART 硬件 FIFO 与驱动设计

硬件的设计可能使驱动的设计复杂化。以示例平台上的特定 UART 硬件为例，该 UART 设备包含两个板载的缓冲区，称为 FIFO（先进先出）。一个处理输入字符，另一个处理输出字符。每个 FIFO 可以缓存 16 个字符。设备不会在每次字符到达时发出中断。相反，它在第一个字符到达时发出中断，但在处理中断前持续地向输入 FIFO 中写入字符。因此，当系统收到一个输入中断时，驱动必须不断地从 FIFO 中提取字符直至 FIFO 为空。

多个输入字符如何影响驱动的设计呢？考虑如下情况：当进程阻塞在输入信号量时，它等待输入字符的到来。理论上，一旦驱动从设备提取一个字符并将它放在输入缓冲区中，它应该通知信号量重新调度，以表明输入缓冲区中有字符可用。然而，这样做会立即导致上下文切换，使得 FIFO 中的其他字符不被处理。为了避免这一问题，我们的驱动使用 resched_cntl [⊖] 临时延迟重新调度。当所有在 FIFO 中的字符都被提取出来并处理完后，驱动再次调用 resched_cntl 以允许其他进程执行。

15.8 控制块的概念

我们使用术语控制块指代与一个设备相关联的共享的数据结构。具体来说，控制块被关联到设备的驱动上，保留驱动使用的以及硬件需要的数据。例如，如果一个驱动使用信号量协调上半部与下半部函数，此信号量的 ID 会被放在控制块中。

考虑到一个系统如果包含指定设备的多个拷贝，操作系统会使用同一份设备驱动代码来服务所有设备。但是，每个设备拷贝必须有一个单独的数据结构。这就意味着系统针对每个物理设备拷贝都必须有一个单独的控制块。如果一个系统中存在同一个设备的 N 个拷贝，与大部分系统类似，Xinu 使用一个数组存放 N 份相关数据结构。我们给每个设备拷贝分配一个独特的索引号 $0,1,2,\cdots$。这个值作为指向控制块的数组索引。也就是，编号为 i 的设备拷贝使用控制块数组中的第 i 个元素。

当运行时，设备驱动中的特定函数收到一个参数来指定使用的控制块。例如，如果一个特定系统有 3 个串口设备使用 tty 抽象层，操作系统只须使用一份代码用于读写 tty 设备，但是有 3 个单独的 tty 控制块拷贝。

15.9 tty 控制块和数据声明

一个控制块存储着关于一个特定设备及驱动和请求队列的信息。控制块要么包含缓冲区，要么包含指向缓冲区的指针 [⊖]。tty 控制块同时存储协调输入与输出的两个信号量的 ID。代码文件 tty.h 包含 tty 控制块数据结构的声明，结构名为 ttycblk。ttycblk 数据结构的关键元素为输入缓冲 tyibuff、输出缓冲 tyobuff 和一个单独的。显缓冲 tyebuff。每个在 tty 驱动中使用的缓冲区都是通过一个字符数组实现的。

```
/* tty.h */

#define TY_OBMINSP      20              /* Min space in buffer before   */
                                        /*    processes awakened to write*/
```

⊖ resched_cntl 的代码可以在 5.6 节找到。

⊖ 在某些系统中，输入/输出缓冲区必须放在内存的特定区域，使设备能够直接访问缓冲区。

```
#define TY_EBUFLEN      20              /* Size of echo queue           */

/* Size constants */

#ifndef Ntty
#define Ntty            1               /* Number of serial tty lines   */
#endif
#ifndef TY_IBUFLEN
#define TY_IBUFLEN      128             /* Num. chars in input queue    */
#endif
#ifndef TY_OBUFLEN
#define TY_OBUFLEN      64              /* Num. chars in output queue   */
#endif

/* Mode constants for input and output modes */

#define TY_IMRAW        'R'             /* Raw input mode => no edits    */
#define TY_IMCOOKED     'C'             /* Cooked mode => line editing   */
#define TY_IMCBREAK     'K'             /* Honor echo, etc, no line edit*/
#define TY_OMRAW        'R'             /* Raw output mode => no edits    */

struct  ttycblk {                       /* Tty line control block       */
        char    *tyihead;               /* Next input char to read      */
        char    *tyitail;               /* Next slot for arriving char  */
        char    tyibuff[TY_IBUFLEN];    /* Input buffer (holds one line)*/
        sid32   tyisem;                 /* Input semaphore              */
        char    *tyohead;               /* Next output char to xmit     */
        char    *tyotail;               /* Next slot for outgoing char  */
        char    tyobuff[TY_OBUFLEN];    /* Output buffer                */
        sid32   tyosem;                 /* Output semaphore             */
        char    *tyehead;               /* Next echo char to xmit       */
        char    *tyetail;               /* Next slot to deposit echo ch */
        char    tyebuff[TY_EBUFLEN];    /* Echo buffer                  */
        char    tyimode;                /* Input mode raw/cbreak/cooked */
        bool8   tyiecho;                /* Is input echoed?             */
        bool8   tyieback;               /* Do erasing backspace on echo?*/
        bool8   tyevis;                 /* Echo control chars as ^X ?   */
        bool8   tyecrlf;                /* Echo CR-LF for newline?      */
        bool8   tyicrlf;                /* Map '\r' to '\n' on input?   */
        bool8   tyierase;               /* Honor erase character?       */
        char    tyierasec;              /* Primary erase character      */
        char    tyierasec2;             /* Alternate erase character    */
        bool8   tyeof;                  /* Honor EOF character?         */
        char    tyeofch;                /* EOF character (usually ^D)   */
        bool8   tyikill;                /* Honor line kill character?   */
        char    tyikillc;               /* Line kill character          */
        int32   tyicursor;              /* Current cursor position      */
        bool8   tyoflow;                /* Honor ostop/ostart?          */
        bool8   tyoheld;                /* Output currently being held? */
        char    tyostop;                /* Character that stops output  */
        char    tyostart;               /* Character that starts output */
        bool8   tyocrlf;                /* Output CR/LF for LF ?        */
        char    tyifullc;               /* Char to send when input full */
};
```

294

```
extern   struct   ttycblk ttytab[];

/* Characters with meaning to the tty driver */

#define TY_BACKSP       '\b'            /* Backspace character       */
#define TY_BACKSP2      '\177'          /* Alternate backspace char. */
#define TY_BELL         '\07'           /* Character for audible beep */
#define TY_EOFCH        '\04'           /* Control-D is EOF on input  */
#define TY_BLANK        ' '             /* Blank                      */
#define TY_NEWLINE      '\n'            /* Newline == line feed       */
#define TY_RETURN       '\r'            /* Carriage return character  */
#define TY_STOPCH       '\023'          /* Control-S stops output     */
#define TY_STRTCH       '\021'          /* Control-Q restarts output  */
#define TY_KILLCH       '\025'          /* Control-U is line kill     */
#define TY_UPARROW      '^'             /* Used for control chars (^X) */
#define TY_FULLCH       TY_BELL         /* Char to echo when buffer full*/


/* Tty control function codes */

#define TC_NEXTC        3               /* Look ahead 1 character     */
#define TC_MODER        4               /* Set input mode to raw      */
#define TC_MODEC        5               /* Set input mode to cooked   */
#define TC_MODEK        6               /* Set input mode to cbreak   */
#define TC_ICHARS       8               /* Return number of input chars */
#define TC_ECHO         9               /* Turn on echo               */
#define TC_NOECHO       10              /* Turn off echo              */
```

驱动将每个缓冲区看成一个循环链表,数组中的单元位置 0 好像是连接着最后一个单元。头部和尾部指针分别给出数组中下一个填充地址和下一个清空地址。因此,程序员可以通过下面这条简单的规则来记忆:

[295]

无论是输入缓冲区还是输出缓冲区,字符通常插入尾部并从头部提取出来。

开始,头部和尾部均指向单元位置 0,但是不会存在输入 / 输出缓冲区是空的还是满的这种误解,因为每个缓冲区均有一个信号量表示当前缓冲区中的字符数目。信号量 tyisem 控制输入缓冲区,非负数字 n 表示缓冲区中有 n 个字符。信号量 tyosem 控制输出缓冲区,非负数字 n 表示缓冲区中有 n 个未填充的槽。回显缓冲区则是一个例外。我们的设计假设回显仅用在人工输入字符时,这时候仅有少量的字符会占据回显队列。因此,我们假设不会溢出,这说明不需要信号量来控制回显队列。

15.10 次设备号

前面提到,配置程序为系统中的每个设备分配一个唯一的设备 ID。如果系统包含某个设备的多个使用一个给定抽象的物理拷贝,系统分配给这些设备的设备 ID 可能并不连续。因此,如果一个系统包含 3 个 tty 设备,那么配置程序可能给这些设备分配的设备 ID 为 2、7、8。

我们还提到过操作系统必须为每个设备分配一个控制块。举例来说,如果系统包含 3 个 tty 设备,那么系统必须分配 3 个 tty 控制块拷贝。与许多系统一样,Xinu 使用一种对给定设备控制块高效访问的技术。这些系统给每一个设备分配一个次设备号,这些次设备号是从 0 开始的整数。因此,如果系统包含 3 个 tty 设备,那么它们就会分配 0、1、2 这三个次设备号。与设备 ID 不同,系统会保证分配给设备的次设备号是连续的。

分配连续的次设备号如何使访问更加高效呢？我们现在能够理解设备驱动是如何参数化的，以及它们是如何使用次设备号的。次设备号可以用作设备控制块数组的索引。举例来说，考虑 tty 控制块是如何分配的。与 tty.h 文件说明一样，控制块放置在 ttytab 数组中。系统配置程序将 tty 设备数定义为常量 Ntty，该常量用于声明 ttytab 数组的大小。配置程序为这些 tty 设备分配从 0～Ntty-1 的次设备号。次设备号存储在设备转换表项中。下半部的中断驱动例程和上半部的驱动例程均可以访问该次设备号。上半部的每个函数有一个指定了设备表中某一项的参数。与之类似，当一个中断发生时，操作系统分配给这个中断一个设备表中的设备。因此，每个驱动函数都可以提取次设备号，并以这个值作为 ttytab 数组的索引。 296

15.11 上半部 tty 字符输入（ttygetc）

4个函数组成了 tty 驱动上半部的基础：ttygetc、ttyputc、ttyread 和 ttywrite。函数与第 14 章中描述的高层操作 getc、putc、read 和 write 一一对应。最简单的驱动例程是 ttygetc，其代码可以在 ttygetc.c 中找到。

```
/* ttygetc.c - ttygetc */

#include <xinu.h>

/*------------------------------------------------------------------------
 * ttygetc - Read one character from a tty device (interrupts disabled)
 *------------------------------------------------------------------------
 */
devcall ttygetc(
        struct dentry *devptr          /* Entry in device switch table */
     )
{
        char    ch;                     /* Character to return          */
        struct  ttycblk *typtr;         /* Pointer to ttytab entry      */

        typtr = &ttytab[devptr->dvminor];

        /* Wait for a character in the buffer and extract one character */

        wait(typtr->tyisem);
        ch = *typtr->tyihead++;

        /* Wrap around to beginning of buffer, if needed */

        if (typtr->tyihead >= &typtr->tyibuff[TY_IBUFLEN]) {
                typtr->tyihead = typtr->tyibuff;
        }

        /* In cooked mode, check for the EOF character */

        if ( (typtr->tyimode == TY_IMCOOKED) && (typtr->tyeof) &&
            (ch == typtr->tyeofch) ) {
                return (devcall)EOF;
        }

        return (devcall)ch;
}
```

当调用 ttygetc 时，它首先从设备转换表中获取次设备号，并用它来索引 ttytab 数组以获取正确的控制块。然后它执行 wait 程序等待输入信号量 tyisem，并阻塞直到下半部存储一个字符到缓冲区中。当 wait 返回时，ttygetc 从输入缓冲区中获取下一个字符并更新头指针，准备下面的读取操作。通常，ttygetc 将该字符返回给调用者。然而，在特殊情况下：如果驱动启用文件结束符并且字符与文件结束符（控制块中的 tyeofch 字段）匹配，ttygetc 就返回常量 EOF。

15.12 上半部 tty 读取函数（ttyread）

使用 read 操作可以在一次操作中获取多个字符。实现 read 操作的驱动函数 ttyread 在下面的文件 ttyread.c 中。ttyread 在原理上很简单：它通过反复调用 ttygetc 来获取字符。当驱动以 cooked 模式执行时，ttyread 返回单行输入，在出现 NEWLINE 或 RETURN 字符后终止；当以其他模式执行时，ttyread 读取字符但不检查行结束符。

```
/* ttyread.c - ttyread */

#include <xinu.h>

/*------------------------------------------------------------------------
 *  ttyread  -  Read character(s) from a tty device (interrupts disabled)
 *------------------------------------------------------------------------
 */
devcall ttyread(
        struct dentry *devptr,      /* Entry in device switch table */
        char   *buff,               /* Buffer of characters         */
        int32 count                 /* Count of character to read   */
        )
{
        struct  ttycblk *typtr;     /* Pointer to tty control block */
        int32   avail;              /* Characters available in buff.*/
        int32   nread;              /* Number of characters read    */
        int32   firstch;            /* First input character on line*/
        char    ch;                 /* Next input character         */

        if (count < 0) {
                return SYSERR;
        }
        typtr= &ttytab[devptr->dvminor];
        if (typtr->tyimode != TY_IMCOOKED) {

                /* For count of zero, return all available characters */

                if (count == 0) {
                        avail = semcount(typtr->tyisem);
                        if (avail == 0) {
                                return 0;
                        } else {
                                count = avail;
                        }
                }
                for (nread = 0; nread < count; nread++) {
```

```
                    *buff++ = (char) ttygetc(devptr);
            }
            return nread;
    }

    /* Block until input arrives */

    firstch = ttygetc(devptr);

    /* Check for End-Of-File */

    if (firstch == EOF) {
            return EOF;
    }

    /* Read up to a line */

    ch = (char) firstch;
    *buff++ = ch;
    nread = 1;
    while ( (nread < count) && (ch != TY_NEWLINE) &&
                    (ch != TY_RETURN) ) {
            ch = ttygetc(devptr);
            *buff++ = ch;
            nread++;
    }
    return nread;
}
```

终端如何执行 read 操作的语义说明了 I/O 原语是如何运用到各种不同的设备和模式上 299
的。例如，使用 raw 模式的应用程序可能需要非阻塞地从输入缓冲区中读取所有可用的字
符。ttyread 不能简单地反复调用 ttygetc，因为一旦缓冲区为空，ttygetc 将被阻塞。为
了满足非阻塞的要求，我们的驱动允许一种通常认为是非法操作的行为：它将读取零个字符
的请求解释为"读取所有等待中的字符"。

ttyread 中的代码说明了在 raw 模式中长度为 0 的请求是如何处理的：驱动使用
semcount 来获取输入信号量 tyisem 的当前计数，然后就清楚地知道可以调用 ttygetc 多
少次而不引起阻塞。

对于 cooked 模式，驱动一直阻塞，直到至少有一个字符到达。它处理文件结束字符的
特殊情况，然后反复地调用 ttygetc 来读取该行的剩余部分。

15.13 上半部 tty 字符输出（ttyputc）

上半部的输出例程几乎与输入例程一样容易理解。ttyputc 等待输出缓冲区有空间，然
后在输出队列 tyobuff 中存储特殊字符，并递增队列的尾指针 tyotail。此外，ttyputc
会开启设备输出。文件 ttyputc.c 包含了相关代码。

```
/* ttyputc.c - ttyputc */

#include <xinu.h>
```

```
/*------------------------------------------------------------------------
 *  ttyputc  -  Write one character to a tty device (interrupts disabled)
 *------------------------------------------------------------------------
 */
devcall ttyputc(
        struct  dentry  *devptr,          /* Entry in device switch table */
        char    ch                        /* Character to write           */
        )
{
        struct  ttycblk *typtr;           /* Pointer to tty control block */

        typtr = &ttytab[devptr->dvminor];

        /* Handle output CRLF by sending CR first */

        if ( ch==TY_NEWLINE && typtr->tyocrlf ) {
                ttyputc(devptr, TY_RETURN);
        }

        wait(typtr->tyosem);              /* Wait for space in queue */
        *typtr->tyotail++ = ch;
        /* Wrap around to beginning of buffer, if needed */

        if (typtr->tyotail >= &typtr->tyobuff[TY_OBUFLEN]) {
                typtr->tyotail = typtr->tyobuff;
        }

        /* Start output in case device is idle */

        ttykickout((struct uart_csreg *)devptr->dvcsr);

        return OK;
}
```

300

  除了上述处理外，ttyputc 还接收一个 tty 参数 tyocrlf。当 tyocrlf 为 TRUE 时，每个 NEWLINE 就对应于 RETURN 和 NEWLINE 的组合。ttyputc 通过递归地调用自身来输出 RETURN 字符。

15.14 开始输出 (ttykickout)

  在函数 ttyputc 返回之前，它调用 ttykickout 开始输出。事实上，ttykickout 并没有对设备执行任何输出，因为当输出中断产生时，所有的输出已经被下半部的函数处理了。为了理解 ttykickout 是如何工作的，必须知道操作系统如何与硬件设备进行交互。当一个字符准备输出时，ttyputc 看似会执行以下步骤：

```
与设备交互来决定设备是否正忙；
if ( 设备不忙 ) {
    送字符到设备；
} else {
    当输出结束时告诉设备进行中断；
}
```

不幸的是，设备是与处理器并行运行的，所以可能会发生竞争——在处理器获取了设备状态与指示设备进行中断的这段时间内，设备能够完成输出。如果设备在处理器发送该命令之前已经处于空闲状态，设备将永不产生中断。

为了避免竞争条件，设备硬件被设计为允许一个操作系统不检查设备状态而请求中断。发起请求十分简单：驱动只需要对设备控制寄存器中的某一位进行置位。这样就没有竞争条件发生，因为无论设备正在发送字符还是空闲，置位操作都将引起中断。如果设备忙，硬件将等待直到输出完成且板载缓冲区为空时才产生中断；如果设备空闲，设备立即中断。

对设备中断位进行置位仅需要一条赋值语句，相关代码可在文件 ttykickout.c 中找到：

```
/* ttykickout.c - ttykickout */

#include <xinu.h>

/*------------------------------------------------------------------------
 *  ttykickout  -  "Kick" the hardware for a tty device, causing it to
 *                      generate an output interrupt (interrupts disabled)
 *------------------------------------------------------------------------
 */
void    ttykickout(
          struct uart_csreg *csrptr      /* Address of UART's CSRs     */
          )
{
        /* Force the UART hardware generate an output interrupt */

        csrptr->ier = UART_IER_ERBFI | UART_IER_ETBEI;

        return;
}
```

15.15　上半部 tty 多字符输出（ttywrite）

tty 驱动也支持多字符输出传输（即写操作）。文件 ttywrite.c 中的驱动函数 ttywrite 处理了一字节或多字节的输出。ttywrite 首先检查参数 count，它表示将要写的字节数。负值是无效的，但是 0 是有效值，意味着没有字符要写。

一旦 ttywrite 完成了对参数 count 的检查，它就会进入一个循环。在循环的每次迭代中，ttywrite 首先从用户缓冲区中提取下一个字符，然后调用 ttyputc 将该字符发送到输出缓冲区。正如我们看到的，ttyputc 会连续执行直到输出缓冲区满，此时调用 ttyputc 将会阻塞直到有新的可用空间出现。

```
/* ttywrite.c - ttywrite */

#include <xinu.h>

/*------------------------------------------------------------------------
 *  ttywrite  -  Write character(s) to a tty device (interrupts disabled)
 *------------------------------------------------------------------------
 */
devcall ttywrite(
```

301

302

```
            struct dentry *devptr,        /* Entry in device switch table */
            char  *buff,                  /* Buffer of characters         */
            int32 count                   /* Count of character to write  */
        )
{
        /* Handle negative and zero counts */

        if (count < 0) {
                return SYSERR;
        } else if (count == 0){
                return OK;
        }

        /* Write count characters one at a time */

        for (; count>0 ; count--) {
                ttyputc(devptr, *buff++);
        }
        return OK;
}
```

15.16 下半部 tty 驱动函数（ttyhandler）

当一个中断发生时，tty 驱动的下半部被请求。下半部包括一个处理函数 ttyhandler。回顾一下，一个处理函数是被间接请求的——当设备产生中断时，中断分派函数调用处理函数。分派代码是统一的，不同设备所使用的分派代码都一样，只有处理函数不一样。因此，我们只检验处理函数代码。

理解 UART 硬件仅使用一个中断向量同时处理输入和输出是很重要的。这意味着，当设备接收到一个或多个输入字符时，或是当设备发送完输出 FIFO 中所有字符并准备接收更多时，处理函数都会被调用。处理函数必须检查设备中的一个控制寄存器来确定发生的是输入还是输出中断。文件 ttyhandler.c 中包含了这段代码。

303

```
/* ttyhandler.c - ttyhandler */

#include <xinu.h>

/*------------------------------------------------------------------------
 * ttyhandler  -  Handle an interrupt for a tty (serial) device
 *------------------------------------------------------------------------
 */
void ttyhandler(void) {
        struct  dentry *devptr;         /* Address of device control blk*/
        struct  ttycblk *typtr;         /* Pointer to ttytab entry      */
        struct  uart_csreg *csrptr;     /* Address of UART's CSR        */
        byte    iir = 0;                /* Interrupt identification     */
        byte    lsr = 0;                /* Line status                  */


        /* Get CSR address of the device (assume console for now) */

        devptr = (struct dentry *) &devtab[CONSOLE];
```

```
csrptr = (struct uart_csreg *) devptr->dvcsr;

/* Obtain a pointer to the tty control block */

typtr = &ttytab[ devptr->dvminor ];

/* Decode hardware interrupt request from UART device */

/* Check interrupt identification register */
iir = csrptr->iir;
if (iir & UART_IIR_IRQ) {
        return;
}

/* Decode the interrupt cause based upon the value extracted   */
/* from the UART interrupt identification register.  Clear      */
/* the interrupt source and perform the appropriate handling    */
/* to coordinate with the upper half of the driver              */

/* Decode the interrupt cause */

iir &= UART_IIR_IDMASK;              /* Mask off the interrupt ID */
switch (iir) {

    /* Receiver line status interrupt (error) */
    case UART_IIR_RLSI:
        return;

    /* Receiver data available or timed out */

    case UART_IIR_RDA:
    case UART_IIR_RTO:

        resched_cntl(DEFER_START);

        /* While chars avail. in UART buffer, call ttyinter_in  */

        while ( (csrptr->lsr & UART_LSR_DR) != 0) {
                ttyhandle_in(typtr, csrptr);
        }

        resched_cntl(DEFER_STOP);

        return;

    /* Transmitter output FIFO is empty (i.e., ready for more)  */

    case UART_IIR_THRE:
        ttyhandle_out(typtr, csrptr);
        return;

    /* Modem status change (simply ignore) */

    case UART_IIR_MSC:
```

304

```
                return;
            }
    }
```

从设备转换表中获取 UART 设备的 CSR 地址后, ttyhandler 将设备的 CSR 地址载入变量 csrptr, 随后使用 csrptr 来访问该设备。其关键步骤为读取中断识别寄存器, 并使用该值来确定准确的中断原因。驱动感兴趣的两个原因是输入中断 (有数据到达) 和输出中断 (即传输 FIFO 队列为空并且驱动能够发送额外的字符)。

在代码中, 一个 switch 语句在行状态中断、输入中断和输出中断中进行选择。在我们的系统中, 除非有错误产生, 行状态中断不应该出现。因此如果产生了行状态中断, 处理函数直接返回即可 (换句话说, 忽略此中断)。

305

15.17 输出中断处理 (ttyhandle_out)

输出中断处理非常容易理解。当输出中断发生时, 设备已经传送完所有来自板载 FIFO 的字符并准备好处理更多的字符。ttyhandler 清除中断后, 调用 ttyhandle_out 重新开始输出。ttyhandle_out 的代码可以在文件 ttyhandle_out.c 中找到:

```c
/* ttyhandle_out.c - ttyhandle_out */

#include <xinu.h>

/*------------------------------------------------------------------------
 *  ttyhandle_out  -  Handle an output on a tty device by sending more
 *                      characters to the device FIFO (interrupts disabled)
 *------------------------------------------------------------------------
 */
void    ttyhandle_out(
          struct ttycblk *typtr,        /* Ptr to ttytab entry        */
          struct uart_csreg *csrptr     /* Address of UART's CSRs      */
        )
{
        int32   ochars;                 /* Number of output chars sent */
                                        /*   to the UART               */
        int32   avail;                  /* Available chars in output buf*/
        int32   uspace;                 /* Space left in onboard UART   */
                                        /*   output FIFO                */
        byte    ier = 0;

        /* If output is currently held, simply ignore the call */

        if (typtr->tyoheld) {
                return;
        }

        /* If echo and output queues empty, turn off interrupts */

        if ( (typtr->tyehead == typtr->tyetail) &&
             (semcount(typtr->tyosem) >= TY_OBUFLEN) ) {
                ier = csrptr->ier;
```

```
              csrptr->ier = ier & ~UART_IER_ETBEI;
              return;
       }

       /* Initialize uspace to the size of the transmit FIFO */
       uspace = UART_FIFO_SIZE;

       /* While onboard FIFO is not full and the echo queue is */
       /*    nonempty, xmit chars from the echo queue          */

       while ( (uspace>0) &&  typtr->tyehead != typtr->tyetail) {
              csrptr->buffer = *typtr->tyehead++;
              if (typtr->tyehead >= &typtr->tyebuff[TY_EBUFLEN]) {
                     typtr->tyehead = typtr->tyebuff;
              }
              uspace--;
       }

       /* While onboard FIFO is not full and the output queue is      */
       /*    nonempty, transmit chars from the output queue           */

       ochars = 0;
       avail = TY_OBUFLEN - semcount(typtr->tyosem);
       while ( (uspace>0) &&  (avail > 0) ) {
              csrptr->buffer = *typtr->tyohead++;
              if (typtr->tyohead >= &typtr->tyobuff[TY_OBUFLEN]) {
                     typtr->tyohead = typtr->tyobuff;
              }
              avail--;
              uspace--;
              ochars++;
       }
       if (ochars > 0) {
              signaln(typtr->tyosem, ochars);
       }
       return;
}
```

306

在开始输出之前，ttyhandle_out 进行了一系列测试。例如，如果用户输入 Ctrl+S 键，则不应该开始输出。类似地，如果回显队列和输出队列都为空，则也没有必要开始输出。为了理解 ttyhandle_out 如何开始输出的，回顾一下，底层硬件上有一个能够保存多个输出字符的板载 FIFO。一旦确定要开始输出，ttyhandle_out 就能向设备发送最多 UART_FIFO_SIZE(16) 个字符。字符持续地发送直到 FIFO 满或者缓冲区为空，而无论哪个事件先出现。回显队列具有最高的优先级。所以 ttyhandle_out 首先从回显队列中发送字符。如果还有多余的空间，ttyhandle_out 就从输出队列中发送字符。

每当 ttyhandle_out 从输出队列中删除一个字符时，它都需要向输出信号量发送信号，指示缓冲区中有一个新的可用空间。然而，因为调用 signal 可能引起重新调度，ttyhandle_out 不能立刻调用 signal，它仅仅递增变量 ochars 来对输出队列中新创建出的空间进行计数。一旦填满 FIFO（或者已经清空输出队列），ttyhandle_out 就调用

307

signaln 来表示缓冲区中有可用空间。

15.18　tty 输入处理 (ttyhandle_in)

　　由于板载输入 FIFO 可以包含多个字符，所以输入中断处理比输出处理更复杂。因此，ttyhandler [⊖]使用了循环来处理输入中断：当板载 FIFO 队列不为空时，ttyhandler 调用 ttyhandle_in 函数，ttyhandle_in 函数的作用是每次从 UART 的输入 FIFO 队列中取出一个字符并进行处理。为了在循环终止时所有字符都从设备读出后才进行重新调度，ttyhandler 使用 resched_cntl 函数。因此，尽管 ttyhandle_in 调用了 signal 使得每个字符都可用，但是只有在所有字符都从设备上读出后才会进行重新调度。

　　处理单个输入字符是 tty 设备驱动最复杂的部分，因为它包含了一些很细节化的代码，比如字符回显和行编辑。ttyhandle_in 函数处理过程有三种模式：raw、cbreak 和 cooked。文件 ttyhandle_in.c 包含了这些代码。

```
/* ttyhandle_in.c - ttyhandle_in, erase1, eputc, echoch */

#include <xinu.h>

local   void    erase1(struct ttycblk *, struct uart_csreg *);
local   void    echoch(char, struct ttycblk *, struct uart_csreg *);
local   void    eputc(char, struct ttycblk *, struct uart_csreg *);

/*------------------------------------------------------------------------
 *  ttyhandle_in  -  Handle one arriving char (interrupts disabled)
 *------------------------------------------------------------------------
 */
void    ttyhandle_in (
          struct ttycblk *typtr,        /* Pointer to ttytab entry      */
          struct uart_csreg *csrptr     /* Address of UART's CSR        */
        )
{
        char    ch;                     /* Next char from device        */
        int32   avail;                  /* Chars available in buffer    */

        ch = csrptr->buffer;

        /* Compute chars available */
        avail = semcount(typtr->tyisem);
        if (avail < 0) {                /* One or more processes waiting*/
                avail = 0;
        }

        /* Handle raw mode */

        if (typtr->tyimode == TY_IMRAW) {
                if (avail >= TY_IBUFLEN) { /* No space => ignore input  */
```

308

```
                        return;
        }

        /* Place char in buffer with no editing */

        *typtr->tyitail++ = ch;

        /* Wrap buffer pointer  */

        if (typtr->tyotail >= &typtr->tyobuff[TY_OBUFLEN]) {
                typtr->tyotail = typtr->tyobuff;
        }

        /* Signal input semaphore and return */
        signal(typtr->tyisem);
        return;
}

/* Handle cooked and cbreak modes (common part) */

if ( (ch == TY_RETURN) && typtr->tyicrlf ) {
        ch = TY_NEWLINE;
}

/* If flow control is in effect, handle ^S and ^Q */

if (typtr->tyoflow) {
        if (ch == typtr->tyostart) {        /* ^Q starts output */
                typtr->tyoheld = FALSE;
                ttykickout(csrptr);
                return;
        } else if (ch == typtr->tyostop) {  /* ^S stops output  */
                typtr->tyoheld = TRUE;
                return;
        }
}
typtr->tyoheld = FALSE;          /* Any other char starts output */

if (typtr->tyimode == TY_IMCBREAK) {        /* Just cbreak mode  */

        /* If input buffer is full, send bell to user */

        if (avail >= TY_IBUFLEN) {
                eputc(typtr->tyifullc, typtr, csrptr);
        } else {        /* Input buffer has space for this char */
                *typtr->tyitail++ = ch;

                /* Wrap around buffer */

                if (typtr->tyitail>=&typtr->tyibuff[TY_IBUFLEN]) {
                        typtr->tyitail = typtr->tyibuff;
                }
                if (typtr->tyiecho) {    /* Are we echoing chars?*/
                        echoch(ch, typtr, csrptr);
```

309

```
                                     }
                               }
                               return;

              } else {          /* Just cooked mode (see common code above) */

                        /* Line kill character arrives - kill entire line */

                        if (ch == typtr->tyikillc && typtr->tyikill) {
                                typtr->tyitail -= typtr->tyicursor;
                                if (typtr->tyitail < typtr->tyibuff) {
                                        typtr->tyihead += TY_IBUFLEN;
                                }
                                typtr->tyicursor = 0;
                                eputc(TY_RETURN, typtr, csrptr);
                                eputc(TY_NEWLINE, typtr, csrptr);
                                return;
                        }

                        /* Erase (backspace) character */

                        if ( ((ch==typtr->tyierasec) || (ch==typtr->tyierasec2))
                                                && typtr->tyierase) {
                                if (typtr->tyicursor > 0) {
                                        typtr->tyicursor--;
                                        erase1(typtr, csrptr);
                                }
                                return;
                        }
                        /* End of line */

                        if ( (ch == TY_NEWLINE) || (ch == TY_RETURN) ) {
                                if (typtr->tyiecho) {
                                        echoch(ch, typtr, csrptr);
                                }
                                *typtr->tyitail++ = ch;
                                if (typtr->tyitail>=&typtr->tyibuff[TY_IBUFLEN]) {
                                        typtr->tyitail = typtr->tyibuff;
                                }
                                /* Make entire line (plus \n or \r) available */
                                signaln(typtr->tyisem, typtr->tyicursor + 1);
                                typtr->tyicursor = 0;   /* Reset for next line  */
                                return;
                        }

                        /* Character to be placed in buffer - send bell if     */
                        /*      buffer has overflowed                          */

                        avail = semcount(typtr->tyisem);
                        if (avail < 0) {
                                avail = 0;
                        }
                        if ((avail + typtr->tyicursor) >= TY_IBUFLEN-1) {
                                eputc(typtr->tyifullc, typtr, csrptr);
```

310

```
                            return;
                    }

                    /* EOF character: recognize at beginning of line, but  */
                    /*       print and ignore otherwise.                   */

                    if (ch == typtr->tyeofch && typtr->tyeof) {
                            if (typtr->tyiecho) {
                                    echoch(ch, typtr, csrptr);
                            }
                            if (typtr->tyicursor != 0) {
                                    return;
                            }
                            *typtr->tyitail++ = ch;
                            signal(typtr->tyisem);
                            return;
                    }


                    /* Echo the character */
                    if (typtr->tyiecho) {
                            echoch(ch, typtr, csrptr);
                    }

                    /* Insert in the input buffer */

                    typtr->tyicursor++;
                    *typtr->tyitail++ = ch;

                    /* Wrap around if needed */

                    if (typtr->tyitail >= &typtr->tyibuff[TY_IBUFLEN]) {
                            typtr->tyitail = typtr->tyibuff;
                    }
                    return;
            }
}

/*------------------------------------------------------------------------
 *  erase1  -  Erase one character honoring erasing backspace
 *------------------------------------------------------------------------
 */
local   void    erase1(
        struct ttycblk      *typtr, /* Ptr to ttytab entry         */
        struct uart_csreg   *csrptr /* Address of UART's CSRs       */
      )
{
      char    ch;                        /* Character to erase     */

      if ( (--typtr->tyitail) < typtr->tyibuff) {
            typtr->tyitail += TY_IBUFLEN;
      }

      /* Pick up char to erase */
```

311

```
                    ch = *typtr->tyitail;
                    if (typtr->tyiecho) {                          /* Are we echoing?   */
                            if (ch < TY_BLANK || ch == 0177) { /* Nonprintable      */
                                    if (typtr->tyevis) {     /* Visual cntl chars */
                                            eputc(TY_BACKSP, typtr, csrptr);
                                            if (typtr->tyieback) { /* Erase char    */
                                                    eputc(TY_BLANK, typtr, csrptr);
                                                    eputc(TY_BACKSP, typtr, csrptr);
                                            }
                                    }
                                    eputc(TY_BACKSP, typtr, csrptr);/* Bypass up arr*/
                                    if (typtr->tyieback) {
                                            eputc(TY_BLANK, typtr, csrptr);
                                            eputc(TY_BACKSP, typtr, csrptr);
                                    }
                            } else {  /* A normal character that is printable     */
                                    eputc(TY_BACKSP, typtr, csrptr);
                                    if (typtr->tyieback) {  /* erase the character  */
                                            eputc(TY_BLANK, typtr, csrptr);
                                            eputc(TY_BACKSP, typtr, csrptr);
                                    }
                            }
                    }
                    return;
            }


            /*------------------------------------------------------------------------
             *  echoch - Echo a character with visual and output crlf options
             *------------------------------------------------------------------------
             */
            local   void    echoch(
                    char  ch,                         /* Character to echo          */
                    struct ttycblk *typtr,            /* Ptr to ttytab entry        */
                    struct uart_csreg *csrptr         /* Address of UART's CSRs      */
                    )
            {
                    if ((ch==TY_NEWLINE || ch==TY_RETURN) && typtr->tyecrlf) {
                            eputc(TY_RETURN, typtr, csrptr);
                            eputc(TY_NEWLINE, typtr, csrptr);
                    } else if ( (ch<TY_BLANK||ch==0177) && typtr->tyevis) {
                            eputc(TY_UPARROW, typtr, csrptr);/* print ^x          */
                            eputc(ch+0100, typtr, csrptr);  /* Make it printable   */
                    } else {
                            eputc(ch, typtr, csrptr);
                    }
            }


            /*------------------------------------------------------------------------
             *  eputc - Put one character in the echo queue
             *------------------------------------------------------------------------
             */
            local   void    eputc(
                    char  ch,                         /* Character to echo          */
                    struct ttycblk *typtr,            /* Ptr to ttytab entry        */
```

312

```
        struct uart_csreg *csrptr       /* Address of UART's CSRs      */
)                                                                              313
{
        *typtr->tyetail++ = ch;

        /* Wrap around buffer, if needed */

        if (typtr->tyetail >= &typtr->tyebuff[TY_EBUFLEN]) {
                typtr->tyetail = typtr->tyebuff;
        }
        ttykickout(csrptr);
        return;
}
```

15.18.1　raw 模式处理

raw 模式最容易理解，只有几行代码。在 raw 模式中，ttyhandle_in 检测输入缓冲区是否还有空闲空间。它通过比较输入信号量的数量（即缓冲区中可用的字符数量）和缓冲区大小来完成检测。如果没有空闲空间，ttyhandle_in 仅仅只是返回（即丢弃字符）。如果有空闲空间，ttyhandle_in 将字符放在输入缓冲区尾部，并移动到下一个缓冲区的位置，通知输入信号量并返回。

15.18.2　cbreak 模式处理

cooked 和 cbreak 模式共享一段代码，这段代码将 RETURN 映射到 NEWLINE，并进行输出流控制。tty 控制块中的字段 tyoflow 决定驱动是否进行流控制。如果进行流控制，那么当驱动收到字符 tyostop 时，通过设置 tyoheld 为 TRUE 中断输出；当收到 tyostart 时则重新开始输出。tyostart 和 tyostop 被认为是"控制"字符，驱动不会将它们放入缓冲区。

cbreak 模式检测输入缓冲区，并在缓冲区满时发送字符 tyifullc。一般来说，tyifullc 会像"铃声"一样使控制台发出响亮的警报声。这个想法的目的是为了让打字的人能够听到警报声并停止打字，直到字符被读取，有更多的缓冲区空间被释放出来。如果缓冲区有空闲空间，程序就将字符放入其中，并在有必要时回绕指针。最后，cbreak 模式调用 echoch 进行字符回显。

15.18.3　cooked 模式处理

cooked 模式与 cbreak 模式非常相似，唯一的区别在于它还进行行编辑。驱动不断地读入字符行到数据缓冲区中，通过变量 tyicursor 来标明当前行中的字符数。当接收到清除字符 tyierasec 时，ttyhandle_in 将 tyicursor 减 1，并回退一个字符，同时调用函数 erase1 清除显示的字符。当收到抹行符 tyikillc 时，ttyhandle_in 通过设置 tyicursor 为 0 来消除当前行，并将尾指针退回到行开始处。最后，当收到 NEWLINE 或者 RETURN 字符时，ttyhandle_in 调用 signaln 将整个输入行变为可用。它为下一行把 tyicursor 重置为 0。这里需要注意的是，检测缓冲区是否为满的测试会在缓冲区中给行终止符（即一个 NEWLINE）保留一个额外的空间。

15.19 tty 控制块初始化（ttyinit）

函数 ttyinit 在文件 ttyinit.c 中（如下所示），对于每个 tty 设备只被调用一次。参数 devptr 是指向一个 tty 设备的设备转换表项的指针。ttyinit 从设备转换表中提取次设备号，使用该数字作为 ttytab 数组中位置的索引，并且将 typtr 指向设备的 tty 控制块。接着 ttyinit 初始化控制块中的每个元素，如将设备设置为 cooked 模式、创建输入和输出信号量、分配头指针和尾指针以指示缓冲区为空。在初始化驱动参数以及缓冲区后，ttyinit 设置 csrptr 为 UART 硬件的 CSR 地址。然后设置波特率，设置每个字符的位数，关闭硬件匹配检测，设置 RS-232 停止位为 1。最后，ttyinit 临时禁用发射器中断。

一个基本的硬件初始化完成后，ttyinit 调用 set_evec 来设置设备转换表中中断函数的中断向量。中断向量被设置完成后，ttyinit 完成硬件初始化的最后步骤：它将复位硬件，以同时允许数据传输和中断接收，并且调用 ttykickout 来开始输出。

ttyinit 假定一个 tty 被分配一个键盘和一个用户使用的显示器。因此，ttyinit 初始化一个 tty 为 cooked 模式。在设置参数时，假定有一个视频设备能够对显示的字符退格并且清除字符。尤其是当收到清除字符 tyierasec 时，参数 tyieback 引起的 ttyhandle_in 显示 3 个字符：退格 – 空格 – 退格。在屏幕上，发送 3 个字符产生了用户输入退格键后清除字符的效果。如果你再次查看 ttyhandle_in[⊖]，你会发现它仔细地备份了正确的空格数量，即使用户清除了一个显示为两个可打印字符的控制字符，其也能正确处理。

```
/* ttyinit.c - ttyinit */

#include <xinu.h>

struct  ttycblk ttytab[Ntty];

/*------------------------------------------------------------------------
 *  ttyinit  -  Initialize buffers and modes for a tty line
 *------------------------------------------------------------------------
 */
devcall ttyinit(
          struct dentry *devptr          /* Entry in device switch table */
        )
{
        struct  ttycblk *typtr;          /* Pointer to ttytab entry      */
        struct  uart_csreg *uptr;        /* Address of UART's CSRs       */

        typtr = &ttytab[ devptr->dvminor ];

        /* Initialize values in the tty control block */

        typtr->tyihead = typtr->tyitail =      /* Set up input queue     */
                &typtr->tyibuff[0];            /*    as empty             */
        typtr->tyisem = semcreate(0);          /* Input semaphore         */
        typtr->tyohead = typtr->tyotail =      /* Set up output queue     */
                &typtr->tyobuff[0];            /*    as empty             */
```

⊖ ttyhandle_in 的代码可以在 15.18 节找到。

```
typtr->tyosem = semcreate(TY_OBUFLEN);  /* Output semaphore    */
typtr->tyehead = typtr->tyetail =       /* Set up echo queue   */
        &typtr->tyebuff[0];             /*     as empty         */
typtr->tyimode = TY_IMCOOKED;           /* Start in cooked mode */
typtr->tyiecho = TRUE;                  /* Echo console input   */
typtr->tyieback = TRUE;                 /* Honor erasing bksp   */
typtr->tyevis = TRUE;                   /* Visual control chars */
typtr->tyecrlf = TRUE;                  /* Echo CRLF for NEWLINE*/
typtr->tyicrlf = TRUE;                  /* Map CR to NEWLINE    */
typtr->tyierase = TRUE;                 /* Do erasing backspace */
typtr->tyierasec = TY_BACKSP;           /* Primary erase char   */
typtr->tyierasec2= TY_BACKSP2;          /* Alternate erase char */
typtr->tyeof = TRUE;                    /* Honor eof on input   */
typtr->tyeofch = TY_EOFCH;              /* End-of-file character*/
typtr->tyikill = TRUE;                  /* Allow line kill      */
typtr->tyikillc = TY_KILLCH;            /* Set line kill to ^U  */
typtr->tyicursor = 0;                   /* Start of input line  */
typtr->tyoflow = TRUE;                  /* Handle flow control  */
typtr->tyoheld = FALSE;                 /* Output not held      */
typtr->tyostop = TY_STOPCH;             /* Stop char is ^S      */
typtr->tyostart = TY_STRTCH;            /* Start char is ^Q     */
typtr->tyocrlf = TRUE;                  /* Send CRLF for NEWLINE*/
typtr->tyifullc = TY_FULLCH;            /* Send ^G when buffer  */
                                        /*   is full            */

/* Initialize the UART */

uptr = (struct uart_csreg *)devptr->dvcsr;

/* Set baud rate */
uptr->lcr = UART_LCR_DLAB;
uptr->dlm = 0x00;
uptr->dll = 0x18;

uptr->lcr = UART_LCR_8N1;        /* 8 bit char, No Parity, 1 Stop*/
uptr->fcr = 0x00;                /* Disable FIFO for now         */

/* Register the interrupt dispatcher for the tty device */

set_evec( devptr->dvirq, (uint32)devptr->dvintr );

/* Enable interrupts on the device: reset the transmit and     */
/*   receive FIFOS, and set the interrupt trigger level         */

uptr->fcr = UART_FCR_EFIFO | UART_FCR_RRESET |
                UART_FCR_TRESET | UART_FCR_TRIG2;

/* Start the device */

ttykickout(uptr);
return OK;
}
```

316

15.20 设备驱动控制 (ttycontrol)

到目前为止，我们已经讨论过了驱动中的函数，如处理上半部数据传输操作的函数（如 read 和 write）、处理下半部输入中断和输出中断的函数以及在系统启动时的初始化函数。在第 14 章定义的 I/O 接口提供了另一种无传输操作的函数：control。control 允许应用程控制设备驱动或者控制底层设备。在我们的驱动例子中，ttycontrol.c 文件中的 ttycontrol 函数提供了基本的控制功能：

317

```c
/* ttycontrol.c - ttycontrol */

#include <xinu.h>


/*------------------------------------------------------------------------
 *  ttycontrol  -  Control a tty device by setting modes
 *------------------------------------------------------------------------
 */
devcall ttycontrol(
        struct  dentry *devptr,         /* Entry in device switch table */
        int32   func,                   /* Function to perform          */
        int32   arg1,                   /* Argument 1 for request       */
        int32   arg2                    /* Argument 2 for request       */
    )
{
        struct  ttycblk *typtr;         /* Pointer to tty control block */
        char    ch;                     /* Character for lookahead      */

        typtr = &ttytab[devptr->dvminor];

        /* Process the request */

        switch ( func ) {

        case TC_NEXTC:
                wait(typtr->tyisem);
                ch = *typtr->tyitail;
                signal(typtr->tyisem);
                return (devcall)ch;

        case TC_MODER:
                typtr->tyimode = TY_IMRAW;
                return (devcall)OK;

        case TC_MODEC:
                typtr->tyimode = TY_IMCOOKED;
                return (devcall)OK;

        case TC_MODEK:
                typtr->tyimode = TY_IMCBREAK;
                return (devcall)OK;

        case TC_ICHARS:
                return(semcount(typtr->tyisem));
```

318

```
        case TC_ECHO:
                typptr->tyiecho = TRUE;
                return (devcall)OK;

        case TC_NOECHO:
                typptr->tyiecho = FALSE;
                return (devcall)OK;

        default:
                return (devcall)SYSERR;
        }
}
```

tty 设备的控制接口提供了 7 个控制函数（即一个进程能够在一个 tty 设备上进行的可能操作）。TC_NEXTC 允许应用程序"向前看"（lookahead）（即发现等待读取的下一个字符是什么，但是并未真正读取下一个字符）。用户可以通过 3 个控制函数（TC_MODER、TC_MODERC 和 TC_MODERK）设置 tty 驱动为其中的某一个模式。TC_ECHO 和 TC_NOECHO 控制字符回显，允许调用者关闭回显、接收输入，然后再打开回显。TC_ICHARS 使用户可以通过查询驱动来确定多少个字符在输入队列中等待。

善于观察的读者也许已经注意到了，在函数 ttycontrol 中没有使用参数 arg1 和 arg2。然而声明它们是因为设备无关的常规 I/O 例程 control 总是在调用一个控制函数（例如 ttycontrol）时提供 4 个参数。即使编译器不能在间接函数调用中进行类型检查，去掉参数声明也会使代码的移植性变差，且变得难懂。

15.21　观点

本章代码的长度揭示了设备驱动的一个很重要的方面。要理解这一点，可以比较简单串行设备的代码量与用于消息传送和进程同步原语（即信号量）的代码量。尽管消息传送和信号量分别提供了强有力的抽象，但是代码量仍然很小。

为什么一个微小的设备驱动包含这么多代码？毕竟，驱动只需要读和写字符串。答案在于，硬件提供的抽象层和驱动提供的抽象层是不同的。底层硬件仅仅传送字符，输出端和输入端是相互独立的。因此，硬件不会进行流控制或字符回显。而且，硬件不知道任何关于行结束符号的信息（即 crlf 映射）。所以，驱动需要处理更多细节问题。

|319|

虽然看上去可能会很复杂，但是本章中的示例驱动还是很小的。一个作为产品的设备驱动可能包含数万行代码，其中可能有数百个函数。可以在运行时插入的设备驱动（如 USB 设备）比静态设备驱动更复杂。所以，作为一个整体，驱动的代码兼具大规模性和复杂性。

15.22　总结

设备驱动是函数的集合，这些函数控制外围硬件设备。这些驱动程序分为两部分：上半部分包含由应用程序调用的函数组成，下半部分由中断发生时系统调用的函数组成。这两部分函数通过一个称为设备控制块的共享数据结构进行通信。

本章中的示例设备驱动实现了一个 tty 抽象层。它管理硬件之上的输入和输出功能，如链接到键盘。上半部函数实现了 read、write、getc、putc、control 操作。每一个上半部函数通过设备转换表被间接调用。下半部函数处理中断。在输出中断过程中，下半部函数把回显或输出队列字符填入板载 FIFO 队列里。在输入中断过程中，下半部函数从输入 FIFO 中抽取字符并对其进行处理。

练习

15.1   预测当两个进程并发执行 ttyRead 并同时要求处理大数量的字符时，会发生什么？做个实验测试一下，并检查结果。

15.2   找到 ttyputc 中一个阻碍其在 raw 模式下正常运行的瑕疵，并且修复它。提示：raw 模式意味着所有输入字符不被更改地接收。

15.3   kprintf 使用轮询 I/O：禁止中断、等待直到设备空闲、显示消息，然后恢复中断。如果 tty 输出缓冲区是满的并且反复调用 kprintf 和显示 NEWLINE 字符时，会发生什么？并解释。

15.4   ttyhandle_out 中的代码在字符被移出缓冲区时计算了它们的数量，然后调用 signaln 更新了信号量。更改代码以延迟重新调度。哪个版本更容易理解？哪个更高效？请解释。

15.5   有些系统将异步设备驱动分为 3 个层次：中断层（从设备发送和接收字符）、高层（从用户发送和接收字符）和中间层（实现处理字符回显、流控制、特别处理和带外信号量等线程规程）。将 Xinu tty 驱动转换为三层架构，并让进程执行中间层的代码。

320

15.6   假设两个进程同时尝试使用 CONSOLE 设备上的 write() 函数，输出会是什么？为什么？

15.7   实现一个控制函数，其允许一个进程获得如 CONSOLE 等 tty 设备的独占使用权，以及另一个控制函数，其使得该进程可以释放它的独占使用权。

15.8   ttyControl 进行模式转换时很低效，因为它不会重置光标和缓冲区指针。重写代码以改进这一点。

15.9   当连接两台计算机时，在双向上进行流控制是很有用的。修改 tty 驱动，使它包含 "tandem" 模式，在这个模式中，可以在输入缓冲区快要满时发送 Control-S，并在缓冲区半空时发送 Control-Q。

321 ~ 322

15.10   当用户切换 tty 设备模式时，对于已在输入队列上的字符（在模式转换前已经被接收了），应该怎么处理？一种可能性是将队列抛弃。修改代码以实现这一可能的功能。

DMA 设备和驱动（以太网）

与现代硬件打交道是极其困难的事情。

——James Buchanan

16.1 引言

与 I/O 相关的前几章介绍了一种使用设备转换表的通用模式，并解释了设备驱动程序如何协调工作。第 15 章给出一个基于终端设备的驱动样例，以说明驱动的上半部和下半部是如何相互作用的。

本章将扩展对 I/O 的讨论，设想一种可以与存储器直接传递数据的硬件设备的驱动设计方案。本章以一个以太网设备为例，展示这些设备的缓冲区是如何组织的，以及设备如何通过访问缓冲区来进行读写。

16.2 直接内存访问和缓冲区

虽然总线一次只能传输一个字的数据，但是面向块的设备，如磁盘或网络接口，则需要传输多个字的数据以满足一个给定的请求。为了提高并行处理，提出了直接内存访问（Direct Memory Access，DMA）机制：增加了 I/O 设备的智能性，从而可以在不中断处理器的情况下执行多次总线数据传输。因此，当使用 DMA 时，磁盘设备可以在存储器和设备之间传输完整个磁盘块的数据后再触发处理器中断（而不是要通过中断处理函数来完成数据传输），网络接口也可以在传输整个数据包之后触发中断。

DMA 输出很容易理解。以磁盘的 DMA 输出为例。当写磁盘块时，操作系统将数据存放在一个缓冲区，在存储器创建一个写请求，并把该请求的指针传递给设备。一旦请求被传递到设备之后，处理器得到空闲可继续执行其他进程。在处理器运行的同时，磁盘的 DMA 硬件通过总线获取写请求，得到缓冲区地址，然后将连续字节的数据从缓冲区写入磁盘。一旦设备从存储器中读完整个磁盘块并写入磁盘之后，磁盘就中断处理器。若有新的磁盘块准备好要输出，则可启动另一个 DMA 操作。

DMA 输入以另一种方式工作。为了读取一个磁盘块，操作系统首先分配一个缓冲区用来存放输入的数据，并在存储器创建一个读请求，将请求地址传递给磁盘设备。发起请求后，处理器就空闲了，操作系统就会在处理器上执行其他处于就绪状态的进程。在处理器运行的同时，DMA 硬件使用总线获取读请求，然后从磁盘向存储器中的缓冲区传输数据块。一旦整块数据都拷贝到存储器缓冲区，磁盘就中断处理器。因此，有了 DMA，每个磁盘块的传输过程中只会发生一次中断。

16.3 多个缓冲区和缓冲区环

实际的 DMA 设备比上文提到的更复杂。在实际中，操作系统分配多个请求块（每个请

323
~
325

求块都有自己的缓冲区），通过链表把它们链接在一起，传输给设备的不是单一请求块的地址，而是链表的地址。设备硬件根据链表来执行，无须等待 CPU 以重新启动操作⊖。例如，考虑一个使用 DMA 硬件作为输入的网络接口。为了从网络接收数据包，操作系统分配一个缓冲区链表，每一个缓冲区可以容纳一个网络数据包，操作系统将链表地址传递给网络接口设备。当一个包到达时，网络设备获得该请求的缓冲区地址，使用 DMA 将数据包复制到缓冲区，然后产生中断，并在不需要等待处理器的情况下自动定位到链表的下一个缓冲区地址。只要链表中还有缓冲区，设备就将继续接收传入的数据包，并将数据包放置在缓冲区中。

如果一个 DMA 设备达到缓冲区链表的末尾，那么将会发生什么？有趣的是，大多数 DMA 设备从未到达链表的末尾——因为硬件使用的是循环链表，称为请求环（或缓冲区环）。也就是说，链表上的最后一个节点指向第一个节点。链表中的每个节点包含两个值：指向缓冲区的指针和状态位，状态位表示缓冲区是否可用。在输入时，操作系统初始化链表中每个节点所指向的缓冲区，并设置状态位为 EMPTY。当缓冲区满以后，DMA 硬件将状态位设置为 FULL，并产生中断。设备驱动处理中断，从所有满的缓冲区中提取数据，清除状态位并标记缓冲区为 EMPTY。一方面，如果操作系统速度足够快，那么它能够及时处理传入的每个数据包并在下一个包到达之前将缓冲区标记为 EMPTY。这样，基于高速的处理器，DMA 硬件将继续围绕缓冲区环移动而不会遇到一个标记为 FULL 的缓冲区。另一方面，如果操作系统无法快速处理到达的数据包，那么设备所有的缓冲区最终将被填满，并会遇到一个标记为 FULL 的缓冲区。如果遍历整个环，缓冲区全被填满，DMA 将设置一个错误标识（通常是溢出位），并产生中断来通知操作系统。

大多数 DMA 输出的缓冲区也采用循环链表。操作系统创建一个缓冲区环，其中每个缓冲区的标志位为 EMPTY。当有数据包要发送时，操作系统把数据包放在下一个可用的输出缓冲区中，然后标志该缓冲区为 FULL，如果设备当前没有运行就启动设备。设备移动到下一个缓冲区，提取并发送数据包。一旦启动 DMA 输出硬件，它将围绕缓冲区环持续移动，直到它到达一个空缓冲区。因此，如果应用程序生成数据的速度足够快，那么 DMA 硬件将不断地传输数据包而不会出现空的缓冲区。

16.4 使用 DMA 的以太网驱动示例

接下来用例子来阐明上述讨论。我们的驱动例子是为 Galileo Quark SoC 的以太网设备编写的。虽然（例子中）很多细节是 Galileo 的以太网设备独有的，但是处理器和设备之间的 DMA 交互设计是一种很典型的 DMA 设备设计实例。例如，BeagleBone Black 的以太网设备的代码就与 Galileo 的相似。

Quark 以太网可以执行输入和输出，处理芯片为输入和输出提供了不同的 DMA 引擎。也就是说，一个驱动必须创建两个环——一个环用来指向接收数据包的缓冲区，另一个环用来指向发送数据包的缓冲区。设备具有独立的寄存器以向输入环和输出环传递指针，这样设备可以同时处理输入和输出。尽管操作是独立的，但是输入和输出中断使用同一个中断向量。因此，该驱动表现和第 15 章中的 tty 设备驱动类似：当中断发生时，设备驱动软件必须与设备进行交互，以确定中断对应的是输入还是输出操作。

⊖　一些硬件在数组中放置请求块，使用索引而不是指针，但概念是相同的。

16.5　设备的硬件定义和常量

文件 quark_eth.h 定义了以太网硬件所需的常量和结构体。该文件包含了许多细节，可能看上去比较难以理解。目前，只需要知道这些定义都是直接来源于供应商的设备手册就足够了。例如，根据硬件供应商，结构体 eth_q_csreg 规定了控制寄存器和状态寄存器的格式。

我们看到，发射环和接收环分别各由一个描述符循环链表组成，其中每个描述符都包含状态信息、一个指向内存缓冲区的指针和一个指向环中下一个描述符的指针。目前，只需要知道 eth_q_tx_desc 和 eth_q_rx_desc 结构分别定义了 DMA 在发射环和接收环中要找到的描述符就足够了。

```
/* quark_eth.h */

/* Definitions for Intel Quark Ethernet */

#define INTEL_ETH_QUARK_PCI_DID 0x0937          /* MAC PCI Device ID    */
#define INTEL_ETH_QUARK_PCI_VID 0x8086          /* MAC PCI Vendor ID    */

struct eth_q_csreg {
        uint32  maccr;          /* MAC Configuration Register           */
        uint32  macff;          /* MAC Frame Filter Register            */
        uint32  hthr;           /* Hash Table High Register             */
        uint32  htlr;           /* Hash Table Low Register              */
        uint32  gmiiar;         /* GMII Address Register                */
        uint32  gmiidr;         /* GMII Data Register                   */
        uint32  fcr;            /* Flow Control Register                */
        uint32  vlantag;        /* VLAV Tag Register                    */
        uint32  version;        /* Version Register                     */
        uint32  debug;          /* Debug Register                       */
        uint32  res1[4];        /* Skipped Addresses                    */
        uint32  ir;             /* Interrupt Register                   */
        uint32  imr;            /* Interrupt Mask Register              */
        uint32  macaddr0h;      /* MAC Address0 High Register           */
        uint32  macaddr0l;      /* MAC Address0 Low Register            */
        uint32  res2[46];
        uint32  mmccr;          /* MAC Management Counter Cntl Register */
        uint32  mmcrvcir;       /* MMC Receive Interrupt Register       */
        uint32  mmctxir;        /* MMC Transmit Interrupt Register      */
        uint32  res3[957];      /* Skipped Addresses                    */
        uint32  bmr;            /* Bus Mode Register                    */
        uint32  tpdr;           /* Transmit Poll Demand Register        */
        uint32  rpdr;           /* Receive Poll Demand Register         */
        uint32  rdla;           /* Receive Descriptor List Addr         */
        uint32  tdla;           /* Transmit Descriptor List Addr        */
        uint32  sr;             /* Status Register                      */
        uint32  omr;            /* Operation Mode Register              */
        uint32  ier;            /* Interrupt Enable Register            */
};

/* Individual Bits in Control and Status Registers */

/* MAC Configuration Register   */
```

328

```
#define ETH_QUARK_MACCR_PE2K     0x08000000      /* Enable 2K Packets     */
#define ETH_QUARK_MACCR_WD       0x00800000      /* Watchdog Disable      */
#define ETH_QUARK_MACCR_JD       0x00400000      /* Jabber Disable        */
#define ETH_QUARK_MACCR_JE       0x00100000      /* Jumbo Frame Enable    */

/* Inter-frame gap values */
#define ETH_QUARK_MACCR_IFG96    0x00000000      /* 96 bit times          */
#define ETH_QUARK_MACCR_IFG88    0x00020000      /* 88 bit times          */
#define ETH_QUARK_MACCR_IFG80    0x00040000      /* 80 bit times          */
#define ETH_QUARK_MACCR_IFG40    0x000E0000      /* 40 bit times          */
#define ETH_QUARK_MACCR_IFG64    0x00080000      /* 64 bit times          */

#define ETH_QUARK_MACCR_DCRS     0x00010000      /* Dis. C. Sense dur TX */
#define ETH_QUARK_MACCR_RMIISPD10   0x00000000   /* RMII Speed = 10 Mbps */
#define ETH_QUARK_MACCR_RMIISPD100  0x00004000   /* RMII Speed = 100 Mbps*/
#define ETH_QUARK_MACCR_DO       0x00002000      /* Disable Receive Own   */
#define ETH_QUARK_MACCR_LM       0x00001000      /* Loopback Mode Enable */
#define ETH_QUARK_MACCR_DM       0x00000800      /* Duplex Mode Enable    */
#define ETH_QUARK_MACCR_IPC      0x00000400      /* Checksum Offload      */
#define ETH_QUARK_MACCR_DR       0x00000200      /* Disable Retry         */
#define ETH_QUARK_MACCR_ACS      0x00000080      /* Auto Pad or CRC Strip*/
#define ETH_QUARK_MACCR_DC       0x00000010      /* Deferral Check        */
#define ETH_QUARK_MACCR_TE       0x00000008      /* Transmitter Enable    */
#define ETH_QUARK_MACCR_RE       0x00000004      /* Receiver Enable       */
#define ETH_QUARK_MACCR_PRELEN7  0x00000000      /* Preamble = 7 bytes    */
#define ETH_QUARK_MACCR_PRELEN5  0x00000001      /* Preamble = 5 bytes    */
#define ETH_QUARK_MACCR_PRELEN3  0x00000002      /* Preamble = 3 bytes    */

#define ETH_QUARK_MMC_CNTFREEZ 0x00000008      /* Freeze MMC counter values*/
#define ETH_QUARK_MMC_CNTRST   0x00000001      /* Reset all cntrs to zero  */

/* GMII Address Register        */
#define ETH_QUARK_GMIIAR_PAMASK 0x0000F800      /* Phys Layer Addr Mask */
#define ETH_QUARK_GMIIAR_GRMASK 0x000007C0      /* GMII Register Mask    */
#define ETH_QUARK_GMIIAR_CR     0x00000004      /* Clk Range = 100-150  */
                                                /*     MHz for Quark     */
#define ETH_QUARK_GMIIAR_GW     0x00000002      /* GMII Write Enable     */
#define ETH_QUARK_GMIIAR_GB     0x00000001      /* GMII Busy             */

/* Bus Mode Register */
#define ETH_QUARK_BMR_SWR        0x00000001      /* Software Reset        */

/* Status Register */
#define ETH_QUARK_SR_MMCI        0x08000000      /* MAC MMC interrupt     */
#define ETH_QUARK_SR_TS_SUSP     0x00600000      /* TX DMA is suspended  */
#define ETH_QUARK_SR_NIS         0x00010000      /* Normal Int summary    */
#define ETH_QUARK_SR_AIS         0x00008000      /* Abnorm Intrupt summ. */
#define ETH_QUARK_SR_RI          0x00000040      /* Receive Interrupt     */
#define ETH_QUARK_SR_TI          0x00000001      /* Transmit Interrupt    */

/* Operation Mode Register */
#define ETH_QUARK_OMR_TSF        0x00200000      /* Tx store and forward */
#define ETH_QUARK_OMR_ST         0x00002000      /* Start/Stop TX         */
#define ETH_QUARK_OMR_SR         0x00000002      /* Start/Stop RX         */
```

329

```
/* Interrupt Enable Register */
#define ETH_QUARK_IER_NIE       0x00010000      /* Enable Norm Int Summ.*/
#define ETH_QUARK_IER_AIE       0x00008000      /* Enable Abnnom "   "   */
#define ETH_QUARK_IER_RIE       0x00000040      /* Enable RX Interrupt  */
#define ETH_QUARK_IER_TIE       0x00000001      /* Enable TX Interrupt  */


/* Quark Ethernet Transmit Descriptor */

struct eth_q_tx_desc {
        uint32  ctrlstat;       /* Control and status   */
        uint16  buf1size;       /* Size of buffer 1     */
        uint16  buf2size;       /* Size of buffer 2     */
        uint32  buffer1;        /* Address of buffer 1  */
        uint32  buffer2;        /* Address of buffer 2  */
};

#define ETH_QUARK_TDCS_OWN      0x80000000      /* Descrip. owned by DMA*/
#define ETH_QUARK_TDCS_IC       0x40000000      /* Int on Completion    */
#define ETH_QUARK_TDCS_LS       0x20000000      /* Last Segment         */
#define ETH_QUARK_TDCS_FS       0x10000000      /* First Segment        */
#define ETH_QUARK_TDCS_TER      0x00200000      /* Transmit End of Ring */
#define ETH_QUARK_TDCS_ES       0x00008000      /* Error Summary        */


/* Quark Ethernet Receive Descriptor */
```

330

```
struct eth_q_rx_desc {
        uint32  status;         /* Desc status word     */
        uint16  buf1size;       /* Size of buffer 1     */
        uint16  buf2size;       /* Size of buffer 2     */
        uint32  buffer1;        /* Address of buffer 1  */
        uint32  buffer2;        /* Address of buffer 2  */
};
#define rdctl1  buf1size        /* Buffer 1 size field has control bits too */
#define rdctl2  buf2size        /* Buffer 2 size field has control bits too */

#define ETH_QUARK_RDST_OWN      0x80000000      /* Descrip. owned by DMA*/
#define ETH_QUARK_RDST_ES       0x00008000      /* Error Summary        */
#define ETH_QUARK_RDST_FS       0x00000200      /* First Segment        */
#define ETH_QUARK_RDST_LS       0x00000100      /* Last segment         */
#define ETH_QUARK_RDST_FTETH    0x00000020      /* Frame Type = Ethernet*/

#define ETH_QUARK_RDCTL1_DIC    0x8000  /* Dis. Int on Complet. */
#define ETH_QUARK_RDCTL1_RER    0x8000  /* Recv End of Ring     */

#define ETH_QUARK_RX_RING_SIZE  32
#define ETH_QUARK_TX_RING_SIZE  16

#define ETH_QUARK_INIT_DELAY    500000          /* Delay in micro secs  */
#define ETH_QUARK_MAX_RETRIES   3               /* Max retries for init */
```

16.6 环和内存缓冲区

从设备的角度来看，输入环或输出环都在内存中包含一个由描述符组成的链表。之前说过，环上每个描述符都包含一个状态字，用来标识其关联的缓冲区是空的还是满的。描述符同时包含一个指向内存缓冲区的指针和一个指向链表中下一个描述符的指针。图 16-1 说明了发射环和接收环的结构，展示了每个描述符既包含指向缓冲区的指针，也包含指向链表中下一描述符的指针。

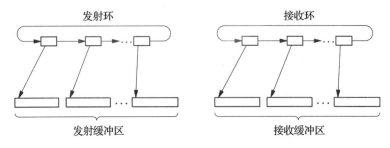

图 16-1　示例 DMA 硬件设备使用发射环和接收环图示

如图 16-1 所示，描述符以循环链表的形式组织，链表的尾节点反过来指向头节点。当阅读代码时，记住"以太网设备把每个环看作一个循环链表"将相当重要，于是 DMA 硬件只需要跟随指针就能从一个节点访问到链表的下一个节点。这种区别很重要，原因在于驱动代码分配存储空间的方式。驱动使用 getmem 为环中的每个描述符分配足够的存储空间，然后将描述符连接起来。因为它们是连续的，所以驱动程序可以用指针递增操作来遍历这些节点。图 16-2 展示了节点的结构，并说明了环中的节点是如何在连续空间存储的。

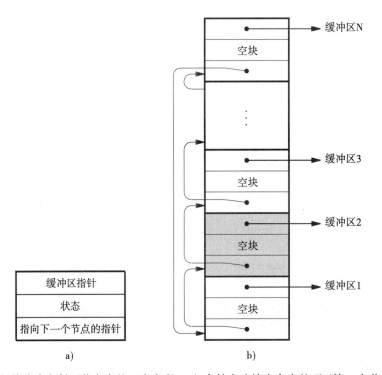

图 16-2　a）接收或发射环节点中的三个字段；b）存储在连续内存中的环（第二个节点带阴影）

16.7　以太网控制块的定义

文件 ether.h 定义了以太网驱动使用的常量和数据结构，包括以太网数据包头格式、数据包缓冲区在内存中的布局和以太网控制块的内容。 [333]

```
/* ether.h */

/* Ethernet packet format:

+-+-+-+-+-+-+-+-+-+-+-+-+-+-+-+-+-+-+-+-+-+-+-+-+-+-+-+-+-+-+-+-+
|   Dest. MAC (6)   |   Src. MAC (6)   |Type (2)|   Data (46-1500)...   |
+-+-+-+-+-+-+-+-+-+-+-+-+-+-+-+-+-+-+-+-+-+-+-+-+-+-+-+-+-+-+-+-+
*/

#define ETH_ADDR_LEN        6                   /* Len. of Ethernet (MAC) addr. */
typedef unsigned char       Eaddr[ETH_ADDR_LEN];/* Physical Ethernet address*/

/* Ethernet packet header */

struct  etherPkt {
        byte    dst[ETH_ADDR_LEN];      /* Destination Mac address   */
        byte    src[ETH_ADDR_LEN];      /* Source Mac address        */
        uint16  type;                   /* Ether type field          */
        byte    data[1];                /* Packet payload            */
};

#define ETH_HDR_LEN         14          /* Length of Ethernet packet */
                                        /*   header                  */


/* Ethernet DMA buffer sizes */

#define ETH_MTU             1500        /* Maximum transmission unit */
#define ETH_VLAN_LEN        4           /* Length of Ethernet vlan tag */
#define ETH_CRC_LEN         4           /* Length of CRC on Ethernet */
                                        /*   frame                   */

#define ETH_MAX_PKT_LEN ( ETH_HDR_LEN + ETH_VLAN_LEN + ETH_MTU )

#define ETH_BUF_SIZE        2048        /* A multiple of 16 greater  */
                                        /*   than the max packet     */
                                        /*   size (for cache alignment) */


/* State of the Ethernet interface */

#define ETH_STATE_FREE      0           /* Control block is unused   */
#define ETH_STATE_DOWN      1           /* Interface is inactive     */
#define ETH_STATE_UP        2           /* Interface is currently active*/


/* Ethernet device control functions */

#define ETH_CTRL_GET_MAC        1       /* Get the MAC for this device */
#define ETH_CTRL_ADD_MCAST      2       /* Add a multicast address   */
#define ETH_CTRL_REMOVE_MCAST   3       /* Remove a multicast address */
```
[334]

```
/* Ethernet multicast */

#define ETH_NUM_MCAST        32      /* Max multicast addresses    */

/* Ehternet NIC type */

#define ETH_TYPE_3C905C      1       /* 3COM 905C                  */
#define ETH_TYPE_E1000E      2       /* Intel E1000E               */
#define ETH_TYPE_QUARK_ETH   3       /* Ethernet on Quark board    */

/* Control block for Ethernet device */

struct  ethcblk {
        byte    state;          /* ETH_STATE_... as defined above     */
        struct  dentry *phy;    /* physical eth device for Tx DMA     */
        byte    type;           /* NIC type_... as defined above      */

        /* Pointers to associated structures */

        struct  dentry *dev;    /* Address in device switch table     */
        void    *csr;           /* Control and status regsiter address */
        uint32  pcidev;         /* PCI device number                  */
        uint32  iobase;         /* I/O base from config               */
        uint32  flashbase;      /* Flash base from config             */
        uint32  membase;        /* Memory base for device from config */

        void    *rxRing;        /* Ptr to array of recv ring descriptors*/
        void    *rxBufs;        /* Ptr to Rx packet buffers in memory */
        uint32  rxHead;         /* Index of current head of Rx ring   */
        uint32  rxTail;         /* Index of current tail of Rx ring   */
        uint32  rxRingSize;     /* Size of Rx ring descriptor array   */
        uint32  rxIrq;          /* Count of Rx interrupt requests     */

        void    *txRing;        /* Ptr to array of xmit ring descriptors*/
        void    *txBufs;        /* Ptr to Tx packet buffers in memory */
        uint32  txHead;         /* Index of current head of Tx ring   */
        uint32  txTail;         /* Index of current tail of Tx ring   */
        uint32  txRingSize;     /* Size of Tx ring descriptor array   */
        uint32  txIrq;          /* Count of Tx interrupt requests     */

        uint8   devAddress[ETH_ADDR_LEN];/* MAC address              */
        uint8   addrLen;        /* Hardware address length            */
        uint16  mtu;            /* Maximum transmission unit (payload) */

        uint32  errors;         /* Number of Ethernet errors          */
        sid32   isem;           /* Semaphore for Ethernet input       */
        sid32   osem;           /* Semaphore for Ethernet output      */
        uint16  istart;         /* Index of next packet in the ring   */

        int16   inPool;         /* Buffer pool ID for input buffers   */
        int16   outPool;        /* Buffer pool ID for output buffers  */

        int16   proms;          /* Nonzero => promiscuous mode        */
```

335

```
          int16    ed_mcset;          /* Nonzero => multicast reception set  */
          int16    ed_mcc;            /* Count of multicast addresses        */
          Eaddr    ed_mca[ETH_NUM_MCAST];/* Array of multicast addrs         */
};

extern  struct  ethcblk ethertab[];       /* Array of control blocks         */
```

16.8 设备和驱动初始化

之前说过，操作系统在每个设备启动时调用 init 函数。根据设备转换表的配置，对以太网设备的 init 函数的调用过程会调用到 ethinit 函数，该函数会初始化以太网设备以及相应设备驱动数据结构。文件 ethinit.c 包含如下代码。

```
/* ethinit.c - ethinit, eth_phy_read, eth_phy_write */

#include <xinu.h>

struct  ethcblk ethertab[1];

/*------------------------------------------------------------------------
 * eth_phy_read  -  Read a PHY register
 *------------------------------------------------------------------------
 */
uint16  eth_phy_read    (
          volatile      struct eth_q_csreg *csrptr,    /* CSR address */
          uint32        regnum                         /* Register    */
        )
{
        uint32  retries;                    /* No. of retries for read     */

        /* Wait for the MII to be ready */

        while(csrptr->gmiiar & ETH_QUARK_GMIIAR_GB);

        /* Prepare the GMII address register for read transaction */

        csrptr->gmiiar =
                (1 << 11)                 | /* Physical Layer Address = 1 */
                (regnum << 6)             | /* PHY Register Number        */
                (ETH_QUARK_GMIIAR_CR)     | /* GMII Clock Range 100-150MHz*/
                (ETH_QUARK_GMIIAR_GB);      /* Start the transaction      */

        /* Wait for the transaction to complete */

        retries = 0;
        while(csrptr->gmiiar & ETH_QUARK_GMIIAR_GB) {
                DELAY(ETH_QUARK_INIT_DELAY);
                if((++retries) > ETH_QUARK_MAX_RETRIES)
                        return 0;
        }

        /* Transaction is complete, read the PHY register value from     */
        /*   the GMII data register                                      */
```

336

```
                return (uint16)csrptr->gmiidr;
        }


        /*------------------------------------------------------------------
         * eth_phy_write   -   Write a PHY register
         *------------------------------------------------------------------
         */
        void    eth_phy_write   (
                    volatile      struct eth_q_csreg *csrptr, /* CSR address    */
                    uint32        regnum,                     /* Register       */
                                  uint16  value               /* Value to write */
                )
        {
                uint32  retries; /* No. of retries for write */

                /* Wait for the MII to be ready */

                while(csrptr->gmiiar & ETH_QUARK_GMIIAR_GB);

                /* Write the value to GMII data register */

                csrptr->gmiidr = (uint32)value;

                /* Prepare the GMII address register for write transaction */

                csrptr->gmiiar =
                        (1 << 11)                 |  /* Physical Layer Address = 1 */
                        (regnum << 6)             |  /* PHY Register Number        */
                        (ETH_QUARK_GMIIAR_CR)     |  /* GMII Clock Range 100-150MHz*/
                        (ETH_QUARK_GMIIAR_GW)     |  /* Write transaction          */
                        (ETH_QUARK_GMIIAR_GB);       /* Start the transaction      */

                /* Wait till the transaction is complete */

                retries = 0;
                while(csrptr->gmiiar & ETH_QUARK_GMIIAR_GB) {
                        DELAY(ETH_QUARK_INIT_DELAY);
                        if((++retries) > ETH_QUARK_MAX_RETRIES)
                                return;
                }
        }


        /*------------------------------------------------------------------
         * eth_phy_reset   -   Reset an Ethernet PHY
         *------------------------------------------------------------------
         */
        int32   eth_phy_reset   (
                    volatile struct eth_q_csreg *csrptr    /* CSR address      */
                )
        {
                uint16  value;          /* Variable to read in PHY registers  */
                uint32  retries;        /* No.  of retries for reset          */

                /* Read the PHY control register (register 0) */
```

337

```
        value = eth_phy_read(csrptr, 0);

        /* Set bit 15 in control register to reset the PHY */

        eth_phy_write(csrptr, 0, (value | 0x8000));

        /* Wait for PHY reset process to complete */

        retries = 0;
        while(eth_phy_read(csrptr, 0) & 0x8000) {
                DELAY(ETH_QUARK_INIT_DELAY);
                if((++retries) > ETH_QUARK_MAX_RETRIES)
                        return SYSERR;
        }
        /* See if the PHY has auto-negotiation capability */

        value = eth_phy_read(csrptr, 1);        /* PHY Status register  */
        if(value & 0x0008) { /* Auto-negotiation capable */

                /* Wait for the auto-negotiation process to complete */

                retries = 0;
                while((eth_phy_read(csrptr, 1) & 0x0020) == 0) {
                        DELAY(ETH_QUARK_INIT_DELAY);
                        if((++retries) > ETH_QUARK_MAX_RETRIES)
                                return SYSERR;
                }
        }

        /* Wait for the Link to be Up */

        retries = 0;
        while((eth_phy_read(csrptr, 1) & 0x0004) == 0) {
                DELAY(ETH_QUARK_INIT_DELAY);
                if((++retries) > ETH_QUARK_MAX_RETRIES)
                        return SYSERR;
        }

        DELAY(ETH_QUARK_INIT_DELAY);

        kprintf("Ethernet Link is Up\n");

        return OK;
}

/*------------------------------------------------------------------------
 * ethinit  -  Initialize the Intel Quark Ethernet device
 *------------------------------------------------------------------------
 */
int32   ethinit (
           struct dentry *devptr          /* Entry in device switch table */
        )
{
        struct  ethcblk *ethptr;                    /* Ptr to control block */
```

338

```
        volatile struct eth_q_csreg *csrptr;    /* Ptr to CSR             */
        struct  eth_q_tx_desc *tx_descs;        /* Array of tx descs      */
        struct  eth_q_rx_desc *rx_descs;        /* Array of rx descs      */
        struct  netpacket *pktptr;              /* Pointer to a packet    */
        void    *temptr;                        /* Temp. pointer          */
        uint32  retries;                        /* Retry count for reset*/
        int32   retval;
        int32   i;


        ethptr = &ethertab[devptr->dvminor];


        ethptr->csr = (struct eth_q_csreg *)devptr->dvcsr;
        csrptr = (struct eth_q_csreg *)ethptr->csr;


        /* Enable CSR Memory Space, Enable Bus Master */
        pci_write_config_word(ethptr->pcidev, 0x4, 0x0006);


        /* Reset the PHY */
        retval = eth_phy_reset(csrptr);
        if(retval == SYSERR) {
                return SYSERR;
        }


        /* Reset the Ethernet MAC */
        csrptr->bmr |= ETH_QUARK_BMR_SWR;


        /* Wait for the MAC Reset process to complete */
        retries = 0;
        while(csrptr->bmr & ETH_QUARK_BMR_SWR) {
                DELAY(ETH_QUARK_INIT_DELAY);
                if((++retries) > ETH_QUARK_MAX_RETRIES)
                        return SYSERR;
        }


        /* Transmit Store and Forward */
        csrptr->omr |= ETH_QUARK_OMR_TSF;


        /* Set the interrupt handler */
        set_evec(devptr->dvirq, (uint32)devptr->dvintr);


        /* Set the MAC Speed = 100Mbps, Full Duplex mode */
        csrptr->maccr |= (ETH_QUARK_MACCR_RMIISPD100 |
                        ETH_QUARK_MACCR_DM);


        /* Reset the MMC Counters */
        csrptr->mmccr |= ETH_QUARK_MMC_CNTFREEZ | ETH_QUARK_MMC_CNTRST;


        /* Retrieve the MAC address from SPI flash */
        get_quark_pdat_entry_data_by_id(QUARK_MAC1_ID,
                        (char*)(ethptr->devAddress), ETH_ADDR_LEN);


        kprintf("MAC address is %02x:%02x:%02x:%02x:%02x:%02x\n",
                0xff&ethptr->devAddress[0],
                0xff&ethptr->devAddress[1],
```

339

340

```
            0xff&ethptr->devAddress[2],
            0xff&ethptr->devAddress[3],
            0xff&ethptr->devAddress[4],
            0xff&ethptr->devAddress[5]);

    /* Add the MAC address read from SPI flash into the      */
    /* macaddr registers for address filtering              */
    csrptr->macaddr0l = (uint32)(*((uint32 *)ethptr->devAddress));
    csrptr->macaddr0h = ((uint32)
            (*((uint16 *)(ethptr->devAddress + 4))) | 0x80000000);

    ethptr->txRingSize = ETH_QUARK_TX_RING_SIZE;

    /* Allocate memory for the transmit ring */
    temptr = (void *)getmem(sizeof(struct eth_q_tx_desc) *
                                    (ethptr->txRingSize+1));
    if((int)temptr == SYSERR) {
            return SYSERR;
    }
    memset(temptr, 0, sizeof(struct eth_q_tx_desc) *
                                    (ethptr->txRingSize+1));

    /* The transmit descriptors need to be 4-byte aligned */
    ethptr->txRing = (void *)(((uint32)temptr + 3) & (~3));

    /* Allocate memory for transmit buffers */
    ethptr->txBufs = (void *)getmem(sizeof(struct netpacket) *
                                    (ethptr->txRingSize+1));
    if((int)ethptr->txBufs == SYSERR) {
            return SYSERR;
    }
    ethptr->txBufs = (void *)(((uint32)ethptr->txBufs + 3) & (~3));

    /* Pointers to initialize transmit descriptors */
    tx_descs = (struct eth_q_tx_desc *)ethptr->txRing;
    pktptr = (struct netpacket *)ethptr->txBufs;

    /* Initialize the transmit descriptors */
    for(i = 0; i < ethptr->txRingSize; i++) {
            tx_descs[i].buffer1 = (uint32)(pktptr + i);
    }
```

341

```
    /* Create the output synchronization semaphore */
    ethptr->osem = semcreate(ethptr->txRingSize);
    if((int)ethptr->osem == SYSERR) {
            return SYSERR;
    }

    ethptr->rxRingSize = ETH_QUARK_RX_RING_SIZE;

    /* Allocate memory for the receive descriptors */
    temptr = (void *)getmem(sizeof(struct eth_q_rx_desc) *
                                    (ethptr->rxRingSize+1));
    if((int)temptr == SYSERR) {
```

```
                return SYSERR;
        }
        memset(temptr, 0, sizeof(struct eth_q_rx_desc) *
                                (ethptr->rxRingSize+1));

        /* Receive descriptors must be 4-byte aligned */
        ethptr->rxRing = (struct eth_q_rx_desc *)
                                (((uint32)temptr + 3) & (~3));

        /* Allocate memory for the receive buffers */
        ethptr->rxBufs = (void *)getmem(sizeof(struct netpacket) *
                                (ethptr->rxRingSize+1));
        if((int)ethptr->rxBufs == SYSERR) {
                return SYSERR;
        }

        /* Receive buffers must be 4-byte aligned */
        ethptr->rxBufs = (void *)(((uint32)ethptr->rxBufs + 3) & (~3));

        /* Pointer to initialize receive descriptors */
        rx_descs = (struct eth_q_rx_desc *)ethptr->rxRing;

        /* Pointer to data buffers */
        pktptr = (struct netpacket *)ethptr->rxBufs;

        /* Initialize the receive descriptors */
        for(i = 0; i < ethptr->rxRingSize; i++) {

                rx_descs[i].status   = ETH_QUARK_RDST_OWN;
                rx_descs[i].buf1size = (uint32)sizeof(struct netpacket);
                rx_descs[i].buffer1  = (uint32)(pktptr + i);
        }

        /* Indicate end of ring on last descriptor */
        rx_descs[ethptr->rxRingSize-1].buf1size |= (ETH_QUARK_RDCTL1_RER);

        /* Create the input synchronization semaphore */
        ethptr->isem = semcreate(0);
        if((int)ethptr->isem == SYSERR) {
                return SYSERR;
        }

        /* Enable the Transmit and Receive Interrupts */
        csrptr->ier = ( ETH_QUARK_IER_NIE |
                        ETH_QUARK_IER_TIE |
                        ETH_QUARK_IER_RIE );

        /* Initialize the transmit descriptor base address */
        csrptr->tdla = (uint32)ethptr->txRing;

        /* Initialize the receive descriptor base address */
        csrptr->rdla = (uint32)ethptr->rxRing;

        /* Enable the MAC Receiver and Transmitter */
```

342

```
          csrptr->maccr |= (ETH_QUARK_MACCR_TE | ETH_QUARK_MACCR_RE);

          /* Start the Transmit and Receive Processes in the DMA */
          csrptr->omr |= (ETH_QUARK_OMR_ST | ETH_QUARK_OMR_SR);

          return OK;

    }
```

当被调用之后，ethinit 函数初始化设备控制块中的各个域，然后初始化硬件。虽然许多细节依赖于特定的以太网硬件，但是大多数硬件有着等效功能。一旦描述符环初始化完毕，ethinit 函数允许硬件发送和接收中断，使设备准备好发送和接收数据包。

16.9 从以太网设备读取数据包

因为 DMA 引擎使用输入环将接收到的数据包存入连续的缓冲区内，所以从以太网设备读数据并不需要与设备硬件进行太多交互。驱动使用信号量机制来协调读操作：信号量初始为 0，并在每个包到达时执行 signal 操作，当进程读取包时，对信号量执行 wait 操作，然后从环的下一个缓冲区中取出数据包。如果进程尝试读包时没有可用的数据包，该调用会被阻塞。一旦数据包变为可用，中断处理程序就会对信号量进行 signal 操作，进程就可以继续执行了。驱动程序只需要将数据包从环缓冲区拷贝到调用进程的缓冲区，然后返回即可。文件 ethread.c 包含了这些代码：

343

```
/* ethread.c - ethread */

#include <xinu.h>

/*------------------------------------------------------------------------
 * ethread  -  Read an incoming packet on Intel Quark Ethernet
 *------------------------------------------------------------------------
 */
devcall ethread (
          struct dentry *devptr,        /* Entry in device switch table */
          char  *buf,                   /* Buffer for the packet        */
          int32 len                     /* Size of the buffer           */
        )
{
        struct  ethcblk *ethptr;        /* Ethertab entry pointer       */
        struct  eth_q_rx_desc *rdescptr;/* Pointer to the descriptor    */
        struct  netpacket *pktptr;      /* Pointer to packet            */
        uint32  framelen = 0;           /* Length of the incoming frame */
        bool8   valid_addr;
        int32   i;

        ethptr = &ethertab[devptr->dvminor];

        while(1) {

                /* Wait until there is a packet in the receive queue */

                wait(ethptr->isem);
```

```
        /* Point to the head of the descriptor list */

        rdescptr = (struct eth_q_rx_desc *)ethptr->rxRing +
                                            ethptr->rxHead;
        pktptr = (struct netpacket*)rdescptr->buffer1;

        /* See if destination address is our unicast address */

        if(!memcmp(pktptr->net_ethdst, ethptr->devAddress, 6)) {

                valid_addr = TRUE;

        /* See if destination address is the broadcast address */

        } else if(!memcmp(pktptr->net_ethdst,
                        NetData.ethbcast,6)) {
                valid_addr = TRUE;

        /* For multicast addresses, see if we should accept */

        } else {
                valid_addr = FALSE;
                for(i = 0; i < (ethptr->ed_mcc); i++) {
                        if(memcmp(pktptr->net_ethdst,
                                ethptr->ed_mca[i], 6) == 0){
                                valid_addr = TRUE;
                                break;
                        }
                }
        }

        if(valid_addr == TRUE){ /* Accept this packet */

                /* Get the length of the frame */

                framelen = (rdescptr->status >> 16) & 0x00003FFF;

                /* Only return len characters to caller */

                if(framelen > len) {
                        framelen = len;
                }

                /* Copy the packet into the caller's buffer */

                memcpy(buf, (void*)rdescptr->buffer1, framelen);
        }

        /* Increment the head of the descriptor list */

        ethptr->rxHead += 1;
        if(ethptr->rxHead >= ETH_QUARK_RX_RING_SIZE) {
                ethptr->rxHead = 0;
        }
```

344

345

```
        /* Reset the descriptor to max possible frame len */

        rdescptr->buf1size = sizeof(struct netpacket);

        /* If we reach the end of the ring, mark the descriptor */

        if(ethptr->rxHead == 0) {
                rdescptr->rdctl1 |= (ETH_QUARK_RDCTL1_RER);
        }

        /* Indicate that the descriptor is ready for DMA input */

        rdescptr->status = ETH_QUARK_RDST_OWN;

        if(valid_addr == TRUE) {
                break;
        }
    }

    /* Return the number of bytes returned from the packet */

    return framelen;

}
```

ethread 包含一个循环，不断地读取数据包直到找到一个有效的数据包。数据包能被接收的条件是数据包的地址指向计算机的单播地址、网络的广播地址或者是计算机监听的多播地址中的一个。其他数据包则会被丢弃。

多播。与很多硬件设备相似，Galileo 以太网不识别大量的多播地址。硬件收到一些多播数据包，然后依赖软件来决定该包是否应该被接收。驱动程序使用一个多播地址的数组，检查每个收到的多播数据包，检测数据包的地址是否与应用程序指定地址中的其中一个地址匹配。练习中有一个题目会探索硬件过滤器的使用。

为了让进程在至少有一个可用的数据包之前阻塞，ethread 会在每轮循环中对输入信号量执行 wait 操作。一旦成功通过 wait 调用，ethread 代码会分配下一个可用的环描述符，并获取一个指向与该环关联的缓冲区的指针，然后检查缓冲区中数据包的目的地址。当找到一个可用的数据包时，代码会将数据包拷贝到调用进程的缓冲区，并将数据包的大小作为返回值返回给调用进程。无论这个包被接受还是忽略，ethread 都使描述符可供设备使用（也就是准备好让 DMA 引擎存放另一个数据包）。

346

16.10　向以太网设备写入数据包

利用 DMA 可使输出像输入一样简单。应用程序调用 write 来发送数据包，其中 write 函数又调用了 ethwrite 函数。与输入一样，输出端只与缓冲环交互：ethwrite 函数将调用者的缓冲区内容复制到下一个可用的输出缓冲区中。文件 ethwrite.c 代码如下：

```
/* ethwrite.c - ethwrite */

#include <xinu.h>
```

```
/*-------------------------------------------------------------------
 * ethwrite  -  enqueue packet for transmission on Intel Quark Ethernet
 *-------------------------------------------------------------------
 */
devcall ethwrite        (
            struct dentry *devptr,      /* Entry in device switch table */
            char  *buf,                 /* Buffer that hols a packet    */
            int32 len                   /* Length of the packet         */
        )
{
        struct  ethcblk *ethptr;        /* Pointer to control block     */
        struct  eth_q_csreg *csrptr;    /* Address of device CSRs       */
        volatile struct eth_q_tx_desc *descptr; /* Ptr to descriptor    */
        uint32 i;                       /* Counts bytes during copy     */

        ethptr = &ethertab[devptr->dvminor];

        csrptr = (struct eth_q_csreg *)ethptr->csr;

        /* Wait for an empty slot in the transmit descriptor ring */

        wait(ethptr->osem);

        /* Point to the tail of the descriptor ring */

        descptr = (struct eth_q_tx_desc *)ethptr->txRing + ethptr->txTail;

        /* Increment the tail index and wrap, if needed */

        ethptr->txTail += 1;
        if(ethptr->txTail >= ethptr->txRingSize) {
                ethptr->txTail = 0;
        }
        /* Add packet length to the descriptor */

        descptr->buf1size = len;

        /* Copy packet into the buffer associated with the descriptor   */

        for(i = 0; i < len; i++) {
                *((char *)descptr->buffer1 + i) = *((char *)buf + i);
        }

        /* Mark the descriptor if we are at the end of the ring */

        if(ethptr->txTail == 0) {
                descptr->ctrlstat = ETH_QUARK_TDCS_TER;
        } else {
                descptr->ctrlstat = 0;
        }

        /* Initialize the descriptor */

        descptr->ctrlstat |=
```

347

```
                (ETH_QUARK_TDCS_OWN |  /* The desc is owned by DMA     */
                ETH_QUARK_TDCS_IC  |  /* Interrupt after transfer     */
                ETH_QUARK_TDCS_LS  |  /* Last segment of packet       */
                ETH_QUARK_TDCS_FS); /* First segment of packet      */

        /* Un-suspend DMA on the device */

        csrptr->tpdr = 1;

        return OK;
}
```

ethwrite 等待输出信号量，该信号量阻塞调用进程，直到输出环描述符为空且可用。然后，代码将来自调用者缓冲区的数据包复制到描述符相关的数据包缓冲区中。如果设备目前处于空闲状态，ethwrite 就必须启动该设备。设备的启动很简单：ethwrite 在设备的传输控制寄存器中分配 1 到 tpdr 寄存器。如果设备已经在运行，那么这个赋值将不产生任何效果；否则这个赋值就会启动该设备并检查下一个环描述符（驱动将把下一个数据包传送到此位置）。

348

16.11 以太网设备的中断处理

DMA 设备的优势之一表现在设备的 DMA 引擎能处理许多细节事务。因此，中断处理过程不需要涉及太多与设备的交互。中断发生在输入 / 输出操作成功完成，或者 DMA 引擎发生错误的时候。为了确定具体的原因，中断处理程序会检查控制寄存器中的传输中断位，然后检查接收中断位。其他中断要么被接受（重置硬件）要么被忽略。文件 ethhandler.c 包含这些代码。

```
/* ethhandler.c - ethhandler */

#include <xinu.h>

/*------------------------------------------------------------------------
 * ethhandler  -  Interrupt handler for Intel Quark Ethernet
 *------------------------------------------------------------------------
 */
interrupt        ethhandler(void)
{
        struct  ethcblk *ethptr;        /* Ethertab entry pointer      */
        struct  eth_q_csreg *csrptr;    /* Pointer to Ethernet CRSs    */
        struct  eth_q_tx_desc *tdescptr;/* Pointer to tx descriptor    */
        struct  eth_q_rx_desc *rdescptr;/* Pointer to rx descriptor    */
        volatile uint32 sr;             /* Copy of status register     */
        uint32  count;                  /* Variable used to count pkts */

        ethptr = &ethertab[devtab[ETHER0].dvminor];

        csrptr = (struct eth_q_csreg *)ethptr->csr;

        /* Copy the status register into a local variable */

        sr = csrptr->sr;
```

```
      /* If there is no interrupt pending, return */

      if((csrptr->sr & ETH_QUARK_SR_NIS) == 0) {
             return;
      }

      /* Acknowledge the interrupt */

      csrptr->sr = sr;

      /* Check status register to figure out the source of interrupt */

      if (sr & ETH_QUARK_SR_TI) { /* Transmit interrupt */

             /* Pointer to the head of transmit desc ring */

             tdescptr = (struct eth_q_tx_desc *)ethptr->txRing +
                                                 ethptr->txHead;

             /* Start packet count at zero */

             count = 0;

             /* Repeat until we process all the descriptor slots */

             while(ethptr->txHead != ethptr->txTail) {

                    /* If the descriptor is owned by DMA, stop here */

                    if(tdescptr->ctrlstat & ETH_QUARK_TDCS_OWN) {
                           break;
                    }

                    /* Descriptor was processed; increment count    */

                    count++;

                    /* Go to the next descriptor */

                    tdescptr += 1;

                    /* Increment the head of the transmit desc ring */

                    ethptr->txHead += 1;
                    if(ethptr->txHead >= ethptr->txRingSize) {
                           ethptr->txHead = 0;
                           tdescptr = (struct eth_q_tx_desc *)
                                              ethptr->txRing;
                    }
             }

             /* 'count' packets were processed by DMA, and slots are */
             /* now free; signal the semaphore accordingly           */
```

```
                signaln(ethptr->osem, count);
        }
        if(sr & ETH_QUARK_SR_RI) { /* Receive interrupt */

                /* Get the pointer to the tail of the receive desc list */

                rdescptr = (struct eth_q_rx_desc *)ethptr->rxRing +
                                                ethptr->rxTail;

                count = 0;      /* Start packet count at zero */

                /* Repeat until we have received             */
                /* maximum no. packets that can fit in queue */

                while(count <= ethptr->rxRingSize) {

                        /* If the descriptor is owned by the DMA, stop */

                        if(rdescptr->status & ETH_QUARK_RDST_OWN) {
                                break;
                        }

                        /* Descriptor was processed; increment count   */
                        count++;

                        /* Go to the next descriptor */

                        rdescptr += 1;

                        /* Increment the tail index of the rx desc ring */

                        ethptr->rxTail += 1;
                        if(ethptr->rxTail >= ethptr->rxRingSize) {
                                ethptr->rxTail = 0;
                                rdescptr = (struct eth_q_rx_desc *)
                                                ethptr->rxRing;
                        }
                }

                /* 'count' packets were received and are available,  */
                /*    so signal the semaphore accordingly            */

                signaln(ethptr->isem, count);
        }

        return;
}
```

350

351

注意当中断发生时，可能不止一个数据包被传输或者接收。传输中断代码遍历描述符环，计算可用的槽的数目，然后使用 signaln 对输出信号量进行 signal 操作。接收中断代码遍历描述符环，计算可用的数据包，然后使用 signaln 对输入信号量进行 signal 操作。

16.12　以太网控制函数

以太网驱动程序支持 3 个控制函数：调用者可以获取设备 MAC 地址；向驱动能接受的地址集合中增加一个多播地址；从集合中删除一个多播地址。获取 MAC 地址很简单：因为在启动时 MAC 地址即被拷贝到控制块，只须将地址从控制块拷贝到调用者提供的缓冲区（arg1）即可。

操作多播地址的代码没有被并入 ethcontrol 中，而是分开置于两个函数中：函数 ethmcast_add 将地址加入集合中（将其插入 ethread 检查的数组中）；函数 ethmcast_remove 则将地址从数组中删除。

```
/* ethcontrol.c - ethcontrol */

#include <xinu.h>

/*------------------------------------------------------------------------
 * ethcontrol - implement control function for a quark ethernet device
 *------------------------------------------------------------------------
 */
devcall ethcontrol (
        struct  dentry *devptr,         /* entry in device switch table */
        int32   func,                   /* control function            */
        int32   arg1,                   /* argument 1, if needed        */
        int32   arg2                    /* argument 2, if needed        */
        )
{
        struct  ethcblk *ethptr;        /* Ethertab entry pointer       */
        int32   retval = OK;            /* Return value of cntl function*/

        ethptr = &ethertab[devptr->dvminor];

        switch (func) {

                /* Get MAC address */

                case ETH_CTRL_GET_MAC:
                        memcpy((byte *)arg1, ethptr->devAddress,
                                        ETH_ADDR_LEN);
                        break;

                /* Add a multicast address */

                case ETH_CTRL_ADD_MCAST:
                        retval = ethmcast_add(ethptr, (byte *)arg1);
                        break;

                /* Remove a multicast address */

                case ETH_CTRL_REMOVE_MCAST:
                        retval = ethmcast_remove(ethptr, (byte *)arg1);
                        break;

                default:
```

```
                    return SYSERR;
        }

        return retval;
}
```

16.13　观点

　　DMA 设备对必须编写设备驱动的程序员来说是喜忧参半。一方面，DMA 硬件极为复杂，数据表单（data sheet）很难理解，以至于程序员会觉得它晦涩难懂。DMA 设备与仅包含几个简单控制器和状态寄存器的设备不同，它需要程序员在存储器中创造复杂的数据结构，并把它们的地址传送给设备。此外，程序员必须了解硬件何时及如何在数据结构中设置回复位，以及如何解释操作系统发出的请求。另一方面，一旦程序员领悟了参考资料，随之产生的驱动代码比非 DMA 设备的代码更加精巧。所以，DMA 设备的学习曲线是陡峭的，但是回报的是更好的性能和更少的驱动代码。

353

16.14　总结

　　使用 DMA 设备可以在设备和存储器之间移动任意数据块，而不需要使用处理器来获得数据中的每个字。DMA 设备一般会在存储器中使用缓冲环，缓冲环内的每个节点都指向一个缓冲区。一旦驱动将硬件指向环内的一个节点，DMA 设备引擎就可以执行操作，并自动移到环内的下一个节点。

　　DMA 设备的主要优势在于较低的开销：设备只需每块中断处理器一次，而不是每字节或每字一次。DMA 设备的驱动代码比传统设备的代码更为简单，因为不需要执行底层操作。

练习

16.1　阅读以太网数据包的相关信息，找到最小的数据包的尺寸。当网速为 100 Mbit/s 时，每秒钟可以到达多少个数据包？

16.2　我们的代码仅仅接收所有的多播数据包，然后让驱动进行过滤。查阅硬件数据资料，重写代码，使其使用硬件提供的多播过滤。

16.3　在上一题中，在硬件过滤开启的情况下，驱动程序检查输入数据包是否有必要？说明原因。

16.4　创建一个尽可能快地发送以太网数据包的测试程序。每秒可以发送多少个大数据包？多少个小数据包？

16.5　现在的驱动很复杂并且代码很难理解。重写代码以静态地分配环描述符和数据包缓冲区，是否可行？说明原因。

354

最小互联网协议栈

遥远的诱惑都是骗人的。最大的机会就在你眼前。

——John Burroughs

17.1 引言

由于很多嵌入式系统使用网络进行通信，网络协议软件已经成为小型嵌入式操作系统的标配。前面的章节描述了发送和接收数据包的基本以太网设备驱动。尽管以太网设备可以在单个网络中传输数据包，但仍需要其他通信软件以允许应用程序在互联网络中进行通信。一般来说，TCP/IP 协议簇定义了用于互联网通信的协议。 协议被组织到概念层中，并且一个实现被称为一个协议栈。

完整的 TCP/IP 栈包含很多协议，远不止一章就能描述清楚。因此，本章描述的是其最小实现，其能够支持远程磁盘和远程文件系统（这些内容将在后面的章节介绍）。这里仅简单地描述，没有深入探讨协议的细节。读者可以参考作者编写的其他书籍，以了解协议簇及其完整实现。

17.2 所需的功能

我们的互联网协议实现允许 Xinu 系统上运行的进程与远程计算机上运行的应用程序进行通信（包括 PC、Mac 或 UNIX 系统，如 Linux 或 Solaris）。它可以识别远程计算机并与计算机交换报文。该系统包括超时机制，如果在指定的超时时间内没有收到消息，则允许通知接收方。

Xinu 实现的基本互联网协议包括：
- IP：互联网协议[⊖]。
- UDP：用户数据报协议。
- ARP：地址解析协议。
- DHCP：动态主机配置协议。
- ICMP：互联网控制报文协议。

互联网协议（Internet Protocol，IP）定义网络数据包（称为数据报）的格式。每个数据报放在以太网帧的数据区域内。互联网协议还定义了地址格式。Xinu 的实现不支持 IPv4 选项和特性，如存储分片（即它不是一个完整实现）。数据包转发采用大多数终端系统所使用的模式：IPv4 软件必须知道计算机的 IP 地址、局域网的地址掩码和一个默认路由器地址。如果目的地不在局域网中，那么数据包将会被送到默认路由器上。

用户数据报协议（User Datagram Protocol，UDP）定义了一组 16 位的端口号（port number），

⊖ 本文涉及的 IP 是指互联网协议 IPv4，与 IPv6 有区别。

操作系统利用这些端口号来识别特殊的应用程序。通信程序必须支持它们将要使用的端口号。端口号允许没有干扰的同步通信：一个应用程序在与远程服务器交互的同时，另一个应用程序可以与其他服务器进行交互。示例软件允许进程在运行时指定端口号。

地址解析协议（Address Resolution Protocol，ARP）提供两种功能。在其他计算机发送 IP 数据包到本系统之前，该计算机必须发送请求以太网地址的 ARP 数据包，而我们的系统必须用 ARP 做出回应。同样，在我们的系统可以发送 IP 数据包到另一台计算机之前，它首先发送一个 ARP 请求来获取计算机的以太网地址，然后使用以太网地址发送 IP 数据包。

动态主机配置协议（Dynamic Host Configuration Protocol，DHCP）提供了获取 IP 地址、网络地址掩码和默认路由器 IP 地址的机制。计算机广播一个请求，运行在网络上的 DHCP 服务器发送回应。通常，DHCP 在启动时调用，因为在网络通信建立前必须获取 IP 地址等相关信息。我们的实现不是在启动时立即调用 DHCP，而是等到尝试获取本地 IP 地址时再调用。

358

互联网控制报文协议（Internet Control Message Protocol，ICMP）提供了支持 IP 协议的错误和消息报文。我们的实现只处理 ping 程序中使用的两种 ICMP 报文：回显请求（Echo Request）和回显应答（Echo Reply）。由于 ICMP 的代码很大，所以我们在描述协议软件结构时并不展示所有细节，其完整代码可以通过本书中给出的网址找到⊖。

17.3 同步会话、超时和网络处理进程

协议软件应当如何组织？需要多少个进程？问题的答案并不简单。我们的极简协议栈通过优雅的设计实现了上面描述的一组协议，包括一个网络输入进程 netin⊖ 和一个 IP 协议输出进程 ipout。协议软件用 recvtime 函数处理超时重传。传输消息后发送者调用 recvtime 等待响应。响应到达时，netin 进程调用一个函数将消息发送给等待进程，由 recvtime 函数返回该消息。如果计时器超时，recvtime 返回 TIMEOUT 常量。协议软件提供了应用程序与 netin 进程之间的协调配合。后面我们会看到协议软件如何处理超时。图 17-1 展示了 netin 进程的设计思路：netin 进程将传入的 UDP 数据包放到关联了相应 UDP 端口号的队列中，用传入的 ARP 数据包提供 ARP 表项信息。无论哪种情况，如果应用程序进程正在等待传入的数据包，netin 进程会发送消息允许等待进程运行。

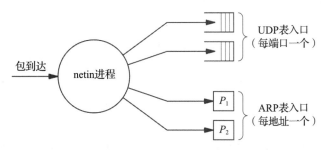

图 17-1 netin 进程的操作（它使用 UDP 和 ARP 表来处理传入的数据包，以便与等待数据包的进程进行协作）

⊖ URL: *xinu.cs.purdue.edu*

⊜ netin 的代码参见 17.7 节的 net.c 文件。

17.4 设计的影响

使用 netin 进程对协议软件的总体设计有重要影响。要理解这种影响，我们必须清楚
三个事实。首先，netin 是唯一读取并处理传入的数据包的进程，如果 netin 阻塞就没有
进程处理传入的数据包了。其次，传入的 IP 数据包有时会触发传输应答，例如，用于测试
一台计算机是否可达的 ping 协议要求 ping 请求到达时发送响应。第三，IP 数据包的传输
可能需要预先进行 ARP 交换——在 IP 数据包发送之前协议软件需要发送 ARP 请求并接收
ARP 回复。

三条归纳到一起意味着 netin 进程不能传输 IP 数据包，否则会导致死锁。总结如下：

因为 netin 进程必须持续运行以接收传入的数据包，所以 netin 绝不能执行需要阻塞
等待接收数据包的代码。尤其是，netin 不能执行需要发送 IP 数据包的代码，如回复 ping。

为了解耦 IP 协议回复的输入和输出，我们的实现用到了另一个进程 ipout。当本地应
用程序发送数据包时传输可以直接进行。然而，当协议软件回复一个传入的数据包时（例如
响应 ping 请求），netin 进程将 IP 数据包加入队列由 ipout 进程发送。图 17-2 通过展示
由两个进程协作进行的 ping 请求的接收与回复，阐明了解耦合的原理。

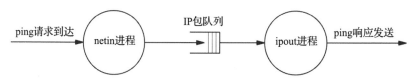

图 17-2   ipout 与 netin 解耦的进程结构，以及 ping 请求引起回复的示例

17.5 ARP 函数

在以太网上的两台计算机能够使用 IP 协议通信之前，它们必须知道对方的以太网地址⊖。
这个协议交换两个报文：计算机 A 广播一个包括 IP 地址的 ARP 请求。对于任何一个在这个
网络上的计算机，如果有请求中的 IP 地址，那么它将发送一个 ARP 应答以说明自己的以太
网地址。当有应答到达时，计算机 A 就在自己的 ARP 缓存中增加一项，表项包括远程计算
机的 IP 地址和自己的以太网地址。后续与相同的目的地交互时便从 ARP 缓存中提取信息，
而不需要发送 ARP 请求。

Xinu 实现将 ARP 信息存储在数组 arpcache 中。结构体 arpentry 定义了数组中各
项的内容，包括：一个状态字段（指定了该项当前是否未占用、正在标志或者已经被标志）、
一个 IP 地址、对应的以太网地址和一个进程 ID。如果进程处于挂起状态，那么这个进程 ID
字段包含的是等待信息到达的进程 ID。文件 arp.h 中定义了 ARP 数据包的格式（当在以太
网中使用时）和 ARP 缓存项的格式：

```
/* arp.h */

/* Items related to ARP - definition of cache and the packet format */

#define ARP_HALEN     6              /* Size of Ethernet MAC address */
#define ARP_PALEN     4              /* Size of IP address          */
```

⊖ 从技术上讲，它们知道 MAC 地址，但在我们的示例中，MAC 地址将是以太网地址。

```
#define ARP_HTYPE        1                /* Ethernet hardware type      */
#define ARP_PTYPE        0x0800           /* IP protocol type            */

#define ARP_OP_REQ       1                /* Request op code             */
#define ARP_OP_RPLY      2                /* Reply op code               */

#define ARP_SIZ          16               /* Number of entries in a cache */

#define ARP_RETRY        3                /* Num. retries for ARP request */

#define ARP_TIMEOUT      300              /* Retry timer in milliseconds */

/* State of an ARP cache entry */

#define AR_FREE          0                /* Slot is unused              */
#define AR_PENDING       1                /* Resolution in progress      */
#define AR_RESOLVED      2                /* Entry is valid              */

#pragma pack(2)
struct    arppacket {                     /* ARP packet for IP & Ethernet */
        byte    arp_ethdst[ETH_ADDR_LEN];/* Ethernet dest. MAC addr      */
        byte    arp_ethsrc[ETH_ADDR_LEN];/* Ethernet source MAC address */
        uint16  arp_ethtype;             /* Ethernet type field         */
        uint16  arp_htype;               /* ARP hardware type           */
        uint16  arp_ptype;               /* ARP protocol type           */
        byte    arp_hlen;                /* ARP hardware address length */
        byte    arp_plen;                /* ARP protocol address length */
        uint16  arp_op;                  /* ARP operation               */
        byte    arp_sndha[ARP_HALEN];    /* ARP sender's Ethernet addr  */
        uint32  arp_sndpa;               /* ARP sender's IP address      */
        byte    arp_tarha[ARP_HALEN];    /* ARP target's Ethernet addr  */
        uint32  arp_tarpa;               /* ARP target's IP address      */
};
#pragma pack()

struct    arpentry {                      /* Entry in the ARP cache      */
        int32   arstate;                 /* State of the entry          */
        uint32  arpaddr;                 /* IP address of the entry     */
        pid32   arpid;                   /* Waiting process or -1       */
        byte    arhaddr[ARP_HALEN];      /* Ethernet address of the entry*/
};

extern struct    arpentry arpcache[];
```

361

ARP 在请求和响应中使用相同的数据包格式，在头部字段指定请求或者响应类型。在任何情况下，数据包都包含发送者和目标（接收者）的 IP 地址及以太网地址。在请求中，目标的以太网地址是不知道的，所以这个字段的值为 0。

我们的 ARP 软件包括 4 个函数，即 arp_init、arp_resolve、arp_in 和 arp_alloc。所有这 4 个函数都包含在一个单独的源文件 arp.c 中：

```
/* arp.c - arp_init, arp_resolve, arp_in, arp_alloc, arp_ntoh, arp_hton */

#include <xinu.h>
```

```
        struct  arpentry  arpcache[ARP_SIZ];    /* ARP cache                  */

        /*-------------------------------------------------------------------
         * arp_init  -  Initialize ARP cache for an Ethernet interface
         *-------------------------------------------------------------------
         */
        void    arp_init(void)
        {
                int32   i;                       /* ARP cache index           */

                for (i=1; i<ARP_SIZ; i++) {      /* Initialize cache to empty  */
                        arpcache[i].arstate = AR_FREE;
                }
        }


        /*-------------------------------------------------------------------
         * arp_resolve  -  Use ARP to resolve an IP address to an Ethernet address
         *-------------------------------------------------------------------
         */
        status  arp_resolve (
                uint32 nxthop,                   /* Next-hop address to resolve */
                byte   mac[ETH_ADDR_LEN]         /* Array into which Ethernet   */
                )                                /*   address should be placed  */
        {
                intmask mask;                    /* Saved interrupt mask        */
                struct  arppacket apkt;          /* Local packet buffer         */
                int32   i;                       /* Index into arpcache         */
                int32   slot;                    /* ARP table slot to use       */
                struct  arpentry *arptr;         /* Ptr to ARP cache entry      */
                int32   msg;                     /* Message returned by recvtime */

                /* Use MAC broadcast address for IP limited broadcast */

                if (nxthop == IP_BCAST) {
                        memcpy(mac, NetData.ethbcast, ETH_ADDR_LEN);
                        return OK;
                }

                /* Use MAC broadcast address for IP network broadcast */

                if (nxthop == NetData.ipbcast) {
                        memcpy(mac, NetData.ethbcast, ETH_ADDR_LEN);
                        return OK;
                }

                /* Ensure only one process uses ARP at a time */

                mask = disable();

                /* See if next hop address is already present in ARP cache */

                for (i=0; i<ARP_SIZ; i++) {
                        arptr = &arpcache[i];
                        if (arptr->arstate == AR_FREE) {
```

362

```
                        continue;
                }
                if (arptr->arpaddr == nxthop) { /* Adddress is in cache */
                        break;
                }
        }

        if (i < ARP_SIZ) {        /* Entry was found */

                /* If entry is resolved - handle and return */

                if (arptr->arstate == AR_RESOLVED) {
                memcpy(mac, arptr->arhaddr, ARP_HALEN);
                restore(mask);
                return OK;
                }

                /* Entry is already pending -  return error because   */
                /*       only one process can be waiting at a time     */

                if (arptr->arstate == AR_PENDING) {
                        restore(mask);
                        return SYSERR;
                }
        }

/* IP address not in cache -  allocate a new cache entry and     */
/*       send an ARP request to obtain the answer               */

slot = arp_alloc();
if (slot == SYSERR) {
        restore(mask);
        return SYSERR;
}

arptr = &arpcache[slot];
arptr->arstate = AR_PENDING;
arptr->arpaddr = nxthop;
arptr->arpid = currpid;

/* Hand-craft an ARP Request packet */

memcpy(apkt.arp_ethdst, NetData.ethbcast, ETH_ADDR_LEN);
memcpy(apkt.arp_ethsrc, NetData.ethucast, ETH_ADDR_LEN);
apkt.arp_ethtype = ETH_ARP;       /* Packet type is ARP           */
apkt.arp_htype = ARP_HTYPE;       /* Hardware type is Ethernet   */
apkt.arp_ptype = ARP_PTYPE;       /* Protocol type is IP         */
apkt.arp_hlen = 0xff & ARP_HALEN; /* Ethernet MAC size in bytes */
apkt.arp_plen = 0xff & ARP_PALEN; /* IP address size in bytes   */
apkt.arp_op = 0xffff & ARP_OP_REQ;/* ARP type is Request         */
memcpy(apkt.arp_sndha, NetData.ethucast, ARP_HALEN);
apkt.arp_sndpa = NetData.ipucast; /* IP address of interface    */
memset(apkt.arp_tarha, '\0', ARP_HALEN); /* Target HA is unknown*/
apkt.arp_tarpa = nxthop;          /* Target protocol address    */
```

363

```
                /* Convert ARP packet from host to net byte order */

            arp_hton(&apkt);

            /* Convert Ethernet header from host to net byte order */

            eth_hton((struct netpacket *)&apkt);

            /* Send the packet ARP_RETRY times and await response */

            msg = recvclr();
            for (i=0; i<ARP_RETRY; i++) {
                    write(ETHER0, (char *)&apkt, sizeof(struct arppacket));
                    msg = recvtime(ARP_TIMEOUT);
                    if (msg == TIMEOUT) {
                            continue;
                    } else if (msg == SYSERR) {
                            restore(mask);
                            return SYSERR;
                    } else {          /* entry is resolved */
                            break;
                    }
            }

            /* If no response, return TIMEOUT */

            if (msg == TIMEOUT) {
                    arptr->arstate = AR_FREE;    /* Invalidate cache entry */
                    restore(mask);
                    return TIMEOUT;
            }

            /* Return hardware address */

            memcpy(mac, arptr->arhaddr, ARP_HALEN);
            restore(mask);
            return OK;
    }


/*------------------------------------------------------------------------
 * arp_in  -  Handle an incoming ARP packet
 *------------------------------------------------------------------------
 */
void    arp_in (
          struct arppacket *pktptr      /* Ptr to incoming packet       */
        )

    {
            intmask mask;                       /* Saved interrupt mask         */
            struct  arppacket apkt;             /* Local packet buffer          */
            int32   slot;                       /* Slot in cache                */
            struct  arpentry *arptr;            /* Ptr to ARP cache entry       */
            bool8   found;                      /* Is the sender's address in   */
```

```
                                    /*    the cache?                    */

        /* Convert packet from network order to host order */

        arp_ntoh(pktptr);

        /* Verify ARP is for IPv4 and Ethernet */

        if ( (pktptr->arp_htype != ARP_HTYPE) ||
             (pktptr->arp_ptype != ARP_PTYPE) ) {
                freebuf((char *)pktptr);
                return;
        }

        /* Ensure only one process uses ARP at a time */

        mask = disable();

        /* Search cache for sender's IP address */

        found = FALSE;

        for (slot=0; slot < ARP_SIZ; slot++) {
                arptr = &arpcache[slot];

                /* Skip table entries that are unused */

                if (arptr->arstate == AR_FREE) {
                        continue;
                }

                /* If sender's address matches, we've found it */

                if (arptr->arpaddr == pktptr->arp_sndpa) {
                        found = TRUE;
                        break;
                }
        }
if (found) {

        /* Update sender's hardware address */

        memcpy(arptr->arhaddr, pktptr->arp_sndha, ARP_HALEN);

        /* If a process was waiting, inform the process */

        if (arptr->arstate == AR_PENDING) {
                /* Mark resolved and notify waiting process */
                arptr->arstate = AR_RESOLVED;
                send(arptr->arpid, OK);
        }
}

/* For an ARP reply, processing is complete */
```

366

```
if (pktptr->arp_op == ARP_OP_RPLY) {
        freebuf((char *)pktptr);
        restore(mask);
        return;
}

/* The following is for an ARP request packet: if the local    */
/*  machine is not the target or the local IP address is not    */
/*  yet known, ignore the request (i.e., processing is complete)*/

if ((!NetData.ipvalid) ||
                (pktptr->arp_tarpa != NetData.ipucast)) {
        freebuf((char *)pktptr);
        restore(mask);
        return;
}

/* Request has been sent to the local machine's address.  So,    */
/*   add sender's info to cache, if not already present          */

if (!found) {
        slot = arp_alloc();
        if (slot == SYSERR) {    /* Cache is full */
                kprintf("ARP cache overflow on interface\n");
                freebuf((char *)pktptr);
                restore(mask);
                return;
        }

                arptr = &arpcache[slot];
                arptr->arpaddr = pktptr->arp_sndpa;
                memcpy(arptr->arhaddr, pktptr->arp_sndha, ARP_HALEN);
                arptr->arstate = AR_RESOLVED;
}

        /* Hand-craft an ARP reply packet and send back to requester    */

        memcpy(apkt.arp_ethdst, pktptr->arp_sndha, ARP_HALEN);
        memcpy(apkt.arp_ethsrc, NetData.ethucast, ARP_HALEN);
        apkt.arp_ethtype= ETH_ARP;                /* Frame carries ARP    */
        apkt.arp_htype  = ARP_HTYPE;              /* Hardware is Ethernet */
        apkt.arp_ptype  = ARP_PTYPE;              /* Protocol is IP       */
        apkt.arp_hlen   = ARP_HALEN;              /* Ethernet address size*/
        apkt.arp_plen   = ARP_PALEN;              /* IP address size      */
        apkt.arp_op     = ARP_OP_RPLY;            /* Type is Reply        */

        /* Insert local Ethernet and IP address in sender fields        */

        memcpy(apkt.arp_sndha, NetData.ethucast, ARP_HALEN);
        apkt.arp_sndpa = NetData.ipucast;

        /* Copy target Ethernet and IP addresses from request packet */

        memcpy(apkt.arp_tarha, pktptr->arp_sndha, ARP_HALEN);
        apkt.arp_tarpa = pktptr->arp_sndpa;
```

367

```
        /* Convert ARP packet from host to network byte order */

        arp_hton(&apkt);

        /* Convert the Ethernet header to network byte order */

        eth_hton((struct netpacket *)&apkt);

        /* Send the reply */

        write(ETHER0, (char *)&apkt, sizeof(struct arppacket));
        freebuf((char *)pktptr);
        restore(mask);
        return;
}


/*------------------------------------------------------------------------
 * arp_alloc - Find a free slot or kick out an entry to create one
 *------------------------------------------------------------------------
 */
int32   arp_alloc ()
{
        int32   slot;                   /* Slot in ARP cache            */

        /* Search for a free slot */

        for (slot=0; slot < ARP_SIZ; slot++) {
                if (arpcache[slot].arstate == AR_FREE) {
                        memset((char *)&arpcache[slot],
                                        NULLCH, sizeof(struct arpentry));
                        return slot;
                }
        }

        /* Search for a resolved entry */

        for (slot=0; slot < ARP_SIZ; slot++) {
                if (arpcache[slot].arstate == AR_RESOLVED) {
                        memset((char *)&arpcache[slot],
                                        NULLCH, sizeof(struct arpentry));
                        return slot;
                }
        }

        /* At this point, all slots are pending (should not happen) */

        kprintf("ARP cache size exceeded\n");

        return SYSERR;
}


/*------------------------------------------------------------------------
 * arp_ntoh - Convert ARP packet fields from net to host byte order
 *------------------------------------------------------------------------
```

368

```
  */
  void      arp_ntoh(
            struct arppacket *pktptr
            )
  {
            pktptr->arp_htype = ntohs(pktptr->arp_htype);
            pktptr->arp_ptype = ntohs(pktptr->arp_ptype);
            pktptr->arp_op    = ntohs(pktptr->arp_op);
            pktptr->arp_sndpa = ntohl(pktptr->arp_sndpa);
            pktptr->arp_tarpa = ntohl(pktptr->arp_tarpa);
  }


  /*-------------------------------------------------------------------------
   * arp_hton  -  Convert ARP packet fields from net to host byte order
   *-------------------------------------------------------------------------
   */
  void      arp_hton(
            struct arppacket *pktptr
            )
  {
            pktptr->arp_htype = htons(pktptr->arp_htype);
            pktptr->arp_ptype = htons(pktptr->arp_ptype);
            pktptr->arp_op    = htons(pktptr->arp_op);
            pktptr->arp_sndpa = htonl(pktptr->arp_sndpa);
            pktptr->arp_tarpa = htonl(pktptr->arp_tarpa);
  }
```

当系统启动时，调用函数 arp_init。它确保 ARP 缓存中的所有项为空并创建一个互斥信号量来确保在任何时刻只有一个进程尝试修改 ARP 缓存（如插入一个新项）。函数 arp_resolve 和 arp_in 分别用于处理传出的 IP 数据包的地址查找和传入的 ARP 包。当一个新条目加入表中时，会调用函数 arp_alloc 为其分配一项。

当准备发送 IP 数据包时，发送进程调用函数 arp_resolve。arp_resolve 有两个参数：第一个指定请求以太网地址的计算机的 IP 地址，第二个是存储以太网地址的数组指针。

尽管代码看上去比较复杂，但却只有 3 种情况：IP 地址是个广播地址、信息已经存储于 ARP 缓存中、信息还是未知的。对于 IP 广播地址，arp_resolve 将以太网广播地址复制到第二个参数所指定的数组中。如果信息已经存在于缓存中，arp_resolve 将寻找到正确的条目，将来自条目的以太网地址复制到调用者的数组中，然后返回给调用者，而不通过网络发送任何数据包。

当请求的信息不在缓存中时，arp_resolve 必须在网络中发送数据包以获得信息。这个交换包括发送请求和等待应答。arp_resolve 先在表中创建一个条目，标记这个条目为 AR_PENDING，形成一个 ARP 请求包，并在局域网上广播这个数据包，然后等待应答。正如上面所讨论的，arp_resolve 使用 recvtime 来启动等待超时。调用 recvtime 会在应答到达或者定时器超时时返回，而不管哪个先发生。在下一节我们将描述如何处理传入数据包和如何给等待进程发送消息。

代码比我们所描述的更复杂，因为 arp_resolve 不仅仅在发生超时时放弃。取而代之，我们的实现旨在重试该操作：它在向调用方返回 TIMEOUT 之前发送请求并等待 ARP_RETRY 应答次数。

arp_in 是第二个主要的 ARP 函数，在传入的 ARP 数据包到达时执行。netin 进程检查每个传入的以太网数据包的类型字段。如果发现 ARP 数据包的类型（0x806），那么 netin 调用函数 arp_in 来处理这个数据包。arp_in 必须处理两种情况：数据包是另一台计算机发起的请求或是一个应答（可能是回复我们发送的请求）。

ARP 协议规定无论何种类型的数据包到达，ARP 必须检测发送者的信息（IP 地址和以太网地址），并且相应更新本地缓存。如果一个进程正在等待响应，那么 arp_in 会发送消息来通知该进程。

因为 ARP 请求是广播的，所有在网络上的计算机都会收到每个请求。因此在更新发送者信息之后，arp_in 会检查请求中的目标 IP 地址以便决定请求是针对本地系统还是针对网络上的其他计算机。如果请求针对的是其他计算机，那么 arp_in 不做任何事情就返回。如果传入请求中的目标 IP 地址与本地系统的 IP 地址匹配，那么 arp_in 发送一个 ARP 应答。arp_in 在变量 apkt 中构造一个应答。当数据包中所有字段填满时，代码调用在以太网设备上的 write 将应答回复给请求者。

17.6　网络数据包的定义

我们的网络协议的最小实现结合了 IP、UDP、ICMP 和以太网。也就是说，我们用一个单独的名为 netpacket 的数据结构来描述包含 IP 数据报的以太网数据包——这个数据包可能包含 ICMP 报文或者 UDP 报文。文件 net.h 定义了 netpacket 以及其他常量，如 ARP 和 IP 的以太网类型值。最后，该文件定义了一个 network 数据结构，该数据结构保存本地计算机的地址信息（包括以太网和 IP 地址），以及 network 类型的结构体变量 NetData。

|371|

```
/* net.h */

#define NETSTK          8192        /* Stack size for network setup */
#define NETPRIO         500         /* Network startup priority     */
#define NETBOOTFILE     128         /* Size of the netboot filename */

/* Constants used in the networking code */

#define ETH_ARP     0x0806          /* Ethernet type for ARP        */
#define ETH_IP      0x0800          /* Ethernet type for IP         */
#define ETH_IPv6    0x86DD          /* Ethernet type for IPv6       */

/* Format of an Ethernet packet carrying IPv4 and UDP */

#pragma pack(2)
struct    netpacket    {
        byte        net_ethdst[ETH_ADDR_LEN];/* Ethernet dest. MAC address  */
        byte        net_ethsrc[ETH_ADDR_LEN];/* Ethernet source MAC address */
        uint16      net_ethtype;           /* Ethernet type field          */
        byte        net_ipvh;              /* IP version and hdr length    */
        byte        net_iptos;             /* IP type of service           */
        uint16      net_iplen;             /* IP total packet length       */
        uint16      net_ipid;              /* IP datagram ID               */
        uint16      net_ipfrag;            /* IP flags & fragment offset   */
        byte        net_ipttl;             /* IP time-to-live              */
```

```
        byte     net_ipproto;            /* IP protocol (actually type)  */
        uint16   net_ipcksum;            /* IP checksum                  */
        uint32   net_ipsrc;              /* IP source address            */
        uint32   net_ipdst;              /* IP destination address       */
        union {
          struct {
            uint16       net_udpsport;   /* UDP source protocol port     */
            uint16       net_udpdport;   /* UDP destination protocol port*/
            uint16       net_udplen;     /* UDP total length             */
            uint16       net_udpcksum;   /* UDP checksum                 */
            byte         net_udpdata[1500-28];/* UDP payload (1500-above)*/
          };
          struct {
            byte         net_ictype;     /* ICMP message type            */
            byte         net_iccode;     /* ICMP code field (0 for ping) */
            uint16       net_iccksum;    /* ICMP message checksum        */
            uint16       net_icident;    /* ICMP identifier              */
            uint16       net_icseq;      /* ICMP sequence number         */
            byte         net_icdata[1500-28];/* ICMP payload (1500-above)*/
          };
        };
};
#pragma pack()

#define PACKLEN sizeof(struct netpacket)

extern  bpid32   netbufpool;             /* ID of net packet buffer pool */

struct  network {
        uint32   ipucast;
        uint32   ipbcast;
        uint32   ipmask;
        uint32   ipprefix;
        uint32   iprouter;
        uint32   bootserver;
        bool8    ipvalid;
        byte     ethucast[ETH_ADDR_LEN];
        byte     ethbcast[ETH_ADDR_LEN];
        char     bootfile[NETBOOTFILE];
};

extern  struct   network NetData;        /* Local Network Interface      */
```

|372|

17.7   网络输入进程

启动时，Xinu 调用 net_init 函数初始化数据结构并启动网络进程。创建网络缓冲池并初始化全局变量后，net_init 调用 arp_init、udp_init 和 icmp_init，接下来初始化 IP 输出队列为空，然后创建 netin 和 ipout 进程。

netin 进程不断分配缓冲区，等待下一个数据包，然后进行包的多路分解——根据传入数据包的信息决定用哪种协议处理数据包。从以太网读到一个数据包之后，netin 根据数据包的以太网类型域确定数据包包含的是 ARP 消息还是 IP 报文。如果是 ARP 消息，netin 将数据包传送给 arp_in 函数进行输入处理。如果是 IP 报文，netin 则将数据包传送给 ip_in 函数进行输入处理。

代码还包含两个分支：一个用于 IPv6，另一个作为其他类型数据包的处理路径。两种情况 netin 都不做进一步处理，即直接抛弃数据包——通过调用 freebuf 函数并传入缓冲区指针实现。IPv6 在分支中独立出来，表示之后会添加相关代码。

文件 net.c 包含 net_init 和 netin 的代码。 373

```c
/* net.c - net_init, netin, eth_hton */

#include <xinu.h>
#include <stdio.h>

struct   network NetData;
bpid32   netbufpool;

/*------------------------------------------------------------------------
 * net_init  -  Initialize network data structures and processes
 *------------------------------------------------------------------------
 */

void      net_init (void)
{
        int32    nbufs;                   /* Total no of buffers         */

        /* Initialize the network data structure */

        memset((char *)&NetData, NULLCH, sizeof(struct network));

        /* Obtain the Ethernet MAC address */

        control(ETHER0, ETH_CTRL_GET_MAC, (int32)NetData.ethucast, 0);

        memset((char *)NetData.ethbcast, 0xFF, ETH_ADDR_LEN);

        /* Create the network buffer pool */

        nbufs = UDP_SLOTS * UDP_QSIZ + ICMP_SLOTS * ICMP_QSIZ + 1;

        netbufpool = mkbufpool(PACKLEN, nbufs);

        /* Initialize the ARP cache */

        arp_init();

        /* Initialize UDP */

        udp_init();

        /* Initialize ICMP */

        icmp_init();

        /* Initialize the IP output queue */
```

374

```
        ipoqueue.iqhead = 0;
        ipoqueue.iqtail = 0;
        ipoqueue.iqsem = semcreate(0);
        if((int32)ipoqueue.iqsem == SYSERR) {
                panic("Cannot create ip output queue semaphore");
                return;
        }

        /* Create the IP output process */

        resume(create(ipout, NETSTK, NETPRIO, "ipout", 0, NULL));

        /* Create a network input process */

        resume(create(netin, NETSTK, NETPRIO, "netin", 0, NULL));
}


/*------------------------------------------------------------------------
 * netin  -  Repeatedly read and process the next incoming packet
 *------------------------------------------------------------------------
 */

process netin ()
{
        struct  netpacket *pkt;         /* Ptr to current packet        */
        int32   retval;                 /* Return value from read       */

        /* Do forever: read a packet from the network and process */

        while(1) {

                /* Allocate a buffer */

                pkt = (struct netpacket *)getbuf(netbufpool);

                /* Obtain next packet that arrives */

                retval = read(ETHER0, (char *)pkt, PACKLEN);
                if(retval == SYSERR) {
                        panic("Cannot read from Ethernet\n");
                }

                /* Convert Ethernet Type to host order */

                eth_ntoh(pkt);

                /* Demultiplex on Ethernet type */

                switch (pkt->net_ethtype) {

                        case ETH_ARP:                   /* Handle ARP   */
                            arp_in((struct arppacket *)pkt);
                            continue;
```

```
                    case ETH_IP:                            /* Handle IP     */
                        ip_in(pkt);
                        continue;

                    case ETH_IPv6:                          /* Handle IPv6   */
                        freebuf((char *)pkt);
                        continue;

                    default:    /* Ignore all other incoming packets    */
                        freebuf((char *)pkt);
                        continue;
                }
            }
    }


    /*------------------------------------------------------------------------
     * eth_hton  -  Convert Ethernet type field to network byte order
     *------------------------------------------------------------------------
     */
    void    eth_hton(
            struct netpacket *pktptr
            )
    {
            pktptr->net_ethtype = htons(pktptr->net_ethtype);
    }



    /*------------------------------------------------------------------------
     * eth_ntoh  -  Convert Ethernet type field to host byte order
     *------------------------------------------------------------------------
     */
    void    eth_ntoh(
            struct netpacket *pktptr
            )
    {
            pktptr->net_ethtype = ntohs(pktptr->net_ethtype);
    }
```

376

17.8　IP 的相关定义

文件 `ip.h` 包含处理 IP 的函数的相关定义，包括本地广播地址常量、UDP 与 ICMP 类型值，以及报头常量。文件还定义了 `iqentry` 结构体，表示 IP 输出队列中一项的内容。

```
    /* ip.h  -  Constants related to Internet Protocol version 4 (IPv4) */

    #define IP_BCAST        0xffffffff      /* IP local broadcast address   */
    #define IP_THIS         0xffffffff      /* "this host" src IP address   */
    #define IP_ALLZEROS     0x00000000      /* The all-zeros IP address     */

    #define IP_ICMP         1               /* ICMP protocol type for IP    */
    #define IP_UDP          17              /* UDP protocol type for IP     */

    #define IP_ASIZE        4               /* Bytes in an IP address       */
```

```
#define IP_HDR_LEN      20              /* Bytes in an IP header      */
#define IP_VH           0x45            /* IP version and hdr length  */

#define IP_OQSIZ        8               /* Size of IP output queue     */

/* Queue of outgoing IP packets waiting for ipout process */

struct  iqentry {
        int32   iqhead;                 /* Index of next packet to send */
        int32   iqtail;                 /* Index of next free slot     */
        sid32   iqsem;                  /* Semaphore that counts pkts  */
        struct  netpacket *iqbuf[IP_OQSIZ];/* Circular packet queue    */
};

extern  struct  iqentry ipoqueue;       /* Network output queue        */
```

17.9 IP 函数

我们的 IP 软件使用 ip.c 中定义的 8 个函数: ip_in、ip_send、ip_local、ip_out、ipcksum、ip_hton、ip_ntoh 和 ip_enqueue。另外, 该文件还包含 IP 输出进程 ipout 的代码。

在输入方面, ip_in 将有效报文传送给 ip_local 以验证报文的类型域。包含 UDP 的报文被传送给 udp_in, 包含 ICMP 的报文被传送给 icmp_in, 其他报文被丢弃。

```
/* ip.c - ip_in, ip_send, ip_local, ip_out, ipcksum, ip_hton, ip_ntoh, */
/*              ipout, ip_enqueue                                       */

#include <xinu.h>

struct  iqentry ipoqueue;               /* Queue of outgoing packets   */

/*------------------------------------------------------------------------
 * ip_in  -  Handle an IP packet that has arrived over a network
 *------------------------------------------------------------------------
 */

void    ip_in(
          struct netpacket *pktptr       /* Pointer to the packet      */
        )
{
        int32   icmplen;                 /* Length of ICMP message     */

        /* Verify checksum */

        if (ipcksum(pktptr) != 0) {
                kprintf("IP header checksum failed\n\r");
                freebuf((char *)pktptr);
                return;
        }

        /* Convert IP header fields to host order */
```

```
ip_ntoh(pktptr);

/* Ensure version and length are valid */

if (pktptr->net_ipvh != 0x45) {
        kprintf("IP version failed\n\r");
        freebuf((char *)pktptr);
        return;
}

/* Verify encapsulated prototcol checksums and then convert    */
/*        the encapsulated headers to host byte order          */

switch (pktptr->net_ipproto) {

    case IP_UDP:
        /* Skipping UDP checksum for now */
        udp_ntoh(pktptr);
        break;

    case IP_ICMP:
        icmplen = pktptr->net_iplen - IP_HDR_LEN;
        if (icmp_cksum((char *)&pktptr->net_ictype,icmplen) != 0){
                freebuf((char *)pktptr);
                return;
        }
        icmp_ntoh(pktptr);
        break;

    default:
        break;
}

/* Deliver 255.255.255.255 to local stack */

if (pktptr->net_ipdst == IP_BCAST) {
        ip_local(pktptr);
        return;
}

/* If we do not yet have a valid address, accept UDP packets    */
/*        (to get DHCP replies) and drop others                 */

if (!NetData.ipvalid) {
        if (pktptr->net_ipproto == IP_UDP) {
                ip_local(pktptr);
                return;
        } else {
                freebuf((char *)pktptr);
                return;
        }
}

/* If packet is destined for us, accept it; otherwise, drop it  */
```

378

```
            if ( (pktptr->net_ipdst == NetData.ipucast) ||
                 (pktptr->net_ipdst == NetData.ipbcast) ||
                 (pktptr->net_ipdst == IP_BCAST)  ) {
                    ip_local(pktptr);
                    return;
            } else {

                    /* Drop the packet */
                    freebuf((char *)pktptr);
                    return;
            }
    }


    /*------------------------------------------------------------------------
     * ip_send  -  Send an outgoing IP datagram from the local stack
     *------------------------------------------------------------------------
     */

    status  ip_send(
            struct netpacket *pktptr        /* Pointer to the packet         */
            )
    {
            intmask mask;                   /* Saved interrupt mask          */
            uint32  dest;                   /* Destination of the datagram   */
            int32   retval;                 /* Return value from functions   */
            uint32  nxthop;                 /* Next-hop address              */

            mask = disable();

            /* Pick up the IP destination address from the packet */

            dest = pktptr->net_ipdst;

            /* Loop back to local stack if destination 127.0.0.0/8 */

            if ((dest&0xff000000) == 0x7f000000) {
                    ip_local(pktptr);
                    restore(mask);
                    return OK;
            }

            /* Loop back if the destination matches our IP unicast address  */

            if (dest == NetData.ipucast) {
                    ip_local(pktptr);
                    restore(mask);
                    return OK;
            }

            /* Broadcast if destination is 255.255.255.255 */

            if ( (dest == IP_BCAST) ||
                 (dest == NetData.ipbcast) ) {
                    memcpy(pktptr->net_ethdst, NetData.ethbcast,
```

379

380

```
                                                        ETH_ADDR_LEN);
              retval = ip_out(pktptr);
              restore(mask);
              return retval;
       }

       /* If destination is on the local network, next hop is the      */
       /*       destination; otherwise, next hop is default router      */


       if ( (dest & NetData.ipmask) == NetData.ipprefix) {

              /* Next hop is the destination itself */
              nxthop = dest;

       } else {

              /* Next hop is default router on the network */
              nxthop = NetData.iprouter;

       }

       if (nxthop == 0) {        /* Dest. invalid or no default route    */
              freebuf((char *)pktptr);
              return SYSERR;
       }

       /* Resolve the next-hop address to get a MAC address */

       retval = arp_resolve(nxthop, pktptr->net_ethdst);
       if (retval != OK) {
              freebuf((char *)pktptr);
              return SYSERR;
       }

       /* Send the packet */

       retval = ip_out(pktptr);
       restore(mask);
       return retval;
}
/*------------------------------------------------------------------------
 * ip_local  -  Deliver an IP datagram to the local stack
 *------------------------------------------------------------------------
 */
void    ip_local(
          struct netpacket *pktptr        /* Pointer to the packet        */
        )
{
       /* Use datagram contents to determine how to process */

       switch (pktptr->net_ipproto) {

            case IP_UDP:
```

381

```
                udp_in(pktptr);
                return;

            case IP_ICMP:
                icmp_in(pktptr);
                return;

            default:
                freebuf((char *)pktptr);
                return;
        }
    }


/*------------------------------------------------------------------
 *  ip_out  -  Transmit an outgoing IP datagram
 *------------------------------------------------------------------
 */
status  ip_out(
            struct netpacket *pktptr      /* Pointer to the packet        */
        )
{
        uint16  cksum;                    /* Checksum in host byte order  */
        int32   len;                      /* Length of ICMP message       */
        int32   pktlen;                   /* Length of entire packet      */
        int32   retval;                   /* Value returned by write      */

        /* Compute total packet length */

        pktlen = pktptr->net_iplen + ETH_HDR_LEN;

        /* Convert encapsulated protocol to network byte order */

        switch (pktptr->net_ipproto) {

            case IP_UDP:

                        pktptr->net_udpcksum = 0;
                        udp_hton(pktptr);

                        /* ...skipping UDP checksum computation */

                        break;

            case IP_ICMP:
                        icmp_hton(pktptr);

                        /* Compute ICMP checksum */

                        pktptr->net_iccksum = 0;
                        len = pktptr->net_iplen-IP_HDR_LEN;
                        cksum = icmp_cksum((char *)&pktptr->net_ictype,
                                                          len);
                        pktptr->net_iccksum = 0xffff & htons(cksum);
```

382

```
                                break;

                default:
                                break;
        }

        /* Convert IP fields to network byte order */

        ip_hton(pktptr);

        /* Compute IP header checksum */

        pktptr->net_ipcksum = 0;
        cksum = ipcksum(pktptr);
        pktptr->net_ipcksum = 0xffff & htons(cksum);

        /* Convert Ethernet fields to network byte order */

        eth_hton(pktptr);

        /* Send packet over the Ethernet */

        retval = write(ETHER0, (char*)pktptr, pktlen);
        freebuf((char *)pktptr);

        if (retval == SYSERR) {
                return SYSERR;
        } else {
                return OK;
        }
}

/*------------------------------------------------------------------------
 * ipcksum  -  Compute the IP header checksum for a datagram
 *------------------------------------------------------------------------
 */

uint16  ipcksum(
         struct  netpacket *pkt          /* Pointer to the packet       */
        )
{
        uint16  *hptr;                  /* Ptr to 16-bit header values */
        int32   i;                      /* Counts 16-bit values in hdr */
        uint16  word;                   /* One 16-bit word             */
        uint32  cksum;                  /* Computed value of checksum  */

        hptr= (uint16 *) &pkt->net_ipvh;

        /* Sum 16-bit words in the packet */

        cksum = 0;
        for (i=0; i<10; i++) {
                word = *hptr++;
                cksum += (uint32) htons(word);
```

383

```
        }

        /* Add in carry, and take the ones-complement */

        cksum += (cksum >> 16);
        cksum = 0xffff & ~cksum;

        /* Use all-1s for zero */

        if (cksum == 0xffff) {
                cksum = 0;
        }
        return (uint16) (0xffff & cksum);
}


/*------------------------------------------------------------------------
 * ip_ntoh  -  Convert IP header fields to host byte order
 *------------------------------------------------------------------------
 */
void    ip_ntoh(
          struct netpacket *pktptr
          )
{
        pktptr->net_iplen = ntohs(pktptr->net_iplen);
        pktptr->net_ipid = ntohs(pktptr->net_ipid);
        pktptr->net_ipfrag = ntohs(pktptr->net_ipfrag);
        pktptr->net_ipsrc = ntohl(pktptr->net_ipsrc);
        pktptr->net_ipdst = ntohl(pktptr->net_ipdst);
}


/*------------------------------------------------------------------------
 * ip_hton  -  Convert IP header fields to network byte order
 *------------------------------------------------------------------------
 */
void    ip_hton(
          struct netpacket *pktptr

          )
{
        pktptr->net_iplen = htons(pktptr->net_iplen);
        pktptr->net_ipid = htons(pktptr->net_ipid);
        pktptr->net_ipfrag = htons(pktptr->net_ipfrag);
        pktptr->net_ipsrc = htonl(pktptr->net_ipsrc);
        pktptr->net_ipdst = htonl(pktptr->net_ipdst);
}


/*------------------------------------------------------------------------
 *  ipout  -  Process that transmits IP packets from the IP output queue
 *------------------------------------------------------------------------
 */
process ipout(void)
{
```

```
struct   netpacket *pktptr;        /* Pointer to next the packet  */
struct   iqentry   *ipqptr;        /* Pointer to IP output queue  */
uint32   destip;                   /* Destination IP address      */
uint32   nxthop;                   /* Next hop IP address         */
int32    retval;                   /* Value returned by functions */

ipqptr = &ipoqueue;

while(1) {

        /* Obtain next packet from the IP output queue */

        wait(ipqptr->iqsem);
        pktptr = ipqptr->iqbuf[ipqptr->iqhead++];
        if (ipqptr->iqhead >= IP_OQSIZ) {
                ipqptr->iqhead= 0;
        }

        /* Fill in the MAC source address */

        memcpy(pktptr->net_ethsrc, NetData.ethucast, ETH_ADDR_LEN);

        /* Extract destination address from packet */

        destip = pktptr->net_ipdst;


        /* Sanity check: packets sent to ioout should *not*       */
        /*       contain a broadcast address.                     */

        if ((destip == IP_BCAST)||(destip == NetData.ipbcast)) {
                kprintf("ipout: encountered a broadcast\n");
                freebuf((char *)pktptr);
                continue;
        }

        /* Check whether destination is the local computer */

        if (destip == NetData.ipucast) {
                ip_local(pktptr);
                continue;
        }

        /* Check whether destination is on the local net */

        if ( (destip & NetData.ipmask) == NetData.ipprefix) {

                /* Next hop is the destination itself */

                nxthop = destip;
        } else {

                /* Next hop is default router on the network */
```

386

```
                              nxthop = NetData.iprouter;
                    }

                    if (nxthop == 0) {  /* Dest. invalid or no default route*/
                              freebuf((char *)pktptr);
                              continue;
                    }

                    /* Use ARP to resolve next-hop address */

                    retval = arp_resolve(nxthop, pktptr->net_ethdst);
                    if (retval != OK) {
                              freebuf((char *)pktptr);
                              continue;
                    }

                    /* Use ipout to Convert byte order and send */

                    ip_out(pktptr);
          }
}


/*------------------------------------------------------------------------
 *  ip_enqueue  -  Deposit an outgoing IP datagram on the IP output queue
 *------------------------------------------------------------------------
 */
status  ip_enqueue(
          struct netpacket *pktptr       /* Pointer to the packet       */
        )
{
        intmask mask;                    /* Saved interrupt mask        */
        struct  iqentry *iptr;           /* Ptr. to network output queue */
        /* Ensure only one process accesses output queue at a time */

        mask = disable();

        /* Enqueue packet on network output queue */

        iptr = &ipoqueue;
        if (semcount(iptr->iqsem) >= IP_OQSIZ) {
                kprintf("ipout: output queue overflow\n");
                freebuf((char *)pktptr);
                restore(mask);
                return SYSERR;
        }
        iptr->iqbuf[iptr->iqtail++] = pktptr;
        if (iptr->iqtail >= IP_OQSIZ) {
                iptr->iqtail = 0;
        }
        signal(iptr->iqsem);
        restore(mask);
        return OK;
}
```

387

本地应用程序发送报文时调用 `ip_send` 函数。当 `netin` 进程需要发送应答消息时，会调用 `ip_enqueue` 以将数据包加入队列并让 `ipout` 进程处理。

17.10　UDP 表的定义

UDP 通过一张表来记录当前正在使用的 UDP 终端对的集合。每一个终端由一个 IP 地址和一个 UDP 端口号组成。UDP 表项用 4 个字段来指明两个终端对：一个是远程计算机，另一个是本地计算机。

为了充当从任意远程计算机上接收数据包的服务器，UDP 进程分配一个 UDP 表项、填写本地的终端信息，但不指明远程终端的信息。为了充当可以与特定的远程计算机通信的客户端，则分配一个表项并填写本地和远程终端信息。

除了终端信息外，每个 UDP 表项都包含一个从远程系统到达的数据包队列（数据包中指定的终端必须与表项中的相匹配）。UDP 表的每个表项都用结构体 `udpentry` 来描述。`udp.h` 文件定义了该结构和一些关联的符号常量。

388

```
/* udp.h - Declarations pertaining to User Datagram Protocol (UDP) */

#define UDP_SLOTS       6               /* Number of open UDP endpoints */
#define UDP_QSIZ        8               /* Packets enqueued per endpoint*/

#define UDP_DHCP_CPORT  68              /* Port number for DHCP client  */
#define UDP_DHCP_SPORT  67              /* Port number for DHCP server  */

/* Constants for the state of an entry */

#define UDP_FREE        0               /* Entry is unused            */
#define UDP_USED        1               /* Entry is being used        */
#define UDP_RECV        2               /* Entry has a process waiting */

#define UDP_ANYIF       -2              /* Register an endpoint for any */
                                        /*   interface on the machine  */

#define UDP_HDR_LEN     8               /* Bytes in a UDP header       */

struct  udpentry {                      /* Entry in the UDP endpoint tbl*/
        int32   udstate;                /* State of entry: free/used   */
        uint32  udremip;                /* Remote IP address (zero     */
                                        /*   means "don't care")       */
        uint16  udremport;              /* Remote protocol port number */
        uint16  udlocport;              /* Local protocol port number  */
        int32   udhead;                 /* Index of next packet to read */
        int32   udtail;                 /* Index of next slot to insert */
        int32   udcount;                /* Count of packets enqueued   */
        pid32   udpid;                  /* ID of waiting process       */
        struct  netpacket *udqueue[UDP_QSIZ];/* Circular packet queue  */
};

extern  struct  udpentry udptab[];
```

17.11　UDP 函数

为了允许应用程序通过 Internet 进行通信，UDP 接口允许应用程序发送和接收 UDP 消息，并充当客户端或服务器的角色。我们的 UDP 软件包括 7 个函数[⊖]：udp_init、udp_in、udp_register、udp_recv、udp_recvaddr、udp_send 和 udp_release。udp.c 文件中包含这 7 个函数。下面的代码描述了每个 UDP 函数的功能。

```
/* udp.c - udp_init, udp_in, udp_register, udp_send, udp_sendto,      */
/*              udp_recv, udp_recvaddr, udp_release, udp_ntoh, udp_hton */

#include <xinu.h>

struct  udpentry udptab[UDP_SLOTS];      /* Table of UDP endpoints        */

/*------------------------------------------------------------------------
 * udp_init  -  Initialize all entries in the UDP endpoint table
 *------------------------------------------------------------------------
 */
void    udp_init(void)
{

        int32   i;                        /* Index into the UDP table */

        for(i=0; i<UDP_SLOTS; i++) {
                udptab[i].udstate = UDP_FREE;
        }

        return;
}



/*------------------------------------------------------------------------
 * udp_in  -  Handle an incoming UDP packet
 *------------------------------------------------------------------------
 */
void    udp_in(
          struct netpacket *pktptr        /* Pointer to the packet        */
          )
{
        intmask mask;                     /* Saved interrupt mask         */
        int32   i;                        /* Index into udptab            */
        struct  udpentry *udptr;          /* Pointer to a udptab entry    */


        /* Ensure only one process can access the UDP table at a time    */

        mask = disable();

        for (i=0; i<UDP_SLOTS; i++) {
            udptr = &udptab[i];
            if (udptr->udstate == UDP_FREE) {
                        continue;
```

⊖　该代码还包含两个内部函数 udp_ntoh 和 udp_hton，它们转换主机字节序和网络字节序。

```
        }

        if ((pktptr->net_udpdport == udptr->udlocport)  &&
                ((udptr->udremport == 0) ||
                    (pktptr->net_udpsport == udptr->udremport)) &&
            (  ((udptr->udremip==0)     ||
                (pktptr->net_ipsrc == udptr->udremip)))    ) {

            /* Entry matches incoming packet */

            if (udptr->udcount < UDP_QSIZ) {
                udptr->udcount++;
                udptr->udqueue[udptr->udtail++] = pktptr;
                if (udptr->udtail >= UDP_QSIZ) {
                    udptr->udtail = 0;
                }
                if (udptr->udstate == UDP_RECV) {
                    udptr->udstate = UDP_USED;
                    send (udptr->udpid, OK);
                }
                restore(mask);
                return;
            }
        }
    }

    /* No match - simply discard packet */

    freebuf((char *) pktptr);
    restore(mask);
    return;
}

/*------------------------------------------------------------------------
 * udp_register  -  Register a remote IP, remote port & local port to
 *                    receive incoming UDP messages from the specified
 *                    remote site sent to the specified local port
 *------------------------------------------------------------------------
 */
uid32    udp_register (
    uint32 remip,                    /* Remote IP address or zero    */
    uint16 remport,                  /* Remote UDP protocol port     */
    uint16 locport                   /* Local UDP protocol port      */
    )
{
    intmask mask;                    /* Saved interrupt mask         */
    int32   slot;                    /* Index into udptab            */
    struct  udpentry *udptr;         /* Pointer to udptab entry      */

    /* Ensure only one process can access the UDP table at a time   */

    mask = disable();

    /* See if request already registered */
```

391

```
           for (slot=0; slot<UDP_SLOTS; slot++) {
                   udptr = &udptab[slot];
                   if (udptr->udstate == UDP_FREE) {
                           continue;
                   }

                   /* Look at this entry in table */

                   if ( (remport == udptr->udremport) &&
                        (locport == udptr->udlocport) &&
                        (remip   == udptr->udremip  ) ) {

                           /* Request is already in the table */

                           restore(mask);
                           return SYSERR;
                   }
           }

           /* Find a free slot and allocate it */

           for (slot=0; slot<UDP_SLOTS; slot++) {
                   udptr = &udptab[slot];
                   if (udptr->udstate != UDP_FREE) {
                           continue;
                   }
                   udptr->udlocport = locport;
                   udptr->udremport = remport;
                   udptr->udremip = remip;
                   udptr->udcount = 0;
                   udptr->udhead = udptr->udtail = 0;
                   udptr->udpid = -1;
                   udptr->udstate = UDP_USED;
                   restore(mask);
                   return slot;
           }
           restore(mask);
           return SYSERR;
   }

   /*------------------------------------------------------------------------
    * udp_recv  -  Receive a UDP packet
    *------------------------------------------------------------------------
    */
   int32   udp_recv (
           uid32   slot,                   /* Slot in table to use        */
           char    *buff,                  /* Buffer to hold UDP data     */
           int32   len,                    /* Length of buffer            */
           uint32  timeout                 /* Read timeout in msec        */
           )
   {
           intmask mask;                   /* Saved interrupt mask        */
           struct  udpentry *udptr;        /* Pointer to udptab entry     */
           umsg32  msg;                    /* Message from recvtime()     */
```

392

```
struct  netpacket *pkt;        /* Pointer to packet being read */
int32   i;                     /* Counts bytes copied          */
int32   msglen;                /* Length of UDP data in packet */
char    *udataptr;             /* Pointer to UDP data          */

/* Ensure only one process can access the UDP table at a time   */

mask = disable();

/* Verify that the slot is valid */

if ((slot < 0) || (slot >= UDP_SLOTS)) {
        restore(mask);
        return SYSERR;
}

/* Get pointer to table entry */

udptr = &udptab[slot];

/* Verify that the slot has been registered and is valid */

if (udptr->udstate != UDP_USED) {
        restore(mask);
        return SYSERR;
}

/* Wait for a packet to arrive */

if (udptr->udcount == 0) {                /* No packet is waiting */
        udptr->udstate = UDP_RECV;
        udptr->udpid = currpid;
        msg = recvclr();
        msg = recvtime(timeout);          /* Wait for a packet    */
        udptr->udstate = UDP_USED;
        if (msg == TIMEOUT) {
                restore(mask);
                return TIMEOUT;
        } else if (msg != OK) {
                restore(mask);
                return SYSERR;
        }
}

/* Packet has arrived -- dequeue it */

pkt = udptr->udqueue[udptr->udhead++];
if (udptr->udhead >= UDP_QSIZ) {
        udptr->udhead = 0;
}
udptr->udcount--;

/* Copy UDP data from packet into caller's buffer */
```

393

```
            msglen = pkt->net_udplen - UDP_HDR_LEN;
            udataptr = (char *)pkt->net_udpdata;
            if (len < msglen) {
                    msglen = len;
            }
            for (i=0; i<msglen; i++) {
                    *buff++ = *udataptr++;
            }
            freebuf((char *)pkt);
            restore(mask);
            return msglen;
    }


    /*------------------------------------------------------------------
     * udp_recvaddr  -  Receive a UDP packet and record the sender's address
     *------------------------------------------------------------------
     */
    int32   udp_recvaddr (
            uid32  slot,                /* Slot in table to use         */
            uint32 *remip,              /* Loc for remote IP address    */
            uint16 *remport,            /* Loc for remote protocol port */
            char   *buff,               /* Buffer to hold UDP data      */
            int32  len,                 /* Length of buffer             */
            uint32 timeout              /* Read timeout in msec         */
            )
    {
            intmask mask;               /* Saved interrupt mask         */
            struct  udpentry *udptr;    /* Pointer to udptab entry      */
            umsg32  msg;                /* Message from recvtime()      */
            struct  netpacket *pkt;     /* Pointer to packet being read */
            int32   msglen;             /* Length of UDP data in packet */
            int32   i;                  /* Counts bytes copied          */
            char    *udataptr;          /* Pointer to UDP data          */

            /* Ensure only one process can access the UDP table at a time   */

            mask = disable();

            /* Verify that the slot is valid */

            if ((slot < 0) || (slot >= UDP_SLOTS)) {
                    restore(mask);
                    return SYSERR;
            }

            /* Get pointer to table entry */

            udptr = &udptab[slot];

            /* Verify that the slot has been registered and is valid */

            if (udptr->udstate != UDP_USED) {
                    restore(mask);
                    return SYSERR;
```

394

```
        }

        /* Wait for a packet to arrive */

        if (udptr->udcount == 0) {                   /* No packet is waiting */
                udptr->udstate = UDP_RECV;
                udptr->udpid = currpid;
                msg = recvclr();
                msg = recvtime(timeout);             /* Wait for a packet    */
                udptr->udstate = UDP_USED;
                if (msg == TIMEOUT) {
                        restore(mask);
                        return TIMEOUT;
                } else if (msg != OK) {
                        restore(mask);
                        return SYSERR;
                }
        }

        /* Packet has arrived -- dequeue it */

        pkt = udptr->udqueue[udptr->udhead++];
        if (udptr->udhead >= UDP_QSIZ) {
                udptr->udhead = 0;
        }

        /* Record sender's IP address and UDP port number */

        *remip = pkt->net_ipsrc;
        *remport = pkt->net_udpsport;

        udptr->udcount--;

        /* Copy UDP data from packet into caller's buffer */

        msglen = pkt->net_udplen - UDP_HDR_LEN;
        udataptr = (char *)pkt->net_udpdata;
        if (len < msglen) {
                msglen = len;
        }
        for (i=0; i<msglen; i++) {
                *buff++ = *udataptr++;
        }
        freebuf((char *)pkt);
        restore(mask);
        return msglen;
}


/*------------------------------------------------------------------------
 * udp_send - Send a UDP packet using info in a UDP table entry
 *------------------------------------------------------------------------
 */
status  udp_send (
        uid32   slot,                    /* Table slot to use           */
```

395

396

```
            char    *buff,                  /* Buffer of UDP data        */
            int32   len                     /* Length of data in buffer  */
          )
{
          intmask mask;                     /* Saved interrupt mask       */
          struct  netpacket *pkt;           /* Pointer to packet buffer   */
          int32   pktlen;                   /* Total packet length        */
          static  uint16 ident = 1;         /* Datagram IDENT field       */
          char    *udataptr;                /* Pointer to UDP data        */
          uint32  remip;                    /* Remote IP address to use   */
          uint16  remport;                  /* Remote protocol port to use */
          uint16  locport;                  /* Local protocol port to use */
          uint32  locip;                    /* Local IP address taken from */
                                            /*   the interface            */
          struct  udpentry *udptr;          /* Pointer to table entry     */

          /* Ensure only one process can access the UDP table at a time  */

          mask = disable();

          /* Verify that the slot is valid */

          if ( (slot < 0) || (slot >= UDP_SLOTS) ) {
                  restore(mask);
                  return SYSERR;
          }

          /* Get pointer to table entry */

          udptr = &udptab[slot];

          /* Verify that the slot has been registered and is valid */

          if (udptr->udstate == UDP_FREE) {
                  restore(mask);
                  return SYSERR;
          }

          /* Verify that the slot has a specified remote address */

          remip = udptr->udremip;
          if (remip == 0) {
                  restore(mask);
                  return SYSERR;
          }

          locip = NetData.ipucast;
          remport = udptr->udremport;
          locport = udptr->udlocport;

          /* Allocate a network buffer to hold the packet */

          pkt = (struct netpacket *)getbuf(netbufpool);
```

397

```
        if ((int32)pkt == SYSERR) {
                restore(mask);
                return SYSERR;
        }

        /* Compute packet length as UDP data size + fixed header size   */

        pktlen = ((char *)&pkt->net_udpdata - (char *)pkt) + len;

        /* Create a UDP packet in pkt */

        memcpy((char *)pkt->net_ethsrc,NetData.ethucast,ETH_ADDR_LEN);
        pkt->net_ethtype = 0x0800;      /* Type is IP                   */
        pkt->net_ipvh = 0x45;           /* IP version and hdr length    */
        pkt->net_iptos = 0x00;          /* Type of service              */
        pkt->net_iplen= pktlen - ETH_HDR_LEN;/* Total IP datagram length*/
        pkt->net_ipid = ident++;        /* Datagram gets next IDENT     */
        pkt->net_ipfrag = 0x0000;       /* IP flags & fragment offset   */
        pkt->net_ipttl = 0xff;          /* IP time-to-live              */
        pkt->net_ipproto = IP_UDP;      /* Datagram carries UDP         */
        pkt->net_ipcksum = 0x0000;      /* initial checksum             */
        pkt->net_ipsrc = locip;         /* IP source address            */
        pkt->net_ipdst = remip;         /* IP destination address       */

        pkt->net_udpsport = locport;    /* Local UDP protocol port      */
        pkt->net_udpdport = remport;    /* Remote UDP protocol port     */
        pkt->net_udplen = (uint16)(UDP_HDR_LEN+len); /* UDP length      */
        pkt->net_udpcksum = 0x0000;     /* Ignore UDP checksum          */
        udataptr = (char *) pkt->net_udpdata;
        for (; len>0; len--) {
                *udataptr++ = *buff++;
        }

        /* Call ipsend to send the datagram */

        ip_send(pkt);
        restore(mask);
        return OK;
}


/*------------------------------------------------------------------------
 * udp_sendto  -  Send a UDP packet to a specified destination
 *------------------------------------------------------------------------
 */
status  udp_sendto (
        uid32   slot,                   /* UDP table slot to use        */
        uint32 remip,                   /* Remote IP address to use     */
        uint16 remport,                 /* Remote protocol port to use  */
        char    *buff,                  /* Buffer of UDP data           */
        int32   len                     /* Length of data in buffer     */
        )
{
        intmask mask;                   /* Saved interrupt mask         */
```

398

```
struct   netpacket *pkt;        /* Pointer to a packet buffer   */
int32    pktlen;                /* Total packet length          */
static   uint16 ident = 1;      /* Datagram IDENT field         */
struct   udpentry *udptr;       /* Pointer to a UDP table entry */
char     *udataptr;             /* Pointer to UDP data          */

/* Ensure only one process can access the UDP table at a time   */

mask = disable();

/* Verify that the slot is valid */

if ( (slot < 0) || (slot >= UDP_SLOTS) ) {
        restore(mask);
        return SYSERR;
}

/* Get pointer to table entry */

udptr = &udptab[slot];

/* Verify that the slot has been registered and is valid */

if (udptr->udstate == UDP_FREE) {
        restore(mask);
        return SYSERR;
}

/* Allocate a network buffer to hold the packet */

pkt = (struct netpacket *)getbuf(netbufpool);

if ((int32)pkt == SYSERR) {
        restore(mask);
        return SYSERR;
}

/* Compute packet length as UDP data size + fixed header size   */

pktlen = ((char *)&pkt->net_udpdata - (char *)pkt) + len;

/* Create UDP packet in pkt */

memcpy((char *)pkt->net_ethsrc,NetData.ethucast,ETH_ADDR_LEN);
pkt->net_ethtype = 0x0800;      /* Type is IP */
pkt->net_ipvh = 0x45;           /* IP version and hdr length    */
pkt->net_iptos = 0x00;          /* Type of service              */
pkt->net_iplen= pktlen - ETH_HDR_LEN;/* total IP datagram length*/
pkt->net_ipid = ident++;        /* Datagram gets next IDENT     */
pkt->net_ipfrag = 0x0000;       /* IP flags & fragment offset   */
pkt->net_ipttl = 0xff;          /* IP time-to-live              */
pkt->net_ipproto = IP_UDP;      /* Datagram carries UDP         */
pkt->net_ipcksum = 0x0000;      /* Initial checksum             */
pkt->net_ipsrc = NetData.ipucast;/* IP source address           */
```

399

```
        pkt->net_ipdst = remip;        /* IP destination address      */
        pkt->net_udpsport = udptr->udlocport;/* local UDP protocol port */
        pkt->net_udpdport = remport;   /* Remote UDP protocol port    */
        pkt->net_udplen = (uint16)(UDP_HDR_LEN+len); /* UDP length     */
        pkt->net_udpcksum = 0x0000;    /* Ignore UDP checksum          */
        udataptr = (char *) pkt->net_udpdata;
        for (; len>0; len--) {
                *udataptr++ = *buff++;
        }

        /* Call ipsend to send the datagram */

        ip_send(pkt);
        restore(mask);
        return OK;
}


/*------------------------------------------------------------------------
 * udp_release  -  Release a previously-registered UDP slot
 *------------------------------------------------------------------------
 */
status  udp_release (
          uid32  slot                  /* Table slot to release       */
        )
{
        intmask mask;                  /* Saved interrupt mask        */
        struct  udpentry *udptr;       /* Pointer to udptab entry     */
        struct  netpacket *pkt;        /* pointer to packet being read */

        /* Ensure only one process can access the UDP table at a time  */

        mask = disable();

        /* Verify that the slot is valid */

        if ( (slot < 0) || (slot >= UDP_SLOTS) ) {
                restore(mask);
                return SYSERR;
        }

        /* Get pointer to table entry */

        udptr = &udptab[slot];

        /* Verify that the slot has been registered and is valid */

        if (udptr->udstate == UDP_FREE) {
                restore(mask);
                return SYSERR;
        }

        /* Defer rescheduling to prevent freebuf from switching context */
```

400

```
                    resched_cntl(DEFER_START);
                    while (udptr->udcount > 0) {
                            pkt = udptr->udqueue[udptr->udhead++];
                            if (udptr->udhead >= UDP_QSIZ) {
                                    udptr->udhead = 0;
                            }
                            freebuf((char *)pkt);
                            udptr->udcount--;
                    }
                    udptr->udstate = UDP_FREE;
                    resched_cntl(DEFER_STOP);
                    restore(mask);
                    return OK;
            }


            /*------------------------------------------------------------------------
             * udp_ntoh  -  Convert UDP header fields from net to host byte order
             *------------------------------------------------------------------------
             */
            void    udp_ntoh(
                      struct netpacket *pktptr
                    )
            {
                    pktptr->net_udpsport = ntohs(pktptr->net_udpsport);
                    pktptr->net_udpdport = ntohs(pktptr->net_udpdport);
                    pktptr->net_udplen = ntohs(pktptr->net_udplen);
                    return;
            }


            /*------------------------------------------------------------------------
             * udp_hton  -  Convert packet header fields from host to net byte order
             *------------------------------------------------------------------------
             */
            void    udp_hton(
                      struct netpacket *pktptr
                    )
            {
                    pktptr->net_udpsport = htons(pktptr->net_udpsport);
                    pktptr->net_udpdport = htons(pktptr->net_udpdport);
                    pktptr->net_udplen = htons(pktptr->net_udplen);
                    return;
            }
```

udp_init。初始化函数最容易理解。启动时系统调用 udp_init，udp_init 设置每个 UDP 表项的状态以表明该表项是未被使用的。

udp_in。当携带 UDP 报文的数据包到达时，ip_in 进程调用函数 udp_in。参数 pktptr 指向传入的数据包。udp_in 搜索 UDP 表来判断是否一个表项与当前数据包的 IP 地址和端口号匹配。如果不匹配，直接将数据包丢掉——udp_in 调用 freebuf 将缓冲区返回缓冲池。如果匹配，udp_in 就将传入的数据包插入与表项相关联的队列中。如果队列已满，udp_in 就返回，数据包将被丢弃。当 udp_in 将数据包插入队列中时，它检查是否有进程正在等待传入的数据包（查看 UDP_RECV 的状态），如果有进程正在等待数据包，就给等待进程发送一个报文。注意，只能有一个进程在等待表项。如果有多个进程需要使用表项来进行通信，它们之间必须协调。

udp_register。应用程序在使用 UDP 进行通信前，必须调用 udp_register 来指明一个特定的端口，应用程序利用该端口接收传入的数据包。通过指明一个远程 IP 地址，应用程序可以充当客户端，应用程序还可以充当从任意发送者那里接收数据包的服务器。udp_register 负责分配 UDP 表项，在表项中记录远程和本地协议端口号和 IP 地址信息，并创建一个保存传入的数据包的队列。

udp_recv。当注册了一个本地端口号后，应用程序可以调用 udp_recv 从表项中提取数据包。调用的参数指明 UDP 表中的一个位置、一个用于保存传入消息的缓冲区及缓冲区长度，而且必须先使用 udp_register 注册到该位置。在协作方面，udp_recv 使用与 ARP 相类似的范例。如果没有数据包在等待（表项的队列是空的），那么 udp_recv 就阻塞，等待一段时间（该时间由上次的调用参数指定）。当 UDP 数据包到达时，netin 调用 udp_in。udp_in 中的代码可以找到 UDP 表中合适的表项，如果有一个应用程序处于等待状态，udp_in 就给等待进程发送一个报文。如果数据包在指定的时间内到达，udp_recv 就将 UDP 数据复制到调用者的缓冲区并返回 UDP 数据的长度。如果数据包到达之前定时器已经超时，udp_recv 就返回 TIMEOUT。

udp_recvaddr。当进程充当服务器的角色时，它必须知道与它通信的客户端的地址。服务器进程调用 udp_recvaddr，udp_recvaddr 和 udp_recv 除了返回值不同外，其他功能类似，udp_recvaddr 的返回值不仅包含传入的数据包，还包含发送者的地址。服务器可以使用该地址来发送应答消息。

udp_send。进程调用 udp_send 发送 UDP 报文。参数指定在 UDP 表中的一个位置、报文的内存地址、报文的长度，而且必须先使用 udp_register 注册到该位置。udp_send 创建一个以太网数据包，该数据包包含一个携带指定 UDP 报文的 IP 数据报。udp_send 从表项中获取 IP 地址和端口号。

udp_release。当进程使用完 UDP 终端后，该进程调用 udp_release 释放表项。如果数据包在表项队列中，那么 udp_release 在释放表项前会将每个数据包返回给缓冲池。

17.12　互联网控制报文协议

Xinu 只处理 ping 程序中的两种报文类型来实现 ICMP：ICMP 回显请求和 ICMP 回显应答。尽管只有两种消息类型，但代码还是包含 7 个主要函数：icmp_init、icmp_in、icmp_out、icmp_register、icmp_send、icmp_recv 和 icmp_release。

与其他协议栈相比，网络输入函数调用 icmp_init 对 ICMP 初始化。当 ICMP 数据包到达时，网络输入进程调用 icmp_in 来进行处理，应用进程调用 icmp_register 来注册它使用的远程 IP 地址，然后调用 icmp_send 发送 ping 请求，以及调用 icmp_recv 接收应答。最后，在完成任务后，应用程序调用 icmp_release 释放远程 IP 地址，并允许其他进程使用它。

403

虽然在 ICMP 的代码中没有表现出来⊖，但是这些函数遵循了与 UDP 函数相同的通用结构。一个技巧用于将 ping 的回复与请求关联：传出的 ping 数据包中的标识字段是 ping 表

⊖　该代码可通过以下网址获得：xinu.cs.purdue.edu。

的索引。当应答到达时，应答将包含相同的标识，`icmp_in` 使用它作为数组的索引。因此，与 UDP 不同，ICMP 代码不需要搜索表。当然，仅用标识字段是不够的：在标识了表项后，`icmp_in` 就验证应答中的 IP 源地址是否与表项中的 IP 地址相匹配。回顾本章前面的讨论，当调用 `icmp_in` 时，`netin` 进程正在运行。因此，如果需要应答，`icmp_in` 不会直接发送应答。相反，它会调用 `ip_enqueue` 来排队由 IP 输出进程发送的传出数据包。

17.13　动态主机配置协议

在启动时，计算机必须获得自己的 IP 地址和默认路由器的 IP 地址，以及本地网络上使用的地址掩码。这种用于在启动时获得信息的协议称为动态主机配置协议（DHCP）。虽然 DHCP 数据包包含了许多字段，但基本的数据包交换是直接的。一台称为主机（host）的计算机广播 DHCP Discover 报文。在本地网络中的 DHCP 服务器通过发送 DHCP Offer 报文来应答，该报文包含主机的 IP 地址、本地网络的 32 位子网掩码和默认路由器的地址。计算机通过向服务器端发送一个请求消息来进行应答。

当系统启动时，代码不会参与 DHCP 交换，而是等待直到需要 IP 地址。应用程序调用 `getlocalip` 来获取本地 IP 地址。如果 IP 地址在之前已经获得，则仅仅返回该 IP 值；如果主机的 IP 地址是未知的，`getlocalip` 就使用 DHCP 来获得地址。程序从创建并发送 DHCP Discover 报文开始，然后使用 `udp_recv` 以等待应答。

文件 dhcp.h 定义 DHCP 报文的结构。整个 DHCP 报文装载在 UDP 报文的有效载荷中，然后装载在 IP 数据报中，再装载在以太网数据包中。

```
/* dhcp.h - Definitions related to DHCP */

#define DHCP

#define DHCP_RETRY          5

#define DHCP_PADDING                        0
#define DHCP_SUBNET_MASK                    1
#define DHCP_ROUTER                         3
#define DHCP_DNS_SERVER                     6
#define DHCP_DOMAIN_NAME                    15
#define DHCP_VENDER_OPTIONS                 43
#define DHCP_REQUESTED_IP                   50
#define DHCP_IP_ADDR_LEASE_TIME             51
#define DHCP_OPTION_OVERLOAD                52
#define DHCP_MESSAGE_TYPE                   53
#define DHCP_SERVER_ID                      54
#define DHCP_PARAMETER_REQUEST_LIST         55
#define DHCP_MESSAGE                        56
#define DHCP_MAXIMUM_DHCP_MESSAGE_SIZE      57
#define DHCP_RENEWAL_TIME_VALUE             58
#define DHCP_REBINDING_TIME_VALUE           59
#define DHCP_VENDOR_CLASS_ID                60
#define DHCP_CLIENT_ID                      61
#define DHCP_TFTP_SERVER_NAME               66
#define DHCP_BOOTFILE_NAME                  67
#define DHCP_CLIENT_SYS_ARCH                93
#define DHCP_CLIENT_NET_ID                  94
```

```
#define DHCP_CLIENT_MACHINE_ID        97
#define DHCP_MESSAGE_END              255

#pragma pack(2)
struct  dhcpmsg {
        byte    dc_bop;                 /* DHCP bootp op 1=req 2=reply */
        byte    dc_htype;               /* DHCP hardware type          */
        byte    dc_hlen;                /* DHCP hardware address length */
        byte    dc_hops;                /* DHCP hop count              */
        uint32  dc_xid;                 /* DHCP xid                    */
        uint16  dc_secs;                /* DHCP seconds                */
        uint16  dc_flags;               /* DHCP flags                  */
        uint32  dc_cip;                 /* DHCP client IP address      */
        uint32  dc_yip;                 /* DHCP your IP address        */
        uint32  dc_sip;                 /* DHCP server IP address      */
        uint32  dc_gip;                 /* DHCP gateway IP address     */
        byte    dc_chaddr[16];          /* DHCP client hardware address */
        union {
                byte    dc_bootp[192]; /* DHCP bootp area (zero)       */
                struct {
                        byte    sname[64];     /* TFTP Server Name     */
                        byte    bootfile[128]; /* TFTP File name       */
                };
        };
        uint32  dc_cookie;              /* DHCP cookie                 */
        byte    dc_opt[1024];           /* DHCP options area (large    */
                                        /*  enough to hold more than   */
                                        /*  reasonable options         */
};
#pragma pack()
```

如果本地 IP 地址尚未初始化，函数 getlocalip 就创建并发送 DHCP Discover 消息，等待接收回应，从应答中提取 IP 地址、子网掩码和默认路由器地址并存储到 Netdata 中，最后返回 IP 地址。此段代码在 dhcp.c 文件中：

```
/* dhcp.c - getlocalip */

#include <xinu.h>

/*------------------------------------------------------------------------
 * dhcp_get_opt_val  -  Retrieve a pointer to the value for a specified
 *                       DHCP options key
 *------------------------------------------------------------------------
 */
char*   dhcp_get_opt_val(
        const struct dhcpmsg* dmsg,    /* DHCP Message                 */
        uint32 dmsg_size,              /* Size of DHCP Message         */
        uint8 option_key               /* Option key to retrieve       */
        )
{
        unsigned char* opt_tmp;
        unsigned char* eom;

        eom = (unsigned char*)dmsg + dmsg_size - 1;
```

405

```
        opt_tmp = (unsigned char*)dmsg->dc_opt;

        while(opt_tmp < eom) {

                /* If the option value matches return the value */

                if((*opt_tmp) == option_key) {

                        /* Offset past the option value and the size   */

                        return (char*)(opt_tmp+2);
                }
                opt_tmp++;        /* Move to length octet */
                opt_tmp += *(uint8*)opt_tmp + 1;
        }

        /* Option value not found */

        return NULL;
}

/*-------------------------------------------------------------------
 * dhcp_bld_bootp_msg  -  Set the common fields for all DHCP messages
 *-------------------------------------------------------------------
 */
void    dhcp_bld_bootp_msg(struct dhcpmsg* dmsg)
{
        uint32  xid;                    /* Xid used for the exchange   */

        memcpy(&xid, NetData.ethucast, 4); /* Use 4 bytes from MAC as  */
                                        /*     unique XID              */
        memset(dmsg, 0x00, sizeof(struct dhcpmsg));

        dmsg->dc_bop = 0x01;            /* Outgoing request            */
        dmsg->dc_htype = 0x01;          /* Hardware type is Ethernet   */
        dmsg->dc_hlen = 0x06;           /* Hardware address length     */
        dmsg->dc_hops = 0x00;           /* Hop count                   */
        dmsg->dc_xid = htonl(xid);      /* Xid (unique ID)             */
        dmsg->dc_secs = 0x0000;         /* Seconds                     */
        dmsg->dc_flags = 0x0000;        /* Flags                       */
        dmsg->dc_cip = 0x00000000;      /* Client IP address           */
        dmsg->dc_yip = 0x00000000;      /* Your IP address             */
        dmsg->dc_sip = 0x00000000;      /* Server IP address           */
        dmsg->dc_gip = 0x00000000;      /* Gateway IP address          */
        memset(&dmsg->dc_chaddr,'\0',16);/* Client hardware address    */
        memcpy(&dmsg->dc_chaddr, NetData.ethucast, ETH_ADDR_LEN);
        memset(&dmsg->dc_bootp,'\0',192);/* Zero the bootp area        */
        dmsg->dc_cookie = htonl(0x63825363); /* Magic cookie for DHCP  */
}

/*-------------------------------------------------------------------
 * dhcp_bld_disc  -  handcraft a DHCP Discover message in dmsg
 *-------------------------------------------------------------------
 */
```

406

```
int32    dhcp_bld_disc(struct dhcpmsg* dmsg)
{
        uint32  j = 0;

        dhcp_bld_bootp_msg(dmsg);
        dmsg->dc_opt[j++] = 0xff & 53;  /* DHCP message type option    */
        dmsg->dc_opt[j++] = 0xff &  1;  /* Option length               */
        dmsg->dc_opt[j++] = 0xff &  1;  /* DHCP Dicover message        */
        dmsg->dc_opt[j++] = 0xff &  0;  /* Options padding             */

        dmsg->dc_opt[j++] = 0xff & 55;  /* DHCP parameter request list */
        dmsg->dc_opt[j++] = 0xff &  2;  /* Option length               */
        dmsg->dc_opt[j++] = 0xff &  1;  /* Request subnet mask         */
        dmsg->dc_opt[j++] = 0xff &  3;  /* Request default router addr->*/

        return (uint32)((char *)&dmsg->dc_opt[j] - (char *)dmsg + 1);
}


/*------------------------------------------------------------------------
 * dhcp_bld_req - handcraft a DHCP request message in dmsg
 *------------------------------------------------------------------------
 */
int32    dhcp_bld_req(
            struct dhcpmsg* dmsg,        /* DHCP message to build      */
            const struct dhcpmsg* dmsg_offer, /* DHCP offer message    */
            uint32 dsmg_offer_size       /* Size of DHCP offer message */
          )
{
        uint32  j = 0;
        uint32* server_ip;               /* Take the DHCP server IP addr */
                                         /*   from DHCP offer message    */

        dhcp_bld_bootp_msg(dmsg);
        dmsg->dc_sip = dmsg_offer->dc_sip; /* Server IP address        */

        dmsg->dc_opt[j++] = 0xff & 53;  /* DHCP message type option    */
        dmsg->dc_opt[j++] = 0xff &  1;  /* Option length               */
        dmsg->dc_opt[j++] = 0xff &  3;  /* DHCP Request message        */
        dmsg->dc_opt[j++] = 0xff &  0;  /* Options padding             */

        dmsg->dc_opt[j++] = 0xff & 50;  /* Requested IP                */
        dmsg->dc_opt[j++] = 0xff &  4;  /* Option length               */
        *((uint32*)&dmsg->dc_opt[j]) = dmsg_offer->dc_yip;
        j += 4;

        /* Retrieve the DHCP server IP from the DHCP options */
        server_ip = (uint32*)dhcp_get_opt_val(dmsg_offer,
                                dsmg_offer_size, DHCP_SERVER_ID);

        if(server_ip == 0) {

                kprintf("Unable to get server IP add. from DHCP Offer\n");
                return SYSERR;

        }
```

407

408

```
                dmsg->dc_opt[j++] = 0xff & 54;  /* Server IP                */
                dmsg->dc_opt[j++] = 0xff &  4;  /* Option length            */
                *((uint32*)&dmsg->dc_opt[j]) = *server_ip;
                j += 4;

                return (uint32)((char *)&dmsg->dc_opt[j] - (char *)dmsg + 1);
        }


        /*------------------------------------------------------------------------
         * getlocalip - use DHCP to obtain an IP address
         *------------------------------------------------------------------------
         */
        uint32  getlocalip(void)
        {
                int32    slot;                  /* UDP slot to use          */
                struct   dhcpmsg dmsg_snd;      /* Holds outgoing DHCP messages */
                struct   dhcpmsg dmsg_rvc;      /* Holds incoming DHCP messages */

                int32    i, j;                  /* Retry counters           */
                int32    len;                   /* Length of data sent      */
                int32    inlen;                 /* Length of data received  */
                char     *optptr;               /* Pointer to options area  */
                char     *eop;                  /* Address of end of packet */
                int32    msgtype;               /* Type of DCHP message     */
                uint32   addrmask;              /* Address mask for network */
                uint32   routeraddr;            /* Default router address   */
                uint32   tmp;                   /* Used for byte conversion */
                uint32*  tmp_server_ip;         /* Temporary DHCP server pointer*/

                slot = udp_register(0, UDP_DHCP_SPORT, UDP_DHCP_CPORT);
                if (slot == SYSERR) {
                        kprintf("getlocalip: cannot register with UDP\n");
                        return SYSERR;
                }

                len = dhcp_bld_disc(&dmsg_snd);
                if(len == SYSERR) {
                        kprintf("getlocalip: Unable to build DHCP discover\n");
                        return SYSERR;
                }

                for (i = 0; i < DHCP_RETRY; i++) {
                        udp_sendto(slot, IP_BCAST, UDP_DHCP_SPORT,
                                                (char *)&dmsg_snd, len);

                        /* Read 3 incoming DHCP messages and check for an offer */
                        /*      or wait for three timeout periods if no message */
                        /*      arrives.                                        */

                        for (j=0; j<3; j++) {
                                inlen = udp_recv(slot, (char *)&dmsg_rvc,
```

409

```
                        sizeof(struct dhcpmsg),2000);
if (inlen == TIMEOUT) {
        continue;
} else if (inlen == SYSERR) {
        return SYSERR;
}
/* Check that incoming message is a valid     */
/*    response (ID matches our request)        */

if (dmsg_rvc.dc_xid != dmsg_snd.dc_xid) {
        continue;
}

eop = (char *)&dmsg_rvc + inlen - 1;
optptr = (char *)&dmsg_rvc.dc_opt;
msgtype = addrmask = routeraddr = 0;

while (optptr < eop) {

    switch (*optptr) {
        case 53:          /* Message type */
                msgtype = 0xff & *(optptr+2);
        break;

        case 1:           /* Subnet mask */
                memcpy((void *)&tmp, optptr+2, 4);
                addrmask = ntohl(tmp);
        break;

        case 3:           /* Router address */
                memcpy((void *)&tmp, optptr+2, 4);
                routeraddr = ntohl(tmp);
                break;
    }
    optptr++;   /* Move to length octet */
    optptr += (0xff & *optptr) + 1;
}

if (msgtype == 0x02) {   /* Offer - send request */
        len = dhcp_bld_req(&dmsg_snd, &dmsg_rvc,
                                      inlen);
        if(len == SYSERR) {
                kprintf("getlocalip: %s\n",
                  "Unable to build DHCP request");
                return SYSERR;
        }
        udp_sendto(slot, IP_BCAST, UDP_DHCP_SPORT,
                      (char *)&dmsg_snd, len);
        continue;

} else if (dmsg_rvc.dc_opt[2] != 0x05) {
```

410

```
                                    /* If not an ack skip it */
                                    continue;
                            }
                            if (addrmask != 0) {
                                    NetData.ipmask = addrmask;
                            }
                            if (routeraddr != 0) {
                                    NetData.iprouter = routeraddr;
                            }
                            NetData.ipucast = ntohl(dmsg_rvc.dc_yip);
                            NetData.ipprefix = NetData.ipucast &
                                                        NetData.ipmask;
                            NetData.ipbcast = NetData.ipprefix |
                                                        ~NetData.ipmask;
                            NetData.ipvalid = TRUE;
                            udp_release(slot);

                            /* Retrieve the boot server IP */
                            if(dot2ip((char*)dmsg_rvc.sname,
                                            &NetData.bootserver) != OK) {

                              /* Could not retrieve the boot server from   */
                              /*  the  BOOTP fields, so use the DHCP server */
                              /*  address                                  */
                              tmp_server_ip = (uint32*)dhcp_get_opt_val(
                                            &dmsg_rvc, len, DHCP_SERVER_ID);
                              if(tmp_server_ip == 0) {
                                kprintf("Cannot retrieve boot server addr\n");
                                    return (uint32)SYSERR;
                              }
                            NetData.bootserver = ntohl(*tmp_server_ip);
                            }
                            memcpy(NetData.bootfile, dmsg_rvc.bootfile,
                                            sizeof(dmsg_rvc.bootfile));
                            return NetData.ipucast;
                    }
            }

        kprintf("DHCP failed to get response\n");
        udp_release(slot);
        return (uint32)SYSERR;
    }
```

411

DHCP 服务器通过发送请求信息来响应初始 Discover 消息，而客户端会响应一个请求。当接收到应答时，getlocalip 检查报文的选项区域。DHCP 因为携带重要信息的选项而不同寻常。尤其是，DHCP 报文的类型以及某些计算机系统用于初始化网络参数的信息都存储在选项区域内。其中的 3 个选项是我们的实现关键：选项 53 定义 DHCP 报文的类型、选项 1 指定本地网络使用的子网掩码、选项 3 指定默认路由器的地址。如果有选项存在，getlocalip 就可以从应答中选择需要的信息，为后续的函数调用存储信息，并将 IP 地址返回给函数调用者。

关于 DHCP 的细节超出本书的讨论范围。然而我们要明白，DHCP 使用 UDP 接口的方式与其他应用程序是一样的。即在通信开始前，`getlocalip` 必须调用 `udp_register` 记录 DHCP 将要使用的端口。一旦记录了端口，`getlocalip` 就创建一个 DHCP Discover 报文并调用 `udp_sendto` 广播这个报文。DHCP Discover 报文引发一个 DHCP 服务器的应答，系统则利用 `udp_recv` 从应答中获得它的 IP 地址。

17.14 观点

本章描述的仅是互联网协议的极简实现，忽略了许多细节，代码也"走"了很多捷径。例如，定义消息格式的数据结构结合了协议栈的多个层次，并假设底层网络一直为以太网。更重要的是，代码忽略了 TCP——互联网主要使用的传输层协议。代码还忽略了 IPv6——比 IPv4 更复杂的新版本网络层协议。例如，IPv6 采用可变长度报头，使得我们不能用一个结构体来指定 IPv6 报文。因此，你不能将本章中的代码看作协议的典型实现，也不能假定同样的代码结构适用于更广泛的协议栈。 412

不过，除了它的局限性外，本章代码阐述了计时操作的重要性。特别是，定时接收函数的运用使得整个代码结构变得简单，以及整个操作变得更容易理解。如果这个系统没有提供定时接收，那么将需要更多的进程——一个进程实现计时器功能，另一个进程处理响应。

17.15 总结

即使小型嵌入式系统也使用互联网协议进行通信。因此，大多数操作系统都包括称为协议栈的软件。

本章讨论了支持 IP、UDP、ICMP、ARP 和 DHCP 在以太网上运行的有限版本的最小协议栈。以上协议都是紧密联系的，ICMP 和 UDP 报文都在 IP 数据报中，DHCP 报文在 UDP 数据包中。

为了适应异步数据包传输，我们的协议使用网络输入进程 `netin`。`netin` 进程重复地读取以太网数据包，验证数据包头，使用数据包头信息来决定怎样处理数据包。当 ARP 数据包到达时，`netin` 调用 `arp_in` 处理数据包；当 UDP 数据包到达时，`netin` 调用 `udp_in` 处理数据包；当 ICMP 数据包到达时，`netin` 调用 `icmp_in` 处理数据包。对于其他数据包，`netin` 则会忽略。在接收数据包时，我们的实现允许进程指定等待数据包到达的最长时间。超时机制可以用来实现重发：如果应答超时到达，进程就要求重发。

练习

17.1 重写代码以消除对单独 IP 输出进程的需要。提示：当 APR 应答到达时，在每个 ARP 表项中保留一个传出的 IP 分组队列，并在 ARP 回复到达后安排分组发送。

17.2 假设你有两个已连接至互联网的 Xinu 系统，使用 UDP 函数编写两个通过向对方发送 UDP 消息进行通信的程序。

17.3 为了保证 ARP 信息不会过时，ARP 协议要求缓存项在固定时间后被移除（无论是否使用过）。改写代码以移除超过 5min 的缓存项，不能使用额外的进程。

17.4 使用计时器进程替代 `recvtime` 来重新设计 `udp_recv`。需要多少个进程？解释之。 413

17.5 某些操作系统以软中断而非 `netin` 和 `ipout` 进程构建网络代码。请基于软中断重新设计本章中的网络代码。

17.6 如果一台计算机连接到两个独立的网络（例如 WiFi 网络和以太网），网络代码结构需要怎样改动？提示：需要多少个进程？

17.7 Xinu 在抽象设备和硬件设备中使用一个设备范例。重写 UDP 代码以使用设备范例，其中进程调用 UDP 主设备上的 open 来指定协议端口和 IP 地址信息，并接收用于通信的伪设备描述符。

17.8 前面练习中的设备范例能够处理所有的 ICMP 吗？如果问题限定在 ICMP 回显（即 ping），那么答案会不会改变？解释之。

17.9 住宅和宿舍房间使用的无线路由器在以太网连接和 WiFi 连接之间传递互联网数据包。你可以使用本章的代码来构建一个无线路由器吗？为什么？

远程磁盘驱动

我的目标坚定不移：奋斗，找寻，发现，绝不妥协。

——Alfred, Lord Tennyson

18.1 引言

前面的章节解释了 I/O 设备和设备驱动结构。第 16 章介绍了基于块的设备如何使用 DMA，并给出了一个以太网驱动的例子。

本章讨论辅助存储设备（如磁盘或者硬盘）的设备驱动的设计，侧重于基本的数据传输操作，第 19 章介绍操作系统高层如何使用磁盘硬件来提供文件和目录。

18.2 磁盘抽象

磁盘硬件提供了一种存储机制的基本抽象模型，该模型具有以下特点。

- 非易失性（nonvolatile）：即使断开电源，存储的数据仍然存在。
- 基于块（block-oriented）：硬件只提供读、写固定大小数据块的能力。
- 多次使用（multi-use）：块可以被读、写多次。
- 随机存取（random-access）：块可以以任何顺序访问。

与第 16 章所描述的以太网硬件一样，磁盘硬件通常使用 DMA 机制来实现数据传输同时不引起 CPU 中断。与以太网驱动一样，磁盘驱动不需要了解和检查数据块的内容，而是将整个磁盘视为由数据块构成的一个数组。

18.3 磁盘驱动支持的操作

在磁盘设备驱动中，磁盘由固定大小的数据块组成，可以通过以下 3 种基本操作来随机存取数据块：

- 提取（fetch）：将磁盘指定位置的数据块复制到指定内存缓冲区。
- 存储（store）：将内存缓冲区数据复制到磁盘上指定的数据块上。
- 寻址（seek）：将磁头移动到磁盘指定的块。寻址操作仅用于机电设备（即磁盘），将磁头移动到未来可能需要的位置是磁盘优化的一个重要机制。不过，随着固态磁盘变得更加广泛，寻址操作的重要性也许正在下降。

磁盘的块大小由磁盘上的扇区大小决定。工业上已经把 512 字节作为块的事实标准，在本章中，我们假定块的大小为 512 字节⊖。

18.4 块传输和高层 I/O 函数

由于硬件只提供了块传输，所以就可以定义读（read）和写（write）操作的接口来传输

⊖ 尽管现代磁盘通常使用大小为 4KB 的基本块，但硬件提供了一个使用 512B 块的接口。

整个数据块。这里的问题是，如何在现有的高层 I/O 操作中包含块规范。我们可以使用寻址（seek）：这要求在调用读、写接口来访问数据块之前调用一次寻址操作，即将磁头移动到某个块上。不幸的是，要求用户在进行数据传输之前调用寻址操作是笨拙和易出错的。因此，为了保持接口的简单易用，我们将扩展读和写操作参数的语义：假设缓冲区足够大，可以放下一个磁盘块的数据，并用第三个参数来指定块号。例如，函数调用：

```
read ( DISK0, buff, 5 )
```

请求驱动从磁盘读取块 5，从位置 buff 开始读入内存中。

本章中的驱动将提供两个基本的磁盘操作：读（read），从磁盘将单个块复制到内存；写（write），把内存中的数据复制到指定的磁盘块。此外，本驱动还具有控制（control）功能，包括格式化磁盘（即销毁所有存储的数据）和同步写请求（即确保所有缓存的数据已经写入磁盘）。高速缓存及其对高效磁盘访问的重要性将在本章后面讨论。

18.5　远程磁盘范例

与使用本地磁盘的传统计算机不同，云计算中使用的是一种广义上的磁盘：与处理器分离的磁盘存储。这种分离的机制允许多个处理器共同访问一个物理磁盘，并且可以支持虚拟机迁移。许多现代嵌入式系统就使用了这种云计算方法。本节将通过介绍一个远程磁盘的例子来展示如何将磁盘存储与处理器分离。该远程磁盘系统可提供与本地磁盘相同的抽象接口：允许进程读写磁盘块。但远程磁盘系统并不使用磁盘硬件，而是将磁盘请求通过网络发送到一个远程磁盘服务器上，而这个服务器运行在另一台计算机上。

远程磁盘的驱动程序与本地磁盘非常相似。总体上，本地磁盘和远程磁盘的驱动都采用相同的基本结构：驱动程序分为上半部和下半部，上下层之间通过一个共享数据结构进行通信。主要的区别是下半部的工作方式。远程磁盘驱动在下半部中并不使用 DMA 硬件和中断机制，而是使用一个高优先级的通信进程。该通信进程通过网络将请求发送到一个远程服务器，并且接收服务器的响应，如图 18-1 所示。

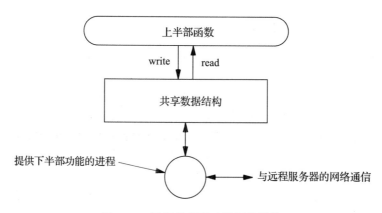

图 18-1　远程磁盘驱动的组织结构

18.6　高速缓存的重要概念

有 3 个关键的规律可以帮助操作系统设计者优化磁盘驱动：第一，底层磁盘硬件只能传输整个磁盘块；第二，正如下一章所介绍，文件系统允许应用读 / 写任意的数据量；第三，磁盘硬件的速度比处理器慢很多。上述 3 个规律的结果是，如果在每次应用读 / 写几字节时磁盘驱动都要进行数据传输，那么磁盘访问就会成为系统性能的瓶颈。

为了高效地进行磁盘访问，磁盘驱动就必须使用高速缓存：访问一个磁盘块时，驱动程序将这个磁盘块复制到内存空间的一个缓存区域中，后续的读 / 写操作就在这个副本上进行，而不用等待 I/O 操作访问底层磁盘。当然，修改的内容最终必须写回磁盘。没有缓存，磁盘访问会慢得不可接受；有了缓存，磁盘系统的性能就可以满足大多数的需求。总的来说：

> 由于磁盘访问速度很慢，而文件系统通常只会读 / 写局部的磁盘块，因此磁盘驱动需要缓存磁盘块以获得高性能。

下面将用之前远程磁盘驱动的例子来说明缓存的思想。共享数据结构中包含两个关键模块：

- 最近访问磁盘块的缓存
- 待处理的请求列表

最近访问磁盘块的缓存：该缓存保存了最近访问的磁盘块。无论是读或写，磁盘块都会被缓存。当收到一个后续的磁盘块操作请求时，驱动程序会在请求磁盘传输之前先在缓存中查找；驱动程序并不区分读和写请求。因此，如果一个文件系统首先向给定的磁盘块中写入数据，然后再从同一个磁盘块中读取数据，那么读操作就会使用缓存的副本。

待处理的请求链表：与传统的驱动程序一样，远程磁盘系统也允许多个进程访问磁盘，并且实现同步读操作和异步写操作，即读磁盘块时，进程必须等待数据被取回；写磁盘块时，进程不会被阻塞——磁盘驱动会将一个待写磁盘块的副本加入请求链表中，并允许进程继续执行。同时，驱动程序中负责与远程服务器进行通信的下半部进程不断地从请求队列中取出请求并进行指定的操作。因此，数据会在接下来的某个时间被写到磁盘中。

420

18.7 磁盘操作的语义

虽然磁盘驱动可以使用缓存和延迟写操作等优化方法，但是磁盘驱动必须始终保证表面上同步的接口。也就是说，驱动必须总是返回系统最后写入的数据。

如果给定块上的读操作和写操作可以表示为以下序列：

$$op_1, \; op_2, \; op_3, \; \ldots, \; op_n$$

如果 op_t 是对存储块 i 的读操作，则磁盘驱动返回的必须是该语句块在 op_k 操作下所写入的数据，其中 k 是写操作顺序号中最大的值，并且小于 t（即在 op_k 和 op_t 之间的所有操作都是读操作）。为了完善这个定义，我们假定在系统启动前的 0 时刻有一个隐含的写操作。这样，如果系统在调用写块操作前企图读该块，那么驱动程序将在系统引导时返回磁盘上的所有数据。

我们将以上概念称为最后写入语义（last-write semantics）：

> 磁盘驱动可以使用如缓存等技术优化性能，但驱动须保证最后写入语义 (semantics)。

示例驱动使用 FIFO 队列来确保最后写入语义：

> 项添加到请求队列的末尾，下半部进程不断地选择并执行队列头的项。

因为项总是添加到队尾，所以磁盘驱动处理请求的顺序和请求产生的顺序相同。这样，如果进程 *A* 对 5 号存储块的数据进行读，而进程 *B* 在之后对 5 号存储块进行写，那么这两个请求的执行将按照队列中的顺序正确执行。读请求先执行，写请求后执行。

我们会发现这样的队列规则可以扩展到缓存中：在搜索缓存时，驱动程序总是从缓存队列头开始搜索。我们的代码将依赖于这个规则以保证进程接收的数据符合最后写入语义。

18.8 驱动数据结构的定义

文件 rdisksys.h 定义了远程磁盘系统中使用的常量和数据结构。该文件还定义了磁盘缓冲区的格式。每个缓冲区包含一个头部信息，用来指定缓冲区中存储的磁盘块个数，以及链接缓冲区到请求链表、缓存链表或空闲链表所需的字段。此外，文件中还定义了设备控制块的内容和发送到远程服务器的信息格式。

421

```
/* rdisksys.h - definitions for remote disk system pseudo-devices */

#ifndef Nrds
#define Nrds          1
#endif


/* Remote disk block size */

#define RD_BLKSIZ     512

/* Global data for the remote disk server */

#ifndef RD_SERVER_IP
#define RD_SERVER_IP   "255.255.255.255"
#endif


#ifndef RD_SERVER_PORT
#define RD_SERVER_PORT  33124
#endif


#ifndef RD_LOC_PORT
#define RD_LOC_PORT    33124          /* Base port number - minor dev */
                                      /*   number is added to insure  */
                                      /*    that each device is unique */
#endif

/* Control block for remote disk device */

#define RD_IDLEN      64              /* Size of a remote disk ID      */
#define RD_BUFFS      64              /* Number of disk buffers        */
#define RD_STACK      16384           /* Stack size for comm. process  */
#define RD_PRIO       200            /* Priorty of comm. process      */

/* Constants for state of the device */

#define RD_FREE       0              /* Device is available           */
#define RD_OPEN       1              /* Device is open (in use)       */
#define RD_PEND       2              /* Open is pending               */
```

```
/* Operations for request queue */

#define RD_OP_READ      1               /* Read operation on req. list  */
#define RD_OP_WRITE     2               /* Write operation on req. list */
#define RD_OP_SYNC      3               /* Sync operation on req. list  */


/* Status values for a buffer */

#define RD_VALID        0               /* Buffer contains valid data   */
#define RD_INVALID      1               /* Buffer does not contain data */


/* Definition of a buffer with a header that allows the same node to be */
/*  used as a request on the request queue, an item in the cache, or a  */
/*  node on the free list of buffers                                    */

struct  rdbuff  {                       /* Request list node            */
        struct  rdbuff  *rd_next;       /* Ptr to next node on a list   */
        struct  rdbuff  *rd_prev;       /* Ptr to prev node on a list   */
        int32   rd_op;                  /* Operation - read/write/sync  */
        int32   rd_refcnt;              /* Reference count of processes */
                                        /*    reading the block         */
        uint32  rd_blknum;              /* Block number of this block   */
        int32   rd_status;              /* Is buffer currently valid?   */
        pid32   rd_pid;                 /* Process that initiated a     */
                                        /*    read request for the block */
        char    rd_block[RD_BLKSIZ];    /* Space to hold one disk block */
};

struct  rdscblk {
        int32   rd_state;               /* State of device              */
        char    rd_id[RD_IDLEN];        /* Disk ID currently being used */
        int32   rd_seq;                 /* Next sequence number to use  */
        /* Request queue head and tail */
        struct  rdbuff  *rd_rhnext;     /* Head of request queue: next  */
        struct  rdbuff  *rd_rhprev;     /*    and previous              */
        struct  rdbuff  *rd_rtnext;     /* Tail of request queue: next  */
        struct  rdbuff  *rd_rtprev;     /*    (null) and previous       */

        /* Cache head and tail */

        struct  rdbuff  *rd_chnext;     /* Head of cache: next and      */
        struct  rdbuff  *rd_chprev;     /*    previous                  */
        struct  rdbuff  *rd_ctnext;     /* Tail of cache: next (null)   */
        struct  rdbuff  *rd_ctprev;     /*    and previous              */

        /* Free list head (singly-linked) */

        struct  rdbuff  *rd_free;       /* Pointer to free list         */

        pid32   rd_comproc;             /* Process ID of comm. process  */
        bool8   rd_comruns;             /* Has comm. process started?   */
        sid32   rd_availsem;            /* Semaphore ID for avail buffs */
        sid32   rd_reqsem;              /* Semaphore ID for requests    */
```

```
                uint32   rd_ser_ip;                /* Server IP address         */
                uint16   rd_ser_port;              /* Server UDP port           */
                uint16   rd_loc_port;              /* Local (client) UPD port   */
                bool8    rd_registered;            /* Has UDP port been registered?*/
                int32    rd_udpslot;               /* Registered UDP slot       */
        };


        extern   struct   rdscblk rdstab[];        /* Remote disk control block  */

        /* Definitions of parameters used during server access */

        #define RD_RETRIES     3                   /* Times to retry sending a msg */
        #define RD_TIMEOUT     2000                /* Timeout for reply (2 seconds)*/

        /* Control functions for a remote file pseudo device */

        #define RDS_CTL_DEL    1                   /* Delete (erase) an entire disk*/
        #define RDS_CTL_SYNC   2                   /* Write all pending blocks    */

        /***********************************************************************/
        /*      Definition of messages exchanged with the remote disk server    */
        /***********************************************************************/
        /* Values for the type field in messages */

        #define RD_MSG_RESPONSE 0x0100             /* Bit that indicates response  */

        #define RD_MSG_RREQ      0x0010            /* Read request and response    */
        #define RD_MSG_RRES      (RD_MSG_RREQ | RD_MSG_RESPONSE)

        #define RD_MSG_WREQ      0x0020            /* Write request and response   */
        #define RD_MSG_WRES      (RD_MSG_WREQ | RD_MSG_RESPONSE)

        #define RD_MSG_OREQ      0x0030            /* Open request and response    */
        #define RD_MSG_ORES      (RD_MSG_OREQ | RD_MSG_RESPONSE)

        #define RD_MSG_CREQ      0x0040            /* Close request and response   */
        #define RD_MSG_CRES      (RD_MSG_CREQ | RD_MSG_RESPONSE)

        #define RD_MSG_DREQ      0x0050            /* Delete request and response  */
        #define RD_MSG_DRES      (RD_MSG_DREQ | RD_MSG_RESPONSE)

        #define RD_MIN_REQ       RD_MSG_RREQ       /* Minimum request type         */
        #define RD_MAX_REQ       RD_MSG_DREQ       /* Maximum request type         */

        /* Message header fields present in each message */

        #define RD_MSG_HDR                         /* Common message fields        */\
                uint16   rd_type;                  /* Message type                 */\
                uint16   rd_status;                /* 0 in req, status in response */\
                uint32   rd_seq;                   /* Message sequence number      */\
                char     rd_id[RD_IDLEN];          /* Null-terminated disk ID      */

        /***********************************************************************/
```

424

```
/*                              Header                              */
/*******************************************************************/
/* The standard header present in all messages with no extra fields */
#pragma pack(2)
struct  rd_msg_hdr {                    /* Header fields present in each*/
        RD_MSG_HDR                      /*   remote file system message */
};
#pragma pack()


/*******************************************************************/
/*                              Read                               */
/*******************************************************************/
#pragma pack(2)
struct rd_msg_rreq    {                 /* Remote file read request   */
        RD_MSG_HDR                      /* Header fields              */
        uint32  rd_blk;                 /* Block number to read       */
};
#pragma pack()

#pragma pack(2)
struct rd_msg_rres    {                 /* Remote file read reply     */
        RD_MSG_HDR                      /* Header fields              */
        uint32  rd_blk;                 /* Block number that was read  */
        char    rd_data[RD_BLKSIZ];     /* Array containing one block  */
};
#pragma pack()


/*******************************************************************/
/*                              Write                              */
/*******************************************************************/
#pragma pack(2)
struct rd_msg_wreq    {                 /* Remote file write request  */
        RD_MSG_HDR                      /* Header fields              */
        uint32  rd_blk;                 /* Block number to write      */
        char    rd_data[RD_BLKSIZ];     /* Array containing one block  */
};
#pragma pack()
#pragma pack(2)
struct rd_msg_wres    {                 /* Remote file write response */
        RD_MSG_HDR                      /* Header fields              */
        uint32  rd_blk;                 /* Block number that was written*/
};
#pragma pack()


/*******************************************************************/
/*                              Open                               */
/*******************************************************************/
#pragma pack(2)
struct rd_msg_oreq    {                 /* Remote file open request   */
        RD_MSG_HDR                      /* Header fields              */
};
#pragma pack()

#pragma pack(2)
```

425

```
struct  rd_msg_ores    {                /* Remote file open response   */
        RD_MSG_HDR                      /* Header fields               */
};
#pragma pack()


/*******************************************************************/
/*                         Close                                   */
/*******************************************************************/
#pragma pack(2)
struct  rd_msg_creq    {                /* Remote file close request   */
        RD_MSG_HDR                      /* Header fields               */
};
#pragma pack()

#pragma pack(2)
struct  rd_msg_cres    {                /* Remote file close response  */
        RD_MSG_HDR                      /* Header fields               */
};
#pragma pack()


/*******************************************************************/
/*                         Delete                                  */
/*******************************************************************/
#pragma pack(2)
struct  rd_msg_dreq    {                /* Remote file delete request  */
        RD_MSG_HDR                      /* Header fields               */
};
#pragma pack()
#pragma pack(2)
struct  rd_msg_dres    {                /* Remote file delete response */
        RD_MSG_HDR                      /* Header fields               */
};
#pragma pack()
```

426

18.9 驱动初始化（rdsinit）

尽管初始化的设计应该在驱动的其他部分设计完成后再进行，但是我们现在就开始分析初始化函数，因为这样有助于我们了解共享数据结构。文件 rdsinit.c 包含了驱动初始化代码：

```
/* rdsinit.c - rdsinit */

#include <xinu.h>

struct  rdscblk rdstab[Nrds];

/*-------------------------------------------------------------------
 *  rdsinit  -  Initialize the remote disk system device
 *-------------------------------------------------------------------
 */
devcall rdsinit (
        struct dentry *devptr           /* Entry in device switch table */
      )
```

```
{
        struct   rdscblk *rdptr;          /* Ptr to device contol block   */
        struct   rdbuff  *bptr;           /* Ptr to buffer in memory      */
                                          /*    used to form linked list  */
        struct   rdbuff  *pptr;           /* Ptr to previous buff on list */
        struct   rdbuff  *buffend;        /* Last address in buffer memory*/
        uint32   size;                    /* Total size of memory needed  */
                                          /*    buffers                   */

        /* Obtain address of control block */

        rdptr = &rdstab[devptr->dvminor];

        /* Set control block to unused */

        rdptr->rd_state = RD_FREE;
        rdptr->rd_id[0] = NULLCH;
/* Set initial message sequence number */

rdptr->rd_seq = 1;

/* Initialize request queue and cache to empty */

rdptr->rd_rhnext = (struct rdbuff *) &rdptr->rd_rtnext;
rdptr->rd_rhprev = (struct rdbuff *)NULL;

rdptr->rd_rtnext = (struct rdbuff *)NULL;
rdptr->rd_rtprev = (struct rdbuff *) &rdptr->rd_rhnext;


rdptr->rd_chnext = (struct rdbuff *) &rdptr->rd_ctnext;
rdptr->rd_chprev = (struct rdbuff *)NULL;

rdptr->rd_ctnext = (struct rdbuff *)NULL;
rdptr->rd_ctprev = (struct rdbuff *) &rdptr->rd_chnext;

/* Allocate memory for a set of buffers (actually request     */
/*    blocks and link them to form the initial free list      */

size = sizeof(struct rdbuff) * RD_BUFFS;

bptr = (struct rdbuff *)getmem(size);
rdptr->rd_free = bptr;

if ((int32)bptr == SYSERR) {
        panic("Cannot allocate memory for remote disk buffers");
}

buffend = (struct rdbuff *) ((char *)bptr + size);
while (bptr < buffend) {          /* walk through memory */
        pptr = bptr;
        bptr = (struct rdbuff *)
                        (sizeof(struct rdbuff)+ (char *)bptr);
```

427

```
            pptr->rd_status = RD_INVALID;    /* Buffer is empty     */
            pptr->rd_next = bptr;            /* Point to next buffer */
    }
    pptr->rd_next = (struct rdbuff *) NULL; /* Last buffer on list  */

    /* Create the request list and available buffer semaphores */

    rdptr->rd_availsem = semcreate(RD_BUFFS);
    rdptr->rd_reqsem   = semcreate(0);

        /* Set the server IP address, server port, and local port */

        if ( dot2ip(RD_SERVER_IP, &rdptr->rd_ser_ip) == SYSERR ) {
                panic("invalid IP address for remote disk server");
        }

        /* Set the port numbers */

        rdptr->rd_ser_port = RD_SERVER_PORT;
        rdptr->rd_loc_port = RD_LOC_PORT + devptr->dvminor;

        /* Specify that the server port is not yet registered */

        rdptr->rd_registered = FALSE;

        /* Create a communication process */

        rdptr->rd_comproc = create(rdsprocess, RD_STACK, RD_PRIO,
                                            "rdsproc", 1, rdptr);

        if (rdptr->rd_comproc == SYSERR) {
                panic("Cannot create remote disk process");
        }
        resume(rdptr->rd_comproc);

        return OK;
    }
```

428

429

除了初始化数据结构之外，`rdsinit` 还完成了 3 个重要任务：分配了一组磁盘缓冲区并将它们加入空闲链表；创建了两个用于控制处理过程的信号量；创建了用于与服务器通信的高优先级进程。

其中一个信号量为 `rd_reqsem`，用来看守请求链表。该信号量初值为 0，每当有新的请求加入链表时，就会发出信号。通信进程在从链表中取出请求之前需要等待 `rd_reqsem`，即请求链表为空时，通信进程会被阻塞。由于该信号量初值为 0，所以通信进程在一个请求进入队列之前会一直被该信号量阻塞。

另一个信号量为 `rd_availsem`，用来记录可用的缓冲区的数量（即空闲的或者在缓存中的）。最初，`RD_BUFFS` 缓冲区都在空闲链表中，`rd_availsem` 的值等于 `RD_BUFFS`。当需要一个缓存区时，调用者等待信号量。但不是缓存中的所有缓冲区都可用。与待处理操作对应的缓冲区必须驻留在缓存中（例如，进程已请求读操作但尚未提取数据）。后面我们会看到缓存和信号量是如何使用的。

18.10　上半部打开函数（rdsopen）

　　远程磁盘服务器允许多客户端同时访问服务器。每个客户端有一个唯一的身份标识字符串以便服务器区分。示例代码允许用户通过在磁盘设备上调用打开（open）函数来指定其身份标识字符串，而不是用某个硬件值（如以太网地址）作为其唯一的字符串。将身份标识符（ID）与硬件区分开的最大好处是可移植性——远程磁盘 ID 可以绑定到操作系统的镜像，这意味着把镜像从一台物理计算机移动到另外一台计算机不会改变系统正在使用的磁盘。

　　当进程对某个远程磁盘设备调用 open 函数时，第二个参数为 ID 字符串。该字符串将被复制到设备控制块中，只要设备处于打开状态，此 ID 就可以一直使用。当然，我们可以关闭远程磁盘设备并用一个新的 ID 重新打开它（即连接到另一个远程磁盘上）。然而，对于多数系统而言，我们期望一旦打开一个远程磁盘设备就永远不要关闭它。文件 rdsopen.c 包含如下代码：

```
/* rdsopen.c - rdsopen */

#include <xinu.h>

/*------------------------------------------------------------------------
 * rdsopen  -  Open a remote disk device and specify an ID to use
 *------------------------------------------------------------------------
 */

devcall rdsopen (
          struct dentry *devptr,        /* Entry in device switch table */
          char    *diskid,              /* Disk ID to use               */
          char    *mode                 /* Unused for a remote disk     */
        )
{
        struct  rdscblk *rdptr;         /* Ptr to control block entry   */
        struct  rd_msg_oreq msg;        /* Message to be sent           */
        struct  rd_msg_ores resp;       /* Buffer to hold response      */
        int32   retval;                 /* Return value from rdscomm    */
        int32   len;                    /* Counts chars in diskid       */
        char    *idto;                  /* Ptr to ID string copy        */
        char    *idfrom;                /* Pointer into ID string       */

        rdptr = &rdstab[devptr->dvminor];

        /* Reject if device is already open */

        if (rdptr->rd_state != RD_FREE) {
                return SYSERR;
        }
        rdptr->rd_state = RD_PEND;

        /* Copy disk ID into free table slot */

        idto = rdptr->rd_id;
        idfrom = diskid;
        len = 0;
        while ( (*idto++ = *idfrom++) != NULLCH) {
```

430

```
                        len++;
                        if (len >= RD_IDLEN) {   /* ID string is too long */
                                return SYSERR;
                        }
                }

                /* Verify that name is non-null */

                if (len == 0) {
                        return SYSERR;
                }

                /* Hand-craft an open request message to be sent to the server */

                msg.rd_type = htons(RD_MSG_OREQ);/* Request an open          */
                msg.rd_status = htons(0);
                msg.rd_seq = 0;                  /* Rdscomm fills in an entry  */
                idto = msg.rd_id;
                memset(idto, NULLCH, RD_IDLEN);/* initialize ID to zero bytes  */

                idfrom = diskid;
                while ( (*idto++ = *idfrom++) != NULLCH ) { /* Copy ID to req.  */
                        ;
                }

                /* Send message and receive response */

                retval = rdscomm((struct rd_msg_hdr *)&msg,
                                        sizeof(struct rd_msg_oreq),
                                (struct rd_msg_hdr *)&resp,
                                                sizeof(struct rd_msg_ores),
                                        rdptr );

                        /* Check response */

                        if (retval == SYSERR) {
                                rdptr->rd_state = RD_FREE;
                                return SYSERR;
                        } else if (retval == TIMEOUT) {
                                kprintf("Timeout during remote file open\n\r");
                                rdptr->rd_state = RD_FREE;
                                return SYSERR;
                        } else if (ntohs(resp.rd_status) != 0) {
                                rdptr->rd_state = RD_FREE;
                                return SYSERR;
                        }

                        /* Change state of device to indicate currently open */

                        rdptr->rd_state = RD_OPEN;

                        /* Return device descriptor */

                        return devptr->dvnum;
        }
```

431

18.11　远程通信函数（rdscomm）

rdsopen 为打开本地远程磁盘设备（local remote disk device）的其中一个步骤，用于与远程服务器交换报文。它把打开请求报文放在本地变量 msg 中，并调用 rdscomm 将该报文转发给服务器。rdscomm 的参数包括一个传出的报文、存储应答的缓冲区以及这两者各自的长度。rdscomm 将传出的报文发送给服务器，并等待其应答。若应答有效，rdscomm 就返回应答的长度给调用者；否则，它返回 SYSERR 以指示发生错误，或者返回 TIMEOUT 以表明未收到应答。文件 rdscomm.c 包含如下代码：

```
/* rdscomm.c - rdscomm */

#include <xinu.h>

/*------------------------------------------------------------------------
 * rdscomm  -  handle communication with a remote disk server (send a
 *                 request and receive a reply, including sequencing and
 *                 retries)
 *------------------------------------------------------------------------
 */
status  rdscomm (
          struct rd_msg_hdr *msg,        /* Message to send              */
          int32             mlen,        /* Message length               */
          struct rd_msg_hdr *reply,      /* Buffer for reply             */
          int32             rlen,        /* Size of reply buffer         */
          struct rdscblk    *rdptr       /* Ptr to device control block  */
        )
{
        int32   i;                       /* Counts retries               */
        int32   retval;                  /* Return value                 */
        int32   seq;                     /* Sequence for this exchange   */
        uint32  localip;                 /* Local IP address             */
        int16   rtype;                   /* Reply type in host byte order*/
        bool8   xmit;                    /* Should we transmit again?    */
        int32   slot;                    /* UDP slot                     */

        /* For the first time after reboot, register the server port */

        if ( ! rdptr->rd_registered ) {
                slot = udp_register(0, rdptr->rd_ser_port,
                                rdptr->rd_loc_port);
                if(slot == SYSERR) {
                        return SYSERR;
                }
                rdptr->rd_udpslot = slot;
                rdptr->rd_registered = TRUE;
        }

        if ( NetData.ipvalid == FALSE ) {
                localip = getlocalip();
                if((int32)localip == SYSERR) {
                        return SYSERR;
```

432

```
                          }
                 }

                 /* Retrieve the saved UDP slot number  */

                 slot = rdptr->rd_udpslot;

                 /* Assign message next sequence number */

                 seq = rdptr->rd_seq++;
                 msg->rd_seq = htonl(seq);
```

433

```
        /* Repeat RD_RETRIES times: send message and receive reply */

xmit = TRUE;
for (i=0; i<RD_RETRIES; i++) {
    if (xmit) {

        /* Send a copy of the message */

        retval = udp_sendto(slot, rdptr->rd_ser_ip, rdptr->rd_ser_port,
                            (char *)msg, mlen);
        if (retval == SYSERR) {
                kprintf("Cannot send to remote disk server\n\r");
                return SYSERR;
        }
    } else {
        xmit = TRUE;
    }

    /* Receive a reply */

    retval = udp_recv(slot, (char *)reply, rlen,
                                        RD_TIMEOUT);

    if (retval == TIMEOUT) {
        continue;
    } else if (retval == SYSERR) {
        kprintf("Error reading remote disk reply\n\r");
        return SYSERR;
    }

    /* Verify that sequence in reply matches request */


    if (ntohl(reply->rd_seq) < seq) {
        xmit = FALSE;
    } else if (ntohl(reply->rd_seq) != seq) {
                continue;
    }

    /* Verify the type in the reply matches the request */

    rtype = ntohs(reply->rd_type);
```

```
         if (rtype != ( ntohs(msg->rd_type) | RD_MSG_RESPONSE) ) {
             continue;
         }
                 /* Check the status */

                 if (ntohs(reply->rd_status) != 0) {
                     return SYSERR;
                 }

                 return OK;
         }

         /* Retries exhausted without success */

         kprintf("Timeout on exchange with remote disk server\n\r");
         return TIMEOUT;
     }
```

434

rdscomm 使用 UDP 与远程服务器通信⊖。根据 UDP 的使用方法，代码分为两个步骤。第一步，rdscomm 检查 UDP 端口是否注册，如果没有注册则调用 udp_register。因为在 rdscomm 运行之前不会注册 UDP 端口，所以看上去好像没有必要检查端口是否注册。但如果在运行时进行检查，则允许远程磁盘系统重新启动。第二步，rdscomm 检查计算机是否获得了 IP 地址（网络通信时需要），如果没有分配地址，rdscomm 就调用 getlocalip 来获取一个地址。一旦这两个步骤完成，rdscomm 就已经准备好与远程磁盘服务器通信了。

rdscomm 将下一个序列号分配给要发送的消息，然后进入一个迭代 RD_RETRIES 次的循环。对于每次迭代，rdscomm 调用 udp_sendto 向服务器发送一个消息的副本，调用 udp_recv 来接收服务器回复。如果收到了服务器回复，rdscomm 要确认回复的序列号和类型与请求的序列号和类型匹配，并且状态值代表请求成功（即状态值为 0）。如果回复有效，rdscomm 返回 OK，否则返回错误标识。

18.12 上半部写函数（rdswrite）

由于远程磁盘系统提供异步写操作，所以上半部的写函数最容易理解。大体思路是：创建一个写请求，将要写的数据复制到请求中，将请求放入请求队列中。然而，由于驱动程序中已经有将要处理的请求队列和最近访问的磁盘块缓存，驱动程序必须处理与请求相关的磁盘块已经在内存的请求队列或缓存中的情况。rdswrite.c 包含如下代码：

435

```
/* rdswrite.c - rdswrite */

#include <xinu.h>

/*------------------------------------------------------------------------
 * rdswrite  -  Write a block to a remote disk
 *------------------------------------------------------------------------
 */
devcall rdswrite (
          struct dentry *devptr,          /* Entry in device switch table */
```

⊖ UDP 的介绍参见第 17 章。

```
        char   *buff,                    /* Buffer that holds a disk blk */
        int32  blk                       /* Block number to write        */
    )
{
        struct  rdscblk *rdptr;          /* Pointer to control block     */
        struct  rdbuff  *bptr;           /* Pointer to buffer on a list  */
        struct  rdbuff  *pptr;           /* Ptr to previous buff on list */
        struct  rdbuff  *nptr;           /* Ptr to next buffer on list   */
        bool8   found;                   /* Was buff found during search?*/

        /* If device not currently in use, report an error */

        rdptr = &rdstab[devptr->dvminor];
        if (rdptr->rd_state != RD_OPEN) {
                return SYSERR;
        }

        /* If request queue already contains a write request */
        /*    for the block, replace the contents            */

        bptr = rdptr->rd_rhnext;
        while (bptr != (struct rdbuff *)&rdptr->rd_rtnext) {
                if ( (bptr->rd_blknum == blk) &&
                        (bptr->rd_op == RD_OP_WRITE) ) {
                        memcpy(bptr->rd_block, buff, RD_BLKSIZ);
                        return OK;
                }
                bptr = bptr->rd_next;
        }


        /* Search cache for cached copy of block */

        bptr = rdptr->rd_chnext;
        found = FALSE;
        while (bptr != (struct rdbuff *)&rdptr->rd_ctnext) {
                if (bptr->rd_blknum == blk) {
                        if (bptr->rd_refcnt <= 0) {
                                pptr = bptr->rd_prev;
                                nptr = bptr->rd_next;

                                /* Unlink node from cache list and reset*/
                                /*    the available semaphore accordingly*/

                                pptr->rd_next = bptr->rd_next;
                                nptr->rd_prev = bptr->rd_prev;
                                semreset(rdptr->rd_availsem,
                                        semcount(rdptr->rd_availsem) - 1);
                                found = TRUE;
                        }
                        break;
                }
                bptr = bptr->rd_next;
        }
```

436

```
        if ( !found ) {
                bptr = rdsbufalloc(rdptr);
        }

        /* Create a write request */

        memcpy(bptr->rd_block, buff, RD_BLKSIZ);
        bptr->rd_op = RD_OP_WRITE;
        bptr->rd_refcnt = 0;
        bptr->rd_blknum = blk;
        bptr->rd_status = RD_VALID;
        bptr->rd_pid = getpid();

        /* Insert new request into list just before tail */

        pptr = rdptr->rd_rtprev;
        rdptr->rd_rtprev = bptr;
        bptr->rd_next = pptr->rd_next;
        bptr->rd_prev = pptr;
        pptr->rd_next = bptr;

        /* Signal semaphore to start communication process */

        signal(rdptr->rd_reqsem);
        return OK;
}
```

437

这段代码首先考虑如下情况：请求队列已经包含对同一个块的挂起写请求。注意：任意时刻在请求队列中对某个给定块只能有一个写请求，这意味着可以按任何顺序搜索队列。这段代码从头到尾对队列进行遍历搜索。如果发现对块的写请求，rdswrite 就用一个新的数据替换所请求的内容，然后返回。

在搜索请求队列后，rdswrite 会首先检查缓存。如果指定的块在缓存中，则该块的缓存副本必须置为无效。这段代码顺序地对缓存进行遍历。如果发现一个匹配，rdswrite 就从缓存中删除该缓冲区。不过，rdswrite 并不是将该缓冲区移至空闲链表，而是使用该缓冲区生成一个请求。如果没有匹配，rdswrite 就调用 rdsbufalloc 为请求分配一个新的缓冲区。

rdswrite 的最后一部分生成一个写请求，并将其插入请求队列的末尾。为了方便调试，代码填写了请求的各个字段，尽管它们未被用到。例如，进程 ID 字段被设置成调用进程 ID，即使这个字段并未被写操作使用。

18.13 上半部读函数（rdsread）

第二个主要的上半部函数与读操作有关。读比写更复杂，因为输入是同步的：一个试图从磁盘中读取数据的进程必须等待直到该数据可用。等待的进程的同步操作要用到发送(send) 和接收 (receive) 函数。请求队列中的每个节点包含进程 ID 字段。

当进程调用读函数时，驱动代码创建一个读请求，该请求包含调用者的进程 ID。然后，进程将请求插入请求队列，调用 recvclr 移除待处理请求，并调用接收函数来等待响应。当请求到达队列头时，远程磁盘通信进程将报文发送到服务器并接收包含指定块的响应。通信进程将该块复制到包含原始请求的缓冲区，并将该缓冲区移至缓存中，再使用发送函数将报文发送给带有缓冲区地址的等待进程。等待进程接收报文，提取数据的副本，并返回给调用 read 的函数。

如前所述，上面的机制是不完善的，因为缓冲区是动态使用的。要理解这个问题，可以想象一个低优先级的进程请求读磁盘块 5 时被阻塞。通信进程从服务器获取磁盘块 5 后保存在缓存中，并向等待的进程发送消息。假设该请求在队列中，高优先级进程开始执行而低优先级进程不会被执行。如果很不幸的，高优先级进程继续使用磁盘缓冲区，保存磁盘块 5 的缓冲区就会被其他操作占用。

因为远程磁盘系统允许并发访问，所以这个问题将变得更加严重：当一个进程等待读取一个数据块时，另一个进程也可以试图读取同一个块。这样，当通信进程最终从服务器取回某个块的副本时，需要通知与之相关的多个进程。

本书示例程序使用了引用计数来解决对同一个块的多次请求：每个缓冲区的头包含一个整型值来记录目前读取某个块的进程数。当一个进程结束复制数据时，该进程递减引用计数。文件 rdsread.c 中的代码显示了进程如何产生请求、将其插入请求链表的末尾、等待请求被满足，并将数据复制到每个调用者的缓冲区。在本章的后面部分，我们将了解管理引用计数的方法。

```
/* rdsread.c - rdsread */

#include <xinu.h>

/*------------------------------------------------------------------------
 * rdsread  -  Read a block from a remote disk
 *------------------------------------------------------------------------
 */
devcall rdsread (
        struct dentry *devptr,          /* Entry in device switch table */
        char   *buff,                   /* Buffer to hold disk block    */
        int32 blk                       /* Block number of block to read*/
        )
{
        struct  rdscblk *rdptr;         /* Pointer to control block     */
        struct  rdbuff  *bptr;          /* Pointer to buffer possibly   */
                                        /*    in the request list       */
        struct  rdbuff  *nptr;          /* Pointer to "next" node on a  */
                                        /*    list                      */
        struct  rdbuff  *pptr;          /* Pointer to "previous" node   */
                                        /*    on a list                 */
        struct  rdbuff  *cptr;          /* Pointer that walks the cache */

        /* If device not currently in use, report an error */

        rdptr = &rdstab[devptr->dvminor];
        if (rdptr->rd_state != RD_OPEN) {
                return SYSERR;
        }

        /* Search the cache for specified block */
```

```
        bptr = rdptr->rd_chnext;
        while (bptr != (struct rdbuff *)&rdptr->rd_ctnext) {
                if (bptr->rd_blknum == blk) {
                        if (bptr->rd_status == RD_INVALID) {
                                break;
                        }
                        memcpy(buff, bptr->rd_block, RD_BLKSIZ);
                        return OK;
                }
                bptr = bptr->rd_next;
        }
}


/* Search the request list for most recent occurrence of block */

bptr = rdptr->rd_rtprev;   /* Start at tail of list */

while (bptr != (struct rdbuff *)&rdptr->rd_rhnext) {
    if (bptr->rd_blknum == blk)  {

        /* If most recent request for block is write, copy data */

        if (bptr->rd_op == RD_OP_WRITE) {
                memcpy(buff, bptr->rd_block, RD_BLKSIZ);
                return OK;
        }
        break;
    }
    bptr = bptr->rd_prev;
}


/* Allocate a buffer and add read request to tail of req. queue */

bptr = rdsbufalloc(rdptr);
bptr->rd_op = RD_OP_READ;
bptr->rd_refcnt = 1;
bptr->rd_blknum = blk;
bptr->rd_status = RD_INVALID;
bptr->rd_pid = getpid();

/* Insert new request into list just before tail */

pptr = rdptr->rd_rtprev;
rdptr->rd_rtprev = bptr;
bptr->rd_next = pptr->rd_next;
bptr->rd_prev = pptr;
pptr->rd_next = bptr;

/* Prepare to receive message when read completes */

recvclr();
        /* Signal semaphore to start communication process */

        signal(rdptr->rd_reqsem);
```

439

440

```
/* Block to wait for message */

bptr = (struct rdbuff *)receive();
if (bptr == (struct rdbuff *)SYSERR) {
        return SYSERR;
}
memcpy(buff, bptr->rd_block, RD_BLKSIZ);
bptr->rd_refcnt--;
if (bptr->rd_refcnt <= 0) {

        /* Look for previous item in cache with the same block  */
        /*     number to see if this item was only being kept   */
        /*     until pending read completed                      */

        cptr = rdptr->rd_chnext;
        while (cptr != bptr) {
                if (cptr->rd_blknum == blk) {

                        /* Unlink from cache */

                        pptr = bptr->rd_prev;
                        nptr = bptr->rd_next;
                        pptr->rd_next = nptr;
                        nptr->rd_prev = pptr;

                        /* Add to the free list */

                        bptr->rd_next = rdptr->rd_free;
                        rdptr->rd_free = bptr;
                }
        }
}
return OK;
}
```

  rdsread 首先处理了两种特殊情形。第一，如果被请求的块在缓存中，rdsread 就提取数据的副本并返回。第二，如果请求链表包含某个写指定数据块的请求，rdsread 就从缓冲区提取数据的副本并返回。最后，rdsread 产生一个读请求，将其插入请求链表的末尾，并如上文所述等待从通信进程发来的报文。

  这段代码还处理了一个细节：某个块的引用计数到达 0，并且下一次读该块时为其分配了一个新的缓冲区。如果发生这种情况，新的缓冲区将被用于后面的读操作。因此，rdsread 必须从缓存中提取较早（分配）的缓冲区并把它移至空闲链表中。

[441]

18.14　刷新挂起的请求

  因为写操作并不需要等待数据传送，所以当写操作完成时，驱动不需要通知进程写操作结束。但是，对于软件来说确保数据安全存储是很重要的事情。比如，操作系统通常在关机之前必须确保写操作已经完成。

  为了确保所有的磁盘传输已经完成，驱动包含了一个原语，该原语的作用是：在所有的请求完成之前，阻塞其他进程对其进行调用。由于磁盘"同步"并非单纯的数据传送操作，所以我们使用了一个名为控制（control）的高层操作。刷新挂起的请求，进程会调用：

```
control ( disk_device, RD_SYNC )
```

则在指定的设备满足当前请求之前，驱动将暂停调用进程。一旦挂起的操作完成，该调用就返回。

18.15 上半部控制函数（rdscontrol）

正如上面讨论的那样，例子中的驱动程序提供了两个控制 (control) 函数：一个用于清除磁盘，一个用于将数据同步到磁盘上（即强制完成所有的写操作）。文件 rdscontrol.c 包含如下代码：

```
/* rdscontrol.c - rdscontrol */

#include <xinu.h>

/*------------------------------------------------------------------------
 * rdscontrol  -  Provide control functions for the remote disk
 *------------------------------------------------------------------------
 */
devcall rdscontrol (
        struct dentry  *devptr,       /* Entry in device switch table */
        int32  func,                  /* The control function to use  */
        int32  arg1,                  /* Argument #1                  */
        int32  arg2                   /* Argument #2                  */
        )
{
        struct  rdscblk *rdptr;       /* Pointer to control block     */
        struct  rdbuff  *bptr;        /* Ptr to buffer that will be   */
                                      /*   placed on the req. queue   */
        struct  rdbuff  *pptr;        /* Ptr to "previous" node on    */
                                      /*   a list                     */
        struct  rd_msg_dreq msg;      /* Buffer for delete request    */
        struct  rd_msg_dres resp;     /* Buffer for delete response   */
        char    *to, *from;           /* Used during name copy        */
        int32   retval;               /* Return value                 */

        /* Verify that device is currently open */

        rdptr = &rdstab[devptr->dvminor];
        if (rdptr->rd_state != RD_OPEN) {
                return SYSERR;
        }

        switch (func) {

        /* Synchronize writes */

        case RDS_CTL_SYNC:

                /* Allocate a buffer to use for the request list */
```

442

```
                    bptr = rdsbufalloc(rdptr);
                    if (bptr == (struct rdbuff *)SYSERR) {
                            return SYSERR;
                    }

                    /* Form a sync request */

                    bptr->rd_op = RD_OP_SYNC;
                    bptr->rd_refcnt = 1;
                    bptr->rd_blknum = 0;              /* Unused */
                    bptr->rd_status = RD_INVALID;
                    bptr->rd_pid = getpid();

                    /* Insert new request into list just before tail */

                    pptr = rdptr->rd_rtprev;
                    rdptr->rd_rtprev = bptr;
                    bptr->rd_next = pptr->rd_next;
                    bptr->rd_prev = pptr;
                    pptr->rd_next = bptr;
            /* Prepare to wait until item is processed */

            recvclr();
            resume(rdptr->rd_comproc);

            /* Block to wait for message */

            bptr = (struct rdbuff *)receive();
            break;

    /* Delete the remote disk (entirely remove it) */

    case RDS_CTL_DEL:

            /* Handcraft a message for the server that requests   */
            /*      deleting the disk with the specified ID        */

            msg.rd_type = htons(RD_MSG_DREQ);/* Request deletion   */
            msg.rd_status = htons(0);
            msg.rd_seq = 0; /* rdscomm will insert sequence # later */
            to = msg.rd_id;
            memset(to, NULLCH, RD_IDLEN);   /* Initialize to zeroes */
            from = rdptr->rd_id;
            while ( (*to++ = *from++) != NULLCH ) { /* copy ID     */
                    ;
            }

            /* Send message and receive response */

            retval = rdscomm((struct rd_msg_hdr *)&msg,
                                sizeof(struct rd_msg_dreq),
                    (struct rd_msg_hdr *)&resp,
                                sizeof(struct rd_msg_dres),
                                rdptr);
```

443

```
                /* Check response */

        if (retval == SYSERR) {
                return SYSERR;
        } else if (retval == TIMEOUT) {
                kprintf("Timeout during remote file delete\n\r");
                return SYSERR;
        } else if (ntohs(resp.rd_status) != 0) {
                return SYSERR;
        }

                /* Close local device */

                return rdsclose(devptr);

        default:
                kprintf("rfsControl: function %d not valid\n\r", func);
                return SYSERR;
        }

        return OK;
}
```

444

每个控制函数中的代码看起来都很相似。清除磁盘的代码与函数 rdsopen 中的代码很相似——函数 rdsopen 为服务器创建消息，并使用函数 rdscomm 来传送消息。

同步磁盘写操作的代码与函数 rdsread 中的代码很相似——rdsread 创建请求，并将其加入请求队列，调用 recvclr 删除待处理的消息，调用函数 receive 来等待应答。一旦应答到达，函数 rdscontrol 就唤醒 rdsclose 来关闭本地设备，并返回到它的调用者。

18.16 分配磁盘缓冲区（rdsbufalloc）

由之前的代码可见，驱动程序调用 rdsbufalloc 来分配缓冲区。为了理解 rdsbufalloc 是如何进行的，可以回忆之前使用的一个信号量，其通过引用数来计算空闲链表和缓存中可用缓冲区的数量。获得该信号量之后，rdsbufalloc 知道空闲链表或缓存中有一个可用缓冲区。rdsbufalloc 首先检查空闲链表，如果空闲链表非空，则取出第一个缓冲区并将其返回。如果空闲链表为空，rdsbufalloc 就在缓存中查找一个可用缓冲区，取出该缓冲区并将其返回。如果没有找到可用缓冲区，则说明信号量存在计数错误，rdsbufalloc 调用 panic 并停止系统运行。

rdsbufalloc.c 文件包含如下代码：

445

```
/* rdsbufalloc.c - rdsbufalloc */

#include <xinu.h>

/*------------------------------------------------------------------------
 * rdsbufalloc  -  Allocate a buffer from the free list or the cache
 *------------------------------------------------------------------------
 */
struct rdbuff *rdsbufalloc (
        struct rdscblk *rdptr            /* Ptr to device control block  */
    )
```

```
{
        struct   rdbuff  *bptr;          /* Pointer to a buffer          */
        struct   rdbuff  *pptr;          /* Pointer to previous buffer   */
        struct   rdbuff  *nptr;          /* Pointer to next buffer       */

        /* Wait for an available buffer */

        wait(rdptr->rd_availsem);

        /* If free list contains a buffer, extract it */

        bptr = rdptr->rd_free;

        if ( bptr != (struct rdbuff *)NULL ) {
                rdptr->rd_free = bptr->rd_next;
                return bptr;
        }

        /* Extract oldest item in cache that has ref count zero (at      */
        /*    least one such entry must exist because the semaphore      */
        /*    had a nonzero count)                                       */

        bptr = rdptr->rd_ctprev;
        while (bptr != (struct rdbuff *) &rdptr->rd_chnext) {
                if (bptr->rd_refcnt <= 0) {

                        /* Remove from cache and return to caller */

                        pptr = bptr->rd_prev;
                        nptr = bptr->rd_next;
                        pptr->rd_next = nptr;
                        nptr->rd_prev = pptr;
                        return bptr;
                }
                bptr = bptr->rd_prev;
        }
        panic("Remote disk cannot find an available buffer");
        return (struct rdbuff *)SYSERR;
}
```

|446|

18.17 上半部关闭函数（rdsclose）

进程通过调用 close 来关闭远程磁盘设备并结束所有通信。关闭远程磁盘设备时，所有缓冲区必须返回空闲链表中（重建初始化之后的条件），控制块中的状态域必须为 RD_FREE。我们的实现只释放了缓存中的缓冲区，并没有处理请求链表。但是，我们要求用户等待所有请求都完成，即请求链表为空时，才能调用 rdsclose。同步函数 RDS_CTL_SYNC 提供了一种等待请求队列排空的方法。rdsclose.c 文件包含如下代码：

⊖ 同步代码参见 18.15 节的 rdscontrol.c 文件。

```
/* rdsclose.c - rdsclose */

#include <xinu.h>

/*------------------------------------------------------------------------
 * rdsclose  -  Close a remote disk device
 *------------------------------------------------------------------------
 */
devcall rdsclose (
          struct dentry *devptr          /* Entry in device switch table */
        )
{
        struct  rdscblk *rdptr;         /* Ptr to control block entry   */
        struct  rdbuff  *bptr;          /* Ptr to buffer on a list      */
        struct  rdbuff  *nptr;          /* Ptr to next buff on the list */
        int32   nmoved;                 /* Number of buffers moved      */

        /* Device must be open */

        rdptr = &rdstab[devptr->dvminor];
        if (rdptr->rd_state != RD_OPEN) {
                return SYSERR;
        }

        /* Request queue must be empty */

        if (rdptr->rd_rhnext != (struct rdbuff *)&rdptr->rd_rtnext) {
                return SYSERR;
        }

        /* Move all buffers from the cache to the free list */

        bptr = rdptr->rd_chnext;
        nmoved = 0;
        while (bptr != (struct rdbuff *)&rdptr->rd_ctnext) {
                nmoved++;

                /* Unlink buffer from cache */

                nptr = bptr->rd_next;
                (bptr->rd_prev)->rd_next = nptr;
                nptr->rd_prev = bptr->rd_prev;

                /* Insert buffer into free list */

                bptr->rd_next = rdptr->rd_free;

                rdptr->rd_free = bptr;
                bptr->rd_status = RD_INVALID;

                /* Move to next buffer in the cache */

                bptr = nptr;
        }
```

447

```
        /* Set the state to indicate the device is closed */

        rdptr->rd_state = RD_FREE;
        return OK;
    }
```

18.18 下半部通信进程（rdsprocess）

如例子中实现的那样，每个远程磁盘设备都有它自己的控制块、磁盘缓冲区集合和远程通信进程。因此，给定的远程磁盘进程只需要处理单个队列中的请求。尽管下面的代码可能看起来冗长繁琐，但是算法非常浅显易懂：持续等待请求信号量，检查队列头的请求类型，执行读、写或同步操作。文件 rdsprocess.c 包含如下代码：

448

```
/* rdsprocess.c - rdsprocess */

#include <xinu.h>

/*------------------------------------------------------------------------
 * rdsprocess  -  High-priority background process to repeatedly extract
 *                an item from the request queue and send the request to
 *                the remote disk server
 *------------------------------------------------------------------------
 */
void    rdsprocess (
          struct rdscblk    *rdptr        /* Ptr to device control block */
        )
{
        struct  rd_msg_wreq msg;         /* Message to be sent          */
                                         /*   (includes data area)      */
        struct  rd_msg_rres resp;        /* Buffer to hold response     */
                                         /*   (includes data area)      */
        int32   retval;                  /* Return value from rdscomm   */
        char    *idto;                   /* Ptr to ID string copy       */
        char    *idfrom;                 /* Ptr into ID string          */
        struct  rdbuff  *bptr;           /* Ptr to buffer at the head of */
                                         /*   the request queue         */
        struct  rdbuff  *nptr;           /* Ptr to next buffer on the   */
                                         /*   request queue             */
        struct  rdbuff  *pptr;           /* Ptr to previous buffer      */
        struct  rdbuff  *qptr;           /* Ptr that runs along the     */
                                         /*   request queue             */
        int32   i;                       /* Loop index                  */

        while (TRUE) {                   /* Do forever */

            /* Wait until the request queue contains a node */
            wait(rdptr->rd_reqsem);
            bptr = rdptr->rd_rhnext;

            /* Use operation in request to determine action */

            switch (bptr->rd_op) {
```

```
case RD_OP_READ:

    /* Build a read request message for the server */

    msg.rd_type = htons(RD_MSG_RREQ);        /* Read request */
    msg.rd_status = htons(0);
    msg.rd_seq = 0;              /* Rdscomm fills in an entry    */
    idto = msg.rd_id;
    memset(idto, NULLCH, RD_IDLEN);/* Initialize ID to zero */
    idfrom = rdptr->rd_id;
    while ( (*idto++ = *idfrom++) != NULLCH ) { /* Copy ID   */
            ;
    }

    /* Send the message and receive a response */

    retval = rdscomm((struct rd_msg_hdr *)&msg,
                        sizeof(struct rd_msg_rreq),
                    (struct rd_msg_hdr *)&resp,
                        sizeof(struct rd_msg_rres),
                    rdptr );

    /* Check response */

    if ( (retval == SYSERR) || (retval == TIMEOUT) ||
                (ntohs(resp.rd_status) != 0) ) {
            panic("Failed to contact remote disk server");
    }

    /* Copy data from the reply into the buffer */

    for (i=0; i<RD_BLKSIZ; i++) {
            bptr->rd_block[i] = resp.rd_data[i];
    }

    /* Unlink buffer from the request queue */

    nptr = bptr->rd_next;
    pptr = bptr->rd_prev;
    nptr->rd_prev = bptr->rd_prev;
    pptr->rd_next = bptr->rd_next;

    /* Insert buffer in the cache */

    pptr = (struct rdbuff *) &rdptr->rd_chnext;
    nptr = pptr->rd_next;
    bptr->rd_next = nptr;
    bptr->rd_prev = pptr;
    pptr->rd_next = bptr;
    nptr->rd_prev = bptr;

    /* Initialize reference count */

    bptr->rd_refcnt = 1;
```

```
                    /* Signal the available semaphore */

                    signal(rdptr->rd_availsem);

                    /* Send a message to waiting process */

                    send(bptr->rd_pid, (uint32)bptr);

                    /* If other processes are waiting to read the  */
                    /*   block, notify them and remove the request */

                    qptr = rdptr->rd_rhnext;
                    while (qptr != (struct rdbuff *)&rdptr->rd_rtnext) {
                            if (qptr->rd_blknum == bptr->rd_blknum) {
                                    bptr->rd_refcnt++;
                                    send(qptr->rd_pid,(uint32)bptr);

                                    /* Unlink request from queue     */

                                    pptr = qptr->rd_prev;
                                    nptr = qptr->rd_next;
                                    pptr->rd_next = bptr->rd_next;
                                    nptr->rd_prev = bptr->rd_prev;

                                    /* Move buffer to the free list */

                                    qptr->rd_next = rdptr->rd_free;
                                    rdptr->rd_free = qptr;
                                    signal(rdptr->rd_availsem);
                                    break;
                            }
                            qptr = qptr->rd_next;
                    }
                    break;

            case RD_OP_WRITE:

                    /* Build a write request message for the server */

                    msg.rd_type = htons(RD_MSG_WREQ);        /* Write request*/
                    msg.rd_blk = bptr->rd_blknum;
                    msg.rd_status = htons(0);
                    msg.rd_seq = 0;             /* Rdscomb fills in an entry     */
                    idto = msg.rd_id;
                    memset(idto, NULLCH, RD_IDLEN);/* Initialize ID to zero */
                    idfrom = rdptr->rd_id;
                    while ( (*idto++ = *idfrom++) != NULLCH ) { /* Copy ID   */
                            ;
                    }
                    for (i=0; i<RD_BLKSIZ; i++) {
                            msg.rd_data[i] = bptr->rd_block[i];
                    }

                    /* Unlink buffer from request queue */
```

451

```
        nptr = bptr->rd_next;
        pptr = bptr->rd_prev;
        pptr->rd_next = nptr;
        nptr->rd_prev = pptr;

        /* Insert buffer in the cache */

        pptr = (struct rdbuff *) &rdptr->rd_chnext;
        nptr = pptr->rd_next;
        bptr->rd_next = nptr;
        bptr->rd_prev = pptr;
        pptr->rd_next = bptr;
        nptr->rd_prev = bptr;

        /* Declare that buffer is eligible for reuse */

        bptr->rd_refcnt = 0;
        signal(rdptr->rd_availsem);

        /* Send the message and receive a response */

        retval = rdscomm((struct rd_msg_hdr *)&msg,
                            sizeof(struct rd_msg_wreq),
                        (struct rd_msg_hdr *)&resp,
                            sizeof(struct rd_msg_wres),
                          rdptr );

        /* Check response */

        if ( (retval == SYSERR) || (retval == TIMEOUT) ||
                    (ntohs(resp.rd_status) != 0) ) {
                panic("failed to contact remote disk server");
        }
        break;

case RD_OP_SYNC:

        /* Send a message to the waiting process */

        send(bptr->rd_pid, OK);

        /* Unlink buffer from the request queue */

        nptr = bptr->rd_next;
        pptr = bptr->rd_prev;
        nptr->rd_prev = bptr->rd_prev;
        pptr->rd_next = bptr->rd_next;

        /* Insert buffer into the free list */

        bptr->rd_next = rdptr->rd_free;
        rdptr->rd_free = bptr;
        signal(rdptr->rd_availsem);
        break;
```

452

```
                    }
                }
            }
```

在检查代码时，要牢记远程磁盘进程比其他任何应用进程拥有更高的优先级。因此，在访问请求队列、缓存或空闲链表的时候，不需要关闭中断或者使用互斥信号量。但是，在使用 rdscomm 与服务器交换报文时，rdsprocess 必须保持所有的数据结构处于可用的状态，因为接收消息会阻塞调用进程（即此时其他进程可以运行）。在执行读操作时，rdsprocess 将缓冲区放在请求队列中直到请求得到满足。在执行写操作时，rdsprocess 提取数据的副本，在调用 rdscomm 前将缓冲区移动到缓存中。

18.19　观点

理论上，远程磁盘系统只需要提供两个基本操作：读一个块和写一个块。但是在实际应用中，同步、缓存、共享都是要考虑的问题。在本书给出的例子中，仅有一个 Xinu 系统作为客户端，所以极大地简化了设计需求。客户端可以在不与其他 Xinu 系统协调的情况下管理它的本地缓存。类似地，因为不需要考虑客户端共享，相关的同步问题得到了简化：客户端只需要本地信息来强制执行最后写入语义。

系统扩展后，即允许多个 Xinu 系统共享一个磁盘，那么必须改变全部的设计。一个给定的客户端在与服务器进行协调之后才能进行缓存块操作。此外，最后写入语义必须贯彻于所有系统，这就意味着读操作需要一个集中分配机制来保证它们按照顺序发生。由于通信代价高，需要在共享和效率之间寻求平衡。依赖集中式服务器以协调共享取消了缓存，会增加更高的通信开销。这里的重点是：

> 如果要扩展远程磁盘系统以实现多个 Xinu 系统共享机制，就得对系统结构进行重大修改，会导致明显的性能下降（特别是在同时访问期间）。

18.20　总结

我们考虑了远程磁盘系统的设计，驱动程序使用网络与执行操作的远程服务器通信，应用程序可以读取和写入磁盘。驱动把磁盘当作一个可以进行随机块访问的数据块，并且不提供文件、目录或者其他的用来加速搜索的索引技术。读操作将磁盘中指定的数据块复制到内存中，写操作将内存中的数据块复制到指定的磁盘块中。

驱动代码可以分为由应用程序调用的上半部分函数和作为单独进程执行的下半部分函数。输入是同步的，一个进程被阻塞直到一个请求被满足。输出是异步的，驱动接收一个传出的数据块，将其加入队列中，在不阻塞进程的情况下立即返回给调用者。

进程可以使用控制（control）函数刷新之前写在磁盘上的数据。

驱动主要使用 3 个数据结构：请求队列、最近使用块的缓存和空闲链表。尽管为了提高存取效率，它依赖于缓存，但是驱动程序负责确保最后写入语义。

练习

18.1　重新设计程序实现请求链表节点的缓冲区与缓存中的缓冲区分离（即为每个链表定义一个节点，为每个节点定义一个指向一个缓冲区的指针）。这样做的优点和缺点分别是什么？

18.2 重新设计远程磁盘系统，通过使用"缓冲区交换"范例允许应用程序和驱动共享一个缓冲池。为了写一个磁盘块，当调用写操作时使应用程序分配缓冲区、填充缓冲区、传递缓冲区。读操作必须返回一个缓冲区指针，以便在缓冲区中的数据被提取后应用程序可以释放申请的空间。

18.3 配置一个拥有多个远程磁盘设备的系统是可能的。修改 rdsopen 中的代码来检查每个打开的远程磁盘设备以确保每个磁盘 ID 是唯一的。

18.4 创建一个不使用缓存的远程磁盘系统，对两个版本的性能进行比较和说明。

18.5 高优先级进程的请求应该在低优先级进程的请求之前得到满足吗？解释其原因。

18.6 调查其他算法，比如电梯 (elevator) 算法，这是一种可以用来安排磁盘请求的算法。

18.7 验证直到所有的挂起请求满足后才能返回对"同步"的请求。该时间延迟是否有一个边界？

18.8 重新设计系统，使用两个服务器以实现冗余。在两个服务器上复制所有事务。实现冗余需要增加多少额外开销？

18.9 建立一个远程磁盘系统，允许多个客户机同时访问，每个客户机上允许多个进程并发。绘制系统性能随同时访问的用户数量增长的图形。

18.10 一些操作系统允许将一个磁盘分为多个分区，每个分区包含磁盘块 0 到 $N-1$。磁盘分区的优点是什么？提示：考虑上一个问题。

文 件 系 统

过去已不在，风物尤宜放眼量。

——Katharine Whitehorn

第 18 章讨论了磁盘设备，并描述了允许系统读 / 写单个磁盘块的硬件接口。虽然磁盘在存储持久、非易失数据时有优势，但是系统提供的磁盘块操作接口非常不方便使用。

本章介绍文件系统抽象。它反映了操作系统如何管理一组动态变化的文件对象，以及如何将文件映射到底层磁盘硬件上。

19.1　什么是文件系统

文件系统是管理持久化数据的软件，这些持久化数据的生存周期比创建并使用它们的进程的生存周期更长。持久化数据保存在固态硬盘或机械硬盘这类二级存储设备上的文件中。文件被组织成目录（也称为文件夹）形式。从概念上讲，每个文件由数据对象序列（例如，一个整数序列）组成。文件系统提供与文件相关的下述操作：创建（create）和删除（delete）文件、打开（open）指定的文件、从打开的文件中读（read）下一个对象、向打开的文件中写（write）对象，或者关闭（close）文件。如果文件系统允许随机访问，那么文件接口也给进程提供一个在文件中搜寻（seek）特定位置的操作。

许多文件系统在二级存储设备上提供了比访问文件接口更多的功能——它们还提供了抽象名字空间，以及在这个空间中对对象进行处理的高层（high-level）操作。文件名字空间由一组符合命名规则的文件名组成。名字空间可以像"由 1～9 个字符组成的字符串集合"那样简单，也可以像"特定语法中形成网络、机器、用户、子目录和文件标识符的有效编码的字符串集合"那样复杂。在某些系统中，抽象名字空间中的命名语法表现了文件的类型信息（比如，文本文件以".txt"结尾）。在其他一些文件系统中，名字反映了文件系统的组织结构信息（比如，以字符串"M1_d0:"开始的文件名可能存在于 1 号机器的 0 号磁盘上。我们把有关文件命名的讨论放在第 21 章，本章只关注文件的访问。

19.2　文件操作的示例集

为了使文件系统尽可能小和统一设备与文件之间的接口，我们在设计这个样例系统时使用了一种更直接的方法。Xinu 文件的语义取自 UNIX，并遵循如下原则：

> 文件系统认为每个文件都是 0 或多字节的序列，文件上任何其他结构都由使用文件的应用程序来解释。

把文件当作字节流有几个优点。第一，文件系统不预设文件类型，因此不需要区分文件类型。第二，因为一个简单的文件系统函数集足够处理所有的文件，所以文件系统的代码很精简。第三，文件语义不仅可以赋予传统文件，也可以用来解释设备和服务。第四，应用程序可以选择任意的数据结构来存储文件中的数据,而不会影响底层系统。最后,文件内容与处理器或内存是独立的(比如,应用程序可能需要区分文件中的 32 位与 64 位整数,但是文件系统不需要)。

我们的系统对用于设备的文件使用同样的高级操作。因此,文件系统需要支持 open、close、read、write、putc、getc、seek、init 和 control 操作。当这些操作应用在传统文件上时产生如下结果:在启动时,init 初始化与文件相关的数据结构。open 打开一个命名文件,把正在执行的进程与磁盘上的数据关联起来,并且建立一个指向首字节的指针。getc 和 read 从文件中获取数据并移动指针。getc 读取一字节的数据,read 可以读取多字节。putc 和 write 修改文件中的字节数据,并移动文件指针。如果写入的新数据超出了文件的末尾,文件的长度就会增加。类似地,putc 修改一字节,write 可修改多字节。seek 操作把指针移动到文件中特定位置,文件的首字节在 0 字节位置。最后,close 断开进程与文件的关联,文件中的数据留在永久存储设备中。

460

19.3 本地文件系统的设计

如果文件所在的磁盘连接在指定计算机上,那么称这个文件对这台计算机是本地(local)的。设计一个管理本地文件的系统也不是一件容易的事,关于这个主题有大量的研究。尽管文件操作看上去很直接,但是由于文件动态可变,复杂性就表现了出来。也就是说,一个磁盘可以存储很多文件,同时一个文件的尺寸可以任意增长(直到磁盘空间用尽)。为了使文件的动态增长成为可能,文件系统不能为文件预分配磁盘块。因此,这就需要使用动态数据结构。

第二种复杂性来自于并发。系统需要提供什么程度的并发文件操作?大型系统通常允许任意数量的进程并发地读、写任意数量的文件。多次访问(multiple access)的难点在于需要明确指出多进程同时读、写同一文件意味着什么。数据何时变得可读?如果两个进程试图修改文件中的同一字节,系统应该接受哪个写操作的结果?进程能不能对文件中的数据加锁以避免进程间的干扰?

小型嵌入式系统通常不需要允许多个进程读、写文件的通用性。因此,为了限制软件复杂性和更好地利用磁盘空间,小型系统限制文件的访问方式。它们可以限制一个进程同时访问的文件数量,或者限制同时访问同一个文件的进程数量。

我们的目标是设计一个高效、紧凑的,可以允许进程在不引入不必要开销的前提下动态地创建和扩展文件的文件系统软件。作为通用性和效率的折中,我们允许进程打开任意数量的文件直到系统资源耗尽。而对于一个文件,系统只允许一个打开(open)操作是活跃的(active)。也就是说,如果一个文件已经被打开,那么后续的打开(open)请求(例如来自其他进程的请求)都会失败,直到这个文件被关闭。每个文件都持有一个互斥信号量以确保一次只有一个进程可以尝试向文件中写入数据、从文件中读取数据或者修改当前文件位置。同时,目录也持有一个互斥信号量,以确保每次只有一个进程可以试图创建文件或者修改目录项。尽管并发处理需要关注细节,但我们的设计更多地关注对文件动态增长的支持:数据结构支持动态地分配磁盘空间。19.4 节将分析所需要的数据结构。

19.4 Xinu 文件系统的数据结构

为了支持动态增长和随机存取,Xinu 文件系统动态分配磁盘块并使用索引机制(index

mechanism）来快速定位给定文件中的数据。Xinu 将磁盘划分为 3 个独立的区域（如图 19-1 所示）：目录（directory）、索引区（index area）和数据区（data area）。

目录	索引区	数据区

图 19-1　Xinu 文件系统的磁盘划分为 3 个区域的示意图

磁盘的第一个扇区存储目录，该目录包含了一个文件名链表和指向相应文件的索引块链表的指针。目录还包含另外两个指针：一个指向未使用的索引块链表，另一个指向未使用的数据块链表。文件的目录项还包含一个表示文件当前字节大小的整数值。

在磁盘上，索引区跟随目录之后，包含了索引块（index block）集合，简称为 i-block。每个文件都有自己的索引，该索引由单链表链起的索引块组成。初始时，所有的索引块都链接在一个空闲链表上，系统按需从中分配索引块。仅当文件缩减或删除时，索引块返回给空闲链表。

数据区占据了磁盘上剩下的所有空间。由于数据块中包含了存储在文件中的数据，数据区中的每个块称为数据块（data block），简称为 d-block。一旦一个数据块被分配给一个文件，则该块只能包含数据。数据块中没有指向其他数据块的指针，也不包含把数据块关联到文件某一部分的信息，所有这些信息都保存在文件的索引中。

与索引块类似，当磁盘初始化时，数据块被组织成一个空闲链表。文件系统按需从空闲链表中分配数据块，并当文件缩减或删除时，将无用的数据块返回给空闲链表。

图 19-2 是 Xinu 文件系统的数据结构示意图。该图与实际比例不符：实际上，数据块比索引块大得多，它占据了一个完整的物理磁盘块。需要注意的是图 19-2 中的数据结构存储在磁盘上。对于指定的某一时刻，只有结构的一部分存放在内存中——文件系统必须在不将结构读入内存的前提下创建和维护索引。

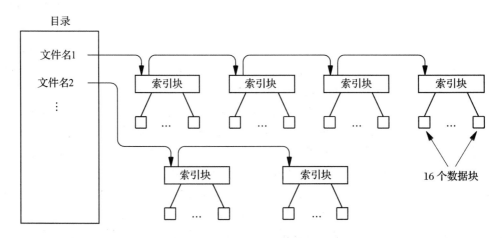

图 19-2　Xinu 文件系统示意图（图中每个文件由包含数据块指针的索引块链表组成）

19.5　索引管理器的实现

从概念上，索引块构成了一个映射到磁盘连续区域的随机访问数组。即索引块从 $0 \sim K$ 编号，软件利用索引号来引用给定的索引块。因为索引块比物理磁盘块小，所以系统在每个物理块中存储了7个索引块，读、写单个索引块的细节由软件来处理。

由于底层硬件每次只能传输一个完整磁盘块，文件系统不可能只传输一个索引块而不传输与该块处在同一磁盘块上的其他索引块。因此，为了写索引块，软件必须读出该索引块所在的整个磁盘块，将新的索引块复制到正确位置，再将结果物理块写回磁盘。类似地，为了读一个索引块，软件需要读整个物理磁盘块，然后从中提取索引块。

在分析处理索引块的代码之前，我们需要理解一些基本概念。文件 lfilesys.h 定义了整个本地文件系统使用的常量和数据结构，包括定义索引块内容的 lfiblk 结构体。

462
\~
463

```
/* lfilesys.h - ib2sect, ib2disp */


/*************************************************************************/
/*                                                                       */
/*                 Local File System Data Structures                     */
/*                                                                       */
/*    A local file system uses a random-access disk composed of 512-byte */
/* sectors numbered 0 through N-1.  We assume disk hardware can read or  */
/* write any sector at random, but must transfer an entire sector.      */
/* Thus, to write a few bytes, the file system must read the sector,    */
/* replace the bytes, and then write the sector back to disk.  Xinu's   */
/* local file system divides the disk as follows: sector 0 is a         */
/* directory, the next K sectors constitute an index area, and the      */
/* remaining sectors comprise a data area. The data area is easiest to  */
/* understand: each sector holds one data block (d-block) that stores   */
/* contents from one of the files (or is on a free list of unused data  */
/* blocks).  We think of the index area as holding an array of index    */
/* blocks (i-blocks) numbered 0 through I-1.  A given sector in the      */
/* index area holds 7 of the index blocks, which are each 72 bytes      */
/* long.  Given an i-block number, the file system must calculate the   */
/* disk sector in which the i-block is located and the byte offset      */
/* within the sector at which the i-block resides.  Internally, a file  */
/* is known by the i-block index of the first i-block for the file.     */
/* The directory contains a list of file names and the  i-block number  */
/* of the first i-block for the file.  The directory also holds the     */
/* i-block number for a list of free i-blocks and a data block number   */
/* of the first data block on a list of free data blocks.               */
/*                                                                       */
/*************************************************************************/

#ifndef Nlfl
#define Nlfl    1
#endif


/* Use the remote disk device if no disk is defined (file system  */
/*  *assumes* the underlying disk has a block size of 512 bytes)   */

#ifndef LF_DISK_DEV
#define LF_DISK_DEV     SYSERR
#endif

#define LF_MODE_R       F_MODE_R     /* Mode bit for "read"        */
#define LF_MODE_W       F_MODE_W     /* Mode bit for "write"       */
#define LF_MODE_RW      F_MODE_RW    /* Mode bits for "read or write"*/
```

464

```
        #define LF_MODE_O       F_MODE_O        /* Mode bit for "old"         */
        #define LF_MODE_N       F_MODE_N        /* Mode bit for "new"         */

        #define LF_BLKSIZ       512             /* Assumes 512-byte disk blocks */
        #define LF_NAME_LEN     16              /* Length of name plus null   */
        #define LF_NUM_DIR_ENT  20              /* Num. of files in a directory */

        #define LF_FREE         0               /* Slave device is available  */
        #define LF_USED         1               /* Slave device is in use     */

        #define LF_INULL        (ibid32) -1     /* Index block null pointer   */
        #define LF_DNULL        (dbid32) -1     /* Data block null pointer    */
        #define LF_IBLEN        16              /* Data block ptrs per i-block */
        #define LF_IDATA        8192            /* Bytes of data indexed by a */
                                                /*    single index block      */
        #define LF_IMASK        0x00001fff      /* Mask for the data indexed by */
                                                /*    one index block (i.e.,  */
                                                /*    bytes 0 through 8191).   */
        #define LF_DMASK        0x000001ff      /* Mask for the data in a data */
                                                /*    block (0 through 511)   */

        #define LF_AREA_IB      1               /* First sector of i-blocks   */
        #define LF_AREA_DIR     0               /* First sector of directory  */

        /* Structure of an index block on disk */

        struct  lfiblk          {               /* Format of index block      */
                ibid32          ib_next;        /* Address of next index block */
                uint32          ib_offset;      /* First data byte of the file */
                                                /*    Indexed by this i-block */
                dbid32          ib_dba[LF_IBLEN];/* Ptrs to data blocks indexed */
        };

        /* Conversion functions below assume 7 index blocks per disk block */

        /* Conversion between index block number and disk sector number */

        #define ib2sect(ib)     (((ib)/7)+LF_AREA_IB)

        /* Conversion between index block number and the relative offset within */
        /*      a disk sector                                            */

        #define ib2disp(ib)     (((ib)%7)*sizeof(struct lfiblk))
        /* Structure used in each directory entry for the local file system */

        struct  ldentry {                       /* Description of entry for one */
                                                /*    file in the directory   */
                uint32  ld_size;                /* Curr. size of file in bytes */
                ibid32  ld_ilist;               /* ID of first i-block for file */
                                                /*    or IB_NULL for empty file */
                char    ld_name[LF_NAME_LEN];   /* Null-terminated file name   */
        };

        /* Structure of a data block when on the free list on disk */
```

```
struct  lfdbfree {
        dbid32  lf_nextdb;              /* Next data block on the list  */
        char    lf_unused[LF_BLKSIZ - sizeof(dbid32)];
};


/* Format of the file system directory, either on disk or in memory */


#pragma pack(2)
struct  lfdir  {                       /* Entire directory on disk     */
        dbid32  lfd_dfree;             /* List of free d-blocks on disk*/
        ibid32  lfd_ifree;             /* List of free i-blocks on disk*/
        int32   lfd_nfiles;            /* Current number of files      */
        struct  ldentry lfd_files[LF_NUM_DIR_ENT]; /* Set of files     */
        char    padding[20];           /* Unused chars in directory blk*/
};
#pragma pack()


/* Global data used by local file system */


struct  lfdata  {                      /* Local file system data       */
        did32   lf_dskdev;             /* Device ID of disk to use     */
        sid32   lf_mutex;              /* Mutex for the directory and  */
                                       /*   index/data free lists      */
        struct  lfdir   lf_dir;        /* In-memory copy of directory  */
        bool8   lf_dirpresent;         /* True when directory is in    */
                                       /*   memory (1st file is open)  */
        bool8   lf_dirdirty;           /* Has the directory changed?   */
};


/* Control block for local file pseudo-device */


struct  lflcblk {                      /* Local file control block     */
                                       /*   (one for each open file)   */
        byte    lfstate;               /* Is entry free or used        */
        did32   lfdev;                 /* Device ID of this device     */
        sid32   lfmutex;               /* Mutex for this file          */
        struct  ldentry *lfdirptr;     /* Ptr to file's entry in the   */
                                       /*   in-memory directory        */
        int32   lfmode;                /* Mode (read/write/both)       */
        uint32  lfpos;                 /* Byte position of next byte   */
                                       /*   to read or write           */
        char    lfname[LF_NAME_LEN];   /* Name of the file             */
        ibid32  lfinum;                /* ID of current index block in */
                                       /*   lfiblock or LF_INULL       */
        struct  lfiblk  lfiblock;      /* In-mem copy of current index */
                                       /*   block                      */
        dbid32  lfdnum;                /* Number of current data block */
                                       /*   in lfdblock or LF_DNULL    */
        char    lfdblock[LF_BLKSIZ];   /* In-mem copy of current data  */
                                       /*   block                      */
        char    *lfbyte;               /* Ptr to byte in lfdblock or   */
                                       /*   address one beyond lfdblock*/
                                       /*   if current file pos lies   */
                                       /*   outside lfdblock           */
```

466

```
         bool8    lfibdirty;              /* Has lfiblock changed?      */
         bool8    lfdbdirty;              /* Has lfdblock changed?      */
};

extern   struct   lfdata   Lf_data;
extern   struct   lflcblk  lfltab[];

/* Control functions */

#define LF_CTL_DEL      F_CTL_DEL       /* Delete a file              */
#define LF_CTL_TRUNC    F_CTL_TRUNC     /* Truncate a file            */
#define LF_CTL_SIZE     F_CTL_SIZE      /* Obtain the size of a file  */
```

如上所示，每个索引块包含指向下一索引块的指针，以及标识文件中被该块索引的最低位置的偏移量（offset），同时包含 16 个指向数据块的指针的数组。也就是说，数组中每个项给出了数据块在物理磁盘上的扇区号。因为一个扇区 512 字节长，所以一个索引块可索引 16 个 512 字节的数据块，共 8192 字节的数据。

给定一个索引块的地址，软件如何知道到哪里寻找索引块？索引块是连续的，占用了从 LF_AREA_IB 扇区开始的连续磁盘扇区。在我们的设计中，目录占用磁盘块 0，意味着索引区从扇区 1 开始。因此，索引块 0~6 存储在扇区 1，7~13 存储在扇区 2，以此类推。内联函数 ib2sect 把一个索引块号转换为正确的扇区号，内联函数 ib2disp 把一个索引块号转换为物理磁盘块上的字节偏移。两个函数都可以在上述 lfilesys.h 文件中找到。

19.6 清空索引块（lfibclear）

当从空闲块中分配一个索引块时，文件系统必须把索引块读入内存并且清空索引块以删除旧数据。尤其是，所有数据块指针必须设置为空值（null value），从而保证它们不会与合法指针混淆。而且，索引块中的偏移量必须赋予合适的文件偏移量。函数 lfibclear 清空一个索引块，该段代码参见文件 lfibclear.c。

[467]

```
/* lfibclear.c - lfibclear */

#include <xinu.h>

/*------------------------------------------------------------------
 *  lfibclear  --  Clear an in-core copy of an index block
 *------------------------------------------------------------------
 */
void    lfibclear(
          struct lfiblk *ibptr,          /* Address of i-block in memory */
          int32          offset          /* File offset for this i-block */
        )
{
        int32   i;                       /* Index for data block array  */

        ibptr->ib_offset = offset;       /* Assign specified file offset */
        for (i=0 ; i<LF_IBLEN ; i++) {   /* Clear each data block pointer*/
                ibptr->ib_dba[i] = LF_DNULL;
        }
        ibptr->ib_next = LF_INULL;       /* Set next ptr to null        */
        return;
}
```

19.7　获取索引块（lfibget）

为了把一个索引块读入内存，系统必须把索引块号映射到物理磁盘块地址，读取物理磁盘块，并将物理块中合适区域内的数据复制到指定内存位置。文件 lfibget.c 包含了实现代码，它使用内联函数 ib2sect 将索引块号转换为磁盘扇区号，函数 ib2disp 计算索引块在磁盘扇区上的位置。

```
/* lfibget.c - lfibget */

#include <xinu.h>

/*------------------------------------------------------------------------
 * lfibget  -  Get an index block from disk given its number (assumes
 *                     mutex is held)
 *------------------------------------------------------------------------
 */
void    lfibget(
          did32        diskdev,      /* Device ID of disk to use    */
          ibid32       inum,         /* ID of index block to fetch  */
          struct lfiblk *ibuff       /* Buffer to hold index block  */
        )
{
        char    *from, *to;          /* Pointers used in copying    */
        int32   i;                   /* Loop index used during copy */
        char    dbuff[LF_BLKSIZ];    /* Buffer to hold disk block   */

        /* Read disk block that contains the specified index block */

        read(diskdev, dbuff, ib2sect(inum));

        /* Copy specified index block to caller's ibuff */

        from = dbuff + ib2disp(inum);
        to = (char *)ibuff;
        for (i=0 ; i<sizeof(struct lfiblk) ; i++)
                *to++ = *from++;
        return;
}
```

468

19.8　存储索引块（lfibput）

从概念上讲，我们把索引块看成在磁盘上占据了很大空间的数组。然而，由于以下两点原因，改变一个索引块比改变数组的一个元素复杂很多。首先，因为文件系统没有记录索引块的哪些项发生了变化，所以必须重写整个索引块。其次，磁盘抽象一次只能为一整个扇区提供写能力。然而，一个索引块只占据一个扇区的一部分。

如果要在不改变扇区中其他内容的情况下写一个索引块，文件系统必须从磁盘中读取整个磁盘扇区，把索引块中的字节复制到合适的区域，然后把整个扇区写回磁盘。文件 lfibput.c 包含这部分代码。lfibput 将一个磁盘设备、一个索引块 ID 和一个缓冲区地址作为参数。这段代码使用了与 lfibget 函数相同的内联函数，首先把索引块 ID 转换成

磁盘扇区，并在扇区中为指定的索引块寻找字节偏移。其次调用 read 读取合适的磁盘块，
把索引块从调用者的缓冲区复制到磁盘块，最后调用 write 把整个磁盘块写回磁盘。

469

```
/* lfibput.c - lfibput */

#include <xinu.h>

/*------------------------------------------------------------------------
 *  lfibput  -  Write an index block to disk given its ID (assumes
 *                      mutex is held)
 *------------------------------------------------------------------------
 */
status  lfibput(
            did32           diskdev,        /* ID of disk device          */
            ibid32          inum,           /* ID of index block to write */
            struct lfiblk *ibuff            /* Buffer holding the index blk */
          )
{
        dbid32  diskblock;                  /* ID of disk sector (block)  */
        char    *from, *to;                 /* Pointers used in copying   */
        int32   i;                          /* Loop index used during copy */
        char    dbuff[LF_BLKSIZ];           /* Temp. buffer to hold d-block */

        /* Compute disk block number and offset of index block */

        diskblock = ib2sect(inum);
        to = dbuff + ib2disp(inum);
        from = (char *)ibuff;

        /* Read disk block */

        if (read(diskdev, dbuff, diskblock) == SYSERR) {
                return SYSERR;
        }

        /* Copy index block into place */

        for (i=0 ; i<sizeof(struct lfiblk) ; i++) {
                *to++ = *from++;
        }

        /* Write the block back to disk */

        write(diskdev, dbuff, diskblock);
        return OK;
}
```

470

19.9 从空闲链表中分配索引块（lfiballoc）

当文件需要索引时，文件系统从空闲链表中为此文件分配一个索引块。函数 lfiballoc
负责获取下一个空闲的索引块并返回它的 ID。该函数在文件 lfiballoc.c 中，它假设文件
系统目录的副本已经读入内存中，且通过 Lf_data.lf_dir 全局变量来表示该副本。一旦

索引块从空闲链表中断开，该目录就会被写回到磁盘上。

```
/* lfiballoc.c - lfiballoc */

#include <xinu.h>

/*------------------------------------------------------------------------
 * lfiballoc  -  Allocate a new index block from free list on disk
 *                       (assumes directory mutex held)
 *------------------------------------------------------------------------
 */
ibid32 lfiballoc (void)
{
        ibid32  ibnum;          /* ID of next block on the free list  */
        struct  lfiblk  iblock; /* Buffer to hold an index block      */

        /* Get ID of first index block on free list */

        ibnum = Lf_data.lf_dir.lfd_ifree;
        if (ibnum == LF_INULL) {        /* Ran out of free index blocks */
                panic("out of index blocks");
        }
        lfibget(Lf_data.lf_dskdev, ibnum, &iblock);

        /* Unlink index block from the directory free list */

        Lf_data.lf_dir.lfd_ifree = iblock.ib_next;

        /* Write a copy of the directory to disk after the change */

        write(Lf_data.lf_dskdev, (char *) &Lf_data.lf_dir, LF_AREA_DIR);
        Lf_data.lf_dirdirty = FALSE;

        return ibnum;
}
```

471

19.10 从空闲链表中分配数据块（lfdballoc）

因为索引块包含了一个名为"next"的指针字段，所以将索引块加入空闲链表的操作比较简单。然而，由于数据块通常不包含指针字段，所以对于数据块而言，空闲链表通常并不是显式存在的。Xinu 系统在设计时使用了单向的空闲链表，这意味着仅需要使用一个指针。如果数据块位于空闲链表中，那么系统使用数据块的前 4 字节存储指向空闲链表中下一个数据块的指针。文件 lfilesys.h 中定义了一个名为 lfdbfree 的结构体，它描述空闲链表中数据块的具体格式。当需要从空闲链表中获取数据块时，文件系统就使用该结构体定义。而一旦将数据块分配到文件中并从空闲链表中删除，该数据块就可以被看作一个字节数组。

函数 lfdballoc 从空闲链表中分配数据块并返回该数据块号，从中我们可以看到系统是如何使用结构体 lfdbfree 的。该代码在文件 lfdballoc.c 中。

```
/* lfdballoc.c - lfdballoc */

#include <xinu.h>
```

```
#define   DFILL   '+'                    /* character used to fill a disk block */

/*------------------------------------------------------------------------
 * lfdballoc  -  Allocate a new data block from free list on disk
 *                         (assumes directory mutex held)
 *------------------------------------------------------------------------
 */
dbid32   lfdballoc (
            struct lfdbfree *dbuff /* Addr. of buffer to hold data block */
         )
{
         dbid32   dnum;              /* ID of next d-block on the free list */
         int32    retval;           /* Return value                        */

         /* Get the ID of first data block on the free list */

         dnum = Lf_data.lf_dir.lfd_dfree;
         if (dnum == LF_DNULL) { /* Ran out of free data blocks */
                 panic("out of data blocks");
         }
         retval = read(Lf_data.lf_dskdev, (char *)dbuff, dnum);
         if (retval == SYSERR) {
                 panic("lfdballoc cannot read disk block\n\r");
         }
         /* Unlink d-block from in-memory directory */

         Lf_data.lf_dir.lfd_dfree = dbuff->lf_nextdb;
         write(Lf_data.lf_dskdev, (char *)&Lf_data.lf_dir, LF_AREA_DIR);
         Lf_data.lf_dirdirty = FALSE;

         /* Fill data block to erase old data */

         memset((char *)dbuff, DFILL, LF_BLKSIZ);
         return dnum;
}
```

|472|

另一个相关的函数是 lfdbfree.c 文件中的 lfdbfree，该函数给空闲链表返回一个
块。该函数首先往块的前 4 字节插入指向当前空闲链表的指针。然后，它使目录中的空闲链
表指针指向这个块。该数据块和该目录在改变后都要被写入磁盘。

```
/* lfdbfree.c - lfdbfree */

#include <xinu.h>

/*------------------------------------------------------------------------
 * lfdbfree  -  Free a data block given its block number (assumes
 *                         directory mutex is held)
 *------------------------------------------------------------------------
 */
status   lfdbfree(
            did32          diskdev,        /* ID of disk device to use     */
            dbid32         dnum            /* ID of data block to free     */
         )
```

```
{
        struct   lfdir    *dirptr;              /* Pointer to directory     */
        struct   lfdbfree buf;                  /* Buffer to hold data block */

        dirptr = &Lf_data.lf_dir;
        buf.lf_nextdb = dirptr->lfd_dfree;
        dirptr->lfd_dfree = dnum;
        write(diskdev, (char *)&buf,   dnum);
        write(diskdev, (char *)dirptr, LF_AREA_DIR);

        return OK;
}
```

473

19.11   使用设备无关的 I/O 函数进行文件操作

文件系统软件必须在正在执行的进程与磁盘文件之间建立联系，这样才能保证相关的文件操作（例如，read 和 write）能够映射到正确的文件上。而文件系统如何正确实现这种映射操作，则依赖于文件系统的大小和实际的需要。为了保证我们的文件系统尽可能地小，我们使用系统中已经存在的设备转换机制（device switch mechanism），从而避免引入新的函数。

假设设备转换表中已经包含了许多文件伪设备（pseudo-device），并且每个伪设备都能用来控制一个打开的文件。与常规的设备类似，伪设备也有一组驱动函数，如 read、write、getc、putc、seek 和 close 操作。当进程需要打开一个磁盘文件时，文件系统寻找一个当前未使用的伪设备，设置此伪设备的控制块，然后给调用者返回此伪设备的 ID。文件打开之后，进程使用该伪设备 ID 来执行 getc、read、putc、write 和 seek 操作。设备转换机制可将高层操作映射到物理设备相应的驱动函数，与此类似，设备转换机制也会将高层操作映射到文件伪设备相应的驱动函数。最后，在文件使用结束后，进程会调用 close 来断开连接，这样该伪设备就可以用于其他文件。稍后，我们通过代码来说明具体的细节。

设计一个伪设备的驱动与设计一个常规硬件设备的驱动基本相同。与其他驱动类似，伪设备的驱动为每一个伪设备创建一个控制块。文件伪设备控制块使用了定义在文件 lfilesys.h 中的结构体 lflcblk ⊖。概念上，控制块包含了两类字段：存储伪设备信息的字段和存储来自磁盘信息的字段。字段 lfstate 和 lfmode 属于前一种类型，lfstate 字段表示该设备是否正在被使用，lfmode 字段表示该文件是否因为需要读／写操作（或两者都有）而已经被打开。字段 lfiblock 和 lfdblock 属于后一种类型：当正在读／写一个文件时，它们包含一份索引块的副本和文件中当前位置（以字节为单位）的数据块（使用 lfpos 字段来表示）。

当文件被打开时，位置（控制块中的 lfpos 字段）被赋值为 0。该位置会随着进程读或写数据而不断增加。通过调用 seek 函数，进程可以移动到文件中任意位置，并同时更新 lfpos 的值。

⊖   lfilesys.h 参见 19.5 节。

19.12 文件系统的设备配置和函数名称

我们需要使用什么样的接口来实现打开一个文件并为之分配一个伪设备以进行读、写操作呢？一个可行的设计是给操作系统添加新的文件抽象。例如，我们可以想象函数 fileopen 有三个参数（磁盘设备，文件名，模式），并返回文件的伪设备的描述符：

474

```
fd = fileopen(device, filename, mode);
```

与 UNIX 不同，Xinu 使用设备方法。

对于 UNIX，万物皆文件；对于 Xinu，万物皆设备。

也就是说，Xinu 系统需要将所有的函数都映射到设备空间，因而本地文件系统会定义一个名为 LFILESYS 的本地文件主设备（master local file device）。调用 LFILESYS 设备的 open 函数就意味着系统会分配一个伪设备，然后返回此伪设备的 ID。文件伪设备以 LFILE0、LFILE1 等来命名，但需要注意的是，这些名字只会在配置文件中使用——当一个进程打开主设备时它会接收到伪设备的设备描述符，但没有进程调用伪设备的 open。图 19-3 显示了主设备和本地文件伪设备的配置类型。

```
/* Local File System master device type */

lfs: on disk
                -i lfsinit       -o lfsopen      -c ioerr
                -r ioerr         -g ioerr        -p ioerr
                -w ioerr         -s ioerr        -n rfscontrol
                -intr NULL

/* Local file pseudo-device type */

lfl: on lfs
                -i lflinit       -o ioerr        -c lflclose
                -r lflread       -g lflgetc      -p lflputc
                -w lflwrite      -s lflseek      -n ioerr
                -intr NULL
```

图 19-3　对本地文件系统主设备类型和对本地文件伪设备类型的配置

如图 19-3 所示，文件系统主设备驱动函数的名字都以 lfs 开头，而文件伪设备驱动函数的名字都以 lfl 开头。我们将会看到，任意这两种类型设备的驱动函数所使用的辅助函数的名字都以 lf 开头。

19.13 本地文件系统打开函数（lfsopen）

图 19-4 显示了对本地文件主设备的配置以及对多个本地文件伪设备的配置。因为每打开一个文件都要使用一个伪设备，所以本地文件伪设备的总量限定了可以同时打开文件的个数。

475

```
/* Local file system master device (one per system)  */

            LFILESYS is lfs on disk

/* Local file pseudo-devices (many per system)        */

            LFILE0 is lfl on lfs
            LFILE1 is lfl on lfs
            LFILE2 is lfl on lfs
            LFILE3 is lfl on lfs
            LFILE4 is lfl on lfs
            LFILE5 is lfl on lfs
            LFILE6 is lfl on lfs
```

图 19-4　对本地文件系统主设备和多个本地文件伪设备的配置

进程使用主设备来打开本地文件，然后使用伪设备来存取文件。例如，执行如下代码，打开一个名为 myfile 的文件以进行读 / 写操作：

```
fd = open(LFILESYS, "myfile", "rw");
```

假设成功打开了该文件，那么就可以使用描述符 fd 向文件中写数据，如下所示：

```
char buffer[1500];
... code to fill buffer ...
fd = write(fd, buffer, 1500);
```

设备 LFILESYS 只用于打开文件。因此，文件系统主设备驱动只需要实现 open 和 init，所有其他 I/O 操作都映射为 ioerr。函数 lfsopen 实现 open 操作，该函数在文件 lfsopen.c 中。

```
/* lfsopen.c - lfsopen */

#include <xinu.h>

/*------------------------------------------------------------------------
 * lfsopen - Open a file and allocate a local file pseudo-device
 *------------------------------------------------------------------------
 */
devcall lfsopen (
        struct dentry *devptr,          /* Entry in device switch table */
        char    *name,                  /* Name of file to open         */
        char    *mode                   /* Mode chars: 'r' 'w' 'o' 'n'  */
        )
{
        struct lfdir    *dirptr;        /* Ptr to in-memory directory   */
        char            *from, *to;     /* Ptrs used during copy        */
        char            *nam, *cmp;     /* Ptrs used during comparison  */
        int32           i;              /* General loop index           */
        did32           lfnext;         /* Minor number of an unused    */
                                        /*   file pseudo-device         */
        struct ldentry  *ldptr;         /* Ptr to an entry in directory */
        struct lflcblk  *lfptr;         /* Ptr to open file table entry */
        bool8           found;          /* Was the name found?          */
```

476

```
int32    retval;                      /* Value returned from function */
int32    mbits;                       /* Mode bits                    */

/* Check length of name file (leaving space for NULLCH */

from = name;
for (i=0; i< LF_NAME_LEN; i++) {
        if (*from++ == NULLCH) {
                break;
        }
}
if (i >= LF_NAME_LEN) {          /* Name is too long */
        return SYSERR;
}


/* Parse mode argument and convert to binary */

mbits = lfgetmode(mode);
if (mbits == SYSERR) {
        return SYSERR;
}


/* If named file is already open, return SYSERR */

lfnext = SYSERR;
for (i=0; i<Nlfl; i++) {          /* Search file pseudo-devices   */
        lfptr = &lfltab[i];
        if (lfptr->lfstate == LF_FREE) {
                if (lfnext == SYSERR) {
                        lfnext = i; /* Record index */
                }
                continue;
        }
        /* Compare requested name to name of open file */

        nam = name;
        cmp = lfptr->lfname;
        while(*nam != NULLCH) {
                if (*nam != *cmp) {
                        break;
                }
                nam++;
                cmp++;
        }

        /* See if comparison succeeded */

        if ( (*nam==NULLCH) && (*cmp == NULLCH) ) {
                return SYSERR;
        }
}
if (lfnext == SYSERR) { /* No slave file devices are available   */
        return SYSERR;
}
```

477

```
/* Obtain copy of directory if not already present in memory    */

dirptr = &Lf_data.lf_dir;
wait(Lf_data.lf_mutex);
if (! Lf_data.lf_dirpresent) {
    retval = read(Lf_data.lf_dskdev,(char *)dirptr,LF_AREA_DIR);
    if (retval == SYSERR ) {
        signal(Lf_data.lf_mutex);
        return SYSERR;
    }
    Lf_data.lf_dirpresent = TRUE;
}

/* Search directory to see if file exists */

found = FALSE;
for (i=0; i<dirptr->lfd_nfiles; i++) {
        ldptr = &dirptr->lfd_files[i];
        nam = name;
        cmp = ldptr->ld_name;
        while(*nam != NULLCH) {
                if (*nam != *cmp) {
                        break;
                }
                nam++;
                cmp++;
        }
        if ( (*nam==NULLCH) && (*cmp==NULLCH) ) { /* Name found */
                found = TRUE;
                break;
        }
}

/* Case #1 - file is not in directory (i.e., does not exist)    */

if (! found) {
        if (mbits & LF_MODE_O) {            /* File *must* exist    */
                signal(Lf_data.lf_mutex);
                return SYSERR;
        }

        /* Take steps to create new file and add to directory    */

        /* Verify that space remains in the directory */

        if (dirptr->lfd_nfiles >= LF_NUM_DIR_ENT) {
                signal(Lf_data.lf_mutex);
                return SYSERR;
        }

        /* Allocate next dir. entry & initialize to empty file    */

        ldptr = &dirptr->lfd_files[dirptr->lfd_nfiles++];
        ldptr->ld_size = 0;
```

478

```
                    from = name;
                    to = ldptr->ld_name;
                    while ( (*to++ = *from++) != NULLCH ) {
                            ;
                    }
                    ldptr->ld_ilist = LF_INULL;

            /* Case #2 - file is in directory (i.e., already exists)        */

            } else if (mbits & LF_MODE_N) {            /* File must not exist  */
                            signal(Lf_data.lf_mutex);
                            return SYSERR;
            }
            /* Initialize the local file pseudo-device */

            lfptr = &lfltab[lfnext];
            lfptr->lfstate = LF_USED;
            lfptr->lfdirptr = ldptr;            /* Point to directory entry       */
            lfptr->lfmode = mbits & LF_MODE_RW;

            /* File starts at position 0 */

            lfptr->lfpos      = 0;

            to = lfptr->lfname;
            from = name;
            while ( (*to++ = *from++) != NULLCH ) {
                    ;
            }

            /* Neither index block nor data block are initially valid       */

            lfptr->lfinum     = LF_INULL;
            lfptr->lfdnum     = LF_DNULL;

            /* Initialize byte pointer to address beyond the end of the     */
            /*      buffer (i.e., invalid pointer triggers setup)           */

            lfptr->lfbyte = &lfptr->lfdblock[LF_BLKSIZ];
            lfptr->lfibdirty = FALSE;
            lfptr->lfdbdirty = FALSE;

            signal(Lf_data.lf_mutex);

            return lfptr->lfdev;
    }
```

在验证了文件名字的长度有效后，lfsopen 函数调用 lfgetmode 函数来解析模式（mode）参数并将其转换为一组二进制位。模式参数由空符号结尾的字符串组成，其中包含了 0 个或多个如图 19-5 所示的字符。模式字符串中的字符不能重复，同时使用字符"o"和"n"（即文件既是旧的也是新的）也是不合法的。另外，如果其中既没有使用字符"r"也没有使用字符"w"，lfgetmode 将默认同时允许读和写操作。在解析模式字符串后，lfgetmode

生成一个整数，整数的每一位指定不同模式（模式在 lfilesys.h 中定义）。[⊖]该部分代码
在文件 lfgetmode.c 中。 480

字符	含义
r	打开文件进行读操作
w	打开文件进行写操作
o	文件必须为"旧的"（即必须存在）
n	文件必须为"新的"（即肯定不存在）

图 19-5 模式字符串中允许使用的字符串及其含义

```c
/* lfgetmode.c - lfgetmode */

#include <xinu.h>

/*------------------------------------------------------------------------
 * lfgetmode  -  Parse mode argument and generate integer of mode bits
 *------------------------------------------------------------------------
 */
int32   lfgetmode (
          char    *mode                   /* String of mode characters   */
        )
{
        int32   mbits;                  /* Mode bits to return           */
        char    ch;                     /* Next char in mode string      */

        mbits = 0;

        /* Mode string specifies:                                        */
        /*      r - read                                                 */
        /*      w - write                                                */
        /*      o - old (file must exist)                                */
        /*      n - new (create a new file)                              */

        while ( (ch = *mode++) != NULLCH) {
                switch (ch) {

                    case 'r':   if (mbits&LF_MODE_R) {
                                        return SYSERR;
                                }
                                mbits |= LF_MODE_R;
                                continue;
                    case 'w':   if (mbits&LF_MODE_W) {
                                        return SYSERR;
                                }
                                mbits |= LF_MODE_W;
                                continue;
```

481

⊖ lfilesys.h 参见 19.5 节。

```
        case 'o':   if (mbits&LF_MODE_O || mbits&LF_MODE_N) {
                            return SYSERR;
                    }
                    mbits |= LF_MODE_O;
                    break;

        case 'n':   if (mbits&LF_MODE_O || mbits&LF_MODE_N) {
                            return SYSERR;
                    }
                    mbits |= LF_MODE_N;
                    break;

        default:    return SYSERR;
        }
    }

    /* If neither read nor write specified, allow both */

    if ( (mbits&LF_MODE_RW) == 0 ) {
            mbits |= LF_MODE_RW;
    }
    return mbits;
}
```

　　模式参数解析完成后，lfsopen 进行如下确认：确认文件是否还未打开，确认是否可以获取到一个文件伪设备，同时确认文件系统目录中该文件是否已经存在。如果该文件已经存在（同时模式参数允许打开已存在的文件），lfsopen 将设置文件伪设备的控制块。如果该文件不存在（同时模式参数允许创建新文件），lfsopen 在文件系统目录中为之分配一个条目，然后设置文件伪设备的控制块。最初的文件位置设置为 0。控制块中的 lfinum 字段和 lfdnum 字段设置为 null，以表示索引块和数据块当前还未被使用。最重要的是，将 lfbyte 字段设置为一个超出数据块缓冲区末端的值。我们将会看到，由于代码在获取数据时会使用到这个不变量，所以设置 lfbyte 是非常重要的。

482

　　　当 lfbyte 在 lfdblock 中包含一个地址时，它指向的字节包含了由 lfpos 给定的位置上文件中的数据。当 lfbyte 包含超出了 lfdblock 的地址时，lfdblock 中的值不能使用。

　　普遍的想法是，将当前字节位置设置为超出当前数据块的结尾的值，导致了系统在执行传输之前获取了另一个数据块。也就是说，任何读取或写入字节的尝试都会从磁盘读取新的数据块。以上过程会在介绍数据传输函数，如 lflgetc 函数和 lflputc 函数时有具体说明。

19.14　关闭文件伪设备（lflclose）

　　当应用程序结束使用文件时，应用程序会调用 close 终止文件的使用。要注意的是，应用程序一直使用一个伪设备读和写文件。因此，当应用程序调用 close 时，设备描述符是对应伪设备的。关闭设备终止了文件的使用，并使伪设备可用于其他用途。

　　理论上，关闭一个伪设备很简单：只要改变设备的状态，表明它没有被使用即可。但是实际上，缓存使得关闭操作变得复杂。因为控制块可能包含没有被写入文件的数据。因此，函数 lflclose 必须检查控制块的"脏"位[⊖]来确定索引块或数据块在被写入磁盘之后，它们的内容是否已经改变了。

如果自上一次把信息写入磁盘之后数据块发生了改变，那么系统需要在控制块被重新分配并且被另一个文件获取前将数据块（很可能还有索引块）写入磁盘。lflclose 调用函数 lfflush 谨慎地把这些内容写入磁盘，而不是直接写入。将所有更新隔离到 lfflush 可以使设计更加清晰。一旦磁盘被更新，lflclose 改变控制块的状态。文件 lflclose.c 包含该代码。

```
/* lflclose.c - lflclose.c */

#include <xinu.h>

/*------------------------------------------------------------------------
 * lflclose  -  Close a file by flushing output and freeing device entry
 *------------------------------------------------------------------------
 */
devcall lflclose (
          struct dentry *devptr          /* Entry in device switch table */
        )
{
        struct  lflcblk *lfptr;          /* Ptr to open file table entry */

        /* Obtain exclusive use of the file */

        lfptr = &lfltab[devptr->dvminor];
        wait(lfptr->lfmutex);

        /* If file is not open, return an error */

        if (lfptr->lfstate != LF_USED) {
                signal(lfptr->lfmutex);
                return SYSERR;
        }

        /* Write index or data blocks to disk if they have changed */

        if (Lf_data.lf_dirdirty || lfptr->lfdbdirty || lfptr->lfibdirty) {
                lfflush(lfptr);
        }

        /* Set device state to FREE and return to caller */

        lfptr->lfstate = LF_FREE;
        signal(lfptr->lfmutex);
        return OK;
}
```

⊖ 术语脏位（dirty bit）指一个被设置为 TRUE 的布尔值（即单个位），表明数据被修改过。

19.15   刷新磁盘中的数据（lfflush）

函数 lfflush 会像预期的那样操作。它接收一个指向伪设备控制块的指针作为参数，并使用这个指针来检查控制块中的"脏"位。如果索引块改变了，lfflush 使用 lfibput 函数将副本写入磁盘。如果数据块改变了，lfflush 使用 write 函数将副本写入磁盘。字段 lfinum 和 lfdnum 包含使用的索引块号和数据块号。这段代码包含在 lfflush.c 文件中。

483
～
484

```c
/* lfflush.c - lfflush */

#include <xinu.h>

/*------------------------------------------------------------------------
 * lfflush  -  Flush directory, data block, and index block for an open
 *                      file (assumes file mutex is held)
 *------------------------------------------------------------------------
 */
status  lfflush (
          struct lflcblk  *lfptr          /* Ptr to file pseudo device    */
        )
{

        if (lfptr->lfstate == LF_FREE) {
                return SYSERR;
        }

        /* Write the directory if it has changed */

        if (Lf_data.lf_dirdirty) {
                write(Lf_data.lf_dskdev, (char *)&Lf_data.lf_dir,
                                                LF_AREA_DIR);
                Lf_data.lf_dirdirty = FALSE;
        }

        /* Write data block if it has changed */

        if (lfptr->lfdbdirty) {
                write(Lf_data.lf_dskdev, lfptr->lfdblock, lfptr->lfdnum);
                lfptr->lfdbdirty = FALSE;
        }

        /* Write i-block if it has changed */

        if (lfptr->lfibdirty) {
                lfibput(Lf_data.lf_dskdev, lfptr->lfinum, &lfptr->lfiblock);
                lfptr->lfibdirty = FALSE;
        }

        return OK;
}
```

485

19.16   文件的批量传输函数（lflwrite、lflread）

Xinu 采用直接的方法来进行文件的读／写操作：循环调用字符传输函数。例如，实现了写操作的函数 lflwrite 会重复调用 lflputc。文件 lflwrite.c 包含这些代码：

```
/* lflwrite.c - lflwrite */

#include <xinu.h>

/*------------------------------------------------------------------------
 * lflwrite  --  Write data to a previously opened local disk file
 *------------------------------------------------------------------------
 */
devcall lflwrite (
          struct dentry *devptr,        /* Entry in device switch table */
          char  *buff,                  /* Buffer holding data to write */
          int32 count                   /* Number of bytes to write     */
        )
{
          int32          i;             /* Number of bytes written      */

          if (count < 0) {
                  return SYSERR;
          }

          /* Iteratate and write one byte at a time */

          for (i=0; i<count; i++) {
                  if (lflputc(devptr, *buff++) == SYSERR) {
                          return SYSERR;
                  }
          }
          return count;
}
```

　　函数 lflread 实现了读操作。为了满足一个读请求，lflread 重复调用 lflgetc，每次调用接收一字节，并将该字节放在调用者缓冲区的下一个位置。有趣的是，当它到达文件的末尾（end-of-file）时，lflgetc 返回常量 EOF。当 lflread 收到 lflgetc 传来的 EOF 时，如果 lflread 已经从该文件提取了一或多字节的数据，那么 lflread 就停止循环，并返回已经读取的字节数。如果到达文件末尾时没有发现数据，那么 lflread 给调用者返回 EOF。文件 lflread.c 包含这部分代码。

486

```
/* lflread.c - lflread */

#include <xinu.h>

/*------------------------------------------------------------------------
 * lflread  -  Read from a previously opened local file
 *------------------------------------------------------------------------
 */
devcall lflread (
          struct dentry *devptr,        /* Entry in device switch table */
          char  *buff,                  /* Buffer to hold bytes         */
          int32 count                   /* Max bytes to read            */
        )
```

```
{
        uint32   numread;              /* Number of bytes read       */
        int32    nxtbyte;              /* Character or SYSERR/EOF     */

        if (count < 0) {
                return SYSERR;
        }

        /* Iterate and use lflgetc to read indivdiual bytes */

        for (numread=0 ; numread < count ; numread++) {
                nxtbyte = lflgetc(devptr);
                if (nxtbyte == SYSERR) {
                        return SYSERR;
                } else if (nxtbyte == EOF) {    /* EOF before finished */
                    if (numread == 0) {
                        return EOF;
                    } else {
                        return numread;
                    }
                } else {
                        *buff++ = (char) (0xff & nxtbyte);
                }
        }
        return numread;
}
```

487

19.17   在文件中查找新位置（lflseek）

一个进程可以调用 seek 来改变文件中的当前位置。我们的系统使用函数 lflseek 来实现 seek，并且限制其只能访问文件的有效位置（它与 UNIX 系统不同，UNIX 系统允许应用程序寻找超过文件结尾的位置）。

查找一个新的位置包括改变文件控制块中的 lfpos 字段，将字段 lfbyte 设置为一个超过 lfdblock 的地址（根据上述不变量，意味着直到索引块和数据块到位，指针才能提取数据）。文件 lflseek.c 包含这些代码。

```
/* lflseek.c - lflseek */

#include <xinu.h>

/*------------------------------------------------------------------------
 * lflseek  -  Seek to a specified position in a file
 *------------------------------------------------------------------------
 */
devcall lflseek (
        struct dentry *devptr,         /* Entry in device switch table */
        uint32         offset          /* Byte position in the file    */
        )
{
        struct lflcblk *lfptr;         /* Ptr to open file table entry */

        /* If file is not open, return an error */
```

```
        lfptr = &lfltab[devptr->dvminor];
        wait(lfptr->lfmutex);
        if (lfptr->lfstate != LF_USED) {
                signal(lfptr->lfmutex);
                return SYSERR;
        }

        /* Verify offset is within current file size */

        if (offset > lfptr->lfdirptr->ld_size) {
                signal(lfptr->lfmutex);
                return SYSERR;
        }

        /* Record new offset and invalidate byte pointer (i.e., force  */
        /*   the index and data blocks to be replaced if a successive   */
        /*   call is made to read or write)                             */
        lfptr->lfpos = offset;
        lfptr->lfbyte = &lfptr->lfdblock[LF_BLKSIZ];

        signal(lfptr->lfmutex);
        return OK;
}
```

19.18 从文件中提取一字节（lflgetc）

一旦一个文件被打开，且索引块和数据块正确地载入内存，从文件中读取一字节就很简单了：它包括将 lfbyte 作为指向字节的指针，提取字节，并将缓冲区指针移到下一字节。函数 lflgetc 完成这个操作，相关代码在文件 lflgetc.c 中。

```
/* lflgetc.c - lfgetc */

#include <xinu.h>

/*------------------------------------------------------------------------
 * lflgetc  -  Read the next byte from an open local file
 *------------------------------------------------------------------------
 */
devcall lflgetc (
          struct dentry *devptr          /* Entry in device switch table */
        )
{
        struct  lflcblk *lfptr;          /* Ptr to open file table entry */
        struct  ldentry *ldptr;          /* Ptr to file's entry in the   */
                                         /*   in-memory directory        */
        int32   onebyte;                 /* Next data byte in the file   */

        /* Obtain exclusive use of the file */

        lfptr = &lfltab[devptr->dvminor];
        wait(lfptr->lfmutex);

        /* If file is not open, return an error */
```

```
        if (lfptr->lfstate != LF_USED) {
                signal(lfptr->lfmutex);
                return SYSERR;
        }
        /* Return EOF for any attempt to read beyond the end-of-file */

        ldptr = lfptr->lfdirptr;
        if (lfptr->lfpos >= ldptr->ld_size) {
                signal(lfptr->lfmutex);
                return EOF;
        }

        /* If byte pointer is beyond the current data block, set up    */
        /*      a new data block                                       */

        if (lfptr->lfbyte >= &lfptr->lfdblock[LF_BLKSIZ]) {
                lfsetup(lfptr);
        }

        /* Extract the next byte from block, update file position, and  */
        /*      return the byte to the caller                          */

        onebyte = 0xff & *lfptr->lfbyte++;
        lfptr->lfpos++;
        signal(lfptr->lfmutex);
        return onebyte;
    }
```

489

如果指定文件没有打开，lflgetc 就返回 SYSERR。如果当前文件位置超过了文件大小，那么 lflgetc 返回 EOF。在其他情况下，lflgetc 检查指针 lfbyte，确定其是否超出了 lfdblock 中数据块的范围。若超出了，lflgetc 就调用函数 lfsetup 将正确的索引块和数据块读入内存。

一旦数据块在内存中，lflgetc 就可以读取一字节。为了完成这个操作，lflgetc 对 lfbyte 进行解引用，获得一字节并将它放到变量 onebyte 中。在把该字节返回给调用者之前，lflgetc 递增字节指针和文件位置。

19.19 改变文件中的一字节（lflputc）

函数 lflputc 将一字节存储在文件当前位置。与 lflgetc 一样，实现数据传输很简单，仅需要几行代码。指针 lfbyte 给出 lfdblock 中字节存储的位置。代码使用指针来存储指定的字节，递增指针，并设置 lfdbdirty 来表明这个数据块被改变了。注意 lflputc 只是把字符累加到内存的缓冲区中。每次发生改变时，它并不把缓冲区的内容写回磁盘。只有在当前位置移动到下一个磁盘块时，缓冲区才被复制到磁盘中。

490

与 lflgetc 一样，lflputc 在每次调用时都要检查 lfbyte。如果 lfbyte 位于数据块 lfdblock 之外，lflputc 就调用 lfsetup 以移动到下一个块。然而，lflputc 和 lflgetc 在处理非法文件位置方式上有细微的不同。如果文件位置超过了该文件的最后一字节，lflgetc 总是返回 EOF。而当文件位置超过文件结尾多字节时，lflputc 返回 SYSERR，但是如果位置正好超过结尾一字节，它允许操作继续进行。也就是说，它允

许对文件进行扩展。当扩展一个文件时，在相应的目录项中其文件大小必须增加。文件
lflputc.c 包含以下代码。

```c
/* lflputc.c - lfputc */

#include <xinu.h>

/*------------------------------------------------------------------------
 * lflputc  -  Write a single byte to an open local file
 *------------------------------------------------------------------------
 */
devcall lflputc (
          struct dentry *devptr,        /* Entry in device switch table */
          char          ch              /* Character (byte) to write    */
        )
{
        struct  lflcblk *lfptr;         /* Ptr to open file table entry */
        struct  ldentry *ldptr;         /* Ptr to file's entry in the   */
                                        /*  in-memory directory         */

        /* Obtain exclusive use of the file */

        lfptr = &lfltab[devptr->dvminor];
        wait(lfptr->lfmutex);

        /* If file is not open, return an error */

        if (lfptr->lfstate != LF_USED) {
                signal(lfptr->lfmutex);
                return SYSERR;
        }

        /* Return SYSERR for an attempt to skip bytes beyond the byte   */
        /*        that is currently the end of the file                 */

        ldptr = lfptr->lfdirptr;
        if (lfptr->lfpos > ldptr->ld_size) {
                signal(lfptr->lfmutex);
                return SYSERR;
        }

        /* If pointer is outside current block, set up new block */

        if (lfptr->lfbyte >= &lfptr->lfdblock[LF_BLKSIZ]) {

                /* Set up block for current file position */

                lfsetup(lfptr);
        }
        /* If appending a byte to the file, increment the file size.    */
        /*   Note: comparison might be equal, but should not be greater.*/

        if (lfptr->lfpos >= ldptr->ld_size) {
```

491

```
                    ldptr->ld_size++;
                    Lf_data.lf_dirdirty = TRUE;
            }

            /* Place byte in buffer and mark buffer "dirty" */

            *lfptr->lfbyte++ = ch;
            lfptr->lfpos++;
            lfptr->lfdbdirty = TRUE;

            signal(lfptr->lfmutex);
            return OK;
    }
```

19.20 载入索引块和数据块（lfsetup）

一旦将文件位置分配给字段 lfpos，函数 lfsetup 会处理把内存数据结构定位在指定位置的细节。也就是说，lfsetup 识别该位置的索引块，把索引块的副本加载到内存中，以及识别包含该位置的数据块，并把数据块的副本加载到内存中。lfsetup 从获取数据结构的指针开始。

该核心思想在于，lfsetup 处理存在"脏"数据块的情况。为此，在从磁盘读取新项目之前，lfsetup 检查控制块。如果现有的索引块或数据块已经改变，lfsetup 就调用 lfflush 把它们写回磁盘。

载入当前文件位置数据的第一步是查找覆盖指定文件位置的索引块。为此，lfsetup 从当前位置之前的索引块开始，沿着索引块的链表移动以找到所需的块。初始块包括两种情况：索引块没有被加载，或者当前内存中有索引块。

如果没有加载索引块（即文件刚刚被打开），则 lfsetup 获取一个索引块。对于一个新文件，lfsetup 必须从空闲链表中分配一个初始索引块。对于一个已有的文件，它会加载文件的第一个索引块。在任何一种情况下，初始条件会是索引块要么对应于文件位置，要么覆盖文件中较早的位置。

如果索引块已被加载，则有两种可能。如果索引块覆盖了文件的较早部分，则不需要进一步操作。如果索引块对应当前文件位置之后的文件的一部分（例如，一个进程给较早的位置发出了 seek），lfsetup 必须找到一个覆盖该文件较早部分的初始块。为了处理这种情况，lfsetup 用文件的初始索引块来替换这个索引块。

一旦 lfsetup 载入了覆盖了文件较早部分的索引块，它就会进入一个循环。在循环中，它沿着索引块的链表前移直到到达覆盖当前文件位置的索引块。在每次迭代中，lfsetup 使用 ib_next 字段找到链表中下一个索引块号，然后调用 lfibget 将索引块读到内存中。

一旦正确的索引块被载入，lfsetup 必须确定需要载入的数据块。为此，它使用文件位置来计算数据块数组的索引（从 0～15）。因为每一个索引块仅覆盖 8KB（即 2^{13} 字节）的数据，并且数组中的每项对应于一个 512（2^9）字节的块，所以可以使用二进制操作来进行计算：lfsetup 计算 LF_IMASK（低 13 位）的逻辑与，然后将结果向右移 9 位。

lfsetup 使用上述计算的结果作为对数组 ib_dba 的索引以获得数据块的 ID。此时可能会存在两种情况，需要 lfsetup 载入一个新的数据块。第一种情况即数组中的指针为空, 意味着 lflputc 准备在文件末尾写一个新的字节, 且没有数据块被分配到这个位置。 lfsetup 调用 lfdballoc 从空闲链表中分配一个新的数据块, 并在数组 ib_dba 的项中记录 ID。第二种情况是, 数组 ib_dba 中的项有指定数据块, 而不是当前被载入的数据块。 lfsetup 调用 read 从磁盘中获取正确的数据块。

作为返回前的最后一步, lfsetup 使用文件位置来计算数据块中的位置, 并且分配这个地址给 lfbyte 字段。这样精细地安排数据块的大小为 2 的幂, 意味着从 $0 \sim 511$ 之间的索引可以通过选择文件位置的低 9 位来计算。这段代码使用与掩码 LF_DMASK 的逻辑与。文件 lfsetup.c 包含这段代码。 |493|

```
/* lfsetup.c - lfsetup */

#include <xinu.h>

/*------------------------------------------------------------------------
 * lfsetup  -  Set a file's index block and data block for the current
 *                file position (assumes file mutex held)
 *------------------------------------------------------------------------
 */
status  lfsetup (
          struct lflcblk  *lfptr          /* Pointer to slave file device */
        )
{
        dbid32   dnum;                     /* Data block to fetch          */
        ibid32   ibnum;                    /* I-block number during search */
        struct   ldentry *ldptr;           /* Ptr to file entry in dir.    */
        struct   lfiblk  *ibptr;           /* Ptr to in-memory index block */
        uint32   newoffset;                /* Computed data offset for     */
                                           /*   next index block           */
        int32    dindex;                   /* Index into array in an index */
                                           /*   block                      */


        /* Obtain exclusive access to the directory */

        wait(Lf_data.lf_mutex);

        /* Get pointers to in-memory directory, file's entry in the     */
        /*     directory, and the in-memory index block                 */

        ldptr = lfptr->lfdirptr;
        ibptr = &lfptr->lfiblock;

        /* If existing index block or data block changed, write to disk */

        if (lfptr->lfibdirty || lfptr->lfdbdirty) {
                lfflush(lfptr);
        }
        ibnum = lfptr->lfinum;             /* Get ID of curr. index block  */

        /* If there is no index block in memory (e.g., because the file */
        /*     was just opened), either load the first index block of   */
```

```
                /*      the file or allocate a new first index block         */

        if (ibnum == LF_INULL) {

                /* Check directory entry to see if index block exists    */

                ibnum = ldptr->ld_ilist;
                if (ibnum == LF_INULL) { /* Empty file - get new i-block*/
                        ibnum = lfiballoc();
                        lfibclear(ibptr, 0);
                        ldptr->ld_ilist = ibnum;
                        lfptr->lfibdirty = TRUE;
                } else {                        /* Nonempty - read first i-block*/
                        lfibget(Lf_data.lf_dskdev, ibnum, ibptr);
                }
                lfptr->lfinum = ibnum;

        /* Otherwise, if current file position has been moved to an     */
        /*    offset before the current index block, start at the       */
        /*    beginning of the index list for the file                  */

        } else if (lfptr->lfpos < ibptr->ib_offset) {

                /* Load initial index block for the file (we know that   */
                /*      at least one index block exists)                 */

                ibnum = ldptr->ld_ilist;
                lfibget(Lf_data.lf_dskdev, ibnum, ibptr);
                lfptr->lfinum = ibnum;
        }

        /* At this point, an index block is in memory, but may cover     */
        /*    an offset less than the current file position.  Loop until */
        /*    the index block covers the current file position.          */

        while ((lfptr->lfpos & ~LF_IMASK) > ibptr->ib_offset ) {
                ibnum = ibptr->ib_next;
                if (ibnum == LF_INULL) {
                        /* Allocate new index block to extend file */
                        ibnum = lfiballoc();
                        ibptr->ib_next = ibnum;
                        lfibput(Lf_data.lf_dskdev, lfptr->lfinum, ibptr);
                        lfptr->lfinum = ibnum;
                        newoffset = ibptr->ib_offset + LF_IDATA;
                        lfibclear(ibptr, newoffset);
                        lfptr->lfibdirty = TRUE;
                } else {
                        lfibget(Lf_data.lf_dskdev, ibnum, ibptr);
                        lfptr->lfinum = ibnum;
                }
                lfptr->lfdnum = LF_DNULL; /* Invalidate old data block */
        }

        /* At this point, the index block in lfiblock covers the         */
```

```
        /*  current file position (i.e., position lfptr->lfpos).  The   */
        /*  next step consists of loading the correct data block.        */

        dindex = (lfptr->lfpos & LF_IMASK) >> 9;

        /* If data block index does not match current data block, read  */
        /*    the correct data block from disk                          */

        dnum = lfptr->lfiblock.ib_dba[dindex];
        if (dnum == LF_DNULL) {                /* Allocate new data block */
                dnum = lfdballoc((struct lfdbfree *)&lfptr->lfdblock);
                lfptr->lfiblock.ib_dba[dindex] = dnum;
                lfptr->lfibdirty = TRUE;
        } else if ( dnum != lfptr->lfdnum) {
                read(Lf_data.lf_dskdev, (char *)lfptr->lfdblock, dnum);
                lfptr->lfdbdirty = FALSE;
        }
        lfptr->lfdnum = dnum;

        /* Use current file offset to set the pointer to the next byte  */
        /*    within the data block                                     */

        lfptr->lfbyte = &lfptr->lfdblock[lfptr->lfpos & LF_DMASK];
        signal(Lf_data.lf_mutex);
        return OK;
}
```

19.21　主文件系统设备的初始化（lfsinit）

　　主文件系统设备的初始化很直接，由函数 lfsinit 完成，具体任务包括记录磁盘设备的 ID、创建一个提供目录互斥的信号量、清除内存目录（仅帮助调试）和设置一个布尔值来表明目录还未读入内存。主文件系统设备的数据保存在全局结构 Lf_data 中。文件 lfsinit.c 包含以下代码。

496

```
/* lfsinit.c - lfsinit */

#include <xinu.h>

struct  lfdata  Lf_data;

/*------------------------------------------------------------------------
 * lfsinit  -  Initialize the local file system master device
 *------------------------------------------------------------------------
 */
devcall lfsinit (
        struct dentry *devptr            /* Entry in device switch table */
        )
{
        /* Assign ID of disk device that will be used */

        Lf_data.lf_dskdev = LF_DISK_DEV;
```

```
/* Create a mutual exclusion semaphore */

Lf_data.lf_mutex = semcreate(1);

/* Zero directory area (for debugging) */

memset((char *)&Lf_data.lf_dir, NULLCH, sizeof(struct lfdir));

/* Initialize directory to "not present" in memory */

Lf_data.lf_dirpresent = Lf_data.lf_dirdirty = FALSE;

return OK;
}
```

19.22   伪设备的初始化（lflinit）

当打开一个文件时，lfsopen 将文件伪设备控制块里的许多项进行初始化。然而，有些初始化在系统启动时就已经实现了。为了标记设备未被使用，需要将设备状态值设置为 LF_FREE。为了确保在一段给定时间里在某个文件上最多只能有一个操作，需要创建一个互斥信号量。控制块的其他字段都赋值为 0（这些字段只有在文件打开的时候会被用到，而初始化为 0 便于调试）。文件 lflinit.c 包含了相应代码。

```
/* lflinit.c - lflinit */

#include <xinu.h>

struct  lflcblk lfltab[Nlfl];               /* Pseudo-device control blocks */

/*------------------------------------------------------------------------
 * lflinit  -  Initialize control blocks for local file pseudo-devices
 *------------------------------------------------------------------------
 */
devcall lflinit (
        struct dentry *devptr           /* Entry in device switch table */
        )
{
        struct  lflcblk *lfptr;         /* Ptr. to control block entry  */
        int32   i;                      /* Walks through name array     */

        lfptr = &lfltab[ devptr->dvminor ];

        /* Initialize control block entry */

        lfptr->lfstate = LF_FREE;       /* Device is currently unused   */
        lfptr->lfdev = devptr->dvnum;   /* Set device ID                */
        lfptr->lfmutex = semcreate(1);  /* Create the mutex semaphore   */

        /* Initialize the directory and file position */

        lfptr->lfdirptr = (struct  ldentry *) NULL;
```

```
        lfptr->lfpos = 0;
        for (i=0; i<LF_NAME_LEN; i++) {
                lfptr->lfname[i] = NULLCH;
        }

        /* Zero the in-memory index block and data block */

        lfptr->lfinum = LF_INULL;
        memset((char *) &lfptr->lfiblock, NULLCH, sizeof(struct lfiblk));
        lfptr->lfdnum = 0;
        memset((char *) &lfptr->lfdblock, NULLCH, LF_BLKSIZ);

        /* Start with the byte beyond the current data block */

        lfptr->lfbyte = &lfptr->lfdblock[LF_BLKSIZ];
        lfptr->lfibdirty = lfptr->lfdbdirty = FALSE;
        return OK;
}
```

498

19.23　文件截断（lftruncate）

Xinu 用文件截断的方式来释放文件的数据结构。为了使文件长度截断为零，该文件的所有索引块都必须置于索引块空闲链表上，而这些索引块只有在其所指向的所有数据块都置于数据块空闲链表上时才能被释放。lftruncate 函数实现了文件截断，文件 lftruncate.c 包含了相应代码。

```
/* lftruncate.c - lftruncate */

#include <xinu.h>

/*------------------------------------------------------------------------
 * lftruncate  -  Truncate a file by freeing its index and data blocks
 *                        (assumes directory mutex held)
 *------------------------------------------------------------------------
 */
status  lftruncate (
          struct lflcblk *lfptr         /* Ptr to file's cntl blk entry */
        )
{
        struct  ldentry *ldptr;         /* Pointer to file's dir. entry */
        struct  lfiblk  iblock;         /* Buffer for one index block   */
        ibid32  ifree;                  /* Start of index blk free list */
        ibid32  firstib;                /* First index blk of the file  */
        ibid32  nextib;                 /* Walks down list of the       */
                                        /*   file's index blocks        */
        dbid32  nextdb;                 /* Next data block to free      */
        int32   i;                      /* Moves through data blocks in */
                                        /*   a given index block        */

        ldptr = lfptr->lfdirptr;        /* Get pointer to dir. entry    */
        if (ldptr->ld_size == 0) {      /* File is already empty        */
                return OK;
```

```
        }

        /* Clean up the open local file first */

        if ( (lfptr->lfibdirty) || (lfptr->lfdbdirty) ) {
                lfflush(lfptr);
        }
        lfptr->lfpos = 0;
        lfptr->lfinum = LF_INULL;
        lfptr->lfdnum = LF_DNULL;
        lfptr->lfbyte = &lfptr->lfdblock[LF_BLKSIZ];

        /* Obtain ID of first index block on free list */

        ifree = Lf_data.lf_dir.lfd_ifree;

        /* Record file's first i-block and clear directory entry */

        firstib = ldptr->ld_ilist;
        ldptr->ld_ilist = LF_INULL;
        ldptr->ld_size = 0;
        Lf_data.lf_dirdirty = TRUE;

        /* Walk along index block list, disposing of each data block   */
        /*   and clearing the corresponding pointer.  A note on loop   */
        /*   termination: last pointer is set to ifree below.          */

        for (nextib=firstib; nextib!=ifree; nextib=iblock.ib_next) {

                /* Obtain a copy of current index block from disk      */

                lfibget(Lf_data.lf_dskdev, nextib, &iblock);

                /* Free each data block in the index block             */

                for (i=0; i<LF_IBLEN; i++) {     /* For each d-block    */

                        /* Free the data block */

                        nextdb = iblock.ib_dba[i];
                        if (nextdb != LF_DNULL) {
                                lfdbfree(Lf_data.lf_dskdev, nextdb);
                        }

                        /* Clear entry in i-block for this d-block      */

                        iblock.ib_dba[i] = LF_DNULL;
                }

                /* Clear offset (just to make debugging easier)        */

                iblock.ib_offset = 0;

                /* For the last index block on the list, make it point  */
```

499

500

```
                /*        to the current free list                    */

                if (iblock.ib_next == LF_INULL) {
                        iblock.ib_next = ifree;
                }

                /* Write cleared i-block back to disk */

                lfibput(Lf_data.lf_dskdev, nextib, &iblock);
        }

        /* Last index block on the file list now points to first node  */
        /*   on the current free list.  Once we make the free list      */
        /*   point to the first index block on the file list, the       */
        /*   entire set of index blocks will be on the free list        */

        Lf_data.lf_dir.lfd_ifree = firstib;

        /* Indicate that directory has changed and return */

        Lf_data.lf_dirdirty = TRUE;

        return OK;
}
```

以上代码所使用的方法很直接：如果文件长度为零，则直接返回至调用函数；否则遍历文件的索引块链表，依次将每个索引块读入内存，调用 lfdbfree 释放该索引块所指向的每个数据块。

当遍历到最后一个索引块时，将文件的所有索引块加入空闲链表中。注意，由于文件的所有索引块都已经由链表连接。要完成此步，只需要改变两个指针。首先，把文件的最后一个索引块的 next 指针指向当前的空闲链表；其次，令空闲链表指向文件的第一个索引块。

19.24 初始文件系统的创建（lfscreate）

最后一个初始化函数将完善整个文件系统的细节。函数 lfscreate 在磁盘上创建一个初始的空文件系统，即生成一个索引块的空闲链表、一个数据块的空闲链表和一个没有文件的目录。文件 lfscreate.c 包含了相应代码。

501

```
/* lfscreate.c - lfscreate */

#include <xinu.h>
#include <ramdisk.h>

/*------------------------------------------------------------------------
 * lfscreate  -  Create an initially-empty file system on a disk
 *------------------------------------------------------------------------
 */
status  lfscreate (
        did32          disk,          /* ID of an open disk device     */
        ibid32         lfiblks,       /* Num. of index blocks on disk  */
        uint32         dsiz           /* Total size of disk in bytes   */
```

```
        )
{
        uint32   sectors;              /* Number of sectors to use     */
        uint32   ibsectors;            /* Number of sectors of i-blocks*/
        uint32   ibpersector;          /* Number of i-blocks per sector*/
        struct   lfdir   dir;          /* Buffer to hold the directory */
        uint32   dblks;                /* Total free data blocks       */
        struct   lfiblk  iblock;       /* Space for one i-block        */
        struct   lfdbfree dblock;      /* Data block on the free list   */
        dbid32   dbindex;              /* Index for data blocks        */
        int32    retval;               /* Return value from func call  */
        int32    i;                    /* Loop index                   */

        /* Compute total sectors on disk */

        sectors = dsiz  / LF_BLKSIZ;   /* Truncate to full sector */

        /* Compute number of sectors comprising i-blocks */

        ibpersector = LF_BLKSIZ / sizeof(struct lfiblk);
        ibsectors = (lfiblks+(ibpersector-1)) / ibpersector;/* Round up */
        lfiblks = ibsectors * ibpersector;
        if (ibsectors > sectors/2) {    /* Invalid arguments */
                return SYSERR;
        }

        /* Create an initial directory */

        memset((char *)&dir, NULLCH, sizeof(struct lfdir));
        dir.lfd_nfiles = 0;
        dbindex= (dbid32)(ibsectors + 1);
        dir.lfd_dfree = dbindex;
        dblks = sectors - ibsectors - 1;
        retval = write(disk,(char *)&dir, LF_AREA_DIR);
        if (retval == SYSERR) {
                return SYSERR;
        }

        /* Create list of free i-blocks on disk */

        lfibclear(&iblock, 0);
        for (i=0; i<lfiblks-1; i++) {
                iblock.ib_next = (ibid32)(i + 1);
                lfibput(disk, i, &iblock);
        }
        iblock.ib_next = LF_INULL;
        lfibput(disk, i, &iblock);

        /* Create list of free data blocks on disk */

        memset((char*)&dblock, NULLCH, LF_BLKSIZ);
        for (i=0; i<dblks-1; i++) {
                dblock.lf_nextdb = dbindex + 1;
                write(disk, (char *)&dblock, dbindex);
```

502

```
            dbindex++;
        }
        dblock.lf_nextdb = LF_DNULL;
        write(disk, (char *)&dblock, dbindex);
        close(disk);
        return OK;
    }
```

19.25　观点

文件系统是操作系统中最复杂的部分之一。实现时面临的一个问题是文件共享，本章的实现通过添加一个约束来规避这个问题，即规定在给定时间内一个文件只允许被打开一次。一旦我们放宽这个约束，文件系统就必须处理多个指向同一个文件的文件描述符。文件共享会带来很多语义问题：怎样解释覆盖写操作？当一个进程尝试对一个文件的 $0 \sim N$ 字节进行写操作时，另一个进程同时尝试写入同一个文件的 $2 \sim N-1$ 字节，此时会出现什么情况？文件系统是否应当保证两个操作中的某一个一定是先执行的？文件系统是否应该允许字节混合编址？文件系统如何管理共享缓存以提高操作效率？

第二个复杂的方面来自其实现。所有对文件的操作必须转换为对磁盘块的操作，因此诸如链表之类的基本数据结构都难以操纵。有趣的是，许多复杂性都源于磁盘块的共享。例如，因为一个磁盘块里可以存放多个文件的索引块，所以两个进程有可能需要同时访问同一个磁盘块。大部分的文件系统都设置了缓存磁盘块，从而使得这种访问更加高效。

第三个复杂的方面来自于对数据安全性和可恢复性的需要。用户认为一旦数据被写入文件，即使断电，这个数据仍然是"安全"的。然而，文件系统并不能在每次应用程序向文件中写入字节时都对磁盘进行写操作。因此，设计文件系统的一大挑战在于保持效率与数据安全性的平衡——设计者总是设法把数据丢失的危险降低到最小，同时把文件系统的效率提升到最大。

19.26　总结

文件系统是在非易失性存储上进行操作的。为了保证文件接口与设备接口的一致性，本书把示例系统组织为一个主文件系统设备和一系列文件伪设备。为了访问文件，进程打开主设备，程序调用返回文件的一个伪设备描述符。文件打开后，就可以对它实现 read、write、getc、putc、seek 和 close 操作了。

本章的设计允许文件动态增长。文件的数据结构包含了目录表项和一个索引块链表，其中每个索引块都指向一系列数据块。当使用文件时，驱动软件将索引块和数据块读入内存。对文件的后续访问和读、写都作用于内存中的数据块。而当文件位置超出当前数据块时，文件系统把该块写回磁盘并给内存分配另一个数据块。类似地，当文件位置超出当前索引块所能覆盖的位置时，系统把当前索引块写回磁盘并给内存分配一个新的索引块。

练习

19.1　考虑 Xinu 文件系统需要的代码量，能否找到一个可替代的提供同样功能的但显著减少了代码量的文件系统设计？

19.2　重新设计 lflread 和 lflwrite 程序，使其能进行高速复制（即在向当前数据块或者从当前数据块复制数据时，不必重复调用 lflgetc 或者 lflputc)。

19.3 重新设计系统，使其允许多个进程同时打开同一个文件。协调所有的写操作以保证文件中的一个给定字节总能包含最后一次写操作的数据。

19.4 空闲数据块是用一个单链表连接起来的。重新设计系统，将它们放在一个文件中（即把 0 索引块存储为一个未命名文件，文件中的索引块都指向空闲数据块）。对比该设计与原设计的性能。

19.5 在前一题中，原设计与新设计分配和释放一个数据块所需要的最大磁盘访问次数分别是多少？

19.6 索引块的数目非常重要。因为如果使用太多的索引块，就会浪费本来可以分配给数据块的空间；而如果使用的索引块太少，那么索引块的不足会导致数据块的浪费。假设一个索引块中能存放 16 个数据块指针，一个磁盘块中能存放 7 个索引块，那么在一个有 n 个磁盘块的磁盘中，如果目录中可以存放 k 个文件，该磁盘需要有多少个索引块？

19.7 当前索引块 ID 是 32 位长。重新设计系统，让其使用 16 位的索引块 ID。两者的优、劣和设计性能中的平衡性考虑分别是什么？

19.8 重新设计系统，使得当一个进程结束时，该进程打开的所有文件都被关闭。

19.9 改变系统，使文件转换表从设备转换表中分离出来。这两种方法的优点和劣势分别是什么？

19.10 当改变空闲链表后，函数 lfiballoc 会向磁盘中写入目录的一个副本。对于该操作，lfiballoc 也可以选择把目录标记为"脏"，从而推迟写操作。讨论这两种方法的优点和劣势。

19.11 考虑两个尝试向同一个文件进行写操作的进程。假设其中一个重复地写 20 字节的字符 A，而另一个则重复地写 20 字节的字符 B。描述该文件中字符出现的顺序。

19.12 为文件伪设备驱动创建一个控制函数，从而允许一个调用程序调用 lftruncate。

19.13 为主文件系统设备创建一个控制函数，从而允许一个调用程序调用 lfscreate。

远程文件机制

网络使天涯变咫尺。

——佚名

20.1　引言

第 16 章讨论了使用硬件接口来发送和接收数据包的网络接口和设备驱动程序。第 18 章解释了磁盘硬件和块传输范例。第 19 章解释了文件系统如何建立包括动态文件在内的高层抽象，并说明文件如何映射到磁盘。

本章通过解释一种使用远程文件服务器的方法来进一步讨论文件系统。操作系统利用称为服务器的独立计算机来实现文件抽象，而不是在本地硬件上直接实现文件抽象。当应用程序请求文件操作时，操作系统就会向服务器发送请求并接收响应。第 21 章则通过说明如何整合远程和本地文件系统来进一步讨论文件系统这个话题。

20.2　远程文件访问

远程文件访问机制有四个概念性组成部分。第一，操作系统必须包含网络设备（比如以太网）的设备驱动程序。第二，操作系统必须包含协议软件（比如 UDP 和 IP）来处理寻址，这样数据包才能到达远程服务器，应答才能返回。第三，操作系统必须有远程文件访问软件作为客户端（客户端的功能是生成请求，通过网络发送请求到服务器并接收响应，然后解释响应）。当进程调用远程文件的输入输出操作（比如读或写）时，远程文件访问软件就会生成一个指定这个操作的请求消息，发送请求到远程文件服务器上，并处理响应。第四，网络上必须有一台计算机正在运行一个能够响应每一个请求的远程文件服务器应用程序。

实际上，关于远程文件访问机制的设计有很多问题。远程文件服务器应该提供哪些服务？服务器应该允许客户端创建分层目录，还是只允许客户端创建数据文件？这个机制应该允许客户端删除文件吗？如果两个或者两个以上客户端向某一个指定的服务器发送请求，文件应该共享还是每个客户端拥有一份自己的文件？文件应该缓存在客户端机器的内存里吗？例如，当进程从远程文件读取 1 字节时，客户端软件是否应该请求 1000 字节，并把剩余字节保存在缓存中，以避免再次发送请求到远程服务器来获取后续字节呢？

20.3　远程文件语义

围绕远程文件系统的主要设计考虑因素之一来自异构性：客户端和服务器端机器上的操作系统可能不同。因此，远程服务器上的有效文件操作可能与客户端机器上使用的文件操作不同。比如，因为我们使用的远程文件服务器运行的是 UNIX 系统（例如 Linux 或者 Solaris），所以服务器提供的便是来自 UNIX 而非 Xinu 的文件系统功能。

一些 Xinu 文件操作可以直接映射到 UNIX 文件操作上。例如，Xinu 和 UNIX 在读（read）

操作上使用相同的语义——读请求指定缓冲区大小,读操作指定放进缓冲区的数据字节数。类似地,Xinu 写(write)操作也与 UNIX 写操作有相同的语义。

　　然而,Xinu 语义在很多地方与 UNIX 语义是有区别的。每一个 UNIX 文件都有一个由 UNIX 的 `userid` 标识的属主;而 Xinu 一般没有 `userid`,即使有,也不会与远程文件服务器使用的 `userid` 一致。两者甚至在一些小的细节上也不同。例如,Xinu 的打开(open)操作中使用的模式(mode)参数允许调用者指明文件必须是新的(也就是说必须不存在)或者是旧的(也就是说必须存在)。与 Xinu 不同的是,UNIX 允许创建一个文件,但并不会检测这个文件是否已经存在。如果这个文件存在,UNIX 会将这个文件截断为 0 字节。所以,要实现 Xinu 下的 new 模式,运行在 UNIX 系统上的远程服务器必须先检测文件是否存在,如果确实存在,则返回错误标志。

20.4　远程文件设计和消息

510　　我们的示例远程文件系统提供了如下基本功能:一个 Xinu 进程能够创建文件、向文件中写数据、搜索文件中的任意位置、从文件中读取数据、截断文件以及删除文件。除此之外,远程文件系统允许 Xinu 进程创建或删除目录。但是,该系统不允许不同计算机上的进程共享文件。系统为每一种操作定义请求消息(从 Xinu 客户端发送到远程文件服务器)和响应消息(从服务器返回到 Xinu 客户端)。每个消息都包含一个用来指定操作类型的通用头部(common header)、一个状态值(用于响应报错)、一个序列号(sequence number)以及文件名。给每个发出的请求都分配一个唯一的序列号,远程文件软件通过检查应答来确保返回的应答与发出的请求相匹配。我们的实现为每种消息类型定义一个结构(structure)。为了避免嵌套结构声明,代码使用一个宏[⊖]:RF_MSG_HDR,来表示消息头字段,然后把消息头包含在每一个结构体中。文件 `rfilesys.h` 包含该代码。

```
/* rfilesys.h - Definitions for remote file system pseudo-devices */

#ifndef Nrfl
#define Nrfl     10
#endif

/* Control block for a remote file pseudo-device */

#define RF_NAMLEN        128             /* Maximum length of file name  */
#define RF_DATALEN       1024            /* Maximum data in read or write*/
#define RF_MODE_R        F_MODE_R        /* Bit to grant read access     */
#define RF_MODE_W        F_MODE_W        /* Bit to grant write access    */
#define RF_MODE_RW       F_MODE_RW       /* Mask for read and write bits */
#define RF_MODE_N        F_MODE_N        /* Bit for "new" mode           */
#define RF_MODE_O        F_MODE_O        /* Bit for "old" mode           */
#define RF_MODE_NO       F_MODE_NO       /* Mask for "n" and "o" bits    */

/* Global data for the remote server */

#ifndef RF_SERVER_IP
#define RF_SERVER_IP     "128.10.3.51"
#endif
```

　　⊖　原书使用 "preprocessor" 一词,但国内好像很少用 "预处理器" 定义这个词。——译者注

```
#ifndef RF_SERVER_PORT
#define RF_SERVER_PORT    33123
#endif

#ifndef RF_LOC_PORT
#define RF_LOC_PORT       33123
#endif

struct  rfdata  {
        int32   rf_seq;                 /* Next sequence number to use  */
        uint32  rf_ser_ip;              /* Server IP address            */
        uint16  rf_ser_port;            /* Server UDP port              */
        uint16  rf_loc_port;            /* Local (client) UPD port      */
        int32   rf_udp_slot;            /* UDP slot to use              */
        sid32   rf_mutex;               /* Mutual exclusion for access  */
        bool8   rf_registered;          /* Has UDP port been registered?*/
};

extern  struct  rfdata  Rf_data;

/* Definition of the control block for a remote file pseudo-device       */

#define RF_FREE 0                       /* Entry is currently unused    */
#define RF_USED 1                       /* Entry is currently in use    */

struct  rflcblk {
        int32   rfstate;                /* Entry is free or used        */
        int32   rfdev;                  /* Device number of this dev.   */
        char    rfname[RF_NAMLEN];      /* Name of the file             */
        uint32  rfpos;                  /* Current file position        */
        uint32  rfmode;                 /* Mode: read access, write     */
                                        /*       access or both         */
};

extern  struct  rflcblk rfltab[];       /* Remote file control blocks   */

/* Definitions of parameters used when accessing a remote server         */

#define RF_RETRIES      3               /* Time to retry sending a msg  */
#define RF_TIMEOUT      3000            /* Wait one second for a reply  */

/* Control functions for a remote file pseudo device */

#define RFS_CTL_DEL     F_CTL_DEL       /* Delete a file                */
#define RFS_CTL_TRUNC   F_CTL_TRUNC     /* Truncate a file              */
#define RFS_CTL_MKDIR   F_CTL_MKDIR     /* Make a directory             */
#define RFS_CTL_RMDIR   F_CTL_RMDIR     /* Remove a directory           */
#define RFS_CTL_SIZE    F_CTL_SIZE      /* Obtain the size of a file    */

/*********************************************************************/
/*                                                                   */
/*      Definition of messages exchanged with the remote server      */
/*                                                                   */
/*********************************************************************/
```

511

```
512     /* Values for the type field in messages */
        #define RF_MSG_RESPONSE 0x0100           /* Bit that indicates response  */

        #define RF_MSG_RREQ     0x0001           /* Read Request and response    */
        #define RF_MSG_RRES     (RF_MSG_RREQ | RF_MSG_RESPONSE)

        #define RF_MSG_WREQ     0x0002           /* Write Request and response   */
        #define RF_MSG_WRES     (RF_MSG_WREQ | RF_MSG_RESPONSE)

        #define RF_MSG_OREQ     0x0003           /* Open request and response    */
        #define RF_MSG_ORES     (RF_MSG_OREQ | RF_MSG_RESPONSE)

        #define RF_MSG_DREQ     0x0004           /* Delete request and response  */
        #define RF_MSG_DRES     (RF_MSG_DREQ | RF_MSG_RESPONSE)

        #define RF_MSG_TREQ     0x0005           /* Truncate request & response  */
        #define RF_MSG_TRES     (RF_MSG_TREQ | RF_MSG_RESPONSE)

        #define RF_MSG_SREQ     0x0006           /* Size request and response    */
        #define RF_MSG_SRES     (RF_MSG_SREQ | RF_MSG_RESPONSE)

        #define RF_MSG_MREQ     0x0007           /* Mkdir request and response   */
        #define RF_MSG_MRES     (RF_MSG_MREQ | RF_MSG_RESPONSE)

        #define RF_MSG_XREQ     0x0008           /* Rmdir request and response   */
        #define RF_MSG_XRES     (RF_MSG_XREQ | RF_MSG_RESPONSE)

        #define RF_MIN_REQ      RF_MSG_RREQ      /* Minimum request type         */
        #define RF_MAX_REQ      RF_MSG_XREQ      /* Maximum request type         */

        /* Message header fields present in each message */

        #define RF_MSG_HDR                       /* Common message fields      */\
                uint16  rf_type;                 /* Message type               */\
                uint16  rf_status;               /* 0 in req, status in response */\
                uint32  rf_seq;                  /* Message sequence number    */\
                char    rf_name[RF_NAMLEN];      /* Null-terminated file name  */

        /* The standard header present in all messages with no extra fields   */

        /**********************************************************************/
        /*                                                                    */
        /*                          Header                                    */
        /*                                                                    */
513     /**********************************************************************/

        #pragma pack(2)
        struct  rf_msg_hdr {                      /* Header fields present in each*/
                RF_MSG_HDR                        /*   remote file system message */
        };
        #pragma pack()

        /**********************************************************************/
        /*                                                                    */
```

```
/*                        Read                         */
/*                                                     */
/*********************************************************************/


#pragma pack(2)
struct  rf_msg_rreq    {          /* Remote file read request  */
        RF_MSG_HDR                /* Header fields             */
        uint32  rf_pos;           /* Position in file to read  */
        uint32  rf_len;           /* Number of bytes to read   */
                                  /*   (between 1 and 1024)    */
};
#pragma pack()

#pragma pack(2)
struct  rf_msg_rres    {          /* Remote file read reply    */
        RF_MSG_HDR                /* Header fields             */
        uint32  rf_pos;           /* Position in file          */
        uint32  rf_len;           /* Number of bytes that follow */
                                  /*   (0 for EOF)             */
        char    rf_data[RF_DATALEN]; /* Array containing data from */
                                  /*   the file                */
};
#pragma pack()


/*********************************************************************/
/*                                                     */
/*                        Write                        */
/*                                                     */
/*********************************************************************/


#pragma pack(2)
struct  rf_msg_wreq    {          /* Remote file write request */
        RF_MSG_HDR                /* Header fields             */
        uint32  rf_pos;           /* Position in file          */
        uint32  rf_len;           /* Number of valid bytes in  */
                                  /*   array that follows      */
        char    rf_data[RF_DATALEN]; /* Array containing data to be */
                                  /*   written to the file     */
};
#pragma pack()

#pragma pack(2)
struct  rf_msg_wres    {          /* Remote file write response */
        RF_MSG_HDR                /* Header fields             */
        uint32  rf_pos;           /* Original position in file */
        uint32  rf_len;           /* Number of bytes written   */
};
#pragma pack()


/*********************************************************************/
/*                                                     */
/*                        Open                         */
/*                                                     */
/*********************************************************************/
```

514

```
#pragma pack(2)
struct  rf_msg_oreq      {               /* Remote file open request    */
        RF_MSG_HDR                       /* Header fields               */
        int32   rf_mode;                 /* Xinu mode bits              */
};
#pragma pack()

#pragma pack(2)
struct  rf_msg_ores      {               /* Remote file open response   */
        RF_MSG_HDR                       /* Header fields               */
        int32   rf_mode;                 /* Xinu mode bits              */
};
#pragma pack()

/**********************************************************************/
/*                                                                  */
/*                          Size                                    */
/*                                                                  */
/**********************************************************************/

#pragma pack(2)
struct  rf_msg_sreq      {               /* Remote file size request    */
        RF_MSG_HDR                       /* Header fields               */
};
#pragma pack()
#pragma pack(2)
struct  rf_msg_sres      {               /* Remote file status response */
        RF_MSG_HDR                       /* Header fields               */
        uint32  rf_size;                 /* Size of file in bytes       */
};
#pragma pack()

/**********************************************************************/
/*                                                                  */
/*                          Delete                                  */
/*                                                                  */
/**********************************************************************/

#pragma pack(2)
struct  rf_msg_dreq      {               /* Remote file delete request  */
        RF_MSG_HDR                       /* Header fields               */
};
#pragma pack()

#pragma pack(2)
struct  rf_msg_dres      {               /* Remote file delete response */
        RF_MSG_HDR                       /* Header fields               */
};
#pragma pack()

/**********************************************************************/
/*                                                                  */
/*                          Truncate                                */
/*                                                                  */
```

515

```
/*********************************************************************/

#pragma pack(2)
struct  rf_msg_treq     {               /* Remote file truncate request */
        RF_MSG_HDR                      /* Header fields                */
};
#pragma pack()

#pragma pack(2)
struct  rf_msg_tres     {               /* Remote file truncate response*/
        RF_MSG_HDR                      /* Header fields                */
};
#pragma pack()

/*********************************************************************/
/*                                                                   */
/*                          Mkdir                                    */
/*                                                                   */
/*********************************************************************/

#pragma pack(2)
struct  rf_msg_mreq     {               /* Remote file mkdir request    */
        RF_MSG_HDR                      /* Header fields                */
};
#pragma pack()

#pragma pack(2)
struct  rf_msg_mres     {               /* Remote file mkdir response   */
        RF_MSG_HDR                      /* Header fields                */
};
#pragma pack()

/*********************************************************************/
/*                                                                   */
/*                          Rmdir                                    */
/*                                                                   */
/*********************************************************************/

#pragma pack(2)
struct  rf_msg_xreq     {               /* Remote file rmdir request    */
        RF_MSG_HDR                      /* Header fields                */
};
#pragma pack()

#pragma pack(2)
struct  rf_msg_xres     {               /* Remote file rmdir response   */
        RF_MSG_HDR                      /* Header fields                */
};
#pragma pack()
```

516

在文件中，以 RF_MSG_ 开头的常量为每种消息定义了一个唯一的类型值。例如，RF_MSG_RREQ 定义了用于读请求消息的类型值，RF_MSG_RRES 定义了用于读响应消息的类型值。我们在实现中使用了一个小窍门来提高效率：响应消息的类型值并非用任意的整数来定

义，而是由请求消息的类型值和常量 RF_MSG_RESPONSE（值被定义为 0x0100）进行按位
或⊖运算生成。也就是说，除了第二字节的低位设置成 1 外，响应和请求有相同的类型值。

消息的大小取决于类型。许多消息只需要通用头部中的字段。例如，文件删除请求只
需要类型（指出这是一个删除请求）、文件名以及序列号。因此，定义删除请求的结构体
rf_msg_dreq 只包含消息头字段。但是，一个写请求消息必须包含文件偏移量、请求中的
数据字节数，以及即将要写入的数据。因此，定义写请求消息的结构体 rf_msg_wreq 除了包
含通用头部外，还包含另外三个字段。

20.5 远程文件服务器通信（rfscomm）

我们的远程文件系统软件遵循一个在许多情况下表现良好的原则：功能被分为两层。低
层功能负责处理与远程服务器通信的细节——发送消息、等待响应以及在必要时重传。高层
功能负责处理消息语义——生成消息、将消息传给低层、接收响应和解析响应。这里的关键
思想是：低层只处理消息的传输和接收，不需要理解或解析消息的内容。因此一个单独的函
数就可提供所有的低层功能。

以下代码清晰地阐述了这个思想。rfscomm 函数负责向远程文件服务器发送消息并接
收响应。文件 rfscomm.c 包含该代码。

```
/* rfscomm.c - rfscomm */

#include <xinu.h>

/*------------------------------------------------------------------------
 * rfscomm  -  Handle communication with RFS server (send request and
 *                receive a reply, including sequencing and retries)
 *------------------------------------------------------------------------
 */
int32   rfscomm (
          struct rf_msg_hdr *msg,      /* Message to send          */
          int32  mlen,                 /* Message length           */
          struct rf_msg_hdr *reply,    /* Buffer for reply         */
          int32  rlen                  /* Size of reply buffer     */
        )
{
        int32   i;                     /* Counts retries           */
        int32   retval;                /* Return value             */
        int32   seq;                   /* Sequence for this exchange */
        int16   rtype;                 /* Reply type in host byte order*/
        int32   slot;                  /* UDP slot                 */

        /* For the first time after reboot, register the server port */
        if ( ! Rf_data.rf_registered ) {
                if ( (retval = udp_register(Rf_data.rf_ser_ip,
                            Rf_data.rf_ser_port,
                            Rf_data.rf_loc_port)) == SYSERR) {
                        return SYSERR;
                }
```

⊖ 中文"逻辑或"一般指"||"。——译者注

```
                Rf_data.rf_udp_slot = retval;
                Rf_data.rf_registered = TRUE;
        }

        /* Assign message next sequence number */

        seq = Rf_data.rf_seq++;
        msg->rf_seq = htonl(seq);

        /* Repeat RF_RETRIES times: send message and receive reply */

        for (i=0; i<RF_RETRIES; i++) {

                /* Send a copy of the message */

                retval = udp_send(Rf_data.rf_udp_slot, (char *)msg,
                        mlen);
                if (retval == SYSERR) {
                        kprintf("Cannot send to remote file server\n");
                        return SYSERR;
                }

                /* Receive a reply */

                retval = udp_recv(Rf_data.rf_udp_slot, (char *)reply,
                        rlen, RF_TIMEOUT);

                if (retval == TIMEOUT) {
                        continue;
                } else if (retval == SYSERR) {
                        kprintf("Error reading remote file reply\n");
                        return SYSERR;
                }

                /* Verify that sequence in reply matches request */

                if (ntohl(reply->rf_seq) != seq) {
                        continue;
                }
                /* Verify the type in the reply matches the request */

                rtype = ntohs(reply->rf_type);
                if (rtype != ( ntohs(msg->rf_type) | RF_MSG_RESPONSE) ) {
                        continue;
                }

                return retval;          /* Return length to caller */
        }

        /* Retries exhausted without success */

        kprintf("Timeout on exchange with remote file server\n");
        return TIMEOUT;
}
```

519

rfscomm 函数的 4 个参数分别指定了应该发送到服务器的消息的地址、消息的长度、用于保存服务器响应消息的缓冲区地址和缓冲区的长度。当给要发送的消息分配一个唯一的序列号之后，rfscomm 函数进入一个迭代 RF_RETRIES 次的循环中。在每次迭代中，rfscomm 都会调用 udp_send 以通过网络发送一份请求消息的副本[⊖]，并且调用 udp_recv 接收响应。

udp_recv 允许调用者指定等待响应的最长时间，即 rfscomm 指定 RF_TIMEOUT[⊖]。如果在指定时间内没有任何消息到达，则 udp_recv 返回 TIMEOUT，然后继续循环以发送请求的另一个副本。如果经过 RF_RETRIES 次尝试后都没有响应到达，则 rfscomm 返回 TIMEOUT 给调用者。

如果响应消息在指定时间内到达了，那么 rfscomm 会验证它的序列号、消息类型与已发送的请求消息的序列号、消息类型是否匹配。如果任一验证失败，说明服务器生成了错误的消息或者这个消息是针对网络上的另一个客户端的。不管是哪一种情况，rfscomm 都会继续循环，发送请求消息的另一份副本并等待响应消息的到达。如果两个验证都成功了，说明到达的消息是有效的响应，则 rfscomm 返回响应消息的长度给调用者。

20.6　发送基本消息（rfsndmsg）

为了理解 rfscomm 如何工作，可以考虑一个只需要通用头部字段的消息，比如 truncate 操作的请求、响应消息。因为有很多类型的消息只需要通用头部字段，所以 rfsndmsg 函数被用来专门发送此类消息。文件 rfsndmsg.c 包含该代码。

520

```
/* rfsndmsg.c - rfsndmsg */

#include <xinu.h>

/*------------------------------------------------------------------------
 * rfsndmsg  -  Create and send a message that only has header fields
 *------------------------------------------------------------------------
 */
status  rfsndmsg (
          uint16 type,                 /* Message type                 */
          char   *name                 /* Null-terminated file name    */
        )
{
        struct  rf_msg_hdr  req;       /* Request message to send      */
        struct  rf_msg_hdr  resp;      /* Buffer for response          */
        int32   retval;                /* Return value                 */
        char    *to;                   /* Used during name copy        */

        /* Form a request */

        req.rf_type = htons(type);
        req.rf_status = htons(0);
        req.rf_seq = 0;                /* Rfscomm will set sequence    */
        to = req.rf_name;
```

⊖　我们说"发送一份请求消息的副本"是因为原消息不会被修改。

⊖　我们将 RF_TIMEOUT 定义成 1000ms（即 1s），这对于客户端与服务器的一次消息往来是足够的。

```
        while ( (*to++ = *name++) ) {    /* Copy name to request        */
                ;
        }

        /* Send message and receive response */

        retval = rfscomm(&req,  sizeof(struct rf_msg_hdr),
                         &resp, sizeof(struct rf_msg_hdr) );

        /* Check response */

        if (retval == SYSERR) {
                return SYSERR;
        } else if (retval == TIMEOUT) {
                kprintf("Timeout during remote file server access\n");
                return SYSERR;
        } else if (ntohl(resp.rf_status) != 0) {
                return SYSERR;
        }

        return OK;
}
```

521

rfsndmsg 函数需要两个参数，一个用来指定所发送的消息的类型，另外一个用来指定文件名。为了创建一个请求消息，代码给 req 变量的每个字段分配一个值，然后调用 rfscomm 以发送消息并接收响应。如果 rfscomm 报告出错或超时，或者响应中包含一个表明错误的状态码，rfsndmsg 就返回 SYSERR；否则，rfsndmsg 返回 OK。

20.7   网络字节序

远程文件访问有一个很重要的问题：整型数的格式（比如字节序）依赖于计算机的体系结构。如果我们把一台计算机内存中的整型数直接复制到另外一台计算机的内存中，那么这个整型数的值可能会发生变化。为了避免这个问题，跨计算机网络传输数据的软件都要遵从一个规范：发送之前要把整型数从本地字节序转换成标准的网络字节序（network byte order），接收之后再把整型数从网络字节序转换回本地字节序。我们可以总结一下：

> 为了适应字节序的差异，从一台计算机发送到另一台计算机的整数值在发送之前被转换为网络字节序，并在接收时转换为本地字节序。在我们的设计中，高层功能负责这个转换。

Xinu 遵从 UNIX 命名规范来命名字节序转换函数。htonl(htons) 函数把一个整型（短整型）数从本地字节序转换成网络字节序，ntohl (ntohs) 函数把一个整型（短整型）数从网络字节序转换成本地字节序。比如，rfsndmsg 函数调用 htons 把用来标识消息类型和状态的整型数从本地字节序转换成网络字节序。

20.8   使用设备范例的远程文件系统

我们已经看到了，Xinu 使用设备范例（device paradigm）来表示设备和文件。它的远程文件系统同样遵从此模式。图 20-1 显示了 Xinu 配置文件的摘录，该文件定义了远程文件系

522 统主设备和一些远程文件伪设备的类型。

```
/* Remote File System master device type */

rfs:
        on udp
                -i rfsinit       -o rfsopen      -c ioerr
                -r ioerr         -g ioerr        -p ioerr
                -w ioerr         -s ioerr        -n rfscontrol
                -intr NULL

/* Remote file pseudo-device type */

rfl:
        on rfs
                -i rflinit       -o ioerr        -c rflclose
                -r rflread       -g rflgetc      -p rflputc
                -w rflwrite      -s rflseek      -n ioerr
                -intr NULL
```

图 20-1 Xinu 配置文件的摘录（定义了远程文件系统使用的两个设备类型）

图 20-2 显示了 Xinu 配置文件的摘录，该文件定义了一个远程文件系统主设备（RFILESYS）和一组 6 个远程文件伪设备（RFILE0～RFILE5）。

```
/* Remote file system master device (one per system) */

                RFILESYS is rfs on udp

/* Remote file pseudo-devices (many instances per system) */

                RFILE0 is rfl on rfs
                RFILE1 is rfl on rfs
                RFILE2 is rfl on rfs
                RFILE3 is rfl on rfs
                RFILE4 is rfl on rfs
                RFILE5 is rfl on rfs
```

图 20-2 Xinu 配置文件的摘录（定义了远程文件系统使用的一些设备）

523 当应用程序对远程文件系统的主设备调用打开（open）命令时，这个命令自动分配一个远程文件伪设备并返回它的设备 ID，之后程序就可以使用这个设备 ID 来对其进行读（read）、写（write）以及最终调用关闭（close）操作来释放伪设备。下面将定义远程文件系统主设备和远程文件伪设备共同使用的设备驱动函数。

20.9 打开远程文件（rfsopen）

为了打开一个远程文件，程序需要提供文件名和模式参数来对 RFILESYS 设备调用打开（open）命令。open 命令调用 rfsopen 函数，rfsopen 函数生成一个请求并调用 rfscomm 与远程文件服务器进行通信。如果成功，open 命令返回与远程文件相关联的远程文件伪设备的描述符（使用这个描述符就可以对远程文件进行读、写等操作了）。rfsopen.c

文件包含该代码。

```
/* rfsopen.c - rfsopen */

#include <xinu.h>

/*------------------------------------------------------------------------
 * rfsopen  -  Allocate a remote file pseudo-device for a specific file
 *------------------------------------------------------------------------
 */

devcall rfsopen (
        struct dentry  *devptr,      /* Entry in device switch table */
        char    *name,               /* File name to use             */
        char    *mode                /* Mode chars: 'r' 'w' 'o' 'n'  */
        )
{
        struct  rflcblk *rfptr;      /* Ptr to control block entry   */
        struct  rf_msg_oreq msg;     /* Message to be sent           */
        struct  rf_msg_ores resp;    /* Buffer to hold response      */
        int32   retval;              /* Return value from rfscomm    */
        int32   len;                 /* Counts chars in name         */
        char    *nptr;               /* Pointer into name string     */
        char    *fptr;               /* Pointer into file name       */
        int32   i;                   /* General loop index           */

        /* Wait for exclusive access */

        wait(Rf_data.rf_mutex);

        /* Search control block array to find a free entry */
        for(i=0; i<Nrfl; i++) {
                rfptr = &rfltab[i];
                if (rfptr->rfstate == RF_FREE) {
                        break;
                }
        }
        if (i >= Nrfl) {                 /* No free table slots remain   */
                signal(Rf_data.rf_mutex);
                return SYSERR;
        }

        /* Copy name into free table slot */

        nptr = name;
        fptr = rfptr->rfname;
        len = 0;
        while ( (*fptr++ = *nptr++) != NULLCH) {
                len++;
                if (len >= RF_NAMLEN) { /* File name is too long       */
                        signal(Rf_data.rf_mutex);
                        return SYSERR;
                }
        }
```

524

```
        /* Verify that name is non-null */

        if (len==0) {
                signal(Rf_data.rf_mutex);
                return SYSERR;
        }

        /* Parse mode string */

        if ( (rfptr->rfmode = rfsgetmode(mode)) == SYSERR ) {
                signal(Rf_data.rf_mutex);
                return SYSERR;
        }

        /* Form an open request to create a new file or open an old one */

        msg.rf_type = htons(RF_MSG_OREQ);/* Request a file open        */
        msg.rf_status = htons(0);
        msg.rf_seq = 0;                   /* Rfscomm fills in seq. number */
        nptr = msg.rf_name;
        memset(nptr, NULLCH, RF_NAMLEN);/* Initialize name to zero bytes*/
        while ( (*nptr++ = *name++) != NULLCH ) { /* Copy name to req.  */
                ;
        }
        msg.rf_mode = htonl(rfptr->rfmode); /* Set mode in request       */

        /* Send message and receive response */

        retval = rfscomm((struct rf_msg_hdr *)&msg,
                                        sizeof(struct rf_msg_oreq),
                          (struct rf_msg_hdr *)&resp,
                                        sizeof(struct rf_msg_ores) );

        /* Check response */

        if (retval == SYSERR) {
                signal(Rf_data.rf_mutex);
                return SYSERR;
        } else if (retval == TIMEOUT) {
                kprintf("Timeout during remote file open\n\r");
                signal(Rf_data.rf_mutex);
                return SYSERR;
        } else if (ntohs(resp.rf_status) != 0) {
                signal(Rf_data.rf_mutex);
                return SYSERR;
        }

        /* Set initial file position */

        rfptr->rfpos = 0;

        /* Mark state as currently used */

        rfptr->rfstate = RF_USED;
```

525

```
                /* Return device descriptor of newly created pseudo-device */

                signal(Rf_data.rf_mutex);
                return rfptr->rfdev;
        }
```

在检查参数之前，rfsopen 首先检查是否有空闲的远程伪设备可用。然后检查文件名是否小于长度限制、模式字符串是否有效。

在分配远程文件伪设备之前，rfsopen 必须与远程服务器进行通信以确认文件可以打开。它首先生成一个请求消息，然后调用 rfscomm 把消息传递到服务器。如果得到肯定的响应，则设置远程文件设备的控制块表项状态为"使用"，设置初始文件位置为零，然后返回描述符给调用者。

526

20.10　检查文件模式（rfsgetmode）

当需要检查文件模式参数时，rfsopen 以模式字符串作为参数调用 rfsgetmode 函数。代码见 rfsgetmode.c。

```c
/* rfsgetmode.c - rfsgetmode */

#include <xinu.h>

/*------------------------------------------------------------------------
 * rfsgetmode  -  Parse mode argument and generate integer of mode bits
 *------------------------------------------------------------------------
 */

int32   rfsgetmode (
          char    *mode                      /* String of mode characters   */
        )
{
        int32   mbits;                /* Mode bits to return (in host */
                                      /*    byte order)              */
        char    ch;                   /* Next character in mode string*/

        mbits = 0;

        /* Mode string specifies:                                   */
        /*      r - read                                            */
        /*      w - write                                           */
        /*      o - old (file must exist)                           */
        /*      n - new (create a new file)                         */

        while ( (ch = *mode++) != NULLCH) {
                switch (ch) {

                    case 'r':   if (mbits&RF_MODE_R) {
                                        return SYSERR;
                                }
                                mbits |= RF_MODE_R;
                                continue;
```

527

```
        case 'w':   if (mbits&RF_MODE_W) {
                            return SYSERR;
                    }
                    mbits |= RF_MODE_W;
                    continue;

        case 'o':   if (mbits&RF_MODE_O || mbits&RF_MODE_N) {
                            return SYSERR;
                    }
                    mbits |= RF_MODE_O;
                    break;

        case 'n':   if (mbits&RF_MODE_O || mbits&RF_MODE_N) {
                            return SYSERR;
                    }
                    mbits |= RF_MODE_N;
                    break;

        default:    return SYSERR;
        }
    }

    /* If neither read nor write specified, allow both */

    if ( (mbits&RF_MODE_RW) == 0 ) {
            mbits |= RF_MODE_RW;
    }
    return mbits;
}
```

rfsgetmode 从模式字符串中逐个抽取出字符，确认每个都是有效的，同时检查非法的组合（比如，模式字符串不能同时包含 new 和 old 模式）。在扫描模式字符串的同时，rfsgetmode 设置整型变量 mbits 的各个位。当扫描完整个字符串并检查完非法组合后，rfsgetmode 返回整型变量 mbits 给调用者。

20.11 关闭远程文件（rflclose）

当进程使用完一个文件后，它可以调用关闭（close）命令来释放相应的远程文件设备，从而使其可供系统用于其他文件。对于一个远程文件伪设备，close 命令调用 rflclose 函数。在我们的实现中，关闭一个远程文件非常简单。rflclose.c 文件包含该代码。

```
/* rflclose.c - rflclose */

#include <xinu.h>

/*------------------------------------------------------------------------
 * rflclose  -  Close a remote file device
 *------------------------------------------------------------------------
 */
devcall rflclose (
        struct dentry *devptr           /* Entry in device switch table */
        )
```

```
{
        struct  rflcblk *rfptr;          /* Pointer to control block     */

        /* Wait for exclusive access */

        wait(Rf_data.rf_mutex);

        /* Verify remote file device is open */

        rfptr = &rfltab[devptr->dvminor];
        if (rfptr->rfstate == RF_FREE) {
                signal(Rf_data.rf_mutex);
                return SYSERR;
        }

        /* Mark device closed */

        rfptr->rfstate = RF_FREE;
        signal(Rf_data.rf_mutex);
        return OK;
}
```

当确认设备当前处于打开状态后，rflclose 设置其控制块表项状态为 RF_FREE。注意，这个版本的 rflclose 并不通知远程文件服务器该文件已经关闭。之后的练习会建议你重新设计系统并加入通知远程服务器"文件已经关闭"的功能。

20.12 读远程文件（rflread）

一旦一个远程文件被打开，进程将可以从该文件中读数据。驱动函数 rflread 执行读（read）操作。rflread 的代码可在文件 rflread.c 中找到。 529

```
/* rflread.c - rflread */

#include <xinu.h>

/*------------------------------------------------------------------------
 * rflread  -  Read data from a remote file
 *------------------------------------------------------------------------
 */
devcall rflread (
        struct dentry *devptr,          /* Entry in device switch table */
        char  *buff,                    /* Buffer of bytes              */
        int32 count                     /* Count of bytes to read       */
        )
{
        struct rflcblk *rfptr;          /* Pointer to control block     */
        int32   retval;                 /* Return value                 */
        struct  rf_msg_rreq  msg;       /* Request message to send      */
        struct  rf_msg_rres resp;       /* Buffer for response          */
        int32   i;                      /* Counts bytes copied          */
        char    *from, *to;             /* Used during name copy        */
        int32   len;                    /* Length of name               */
```

```
                    /* Wait for exclusive access */

                    wait(Rf_data.rf_mutex);

                    /* Verify count is legitimate */

                    if ( (count <= 0) || (count > RF_DATALEN) ) {
                            signal(Rf_data.rf_mutex);
                            return SYSERR;
                    }

                    /* Verify pseudo-device is in use */

                    rfptr = &rfltab[devptr->dvminor];

                    /* If device not currently in use, report an error */

                    if (rfptr->rfstate == RF_FREE) {
                            signal(Rf_data.rf_mutex);
                            return SYSERR;
                    }

                    /* Verify pseudo-device allows reading */
                    if ((rfptr->rfmode & RF_MODE_R) == 0) {
                            signal(Rf_data.rf_mutex);
                            return SYSERR;
                    }

                    /* Form read request */

                    msg.rf_type = htons(RF_MSG_RREQ);
                    msg.rf_status = htons(0);
                    msg.rf_seq = 0;                 /* Rfscomm will set sequence   */
                    from = rfptr->rfname;
                    to = msg.rf_name;
                    memset(to, NULLCH, RF_NAMLEN);  /* Start name as all zero bytes */
                    len = 0;
                    while ( (*to++ = *from++) ) {   /* Copy name to request        */
                            if (++len >= RF_NAMLEN) {
                                    signal(Rf_data.rf_mutex);
                                    return SYSERR;
                            }
                    }
                    msg.rf_pos = htonl(rfptr->rfpos);/* Set file position          */
                    msg.rf_len = htonl(count);      /* Set count of bytes to read  */

                    /* Send message and receive response */

                    retval = rfscomm((struct rf_msg_hdr *)&msg,
                                                    sizeof(struct rf_msg_rreq),
                                    (struct rf_msg_hdr *)&resp,
                                                    sizeof(struct rf_msg_rres) );

                    /* Check response */
```

530

```
        if (retval == SYSERR) {
                signal(Rf_data.rf_mutex);
                return SYSERR;
        } else if (retval == TIMEOUT) {
                kprintf("Timeout during remote file read\n");
                signal(Rf_data.rf_mutex);
                return SYSERR;
        } else if (ntohs(resp.rf_status) != 0) {
                signal(Rf_data.rf_mutex);
                return SYSERR;
        }

        /* Copy data to application buffer and update file position */

        for (i=0; i<htonl(resp.rf_len); i++) {
                *buff++ = resp.rf_data[i];
        }
        rfptr->rfpos += htonl(resp.rf_len);

        signal(Rf_data.rf_mutex);
        return htonl(resp.rf_len);
}
```

531

rflread 函数先检查参数 count，验证请求消息没有越界，然后验证伪设备已打开并且当前模式允许读操作。一旦检查完毕，rflread 函数执行 read 操作：它生成读请求消息，调用 rfscomm 函数将消息的副本发送给服务器，并接收响应，解析响应消息。

如果 rfscomm 函数返回一个有效的响应，则此消息将包含读取的数据。rflread 函数将响应消息中的数据复制到调用者的缓冲区，更新文件位置，并将读取数据的字节数返回给调用者。

20.13 写远程文件（rflwrite）

向一个远程文件写数据的流程与从一个远程文件读数据的流程相同。驱动函数 rflwrite 执行写（write）操作。它的代码可在文件 rflwrite.c 中找到。

```
/* rflwrite.c - rflwrite */

#include <xinu.h>

/*------------------------------------------------------------------------
 * rflwrite - Write data to a remote file
 *------------------------------------------------------------------------
 */
devcall rflwrite (
        struct dentry *devptr,          /* Entry in device switch table */
        char    *buff,                  /* Buffer of bytes              */
        int32   count                   /* Count of bytes to write      */
        )
{
        struct  rflcblk *rfptr;         /* Pointer to control block     */
        int32   retval;                 /* Return value                 */
        struct  rf_msg_wreq  msg;       /* Request message to send      */
        struct  rf_msg_wres resp;       /* Buffer for response          */
        char    *from, *to;             /* Used to copy name            */
```

532

```
int     i;                      /* Counts bytes copied into req */
int32   len;                    /* Length of name              */

/* Wait for exclusive access */

wait(Rf_data.rf_mutex);

/* Verify count is legitimate */

if ( (count <= 0) || (count > RF_DATALEN) ) {
        signal(Rf_data.rf_mutex);
        return SYSERR;
}

/* Verify pseudo-device is in use and mode allows writing */

rfptr = &rfltab[devptr->dvminor];
if ( (rfptr->rfstate == RF_FREE) ||
     ! (rfptr->rfmode & RF_MODE_W) ) {
        signal(Rf_data.rf_mutex);
        return SYSERR;
}

/* Form write request */

msg.rf_type = htons(RF_MSG_WREQ);
msg.rf_status = htons(0);
msg.rf_seq = 0;                 /* Rfscomm will set sequence   */
from = rfptr->rfname;
to = msg.rf_name;
memset(to, NULLCH, RF_NAMLEN);  /* Start name as all zero bytes */
len = 0;
while ( (*to++ = *from++) ) {    /* Copy name to request        */
        if (++len >= RF_NAMLEN) {
                signal(Rf_data.rf_mutex);
                return SYSERR;
        }
}
while ( (*to++ = *from++) ) {    /* Copy name into request      */
        ;
}
msg.rf_pos = htonl(rfptr->rfpos);/* Set file position          */
msg.rf_len = htonl(count);      /* Set count of bytes to write */
for (i=0; i<count; i++) {        /* Copy data into message      */
        msg.rf_data[i] = *buff++;
}
while (i < RF_DATALEN) {
        msg.rf_data[i++] = NULLCH;
}

/* Send message and receive response */

retval = rfscomm((struct rf_msg_hdr *)&msg,
                              sizeof(struct rf_msg_wreq),
```

533

```
                      (struct rf_msg_hdr *)&resp,
                          sizeof(struct rf_msg_wres) );

        /* Check response */

        if (retval == SYSERR) {
                signal(Rf_data.rf_mutex);
                return SYSERR;
        } else if (retval == TIMEOUT) {
                kprintf("Timeout during remote file read\n");
                signal(Rf_data.rf_mutex);
                return SYSERR;
        } else if (ntohs(resp.rf_status) != 0) {
                signal(Rf_data.rf_mutex);
                return SYSERR;
        }

        /* Report results to caller */

        rfptr->rfpos += ntohl(resp.rf_len);

        signal(Rf_data.rf_mutex);
        return ntohl(resp.rf_len);
}
```

与 read 操作一样，rflwrite 函数先检查参数 count，验证伪设备已打开并且当前模式允许写。然后 rflwrite 函数生成写请求消息，调用 rfscomm 函数将消息发送给服务器。

与读请求不一样的是，写请求包含数据。因此，当生成写请求消息时，rflwrite 函数将数据从用户的缓冲区复制到写请求消息里。当一个响应到达时，响应消息并不包含已写入数据的副本。因此，rflwrite 函数在消息中使用状态字段来决定向调用者报告成功还是失败。

534

20.14　远程文件的定位（rflseek）

远程文件系统应当如何实现定位（seek）操作？有两种可能的选择。在一种设计中，系统发送消息给远程文件服务器，由远程文件服务器定位到文件的指定位置。在另一种设计中，所有的位置数据都保存在本地计算机中，每一个向服务器发送的请求都包含一个显式的文件位置。

本章的实现使用了后者：当前文件位置存储在远程文件设备的控制块表项中。当 read 操作被调用时，rflread 向服务器请求数据并相应地更新控制块表项中的文件位置数据。因为每一个请求都包含显式的位置信息，所以远程服务器无须记录位置信息。一个课后练习要求读者思考这种设计的后果。

因为所有的文件位置信息都存储在客户端，所以 seek 操作可以在本地进行。这意味着在下一次 read 或 write 操作中，存储在控制块表项中的文件位置信息仍可以使用。rflseek 函数在远程文件设备上执行定位操作。函数的代码可在文件 rflseek.c 中找到。

```
/* rflseek.c - rflseek */

#include <xinu.h>

/*------------------------------------------------------------------------
 * rflseek  -  Change the current position in an open file
 *------------------------------------------------------------------------
 */
devcall rflseek (
          struct dentry *devptr,        /* Entry in device switch table */
          uint32 pos                    /* New file position            */
        )
{
        struct  rflcblk *rfptr;         /* Pointer to control block      */

        /* Wait for exclusive access */

        wait(Rf_data.rf_mutex);

        /* Verify remote file device is open */

        rfptr = &rfltab[devptr->dvminor];
        if (rfptr->rfstate == RF_FREE) {
                signal(Rf_data.rf_mutex);
                return SYSERR;
        }
        /* Set the new position */

        rfptr->rfpos = pos;
        signal(Rf_data.rf_mutex);
        return OK;
}
```

535

上面的代码很简单。在得到独占访问权限后，`rflseek` 函数验证设备是否打开。接着函数在控制块的 `rfpos` 字段存储文件位置参数，发出互斥信号量，然后返回。此间无须联系远程服务器。

20.15　远程文件单字符 I/O（rflgetc、rflputc）

使用远程文件服务器读、写单字节数据的代价是昂贵的，因为每一字节都必须有一个对应的消息发送到服务器上。但是 Xinu 实现并没有禁止单个字符的输入输出，`getc` 和 `putc` 的实现分别调用了远程文件函数 `rflread` 和 `rflwrite`。这两个函数的代码可在文件 `rflget.c` 和 `rflput.c` 中找到。

```
/* rflgetc.c - rflgetc */

#include <xinu.h>

/*------------------------------------------------------------------------
 *  rflgetc  -  Read one character from a remote file
 *------------------------------------------------------------------------
 */
```

```
devcall rflgetc(
        struct  dentry *devptr        /* Entry in device switch table */
        )
{
        char    ch;                   /* Character to read             */
        int32   retval;               /* Return value                  */

        retval = rflread(devptr, &ch, 1);

        if (retval != 1) {
                return SYSERR;
        }

        return (devcall)ch;
}
```

536

```
/* rflputc.c - rflputc */

#include <xinu.h>

/*------------------------------------------------------------------------
 *  rflputc  -  Write one character to a remote file
 *------------------------------------------------------------------------
 */
devcall rflputc(
        struct  dentry *devptr,       /* Entry in device switch table */
        char    ch                    /* Character to write            */
        )
{
        struct  rflcblk *rfptr;       /* Pointer to rfl control block */

        rfptr = &rfltab[devptr->dvminor];

        if (rflwrite(devptr, &ch, 1) != 1) {
                return SYSERR;
        }

        return OK;
}
```

20.16　远程文件系统控制函数（rfscontrol）

除了打开、读、写和关闭之外，还需要一些文件操作。例如，可能需要删除一个文件。Xinu 远程文件系统使用控制 (control) 函数来实现这些功能。图 20-3 列出了控制函数所使用的符号常量及其意义。

因为涉及单个文件之外的操作，所以控制操作是在设备 RFILESYS（远程文件系统的主设备）上执行的，而不是在单个文件伪设备上执行的。驱动函数 rfscontrol 实现了控制操作，它的代码可在文件 rfscontrol.c 中找到。

常量	意义
RFS_CTL_DEL	删除给定文件
RFS_CTL_TRUNC	截断给定文件为 0 字节
RFS_CTL_MKDIR	创建一个目录
RFS_CTL_RMDIR	删除一个目录
RFS_CTL_SIZE	返回当前文件的字节数

537

图 20-3　在远程文件系统中使用的控制函数

```
/* rfscontrol.c - rfscontrol */

#include <xinu.h>

/*------------------------------------------------------------------------
 * rfscontrol  -  Provide control functions for the remote file system
 *------------------------------------------------------------------------
 */
devcall rfscontrol (
        struct dentry *devptr,          /* Entry in device switch table */
        int32  func,                    /* A control function           */
        int32  arg1,                    /* Argument #1                  */
        int32  arg2                     /* Argument #2                  */
        )
{
        int32   len;                    /* Length of name               */
        struct  rf_msg_sreq msg;        /* Buffer for size request      */
        struct  rf_msg_sres resp;       /* Buffer for size response     */
        struct  rflcblk *rfptr;         /* Pointer to entry in rfltab   */
        char    *to, *from;             /* Used during name copy        */
        int32   retval;                 /* Return value                 */

        /* Wait for exclusive access */

        wait(Rf_data.rf_mutex);

        /* Check length and copy (needed for size) */

        rfptr = &rfltab[devptr->dvminor];
        from = rfptr->rfname;
        to = msg.rf_name;
        len = 0;
        memset(to, NULLCH, RF_NAMLEN);  /* Start name as all zeroes     */
        while ( (*to++ = *from++) ) {   /* Copy name to message         */
                len++;
                if (len >= (RF_NAMLEN - 1) ) {
                        signal(Rf_data.rf_mutex);
                        return SYSERR;
                }
        }
}
```

538

```
switch (func) {

/* Delete a file */

case RFS_CTL_DEL:
        if (rfsndmsg(RF_MSG_DREQ, (char *)arg1) == SYSERR) {
                signal(Rf_data.rf_mutex);
                return SYSERR;
        }
        break;

/* Truncate a file */

case RFS_CTL_TRUNC:
        if (rfsndmsg(RF_MSG_TREQ, (char *)arg1) == SYSERR) {
                signal(Rf_data.rf_mutex);
                return SYSERR;
        }
        break;



/* Make a directory */

case RFS_CTL_MKDIR:
        if (rfsndmsg(RF_MSG_MREQ, (char *)arg1) == SYSERR) {
                signal(Rf_data.rf_mutex);
                return SYSERR;
        }
        break;

/* Remove a directory */

case RFS_CTL_RMDIR:
        if (rfsndmsg(RF_MSG_XREQ, (char *)arg1) == SYSERR) {
                signal(Rf_data.rf_mutex);
                return SYSERR;
        }
        break;

/* Obtain current file size (non-standard message size) */

case RFS_CTL_SIZE:

        /* Hand-craft a size request message */
        msg.rf_type = htons(RF_MSG_SREQ);
        msg.rf_status = htons(0);
        msg.rf_seq = 0;         /* Rfscomm will set the seq num */

        /* Send the request to server and obtain a response     */

        retval = rfscomm( (struct rf_msg_hdr *)&msg,
                            sizeof(struct rf_msg_sreq),
                        (struct rf_msg_hdr *)&resp,
```

539

```
                                      sizeof(struct rf_msg_sres) );
              if ( (retval == SYSERR) || (retval == TIMEOUT) ) {
                      signal(Rf_data.rf_mutex);
                      return SYSERR;
              } else {
                      signal(Rf_data.rf_mutex);
                      return ntohl(resp.rf_size);
              }

      default:
              kprintf("rfscontrol: function %d not valid\n", func);
              signal(Rf_data.rf_mutex);
              return SYSERR;
      }

      signal(Rf_data.rf_mutex);
      return OK;
}
```

对所有的控制函数而言，参数 arg1 包含了一个指向以空字符终止的文件名的指针。在得到对文件的独占访问并检查文件名长度之后，rfscontrol 函数使用函数参数在多个操作中做出选择，这些操作包括文件删除、文件截断、创建目录、删除目录和文件大小请求。在每个操作中，rfscontrol 函数必须向远程文件服务器发送消息并接收响应。

除了文件大小请求外，所有发送给服务器的消息只包含通用头部字段。因此，除了文件大小请求操作外，rfscontrol 使用 rfsndmsg 为相应操作生成请求并向远程服务器发送该请求。而对于文件大小请求，rfscontrol 在变量 msg 中生成一个消息，并使用 rfscomm 函数来发送消息、接收响应。为了避免扫描文件名两次，rfscontrol 函数在检查文件名长度时，就将文件名复制到变量 msg 的名称字段中。因此，当 rfscontrol 函数生成一个文件大小请求时，就不需要额外的文件名复制操作了。如果一个文件大小请求的有效响应到达，rfscontrol 函数就从响应中抽取文件大小，并将它转换为本地字节序，然后将该值返回给调用者。在其他操作中，rfscontrol 函数返回状态 OK 或者 SYSERR。

540

20.17　初始化远程文件系统（rfsinit、rflinit）

因为本章程序设计包括一个远程文件系统主设备和一系列远程文件伪设备，所以系统需要两个初始化函数。第一个是 rfsinit 函数，它初始化与主设备相关的控制块。

主设备的数据保存在全局变量 Rf_data 中。rfsinit 函数在 Rf_data 结构的字段中设置远程服务器的 IP 地址和 UDP 端口号，还分配一个互斥信号量并把该信号量 ID 保存在该结构中。rfsinit 函数把 rf_registered 字段设置为 FALSE，表示在与服务器通信之前，必须用网络代码注册服务器的 UDP 端口。rfsinit.c 文件包含该代码。

```
/* rfsinit.c - rfsinit */

#include <xinu.h>

struct rfdata Rf_data;

/*-----------------------------------------------------------------------
```

```
 *  rfsinit  -  Initialize the remote file system master device
 *------------------------------------------------------------------------
 */
devcall rfsinit(
          struct dentry *devptr          /* Entry in device switch table */
        )
{

        /* Choose an initial message sequence number */

        Rf_data.rf_seq = 1;

        /* Set the server IP address, server port, and local port */

        if ( dot2ip(RF_SERVER_IP, &Rf_data.rf_ser_ip) == SYSERR ) {
                panic("invalid IP address for remote file server");
        }
        Rf_data.rf_ser_port = RF_SERVER_PORT;
        Rf_data.rf_loc_port = RF_LOC_PORT;

        /* Create a mutual exclusion semaphore */

        if ( (Rf_data.rf_mutex = semcreate(1)) == SYSERR ) {
                panic("Cannot create remote file system semaphore");
        }
        /* Specify that the server port is not yet registered */

        Rf_data.rf_registered = FALSE;

        return OK;
}
```

541

rflinit 函数初始化各个远程文件设备。rflinit.c 文件包含该代码。

```
/* rflinit.c - rflinit */

#include <xinu.h>

struct rflcblk rfltab[Nrfl];                /* Remote file control blocks   */

/*------------------------------------------------------------------------
 *  rflinit  -  Initialize a remote file device
 *------------------------------------------------------------------------
 */
devcall rflinit(
          struct dentry *devptr          /* Entry in device switch table */
        )
{
        struct  rflcblk *rflptr;        /* Ptr. to control block entry */
        int32   i;                      /* Walks through name arrary   */

        rflptr = &rfltab[ devptr->dvminor ];

        /* Initialize entry to unused */
```

```
        rflptr->rfstate = RF_FREE;
        rflptr->rfdev = devptr->dvnum;
        for (i=0; i<RF_NAMLEN; i++) {
                rflptr->rfname[i] = NULLCH;
        }
        rflptr->rfpos = rflptr->rfmode = 0;
        return OK;
    }
```

  `rflinit` 把表项的状态设置为 `RF_FREE`，表明该表项目前未被使用。该函数也将 `rflptr` 变量的名称和模式字段置 0。如果将 `rflptr` 的状态标记为 `RF_FREE`，那么该表项的其他字段不能被引用。将该表项的字段置 0 有助于程序调试。

20.18　观点

  与本地文件系统一样，远程文件系统设计过程中最复杂的问题在于如何在效率和文件共享之间选择一个平衡点。为了理解这个选择，想象运行在多个计算机上但共享一个文件的多个应用程序。在一种极端情况下，为了保证共享文件最后写语义的正确性，每个文件操作必须发送到远程服务器，从而将请求序列化，并且可以按照它们出现的顺序对文件执行相应的操作。在另一种极端情况下，计算机可以缓存文件（或文件片段）并且从本地缓存中读取文件内容，此时效率可以达到最大化。设计远程文件系统的目标是，在没有文件共享时，性能达到最大化；在需要共享文件时，首先保证正确性；并且系统能够在这两个极端之间自动、优雅地切换。

  多个客户端之间共享一个远程文件会造成一些难以预料的问题。以定位操作为例，假设 1 号计算机里的一个进程向一个文件中写入 1000 字节，然后 2 号计算机的一个进程找到这个文件的末尾并由此向其写入另外 1000 字节。除非它与服务器通信，否则 1 号计算机的访问文件软件无法知道文件已经被扩展。因此，如果不与服务器通信，软件将无法确定操作是否有效。更重要的是，在进行通信时，文件的大小可能会继续改变。

20.19　总结

  远程文件访问机制允许客户端计算机上的应用程序访问存储在远程服务器上的文件。示例设计中使用了一种通过调用远程文件系统主设备的打开函数来获得远程文件伪设备 ID 的设备范例，然后应用程序可以在伪设备上调用读和写函数。

  当应用程序访问远程文件时，远程文件软件创建和发送消息到远程文件服务器，等待响应并解析响应。软件多次传送各个请求以防网络丢包或服务器过于忙碌而未回应。

  文件删除、文件截断、创建和删除目录、文件大小查询等操作由 `control` 函数完成。与数据传输操作一样，调用 `control` 函数将引起请求消息和服务器响应消息的传送。

练习

20.1 修改远程文件服务器和 `rflclose` 函数，使得 `rfclose` 函数在每次文件关闭时发送消息到服务器并让服务器做出响应。

20.2 底层协议限制读请求的数据大小为 `RF_DATALEN` 字节，`rflread` 拒绝任何申请更大数据的请求。修改 `rflread` 函数使得用户可以申请任意大小的数据，但是仍限制请求消息的数据大小为 `RF_DATALEN`（也就是说，不拒绝更大数据的请求，但限制返回的数据为 `RF_DATALEN` 字节）。

20.3　类似上述练习，请设计一个系统，使得 rflread 函数能够申请任意大小的数据并通过向服务器发送多个请求来满足该申请的要求。

20.4　rflgetc 中的代码直接调用 rflread 函数，这样的设计会产生什么潜在的问题？修改代码使得在调用该函数时使用设备转换表。

20.5　我们的设计将位置信息保存在客户端，这使得定位变得极其高效。然而这种设计会造成什么局限性？提示：考虑共享文件。

20.6　考虑另一个能够提高效率的远程文件系统方案。修改 rflread 函数使得它每次均请求 RF_DATALEN 字节，即使调用者请求更小的数据。将额外的字节放在缓存中，以用于接下来的调用。

20.7　在上一个练习中，缓存数据以用于接下来的读调用的主要缺陷是什么？提示：考虑服务器的共享访问。

20.8　考虑当两个客户端同时企图使用远程文件服务器时会发生什么。在每个客户端启动时，它们均将起始包序列号设置为 1，这使得出现冲突的概率极高。修改系统，改用随机起始包序列号（同时修改服务器使它能够接受任意序列号）。

20.9　重新设计一个远程文件系统，使其能够允许多个客户端共享给定的文件。

544

Operating System Design: The Xinu Approach, Second Edition

句法名字空间

玫瑰易名，馨香如故。

——William Shakespeare

21.1 引言

本书第 14 章简述了一系列设备无关的输入 / 输出操作（包括读和写），描述了设备转换表如何为每个设备提供高层操作与驱动器函数之间的有效映射。随后章节详细描述了如何构建设备驱动器，并提供相应示例。第 19 和 20 章解释了文件系统如何适应设备范例，并解释了伪设备的概念。

本章将讲解设备名，解释如何从句法角度理解名字，以及在统一名字空间中如何表示设备与文件。

21.2 透明与名字空间抽象

对上层透明是操作系统设计的基本原则之一：

545
∼
547

尽可能不让应用程序知道实现的细节，如对象的位置或者它的表示形式。

例如，当应用程序创建一个新进程时，它不需要知道代码位置或栈空间在何处分配。类似地，当应用程序打开一个本地文件时，它也不需要知道该文件所在的磁盘块。

对于文件访问，Xinu 范例似乎违反了透明原则，因为它在应用程序打开文件时需要用户提供文件系统名称。例如，本地文件系统的主设备名为 LFILESYS。当 Xinu 系统包含远程文件系统时，就更加严重地违背了透明原则：程序员还必须知道远程文件系统的主设备名称（RFILESYS），必须在本地文件和远程文件之间做出选择。而且，文件名也必须符合特定文件系统的命名风格。

如何才能在文件与设备命名上保持透明呢？答案就是提供一个高层抽象——名字空间。从概念上讲，名字空间提供一系列统一的名字，这些名字将不同的文件命名方式整合为一个整体，允许用户在不知道文件位置的情况下打开文件或设备。UNIX 系统通过目录抽象来提供名字空间：本地文件、远程文件和设备在分层目录名字空间中命名。例如，名字 /dev/console 通常对应于系统控制台设备，而名字 /dev/usb 对应于 USB 设备。

Xinu 采用一个新颖的方法，通过将名字空间机制与底层文件和目录分离来实现名字空间抽象。而且，Xinu 使用句法的方法，这意味着名字空间检查名称时不必理解其含义。简单和能力的结合是名字空间有吸引力的原因。通过将名字理解为一个字符串，我们可以理解它们之间的相似性；通过使用前缀字符串与树之间的关系，我们能够轻易地操纵名字；通过遵循透明原则，系统效率能够得到大幅提升。而通过往现有机制中添加一个中间层的办法，就能够实现统一命名的目的。

在介绍名字空间机制之前，我们首先通过一些已有的文件命名示例来了解遇到的问题。讨论完文件命名后，读者将了解通用句法命名方案，然后验证一个稍简单的、专用的方案。最后，我们将验证一个简化方案的实现。

21.3　多种命名方案

设计名字空间时，设计者面临的问题总结如下：他们必须将众多不相关的命名方案整合在一起，其中各个命名方案又各自演进为一个自包含的系统。在某些系统中，文件名指明了该文件所在的存储设备。而在另一些系统中，文件用后缀来表明文件的类型（更老的系统使用后缀来指明文件的版本）。其他系统将所有的文件映射到平面名字空间中，在这里文件名仅仅是一个由字母和数字组成的字符串。下面将给出一些系统中文件名的例子，希望能够帮 548 助读者理解名字空间必须适应的名字类型与格式。

21.3.1　MS-DOS

MS-DOS 中的名字包含两部分：设备说明和文件名。从句法上讲，MS-DOS 名字的格式为 X:file，其中 X 为单一的字母，指定保存该文件的磁盘设备；file 为文件的名字。特别地，字母 C 代表系统硬盘，C:abc 表示的是在硬盘上的文件 abc。

21.3.2　UNIX

UNIX 将文件组织成一种分层的树形结构目录系统。文件名是针对当前目录的相对路径或者从根目录开始直到文件的完整路径名。

从句法上看，完整路径名由一些被斜杠划分的组件组成，中间的组件表示目录，最后一个组件表示文件。因此，UNIX 文件名 /homes/xinu/x 指的是在子目录 xinu 下的文件 x，而目录 xinu 是 homes 的子目录，homes 是根目录。根目录本身可以用单独的斜杠（/）表示。注意，前缀 /home/xinu/ 指的是一个目录，而该目录下所有的文件名都包含这个前缀。

以后前缀属性的重要性将会变得很明显。现在，只需要记住树形结构与名字前缀相关：

> 当文件名中的组件指定的是树形结构目录的路径时，保存在同一个目录下的所有文件的名字都共享表示该目录的同一个前缀。

21.3.3　V 系统

V 系统是一种用于研究的操作系统，它允许用户指定一个上下文和一个名字来命名，系统通过上下文来解析名字。句法上它用括号将上下文括起来。因此，[ctx]abc 表示在 ctx 上下文中的名为 abc 的文件。通常，可以把各个上下文当作某个远程文件服务器上一系列文件的集合。

21.3.4　IBIS

另一种用于研究的操作系统 IBIS 为多个机器连接提供另一种句法。在 IBIS 中，名字的格式为 machine:path。其中 machine 代表某个特定计算机系统，而 path 则是该机器上的文件名（例如，UNIX 上的完整路径）。 549

21.4　命名系统设计的其他方案

我们需要的是一个能够提供与文件位置、文件所在操作系统等无关的统一命名系统。一般来说，设计者解决这个问题有两个基本方向：设计一个新的文件命名方案或者改进现有的某个命名方案。令人惊奇的是，Xinu 名字空间没有使用这两种方案！它通过添加一个句法命名机制来整合众多底层的命名方案，为用户提供命名软件的统一接口。该名字空间软件将用户提供的名字映射到底层系统中。

通过上面的命名机制来整合众多底层命名方案有以下优点：第一，它允许设计者将现有文件系统和设备整合到一个统一的名字空间中，即便它们由一系列异构系统中的远程服务器所实现；第二，它允许设计者在不重新编译应用程序的情况下添加新设备或文件系统。第三，它避免了两种极端情况。从一个极端看，选择最简单的命名方案可保证所有的文件系统都能处理那些名字，但这也意味着用户不能利用某些服务器提供的复杂服务；从另一个极端看，虽然选择一个包含最复杂情况的命名方案可以充分利用某些服务器的复杂性，但相对简单的文件系统又可能不能很好地支持它。

21.5　基于句法的名字空间

可以通过考虑名字的句法来理解如何处理这些名字：一个名字仅仅是一串字符。名字空间可以用来对字符串进行转换。名字空间既不需要提供文件和目录，也不需要理解每一个底层文件系统的语义。相反，名字空间将用户选用的统一表示的字符串映射到每一个特定的子系统上。例如，名字空间能够将字符串 clf 转换成字符串 C:long_file_name。

什么使基于句法的名字空间有如此强大的功能呢？基于句法的方法既自然又灵活，既容易使用，也容易理解，并且能够很好地兼容许多底层的命名方案。用户可以使用一组一致的命名方案，然后使用该命名软件将现有的名字格式转换成底层文件系统所要求的格式。例如，假设本地文件系统使用 MS-DOS 命名系统，而远程文件系统使用 UNIX 全路径名字系统。用户可以将所有的名字格式都改成远程 UNIX 系统所要求的全路径名字句法，将本地磁盘上的名字以 /local 开头。在这种方案中，名字 /local/abc 指的是本地硬盘系统中的 abc 文件，而名字 /etc/passwd 指的是远程文件。名字空间必须将 /local/abc 转换成 C:abc，这样本地 MS-DOS 文件系统才能够识别它，但是该名字空间能够将文件 /etc/passwd 传送给远程 UNIX 文件系统而不需要对它进行任何改变。

21.6　模式和替换

基于句法的名字空间是如何精确运行的呢？一种简便的方法是使用模式（pattern）字符串来指定名字句法，并使用替换（replacement）字符串来指定相应的映射。例如，考虑如下模式 – 替换对：

　　"/local"　"C:"

意思是"将所有出现的 /local 字符串都转换成字符串 C:"。

如何构成这种模式呢？由文字字符串组成的模式无法明确地指定相应的替换字符串。在上面的例子中，模式对于形如 /local/x 这样的字符串表现出良好的性能，但是对于形如 /homes/local/bin 这样的字符串却表现得很差，因为此处 /local 是不能被改变的内部子字符串。为此，必须使用更加强有力的模式。UNIX 模式匹配工具引入了说明如何进行匹配的元字符。例如，^（有时候也称为上箭头）被用来对字符串的开头进行匹配。因此，UNIX 模式：

```
"^/local"  "C:"
```

指出 /local 只能对字符串的开头进行匹配。不幸的是，允许任意模式和替换的实现往往很麻烦，并且模式会变得难以理解。因此，还需要一种更加有效的解决方法。

21.7　前缀模式

现在急需解决的问题是在不增加不必要复杂性的前提下，找到一种允许用户定义子系统名字匹配方法的模式 – 替换策略。在考虑复杂模式前，先考虑使用包含文字字符串的模式能够做些什么。这个设计的关键是将文件想象成是按层组织的，并使用前缀属性来理解为什么模式与前缀相对应。

在每一层中，名字的前缀将文件分成多个子目录，这就使得定义名字和底层文件系统或者设备之间的关系变得更加容易。另外，每个前缀都可以用一个文字字符串来表示。这里的关键点是：

> 对于前缀的严格名字替换策略意味着可使用文字字符串将底层文件系统分隔为名称层次结构的不同部分。

551

21.8　名字空间的实现

下面的一个具体例子将会清楚地解释基于句法的名字空间是如何使用模式 – 替换范例的，并说明名字空间是如何隐藏子系统细节的。在这个例子中，模式包含固定长度的字符串，且只有前缀被匹配。后面小节则讨论其他实现和普遍应用。

该示例中要实现的名字空间包含一个称为 NAMESPACE 的伪设备，程序使用该伪设备打开一个已命名的对象。应用程序调用 NAMESPACE 设备上的打开（open）函数，将名字和模式作为参数传递过去。NAMESPACE 伪设备使用一组前缀模式将现有的名字转换为新的名字，然后通过调用打开命令将新的名字传递给合适的底层设备。我们可以看到所有文件和设备都可以成为名字空间的一部分，这就意味着一个应用除了需要打开 NAMESPACE 伪设备外，不需要打开其他任何设备。

下面各节将具体介绍名字空间软件，从介绍基本数据结构声明开始，以介绍 NAMESPACE 伪设备的定义结束。在数据结构声明的后面，介绍了根据前缀模式转换名字的两个函数。这些函数构成该名字空间软件最重要部分的基础：为 NAMESPACE 伪设备实现 open 的函数。后面的部分会描述 NAMESPACE 的用法。

21.9　名字空间的数据结构和常量

文件 name.h 包含了 Xinu 名字空间中使用的数据结构的声明和常量的定义。

```
/* name.h */

/* Constants that define the namespace mapping table sizes */

#define NM_PRELEN       64              /* Max size of a prefix string  */
```

```
#define NM_REPLLEN      96              /* Maximum size of a replacement*/
#define NM_MAXLEN       256             /* Maximum size of a file name  */
#define NNAMES          40              /* Number of prefix definitions */


/* Definition of the name prefix table that defines all name mappings */

struct  nmentry {                       /* Definition of prefix table   */
        char    nprefix[NM_PRELEN];     /* Null-terminated prefix       */
        char    nreplace[NM_REPLLEN];   /* Null-terminated replacement  */
        did32   ndevice;                /* Device descriptor for prefix */
};
extern  struct  nmentry nametab[];      /* Table of name mappings       */
extern  int32   nnames;                 /* Number of entries allocated  */
```

552

最主要的数据结构是数组 nametab，最大能够容纳 NNAMES 项。每项包含一个前缀模式字符串、一个替换字符串和一个设备 ID。外部的整型变量 nnames 定义了 nametab 数组中有效表项的个数。

21.10 增加名字空间前缀表的映射

函数 mount 用来增加前缀表的映射。正如所期望的一样，mount 有 3 个参数：一个前缀字符串、一个替换字符串和一个设备 ID。相应的代码在文件 mount.c 中。

```
/* mount.c - mount, namlen */

#include <xinu.h>


/*------------------------------------------------------------------------
 *  mount  -  Add a prefix mapping to the name space
 *------------------------------------------------------------------------
 */
syscall mount(
        char            *prefix,        /* Prefix to add              */
        char            *replace,       /* Replacement string         */
        did32           device          /* Device ID to use           */
)
{
        intmask mask;                   /* Saved interrupt mask       */
        struct  nmentry *namptr;        /* Pointer to unused table entry*/
        int32   psiz, rsiz;             /* Sizes of prefix & replacement*/
        int32   i;                      /* Counter for copy loop      */

        mask = disable();

        psiz = namlen(prefix, NM_PRELEN);
        rsiz = namlen(replace, NM_REPLLEN);

        /* If arguments are invalid or table is full, return error */

        if ( (psiz == SYSERR)   || (rsiz == SYSERR) ||
            (isbaddev(device)) || (nnames >= NNAMES) ) {
                restore(mask);
                return SYSERR;
```

```
        }
        /* Allocate a slot in the table */

        namptr = &nametab[nnames];        /* Next unused entry in table   */

        /* copy prefix and replacement strings and record device ID */

        for (i=0; i<psiz; i++) {          /* Copy prefix into table entry */
                namptr->nprefix[i] = *prefix++;
        }

        for (i=0; i<rsiz; i++) {          /* Copy replacement into entry  */
                namptr->nreplace[i] = *replace++;
        }

        namptr->ndevice = device;         /* Record the device ID         */

        nnames++;                         /* Increment number of names    */

        restore(mask);
        return OK;
}


/*------------------------------------------------------------------------
 * namlen  -  Compute the length of a string stopping at maxlen
 *------------------------------------------------------------------------
 */
int32   namlen(
          char          *name,            /* Name to use                  */
          int32         maxlen            /* Maximum length (including a   */
                                          /*    NULLCH)                   */
)
{
        int32   i;                        /* Count of characters found    */

        /* Search until a null terminator or length reaches max */

        for (i=0; i < maxlen; i++) {
                if (*name++ == NULLCH) {
                        return i+1;        /* Include NULLCH in length     */
                }
        }
        return SYSERR;
}
```

　　如果任何一个参数是无效的或者表已经满了，则 mount 返回 SYSERR；否则，它将增加 nnames 的数量，以便在表中分配一个新表项，并将相应的值填入其中。

21.11　使用前缀表进行名字映射

　　一旦创建了前缀表，就可以进行名字转换了。映射包括找到一个前缀匹配并将合适的替换字符串代入。函数 nammap 负责执行转换功能。文件 nammap.c 包含了相应的代码。

```
/* nammap.c - nammap, namrepl, namcpy */

#include <xinu.h>

status  namcpy(char *, char *, int32);
did32   namrepl(char *, char[]);

/*------------------------------------------------------------------------
 *  nammap  -  Using namespace, map name to new name and new device
 *------------------------------------------------------------------------
 */
devcall nammap(
        char    *name,                  /* The name to map              */
        char    newname[NM_MAXLEN],     /* Buffer for mapped name       */
        did32   namdev                  /* ID of the namespace device   */
        )
{
        did32   newdev;                 /* Device descriptor to return  */
        char    tmpname[NM_MAXLEN];     /* Temporary buffer for name    */
        int32   iter;                   /* Number of iterations         */

        /* Place original name in temporary buffer and null terminate */

        if (namcpy(tmpname, name, NM_MAXLEN) == SYSERR) {
                return SYSERR;
        }

        /* Repeatedly substitute the name prefix until a non-namespace  */
        /*    device is reached or an iteration limit is exceeded       */

        for (iter=0; iter<nnames ; iter++) {
                newdev = namrepl(tmpname, newname);
                if (newdev != namdev) {
                        namcpy(tmpname, newname, NM_MAXLEN);
                        return newdev;  /* Either valid ID or SYSERR    */
                }
        }
        return SYSERR;
}


/*------------------------------------------------------------------------
 *  namrepl  -  Use the name table to perform prefix substitution
 *------------------------------------------------------------------------
 */
did32   namrepl(
        char    *name,                  /* Original name                */
        char    newname[NM_MAXLEN]      /* Buffer for mapped name        */
        )
{
        int32   i;                      /* Iterate through name table    */
        char    *pptr;                  /* Walks through a prefix         */
        char    *rptr;                  /* Walks through a replacement     */
        char    *optr;                  /* Walks through original name     */
        char    *nptr;                  /* Walks through new name          */
```

```
char    olen;              /* Length of original name   */
                           /*    including the NULL byte */
int32   plen;              /* Length of a prefix string */
                           /*   *not* including NULL byte */
int32   rlen;              /* Length of replacment string */
int32   remain;            /* Bytes in name beyond prefix */
struct  nmentry *namptr;   /* Pointer to a table entry  */

/* Search name table for first prefix that matches */

for (i=0; i<nnames; i++) {
        namptr = &nametab[i];
        optr = name;           /* Start at beginning of name  */
        pptr = namptr->nprefix; /* Start at beginning of prefix */

        /* Compare prefix to string and count prefix size */

        for (plen=0; *pptr != NULLCH ; plen++) {
                if (*pptr != *optr) {
                        break;
                }
                pptr++;
                optr++;
        }
        if (*pptr != NULLCH) {  /* Prefix does not match */
                continue;
        }

        /* Found a match - check that replacement string plus */
        /* bytes remaining at the end of the original name will */
        /* fit into new name buffer.  Ignore null on replacement*/
        /* string, but keep null on remainder of name.        */

        olen = namlen(name ,NM_MAXLEN);
        rlen = namlen(namptr->nreplace,NM_MAXLEN) - 1;
        remain = olen - plen;
        if ( (rlen + remain) > NM_MAXLEN) {
                return (did32)SYSERR;
        }

        /* Place replacement string followed by remainder of  */
        /*   original name (and null) into the new name buffer */


        nptr = newname;
        rptr = namptr->nreplace;
        for (; rlen>0 ; rlen--) {
                *nptr++ = *rptr++;
        }
        for (; remain>0 ; remain--) {
                *nptr++ = *optr++;
        }
        return namptr->ndevice;
}
return (did32)SYSERR;
```

556

```
        }

        /*------------------------------------------------------------------
         *  namcpy  -  Copy a name from one buffer to another, checking length
         *------------------------------------------------------------------
         */
        status  namcpy(
                 char           *newname,        /* Buffer to hold copy       */
                 char           *oldname,        /* Buffer containing name     */
                 int32          buflen           /* Size of buffer for copy    */
                 )
        {
                char    *nptr;                   /* Point to new name         */
                char    *optr;                   /* Point to old name         */
                int32   cnt;                     /* Count of characters copied */

                nptr = newname;
                optr = oldname;

                for (cnt=0; cnt<buflen; cnt++) {
                        if ( (*nptr++ = *optr++) == NULLCH) {
                                return OK;
                        }
                }
                return SYSERR;                   /* Buffer filled before copy completed */
        }
```

nammap 最有趣的地方是它支持多重映射。特别是，因为名字空间是一个伪设备，所以对于用户来说，可以指定一个映射重新映射到 NAMESPACE 设备。比如，考虑下面两个在 nametab 中的项：

```
"/local/"    ""           LFILESYS
"LFS:"       "/local/"    NAMESPACE
```

第一个项说明，如果名字以 /local/ 开头，那么就去除前缀并将名字传递到本地文件系统。第二个项说明 LFS: 是 /local/ 的缩写，也就是说前缀 LFS: 被 /local/ 所替换，同时将结果字符串传递回 NAMESPACE 设备以进行下一轮的映射。

当然，递归映射可能会有危险。考虑如果用户将下面的内容添加到名字空间会发生什么：

```
"/x"         "/x"         NAMESPACE
```

当出现名字 /xyz 时，一次简单的操作就会找到前缀 /x，进行替换，并在 NAMESPACE 设备上调用打开（open）函数，这样就会引起递归的死循环。为了避免这个问题，限制通过 NAMESPACE 进行的替换迭代总次数。特别地，只允许 nametab 中的每一个前缀迭代一次（也就是每一个前缀只能被替换一次）。当然，nammap 也限制了名字的长度：如果替换将名字扩展到超过 NM_MAXLEN 个字符的长度，nammap 将停止并返回 SYSERR。

nammap 一开始将原始名字复制到本地数组 tmpname 中。然后，它进行迭代，直到名字被映射到除了 NAMESPACE 以外的一个设备，或者到达迭代的限制次数。在每次迭代期间，nammap 调用函数 namrepl 以查看目前的名字，并形成一个替换。

　　函数 namrepl 实现了一个基本的替换策略 (replacement policy)。示例中的替换策略经过了简化：namrepl 线性地搜索表。每次搜索总是始于表中第一项，一旦表中的一个前缀与参数 name 提供的字符串相匹配，搜索就停止。一旦搜索停止，nammap 将原始名字中的未匹配部分添加到替换字符串后面，从而形成一个映射名字，并将它赋予参数 newname。然后返回这个表项的设备 ID。下面一节将解释这个设计对用户的影响。 |558|

21.12　打开命名文件

　　一旦 nammap 可用，为名字空间伪设备构造上半部的打开 (open) 例程将变得极为简单。打开操作的基本目标是定义一个名字空间伪设备 NAMESPACE，打开这个设备的操作将使系统打开合适的底层设备。一旦名字被映射并且新的设备被标识，则 namopen 只要调用打开函数即可。这段代码包含在文件 namopen.c 中。

```
/* namopen.c - namopen */

#include <xinu.h>

/*------------------------------------------------------------------------
 *  namopen  -  Open a file or device based on the name
 *------------------------------------------------------------------------
 */
devcall namopen(
          struct dentry *devptr,        /* Entry in device switch table */
          char    *name,                /* Name to open                 */
          char    *mode                 /* Mode argument                */
        )
{
        char    newname[NM_MAXLEN];     /* Name with prefix replaced    */
        did32   newdev;                 /* Device ID after mapping      */

        /* Use namespace to map name to a new name and new descriptor */

        newdev = nammap(name, newname, devptr->dvnum);

        if (newdev == SYSERR) {
                return SYSERR;
        }

        /* Open underlying device and return status */

        return  open(newdev, newname, mode);
}
```
|559|

21.13　名字空间初始化

　　前缀表要如何初始化呢？有两种可能的方法：当一个初始化函数创建了名字空间数据结构时，它就可以分配初始映射了；或者初始化函数将表清空，然后由用户添加映射。这里我们采用第一种方法。

初始化机制应该是很清楚的，因为名字空间被设计为一个伪设备，则文件类似于一个设备驱动。特别地，名字空间设备包括一个初始化函数，当设备初始化时系统会调用这个函数（即在系统启动时，系统调用初始化函数来初始化设备）。

决定如何初始化前缀表可能有点儿困难。因此，我们查看初始化函数并看它是如何构造前缀表的，实际前缀的讨论将在后面小节讲述。文件 naminit.c 包含 naminit 函数的代码。

```c
/* naminit.c - naminit */

#include <xinu.h>

#ifndef RFILESYS
#define RFILESYS        SYSERR
#endif

#ifndef FILESYS
#define FILESYS         SYSERR
#endif

#ifndef LFILESYS
#define LFILESYS        SYSERR
#endif

struct  nmentry nametab[NNAMES];        /* Table of name mappings      */
int32   nnames;                         /* Number of entries allocated */

/*------------------------------------------------------------------------
 *  naminit  -  Initialize the syntactic namespace
 *------------------------------------------------------------------------
 */
status  naminit(void)
{
        did32   i;                      /* Index into devtab            */
        struct  dentry *devptr;         /* Pointer to device table entry*/
        char    tmpstr[NM_MAXLEN];      /* String to hold a name        */
        status  retval;                 /* Return value                 */
        char    *tptr;                  /* Pointer into tempstring      */
        char    *nptr;                  /* Pointer to device name       */
        char    devprefix[] = "/dev/";  /* Prefix to use for devices    */
        int32   len;                    /* Length of created name       */
        char    ch;                     /* Storage for a character      */

        /* Set prefix table to empty */

        nnames = 0;

        for (i=0; i<NDEVS ; i++) {
                tptr = tmpstr;
                nptr = devprefix;

                /* Copy prefix into tmpstr */
```

```
                    len = 0;
                    while ((*tptr++ = *nptr++) != NULLCH) {
                            len++;
                    }
                    tptr--; /* Move pointer to position before NULLCH */
                    devptr = &devtab[i];
                    nptr = devptr->dvname;  /* Move to device name */

                    /* Map device name to lower case and append */

                    while(++len < NM_MAXLEN) {
                            ch = *nptr++;
                            if ( (ch >= 'A') && (ch <= 'Z')) {
                                    ch += 'a' - 'A';
                            }
                            if ( (*tptr++ = ch) == NULLCH) {
                                    break;
                            }
                    }

                    if (len > NM_MAXLEN) {
                            kprintf("namespace: device name %s too long\r\n",
                                            devptr->dvname);
                            continue;
                    }

                    retval = mount(tmpstr, NULLSTR, devptr->dvnum);
                    if (retval == SYSERR) {
                            kprintf("namespace: cannot mount device %d\r\n",
                                            devptr->dvname);
                            continue;
                    }
            }
            /* Add other prefixes (longest prefix first) */

            mount("/dev/null",       "",         NULLDEV);
            mount("/remote/",        "remote:",  RFILESYS);
            mount("/local/",         NULLSTR,    LFILESYS);
            mount("/dev/",           NULLSTR,    SYSERR);
            mount("~/",              NULLSTR,    LFILESYS);
            mount("/",               "root:",    RFILESYS);
            mount("",                "",         LFILESYS);

            return OK;
    }
```

561

　　这里请忽略指定的前缀和替换名字，仅关注直接的初始化是如何工作的。在将有效表项的数目设置为 0 之后，naminit 调用 mount 向前缀表中增加表项，其中每个表项包含一个前缀模式、替换字符串和设备标识符。for 循环遍历设备转换表。对每个设备，它创建一个形式为 /dev/xxx 的名字，其中 xxx 是映射到小写字母的设备名。因此，它为 /dev/console 创建一个表项，将其映射到 CONSOLE 设备。如果进程调用：

    d = open(NAMESPACE,"/dev/console","rw");

名字空间将会在 CONSOLE 设备上调用 open 函数，并返回结果。

21.14   对前缀表中的项进行排序

Xinu 名字替换策略会影响到用户。要理解如何影响用户，首先要指出的是 namrepl 函数使用顺序查询。因此，用户加载名字的方式必须使顺序查询产生期望的结果。尤其是，我们的实现不禁止重叠的前缀，当出现重叠的前缀时也不会对用户发出警告。因此，如果出现重叠的前缀，用户必须确保在表中最长前缀出现在较短前缀的前面。例如，如果表中包含如图 21-1 所示两项，考虑会发生什么情况。

前缀	替换	设备
"x"	""（空串）	LFILESYS
"xyz"	""（空串）	RFILESYS

图 21-1   前缀表中两项的顺序必须交换，否则第二项永远不会被使用

第一项映射前缀 x 到本地文件系统，第二项映射前缀 xyz 到远程文件系统。不幸的是，因为 namrepl 顺序搜索表，所以任何以 x 开头的文件名将匹配第一项并被映射到本地文件系统。第二项将永远不会被使用。然而，如果交换这两项的位置，以 xyz 开头的文件名就会被映射到远程文件系统，而其他以 x 开头的文件名将被映射到本地文件系统。于是可以得出结论：

> 因为我们的实现顺序搜索前缀表，并且不检测重叠的前缀，所以用户必须按照长度递减地插入前缀，以确保系统能够首先匹配最长的前缀。

21.15   选择逻辑名字空间

将名字空间仅仅看作一个用来缩写长名字的机制的想法很诱人。然而，专注于该机制可能会产生误导。选择有意义的前缀名的关键在于构建一个存放文件的层次结构。然后，名字空间设计定义层次结构的组织方式。

> 我们认为所有的名字需要组织在层次结构中，而不是将名字空间仅仅看作缩写名字的机制。名字空间中的表项用于实现需要的层次。

请读者花一分钟想象一个系统，它能够获取本地磁盘和远程服务器的文件。不要思考如何缩写特定的文件名，而要思考如何组织文件。图 21-2 显示了三种可能的结构。

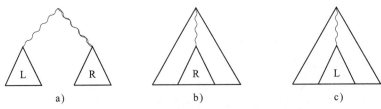

图 21-2   三种可能的本地和远程文件的层次结构：a）同一层的本地和远程文件；b）本地文件子目录中的远程文件；c）本地文件作为远程文件的子目录

如图 21-2 所示，本地文件和远程文件可以存放在层次结构中同等但不同的位置上；或

者本地文件系统形成层次的主要部分，远程文件在子层次；或者远程文件构成主层次，而本地文件作为子层次。两种文件系统的大小和存取的频率可能有助于决定优先采用以上哪种结构。例如，远程文件系统有数千个文件，而本地文件系统仅有 10 个文件，那么自然想到使用远程文件作为主层次，而将本地文件移到子层次。

21.16　默认层次和空前缀

Xinu 名字空间软件设计可以容易地支持图 21-2 中的任何层次。特别地，mount 操作允许用户选择一个默认子系统，并根据这个层次来组织剩余文件。

一个子系统如何成为默认的层次结构？首先，子系统的前缀必须能够匹配所有不能被其他表项匹配的名字。而空前缀将为示例名字空间提供有保证的匹配。其次，带有空前缀的默认项必须在所有其他前缀被检测后再被检查。因为 nammap 顺序搜索前缀表，所以默认项必须放在表的末尾。如果任何其他项匹配，那么 namrepl 就按照这个匹配进行替换。

请再次查看 naminit，看看本地文件系统如何成为默认的层次结构。mount 的最终调用向默认映射中插入一个空前缀，因此，任何不匹配其他前缀的名字将适用于本地文件系统。

21.17　额外的对象操作函数

尽管看起来是将所有名字组织在一个唯一的、统一的层次结构中，但前面介绍的名字空间并没有提供需要的所有功能。为了理解其中的原因，可以看一段仅处理打开已命名对象情形的代码。其他对已命名对象的操作还包括：

- 检测对象的存在性
- 改变对象的名字
- 删除对象

检测对象的存在性。通常，软件需要检测一个对象的存在性，而不影响对象。看起来下面的代码可以用来检测一个对象是否存在。

564

```
dev = open(NAMESPACE", "object", "r");
if (dev == SYSERR) {
        ...object does not exist
} else {
        close(dev);
        ...object exists
}
```

但不幸的是，对 open 的调用会产生副作用。例如，打开一个网络接口设备可能引起系统声明这个接口可用于数据包传输。因此，打开和关闭设备会引起数据包传输，即使进程已经明确地使这个接口不可用。为了避免副作用，需要使用额外的功能。

改变对象的名字。大部分文件系统允许用户重命名文件。然而，当使用名字空间时，这将出现两个问题。第一，因为用户通过名字空间查看所有文件，所以对重命名文件的要求是含糊不清的：应该改变底层文件的名字，还是应该改变名字空间中的映射？尽管系统可以使用一个逃避机制来让用户区别抽象名字和底层系统使用的名字，但这样做会有危险，因为底层名字的改变可能会导致文件不能通过名字空间的映射。第二，如果用户将名字 α 改变为 β，可能的结果是字符串 β 映射到一个本地文件系统，而 α 映射到一个远程文件系统。

因此，尽管用户看到的是一个统一的层次，但重命名操作可能不被允许（或者仅涉及文件复制）。

删除对象。上面给出的理由同样适用于对象删除。也就是说，因为用户通过名字空间看到所有的名字，所以删除对象的请求必须通过名字空间对名字进行映射以决定合适的底层文件系统。

删除对象、重命名对象和检测对象的存在性应该如何实现？有三种可能的方法：为每个操作创建单独的函数、扩展设备转换表，或者为函数 control 增加额外的操作。对于第一种方法（单独的函数），可想象将名字作为参数的函数 delete-obj，其使用名字空间来将名字映射到底层设备，然后在该设备上调用合适的操作。第二种方法通过扩展设备转换表来增加额外的高层函数，如删除、重命名和存在性检测函数。也就是说，除了打开 (open)、读 (read)、写 (write) 和关闭 (close) 操作外，增加新的操作来实现额外的功能。第三种方法将功能增加到 control 函数中。例如可以指定，如果子系统实现对象删除，那么实现 control 的驱动函数必须响应一个 DELETE 请求。Xinu 使用第一种和第三种方法的混合。本章练习要求读者考虑扩展设备转换表的优缺点。

21.18 名字空间方法的优点和限制

句法名字空间将程序与底层设备和文件系统隔离开，允许对命名的层次结构进行设计或修改，而不改变底层系统。为了显示名字空间的能力，考虑一个系统，它需要在本地磁盘保存临时文件，并使用前缀 /tmp/ 与其他文件区分开来。将临时文件移动至远程文件系统包括改变指明如何操作前缀 /tmp/ 的名字空间项。因为当程序引用文件时，它们总是要使用名字空间，所以所有程序不必改变源代码就可以继续正确地操作。重点描述如下：

> 名字空间允许重新组织命名层次结构，而不需要重新编译使用它的程序。

仅使用前缀模式的名字空间软件不能处理所有层次结构或者文件映射。例如，在某些 UNIX 系统中，名字 /dev/tty 指的是进程的控制终端，服务器不需要使用它。名字空间可以通过将前缀 /dev/tty 映射到设备标识符 SYSERR 来阻止意外的访问。不幸的是，这样的映射也阻止了客户访问共享相同前缀的其他项（例如，/dev/tty1）。

当分隔符出现在名字的中间时，使用固定字符串作为前缀模式也可以防止名字空间改变分隔符。例如，假设一台计算机有两个底层文件系统，一个遵循 UNIX 规范，使用斜杠来分隔路径的各部分，而另外一个文件系统使用反斜杠来分隔各部分。因为名字空间仅仅处理前缀模式，所以它就不能将斜杠映射为反斜杠，反之亦然，除非所有可能的前缀都存储在名字空间中。

21.19 广义模式

名字空间的很多限制可以通过使用本章开头描述的更广义的模式来克服。例如，如果可以指定一个完全字符串匹配，而不仅仅是前缀匹配，那么区分名字 /dev/tty 和 /dev/tty1 的问题就可以解决。完全匹配和前缀匹配可以组合使用：给 mount 指定一个额外的参数，以指明匹配的类型和可以存储在表项中的值。

广义模式不仅仅允许采用固定字符串来解决额外问题，还可以在模式本身中保存所有的匹配信息。例如，假设下列字符在模式中有如图 21-3 所示的特殊意义 ⊖。

566

字符	含义
↑	匹配字符串开头
$	匹配字符串结尾
.	匹配任意一个字符串
*	一个模式重复0次或多次
\	转义字符
其他	固定字符串自我匹配

图 21-3　广义模式的一个示例定义

因此，像 ↑/dev/tty$ 这样的模式指定字符串 /dev/tty 的全匹配，而像 \ $ 这样的模式匹配可能嵌入在字符串中的美元符号。

为了使广义模式匹配在名字空间更有用，需要两个额外的规则。第一，假定使用最左边的可能匹配。第二，假定在所有最左边的匹配中选择最长的匹配。本章练习建议如何使用这些广义模式来匹配那些固定前缀所不能处理的名字。

21.20　观点

名字的句法已经获得了广泛的研究和讨论。从前，每个操作系统都有自己的命名方案，各种命名方案层出不穷。然而，在层次目录系统变得流行后，大部分操作系统都采用了层次命名方案，仅仅在一些小细节上有所不同，如不同组成之间的分隔是采用斜杠还是反斜杠。

正如前文设计所指出的那样，命名从概念上与底层文件和 I/O 系统分隔开，并允许设计者将一个统一的名字空间加到所有的底层设备上。然而，句法方法有优点也有缺点。主要的问题出在语义上：尽管它提供一致的外表，但名字空间引入了模糊和混淆的语义。例如，如果一个对象被重命名，那么应该修改名字空间还是改变底层对象的名字？如果名字空间将两个前缀映射到同样的底层文件系统，那么使用不同前缀的应用程序可能因为疏漏而访问了相同的对象。如果将两个名字映射到不同的底层文件系统，那么涉及该名字的操作（例如 move 操作）可能不会像预期那样地工作。即使像 delete 这样的操作也可能有预料之外的语义（例如，删除一个本地对象可能是把它移动到回收站，而删除一个远程对象则会永远移除这个对象）。

567

21.21　总结

处理文件名是困难的，尤其是当操作系统支持多种底层命名方案时。解决命名问题的一个方法是在应用程序和底层文件系统之间增加一层名字空间软件。名字空间本身不实现文件本身，而仅仅把名字当作字符串，根据映射表中的信息，将名字映射为适合底层系统的形式。

本章讨论了一个句法名字空间的实现，它使用模式 - 替换方案，其中模式是表示名字前缀的固定字符串。这个软件包括函数 mount ⊖ 来处理映射，函数 nammap 将名字映射为目标形式。当打开一个文件时，我们的示例名字空间包含一个由用户指定的 NAMESPACE 伪设备。NAMESPACE 伪设备映射指定的文件名，然后打开指定的文件。

⊖　这里给出的模式匹配对应于 UNIX sed 命令使用的模式。

⊜　函数 unmount 从名字空间移除一个前缀，本章没有说明函数 unmoutn。

名字空间软件是优雅且强大的，只需要几个函数和简化的前缀匹配概念就可以容纳很多命名方案。特别地，它适用于远程文件系统、本地文件系统和一组设备。然而，简化版本不能处理所有可能的映射。为了提供更复杂的命名系统，模式的概念必须广义化。一个可能的广义化是给模式中的某些字符赋予特殊的意义。

练习

21.1 用户应该同时拥有对 nammap 和 namrepl 的访问权限吗？为什么？

21.2 仔细观察 mount 代码。nametab 里的前缀和替换字符串中是否总是包含一个空字节？为什么？

21.3 是否可以修改 mount，使之拒绝挂载可能导致无限循环的前缀 – 替换对？为什么？

21.4 可能引起 nammap 超过最大字符串长度的前缀 – 替换对的最小数目是多少？

21.5 用一个包含两个函数调用的语句替换 namopen 函数的主体，使得 namopen 的代码量最小。

21.6 为 NAMESPACE 伪设备实现一个上半部分 control 函数，并使 nammap 成为一个控制函数。

21.7 实现广义模式匹配。参考 UNIX sed 命令，用其他方法来定义模式匹配字符。

21.8 建立一个既有前缀匹配又有全字符串匹配的名字空间。

21.9 假设一个名字空间，它使用固定字符串模式，除了目前的前缀匹配外，也允许全字符串匹配。是否有全字符串模式与前缀模式相同的情况？解释原因。

21.10 除重命名、删除和存在性检测外，还需要哪些文件操作原语？

21.11 实现一个 unmount 函数，删除映射表中的前缀。

21.12 在前文中，名字空间函数要求用户按最长前缀的顺序匹配模式。重写相关代码，允许用户以任意顺序挂载模式，并按照前缀长度排序前缀表。

21.13 重写 mount 函数（原版的或之前练习中的版本都可以），要求检查重叠模式并报告错误。

21.14 调查 Linux 系统中可以把远程文件映射到目录层次结构的网络文件系统技术，有哪些基本文件操作不允许跨文件系统使用？

系统初始化

只有避免事情的开端，才能逃避事情的结局。

——Cyril Connolly

22.1 引言

初始化是设计过程的最后一环。设计人员总是从系统如何运行的视角来进行系统的设计工作，并将如何启动的细节放在后面进行。过早地考虑系统初始化与过早地考虑系统优化一样，都有一些不良影响：这往往会对设计施加不必要的限制，并且会将设计者的注意力从重要问题转移到一些细枝末节的问题上。

本章介绍初始化系统所需要的步骤，并描述初始化代码如何将顺序运行的程序转换为支持并发进程的操作系统。我们将看到其中并没有特殊硬件的参与，并发只是操作系统软件创建的一种抽象。

22.2 引导程序：从零开始

我们对初始化的讨论从考虑系统的终止开始。每个使用过计算机的人都知道，硬件上的错误或失灵会造成灾难性结果，俗称"死机"。当计算机硬件因为错误的代码或数据导致非法操作时，死机就会发生。当发生死机时，内存中的数据将丢失，操作系统必须重启，这通常会花费相当多的时间。

怎么才能让一台没有操作系统代码的计算机启动并开始运行呢？这是不可能的。在计算机启动前，必须先准备好一个程序。在老式计算机中，重启是一个折磨人的过程，需要操作员通过面板上的开关输入初始化程序。后来开关换成了键盘，然后是磁带、磁盘这些 I/O 设备，直至现在的只读内存（ROM）和闪存。

有些嵌入式设备将整个操作系统而不仅仅是初始化代码存储在闪存中，这就意味着这些设备可以在通电之后（如更换了电池或者打开电源之后）立即开始工作。然而，大部分计算机需要多个步骤来重新启动。通电之后，硬件运行闪存中的初始化启动程序。虽然初始化启动程序可能包括支持硬件调试所需的代码，但初始化启动程序通常还是很小的——其主要功能是装载和运行更大规模的程序。举例来说，在典型的个人计算机中，启动程序给设备（如显示器、键盘、磁盘等）加电，在硬盘中寻找可引导的操作系统镜像，将操作系统镜像复制到内存中，然后跳转到操作系统的入口。

那些没有持久存储的计算机系统或者嵌入式系统可以使用网络进行启动：最初的启动程序首先初始化网络接口，然后使用网络从远程服务器下载操作系统的镜像。某些以太网硬件包含固件和小型板载处理器，它们可以通过网络下载镜像（网络加载版）并将其载入内存，然后让处理器执行这些镜像。

在某些情况下，启动是需要多个步骤的。最初的启动程序需要读取一个更为强大的启动程序，并让它来载入操作系统。对于这样不断加载更大启动程序的过程，我们通常称之为自举（bootstrap），而对于整个过程我们称之为引导（booting）系统。⊖自举在以前被称作初始程序加载（Initial Program Load, IPL）和冷启动（cold start）。

22.3 一个通过网络启动的例子

Galileo 平台提供了一个详细的多步自举的例子。在普度大学实验室中，系统被设计成通过网络启动。不幸的是，Galileo 并不具备网络启动所需的硬件和软件。相反，当 Galileo 被加电时，它会运行板载闪存中的一个初始自举程序。该初始自举程序由制造商提供，它可以搜索本地设备，找到特定的镜像后把镜像下载到内存中，最后让处理器开始执行该镜像。尤其是，该初始自举程序可以被配置为在 micro SD 卡中搜索镜像。

为了进行网络启动，我们创建了第二层自举程序，其中包括附加的网络栈和使用网络下载镜像的代码。我们把该自举程序的副本放到每一个 Galileo 的 SD 卡中。为了启动 Galileo，

574

我们采用重新供电的方式。我们制作了一个特殊的硬件系统来完成这个任务：该系统首先切断 Galileo 的电源，等待一小段时间之后恢复供电。一旦 Galileo 被加电，固件就开始自举过程。初始自举程序会启动第二层自举程序，后者利用实验室的网络与一个服务器进行通信。

我们实验室的服务器上存放了一组 Xinu 镜像，每一个镜像对应一个 Galileo。每当网络自举程序向服务器发送请求，服务器使用网络包中的 MAC 地址来选择对应的镜像，并通过网络下载。图 22-1 列举了自举步骤。

- Galileo被加电，运行板载闪存中的初始自举程序
- 初始自举程序将第二层自举程序从SD卡加载到内存中
- 第二层自举程序运行并利用网络下载Xinu镜像
- 处理器运行已下载的Xinu镜像

图 22-1 Galileo 通过网络启动时使用的多步自举过程

我们用一种有趣的方法创建一个自举程序，该自举程序能从远程服务器下载镜像。与从零开始构建代码不同，我们利用 Xinu 系统：移除其中所有不需要的组件；编写一个主程序，该程序采用 TFTP（Trivial File Transfer Protocol）从远程服务器下载镜像。我们称该程序为 Xboot（这是 Xinu 系统的自举程序）。

如果 Xboot 代码已经存在于内存中，那么它如何做到下载其他镜像而不引发问题呢？答案在于使用大内存。Xboot 被配置为占据高内存位置运行，超出标准镜像所使用的位置。因此，Xboot 可以在不覆盖自身的情况下，将一个标准 Xinu 镜像加载至低地址内存中。

22.4 操作系统初始化

在处理器开始执行操作系统镜像时，初始化工作仍未结束。在准备好运行进程之前，一个操作系统必须初始化一些模块和硬件设备。图 22-2 列举了这些初始化任务。

575

⊖ bootstrap 一词来源于短语"pulling one's self up by one's bootstraps"（通过提靴子把人提起来），这个短语描述的是一个不可能的任务。

- 进行硬件平台所需的初始化工作
- 初始化内存管理硬件和空闲内存链表
- 初始化各个操作系统模块
- 装载（如果未装载）和初始化设备驱动
- 启动（或者重置）I/O 设备
- 从顺序执行转换成并发执行
- 创建一个空进程
- 创建一个执行用户代码（如桌面应用程序）的进程

图 22-2　操作系统的初始化任务

在初始化硬件和操作系统模块后，有一个最重要的步骤：操作系统必须将自己从一个顺序执行的程序转变为一个支持并发执行且能运行进程的操作系统。在接下来的小节中，我们将了解 Xinu 在启动时发生了什么，以及上述转换是如何发生的。

22.5　Xinu 初始化

底层硬件处理一部分基本初始化任务，自举程序则处理剩下的基本初始化任务。例如，如果固件已经将总线和控制台 I/O 设备初始化完毕，Xinu 就有可能在执行开始后立即使用轮询 I/O（即 kputc 和 kprintf）。在 Galileo 平台上，内存地址空间是不连续的，启动程序负责找到可用的内存地址。启动程序构建一个可用内存块链表并将它放置在内存中，使得 Xinu 可以获取该表。

尽管一些低级的初始化已经在 Xinu 启动前完成，一个用汇编代码编写的初始化函数仍然是必要的。例如，Xinu 必须建立适用于 C 语言的运行时环境。我们的代码从 start 标签（位于 start.S 文件中）开始执行。BeagleBone Black 的启动代码提供了一个示例：

```
/* start.S - start, bzero */

#include <armv7a.h>

/*------------------------------------------------------------------------
 * start  -  Initial entry point for a Xinu image (ARM)
 *------------------------------------------------------------------------
 */
        .text
        .globl  start                           /* Declare entry point global  */

start:
        /* Load the stack pointer with end of memory */

        ldr     sp, =MAXADDR

        /* Enable the Instruction Cache */

        mrc     p15, 0, r0, c1, c0, 0
        orr     r0, r0, #ARMV7A_C1CTL_I
        mcr     p15, 0, r0, c1, c0, 0

        /* Use bzero (below) to zero out the BSS area */
```

576

```
        ldr     r0, =edata
        ldr     r1, =end
        bl      bzero

        /* Call nulluser to initialize the Xinu system  */
        /*     (Note: the call never returns)            */

        bl      nulluser

        /* Function to zero memory (r0 is lowest addr; r1 is highest)  */

bzero:
        mov     r2, #0                /* Round address to multiple     */
        add     r0, r0, #3            /*   of four by adding 3 and     */
        and     r0, r0, #0xFFFFFFFC   /*   taking the result module 4  */
bloop:  cmp     r0, r1               /* Loop until last address        */
        bhs     bexit                /*   has been reached             */
        str     r2, [r0]             /* Zero four-byte word of memory  */
        add     r0, r0, #4           /* Move to next word              */
        b       bloop                /* Continue to iterate            */
bexit:  mov     pc, lr               /* Return to caller               */
```

这段代码设置了一个初始化栈指针，启用了指令高速缓存，并调用了 nulluser 函数。由于 BeagleBone Black 的内存地址空间是连续的，且最高地址由硬件供应商指定，因此设置栈指针的工作很简单。代码中使用了 MAXADDR 常量。

启用指令高速缓存的代码看似神秘，事实上解释起来很简单。在 ARM v7a 处理器中，高速缓存由协处理器控制。协处理器的控制寄存器中的一位决定了高速缓存是否被禁用。该代码取得控制寄存器的一份拷贝，设置该拷贝的高速缓存启用位（常量 ARMv7A_C1CTL_I），并将结果写回控制寄存器中。armv7a.h 文件包含了各协处理器寄存器的定义，该文件被包含在 start.S 文件的起始位置。

```
/* armv7a.h */

/* CPSR bits */

#define ARMV7A_CPSR_A   0x00000100   /* Imprecise data abort disable */
#define ARMV7A_CPSR_I   0x00000080   /* IRQ interrupts disable        */
#define ARMV7A_CPSR_F   0x00000040   /* FIQ interrupts disable        */
#define ARMV7A_CPSR_MM  0x0000001F   /* Processor Mode Mask           */
#define ARMV7A_CPSR_USR 0x00000010   /* Processor Mode = User         */
#define ARMV7A_CPSR_FIQ 0x00000011   /* Processor Mode = FIQ          */
#define ARMV7A_CPSR_IRQ 0x00000012   /* Processor Mode = IRQ          */
#define ARMV7A_CPSR_SPR 0x00000013   /* Processor Mode = Supervisor   */
#define ARMV7A_CPSR_ABT 0x00000017   /* Processor Mode = Abort        */
#define ARMV7A_CPSR_UND 0x0000001B   /* Processor Mode = Undefined    */
#define ARMV7A_CPSR_SYS 0x0000001F   /* Processor Mode = System       */
#define ARMv7A_CPSR_SCM 0x00000016   /* Processor Mode Secure Monitor */

/* Coprocessor c1 - Control Register bits */

#define ARMV7A_C1CTL_V  0x00002000   /* Exception base addr control   */
```

```
#define ARMV7A_C1CTL_I   0x00001000      /* Instruction Cache enable   */
#define ARMV7A_C1CTL_C   0x00000004      /* Data Cache enable          */
#define ARMV7A_C1CTL_A   0x00000002      /* Strict alignment enable    */
#define ARMV7A_C1CTL_M   0x00000001      /* MMU enable                 */


/* Exception Vector Addresses */


#define ARMV7A_EV_START 0x4030CE00       /* Exception vector start addr  */
#define ARMV7A_EV_END    0x4030CE20      /* Exception vector end addr    */
#define ARMV7A_EH_START 0x4030CE24       /* Exception handler start addr */
#define ARMV7A_EH_END    0x4030CE40      /* Exception handler end addr   */
#define ARMV7A_IRQH_ADDR 0x4030CE38      /* IRQ exp handler address      */


#define MAXADDR 0xA0000000        /* 512 MB RAM starting from 0x80000000  */
```

578

22.6　Xinu 系统启动

在最后一步，start.S 调用 nulluser 函数。该调用发生时，机器中运行的仍然是一个简单的程序，而不是一个操作系统。nulluser 函数初始化操作系统，创建进程以执行操作系统的 main 函数，之后其自身变为空进程。由程序到并发系统的转换在这一步发生，这是操作系统中戏剧性的一刻。相关代码包含在 initialize.c 文件中。

```
/* initialize.c - nulluser, sysinit, sizmem */

/* Handle system initialization and become the null process */

#include <xinu.h>
#include <string.h>

extern  void     start(void);   /* Start of Xinu code               */
extern  void     *_end;         /* End of Xinu code                 */

/* Function prototypes */

extern  void main(void);        /* Main is the first process created */
extern  void xdone(void);       /* System "shutdown" procedure      */
static  void sysinit();         /* Internal system initialization   */
extern  void meminit(void);     /* Initializes the free memory list */

/* Declarations of major kernel variables */

struct   procent proctab[NPROC]; /* Process table                   */
struct   sentry  semtab[NSEM];   /* Semaphore table                 */
struct   memblk  memlist;        /* List of free memory blocks      */

/* Active system status */

int      prcount;               /* Total number of live processes   */
pid32    currpid;               /* ID of currently executing process */


/*------------------------------------------------------------------
 * nulluser - initialize the system and become the null process
 *
```

```
   * Note: execution begins here after the C run-time environment has been
   * established.  Interrupts are initially DISABLED, and must eventually
   * be enabled explicitly.  The code turns itself into the null process
   * after initialization.  Because it must always remain ready to execute,
   * the null process cannot execute code that might cause it to be
   * suspended, wait for a semaphore, put to sleep, or exit.  In
   * particular, the code must not perform I/O except for polled versions
   * such as kprintf.
   *------------------------------------------------------------------------
   */

void    nulluser()
{
        struct  memblk  *memptr;        /* Ptr to memory block           */
        uint32  free_mem;               /* Total amount of free memory   */

        /* Initialize the system */

        sysinit();

        kprintf("\n\r%s\n\n\r", VERSION);

        /* Output Xinu memory layout */
        free_mem = 0;
        for (memptr = memlist.mnext; memptr != NULL;
                                        memptr = memptr->mnext) {
                free_mem += memptr->mlength;
        }
        kprintf("%10d bytes of free memory.  Free list:\n", free_mem);
        for (memptr=memlist.mnext; memptr!=NULL;memptr = memptr->mnext) {
            kprintf("           [0x%08X to 0x%08X]\r\n",
                (uint32)memptr, ((uint32)memptr) + memptr->mlength - 1);
        }

        kprintf("%10d bytes of Xinu code.\n",
                (uint32)&etext - (uint32)&text);
        kprintf("           [0x%08X to 0x%08X]\n",
                (uint32)&text, (uint32)&etext - 1);
        kprintf("%10d bytes of data.\n",
                (uint32)&ebss - (uint32)&data);
        kprintf("           [0x%08X to 0x%08X]\n\n",
                (uint32)&data, (uint32)&ebss - 1);

        /* Enable interrupts */

        enable();

        /* Create a process to execute function main() */

        resume (
            create((void *)main, INITSTK, INITPRIO, "Main process", 0,
            NULL));

        /* Become the Null process (i.e., guarantee that the CPU has    */
```

```
        /*  something to run when no other process is ready to execute) */

        while (TRUE) {
                ;                       /* Do nothing */
        }

}

/*------------------------------------------------------------------------
 *
 * sysinit  -  Initialize all Xinu data structures and devices
 *
 *------------------------------------------------------------------------
 */
static  void    sysinit()
{
        int32   i;
        struct  procent *prptr;         /* Ptr to process table entry   */
        struct  sentry *semptr;         /* Ptr to semaphore table entry */

        /* Platform Specific Initialization */

        platinit();

        /* Initialize the interrupt vectors */

        initevec();

        /* Initialize free memory list */

        meminit();

        /* Initialize system variables */

        /* Count the Null process as the first process in the system */

        prcount = 1;

        /* Scheduling is not currently blocked */

        Defer.ndefers = 0;

        /* Initialize process table entries free */

        for (i = 0; i < NPROC; i++) {
                prptr = &proctab[i];
                prptr->prstate = PR_FREE;
                prptr->prname[0] = NULLCH;
                prptr->prstkbase = NULL;
                prptr->prprio = 0;
        }

        /* Initialize the Null process entry */
```

581

```
         prptr = &proctab[NULLPROC];
         prptr->prstate = PR_CURR;
         prptr->prprio = 0;
         strncpy(prptr->prname, "prnull", 7);
         prptr->prstkbase = getstk(NULLSTK);
         prptr->prstklen = NULLSTK;
         prptr->prstkptr = 0;
         currpid = NULLPROC;

         /* Initialize semaphores */

         for (i = 0; i < NSEM; i++) {
                 semptr = &semtab[i];
                 semptr->sstate = S_FREE;
                 semptr->scount = 0;
                 semptr->squeue = newqueue();
         }

         /* Initialize buffer pools */

         bufinit();

         /* Create a ready list for processes */

         readylist = newqueue();

         /* Initialize the real time clock */

         clkinit();

         for (i = 0; i < NDEVS; i++) {
                 init(i);
         }
         return;
    }

int32   stop(char *s)
{
    kprintf("%s\n", s);
    kprintf("looping... press reset\n");
    while(1)
         /* Empty */;
}

int32   delay(int n)
{
    DELAY(n);
    return OK;
}
```

582

nulluser 函数本身相对易懂,它调用 sysinit 来初始化操作系统数据结构。当 sysinit 返回时,运行程序变为空进程(进程 0),但中断仍然是禁止的,此时也不存在其他进程。在输出了一些简介信息后，nulluser 开启中断，并调用 create 启动一个进程来执行用户的主程序。

由于执行 nulluser 的程序已经成为空进程，所以它本身不能退出、睡眠、等待信号量或者自行挂起。幸运的是，初始化函数不会对调用者实施改变当前或准备状态的操作。如果需要的话，sysinit 会创建另一个进程来完成该操作。当初始化完成并成功创建了一个用于执行用户主程序的进程后，0 号进程进入一个无限循环，当没有用户进程可以运行时，resched 进程会安排 0 号进程运行。

22.7 从程序转化为进程

函数 sysinit 负责系统初始化工作。它通过一系列调用来初始化硬件平台（platinit）、异常向量（initevec）和内存空闲链表（meminit）。它还初始化剩余的系统数据结构，如进程表和信号量表，并调用 clkinit 以初始化实时时钟。最后，sysinit 迭代遍历所有已经配置的设备，并调用每个设备的初始化函数。为了实现这个目的，它对每个设备 ID 调用 init 函数。

初始化代码中最有趣的部分出现在 sysinit 的中间位置，此段代码用于在初始化时填写 0 号进程的进程表项。进程表的许多字段可以先不初始化，如进程名字段——这些字段的初始化仅仅是为了方便调试。关键工作包括在两行代码中：一行将当前进程 ID 变量 currpid 设置为 0，即空进程的进程号；另一行代码将当前进程的状态设置为 PR_CURR。只有在为 currpid 和进程状态赋值以后，系统才能进行进程重新调度。一旦它们被赋值，初始化程序就成为一个正在运行的进程。这个进程的进程号为 0，且支持对其进行上下文切换。

总结以上内容：

函数 sysinit 在进程表中填写进程 0 的表项之后，就把变量 currpid 设置为 0，这使得初始化程序从顺序逻辑转化为一个进程。

在完成空进程的创建之后，sysinit 在返回前的剩下工作就是初始化系统的其他部分。这样在 nulluser 函数启动一个进程以执行用户主程序时，所有服务都是可用的。当此进程准备好执行时，它具有比空进程更高的优先级。因此，resched 函数将把系统切换到新进程的上下文，调度常量将生效。

22.8 观点

操作系统设计的精妙之处就在于在底层硬件之上创造了新的抽象。对于系统初始化来说，它呈现了程序到进程的转化这一概念，该概念远比它的实现细节更重要：处理器以"取指 - 执行"为周期开始串行执行指令，而初始化代码将自身转化为一个并发处理系统。这里的关键之处在于初始化代码并没有创建一个独立的并发系统，然后跳转到新的系统。抽象建立的前后不存在真正的跨越，原来的串行执行程序也并没有被抛弃。相反，运行代码声明自己为一个进程，填充进程需要的系统数据结构，并允许其他进程执行。与此同时，处理器仍然继续着"取指 - 执行"周期，而新的抽象可以在没有任何干扰的情况下出现。

22.9 总结

初始化是系统设计的最后一步，一定不能为简化初始化过程而更改系统的设计。尽管初始化过程涉及诸多细节，但从概念上看，最有趣的部分是将串行程序转化为支持并发处理的系统。为了将自己设置成空进程，初始化程序填写进程表中进程 0 的表项，并将变量 currpid 设置为 0。

584

练习

22.1　x86 计算机中的 BIOS 是什么，它的功能是什么？

22.2　如果你正在设计一个引导加载程序，你会添加哪些额外的功能？为什么？

22.3　阅读 GRUB 和 UBOOT 自举程序的相关内容。这些程序提供哪些功能？

22.4　进程表、信号量表、内存空闲链表、设备和就绪表的初始化顺序是否重要？请解释。

22.5　在许多系统中，可以实现 sizmem 函数以找到最高有效内存地址，方法是不断探查内存直到有异常发生。请问该函数能否在示例平台上实现？为什么？

22.6　通过追踪程序的执行，解答如下问题：如果 nulluser 函数在调用 sysinit 函数之前开启中断，会出现什么问题？

22.7　网络代码、远程磁盘驱动和远程文件系统驱动各自创建了一个进程，请问这些进程是否应该在 sysinit 中创建？为什么？

22.8　大多数操作系统会为网络代码的运行做准备，并在任何用户进程开始执行之前获取 IP 地址。请设计一种方法使得 Xinu 可以创建网络进程，并等待网络进程以获取 IP 地址，然后创建一个进程以运行主程序（注意：空进程不能够阻塞）。

585
~
586

子系统初始化和内存标记

关于结束的最好的事情是知道前方正面临着艰巨的任务。

——Jodi Picoult

23.1 引言

前一章介绍了硬件引导和操作系统初始化。本章将解释操作系统如何作为一个程序启动并执行指令，以及初始化代码在初始化系统变量和数据结构之后，创建一个进程来执行 main 函数，最终变成空进程的过程。

本章通过考虑两个一般的问题来扩展我们对初始化的理解。首先，如果我们将函数集合划分为模块，那么各个模块如何在不依赖一个中央初始化函数的情况下执行自初始化呢？其次，如果模块在系统重新启动时仍然驻留在内存中，那么每个模块如何知道在最后一次重新启动之后它是否已被重新初始化？本章介绍了一种优雅、简洁的机制，称为内存标记，它允许创建自初始化模块。系统可以准确识别一个模块是否需要被重新初始化，即使该模块在系统重新启动时仍然驻留在内存中。

23.2 自初始化模块

我们使用术语模块来指代一组函数及其操作的共享数据。虽然 C 语言没有封装机制来允许程序员构造模块，但我们还是可以认为代码已被划分为概念上的模块。例如，考虑第 10 章中描述的缓冲池机制和第 11 章中描述的高层消息传递机制。在每种情况下，都存在一组函数对一个共享数据结构进行操作。缓冲池模块提供四个主要的函数：

- poolinit
- mkpool
- getbuf
- freebuf

每个函数都假设 poolinit 会在四个函数中任意一个之前被调用。正如我们所见，当操作系统函数被初始化时，sysinit 会调用 poolinit 函数。 类似地，sysinit 调用 ptinit 函数来初始化端口机制。

依赖 sysinit 来初始化每个模块有几个缺点。首先，程序员不能在不修改基本系统函数 sysinit 的前提下向操作系统添加新模块。更重要的是，程序员必须了解给定的初始化函数使用了哪些其他模块，并且必须在这些模块被初始化后才能开始进行该初始化调用。其次，如果初始化调用被意外地忽略，则模块可能无法正常工作并且导致系统崩溃。第三，即使模块中的其他函数未被使用，在 sysinit 中调用初始化函数也会使得加载器加载该初始化函数和共享数据项。在具有有限内存的嵌入式系统上，程序员不能加入不需要的项目——如果 sysinit 引用所有可能的模块，则加载器程序可能太大而无法容纳在内存中。

如何让程序员安排模块的初始化而不必在 sysinit 中进行显式调用？答案在于自初始

化模块。对于常规的 C 程序，自初始化是微不足道的：声明一个全局变量，以是否已经完成初始化作为其初始值，并且在每个函数的开始处插入对该全局变量进行测试的代码。例如，图 23-1 展示了具有两个函数 func_1 和 func_2，以及一个初始化函数 func_init 的模块的代码结构。每个函数都包含一行额外的代码以检查全局变量 needinit，其中 needinit 被静态地初始化为 1。如果函数被调用时 needinit 为 1，则调用 func_init 来执行初始化。

590

```
/* Example of a self-initializing module that uses a global variable */

int32 needinit = 1;                    /* Non-zero until initialized    */
...declarations for other global data structures

void   func_1(...args) {
        if (needinit) func_init();    /* Initialize before proceeding   */
        ...code for func_1
        return;
}

void   func_2(...args) {
        if (needinit) func_init();    /* Initialize before proceeding   */
        ...code for func_2
        return;
}

void   func_init(void) {
        if (needinit != 0) {          /* Initialization is needed       */
                ...code to perform initialization
                needinit = 0;
        }
        return;
}
```

图 23-1　展示了一个使用全局变量来控制自初始化的常规 C 程序结构的例子

　　虽然它对于常规程序很有效，但上述方法不适用于我们操作系统中的模块。有两个原因：并发和重新启动。首先我们将讨论如何处理并发，然后我们将讨论重新启动。

23.3　并发系统中的自初始化模块

　　考虑在最坏情况下，如果并发进程调用这些函数，图 23-1 中的模块将会发生什么情况。假设两个进程 P_1 和 P_2 尝试使用该模块，并考虑它们之间的上下文切换。如果一个进程调用函数 func_1 而另一个进程调用 func_2，则两个进程可能会同时执行 func_init 来初始化模块使用的全局数据结构。其中一个进程可能完成初始化，返回到该函数中并开始使用全局数据结构，而另一个进程将会继续初始化过程，并将全局数据结构中的值覆盖。

591

　　处理并发执行的方法包括禁用中断或使用互斥信号量。互斥信号量可以最小化对其他系统活动的干扰——只有当另一个进程正在使用该模块时，一个进程才会在试图使用模块时阻塞。否则，不会有任何进程被阻塞，中断也不会被禁用。然而，信号量创建也需要初始化，这意味着我们不能使用信号量来控制对初始化函数的访问。图 23-2 说明了一个混合解决方案，它在初始化期间禁用中断，并使用信号量为正常的执行提供互斥。

```
/* A self-initializing module that permits concurrent access      */

int32 needinit = 1;              /* Non-zero until initialized    */
sid32 mutex;                     /* Mutual exclusion semaphore ID */

void  func_1(...args) {
        intmask mask;

        mask = disable();        /* Disable during initialization */
        if (needinit) func_init(); /* Initialize before proceeding */
        restore(mask);           /* Restore interrupts            */
        wait(mutex);             /* Use mutex for exclusive access*/
        ...code for func_1
        signal(mutex);           /* Release the mutex             */
        return;
}

...other functions in the module structured as above

void  func_init(void) {
        intmask mask;

        mask = disable();
        if (needinit != 0) {     /* Initialization is still needed*/
               mutex = semcreate(1); /* Create the mutex semaphore */
               ...code to perform other initialization
               needinit = 0;
        }
        restore(mask);
        return;
}
```

图 23-2　允许并发访问的自初始化模块的图示

如代码所示，disable 和 restore 仅在测试模块已被初始化或执行模块初始化时被调用，这意味着模块中的函数可以执行任意长时间，而不会对设备造成影响。注意，即使一个函数（例如 func_1）在调用 func_init 之前禁用了中断，func_init 仍会禁用中断。disable 和 restore 的使用允许 func_init 被用户进程或模块中的函数直接调用。在任一情况下，当初始化函数返回到调用者时，中断会保持与调用者调用时相同的状态。练习中会考虑替代结构。

还要注意，当初始化完成时，两件事情将要被完成。首先，模块的数据结构将被初始化。其次，互斥信号量将被创建，并且其 ID 将被放置在全局变量 mutex 中，以被模块中的函数使用。

23.4　重新启动后的自初始化

作为一个额外的复杂问题，考虑重新启动系统时其所有的代码和数据仍然驻留在内存中的情况。例如，早期版本的 Xinu 允许重新启动系统以结束慢速下载。重新启动常驻系统会增加初始化的复杂性，因为全局变量（即数据段中的变量）不会被重置为其初始值。例如，考虑图 23-2 中的变量 needinit。当操作系统被加载时，变量的值为 1。只要模块中的任何函数被调用，初始化都会被执行，同时 needinit 将被置为 0。如果操作系统重新启动，模块将不会被重新初始化。

为了理解潜在的后果，考虑一个分配堆内存的模块。初始化函数将调用 getmem，并保存一个指向已分配内存的指针。模块中的函数使用该指针访问已分配的内存。当操作系统重新启动时，所有堆内存都会被放置在空闲链表上，并且将可用于分配。假设在重新启动之后，进程执行的顺序与第一次运行中的顺序不同。可能会发生如下情况：在系统的第一次运行中分配给模块的内存块在第二次运行中被分配用于另一目的。如果模块继续假定它拥有在第一次运行中分配的内存块，则模块可能会写入另一个进程所拥有的内存块。这样的错误尤其难以发现。

23.5 使用登录号初始化

对于整数大且不经常重启的系统，可以使用登录号的方法处理初始化问题。该方案为操作系统设置一个单独的全局计数器，为每个模块也设置一个全局计数器。操作系统的计数器用于计数操作系统重新启动的次数，每个模块的计数器用于计数模块被初始化的次数。所有计数器的值在编译时被初始化为0。当 sysinit 执行时，操作系统计数器增加，因此在系统第一次运行时它将为1。

若每次系统启动时模块必须初始化一次，则如何使用登录号是非常清晰的。测试模块是否已初始化可以通过比较来完成：如果系统的启动计数器超过模块的初始化计数器，则应该初始化模块。图 23-3 说明了登录号的使用。

```c
/* A self-initializing module using accession numbers      */

extern  int32  boot;                /* Count of times OS boots          */
int32   minit = 0;                  /* Count of module initializations*/
sid32   mutex;                      /* Mutual exclusion semaphore ID  */

void  func_1(...args) {

        if (minit<boot) func_init();/* Initialize before proceeding    */
        wait(mutex);                /* Use mutex for exclusive access */
        ...code for func_1
        signal(mutex);              /* Release the mutex              */
        return;

}
...other functions in the module structured as above

void  func_init(void) {
        intmask mask;

        mask = disable();
        if (minit < boot) {         /* Initialization is still needed */
                mutex = semcreate(1); /* Create the mutex semaphore    */
                ...code to perform other initialization
                minit++;
        }
        restore(mask);
        return;
}
```

图 23-3 使用登录号来处理系统重新启动的自初始化模块的示意图

23.6　广义内存标记方案

图 23-3 中所示的登录号方案做出了一个重要的假设：系统启动计数器将永远不会回绕。在整数长度为 32 位的系统上，若每秒重新启动一次并使用无符号算术运算，则系统可以在计数器回绕之前运行一百多年。在 8 位和 16 位嵌入式处理器上，登录号方案将无法满足。

问题出现了：并发环境中的自初始化模块如何在整数值范围较小的处理器上工作？当然，可以编写代码使用较小的整数来计算 32 位值。然而，作者创造了一个优雅和高效的技术来处理这个问题。这项技术被称为内存标记，该技术几乎不需要任何开销，并可以同时适应动态模块加载以及本章中的静态模块加载。

内存标记定义了一个新的数据类型（memmark）和两个函数来操作该数据类型：

- memmark L;　一声明 L 是可以被标记的位置
- mark(L);　一标记位置 L
- notmarked(L) 一如果位置 L 未被标记，则返回非零

操作系统重新启动后，内存中的所有位置都没有被标记。因此，notmarked 将返回非零。调用 mark 以标记一个位置后，notmarked 在该位置返回 0。第二个函数测试一个位置是否未被标记而不是位置是否已被标记，这可能看起来很奇怪。然而，我们将看到确定一个位置未被标记并执行某些操作是最常见的情形。例如，典型的测试代码可能类似于：

```
if ( notmarked(xxx) ) {
    ...code to perform initialization
    mark(xxx);
}
```

其中 xxx 被声明为 memmark 类型的变量。当然，当在并发处理系统中使用时，需要额外的代码来禁用中断以保证没有其他进程来干扰初始化。

图 23-4 显示了如何将内存标记代码插入自初始化模块中。

595

```
/* A self-initializing module using memory marking           */

memmark loc;                        /* Count of module initializations*/
sid32   mutex;                      /* Mutual exclusion semaphore ID  */

void  func_1(...args) {

        if (notmarked(loc)) func_init(); /* Initialize the module      */
        wait(mutex);                /* Use mutex for exclusive access */
        ...code for func_1
        signal(mutex);              /* Release the mutex              */
        return;
}
...other functions in the module structured as above

void  func_init(void) {
        intmask mask;

        mask = disable();
        if (notmarked(loc)) {
```

图 23-4　使用内存标记的模块示意图

```
                          mutex = semcreate(1); /* Create the mutex semaphore    */
                          ...code to perform other initialization
                          mark(loc);
                  }
                  restore(mask);
                  return;
          }
```

图 23-4（续）

23.7 内存标记系统的数据声明

内存标记显著地减少了时间耗费并提升了空间利用率。本质上，系统在 marks 数组里存储了已经被标记的内存位置列表。系统用整数 nmarks 记录 marks 数组中内存标记的数量。每个被标记的地址都是一个整数。当地址被标记时，系统会在该地址存储一个值，该值给出了在 marks 数组中对应该位置的索引。

我们可以采用这样的方法来检测一个地址 L 是否被标记了：从地址 L 中提取出索引值，称之为 I。如果 I 不在标记数组的范围内或标记数组中第 I 个条目并未包含地址 L，那么这个地址就是未被标记的。mark.h 包含了数据声明的同时也包含了 notmarked 内联函数。

```
/* mark.h - notmarked */

#define MAXMARK 20                    /* Maximum number of marked locations    */

extern  int32    *(marks[]);
extern  int32    nmarks;
extern  sid32    mkmutex;
typedef int32    memmark[1];          /* Declare a memory mark to be an array */
                                      /*   so user can reference the name      */
                                      /*    without a leading &                */


/*------------------------------------------------------------------------
 *  notmarked  -  Return nonzero if a location has not been marked
 *------------------------------------------------------------------------
 */
#define notmarked(L)                  (L[0]<0 || L[0]>=nmarks || marks[L[0]]!=L)
```

C 语言的精妙之处使得内存标记在使用上更加简单安全。在 C 语言中，数组名实际上是指向该数组的指针。当程序员声明了一个类型为 memmark 的变量时，相当于声明了只有一个元素的整型数组。例如，当一个程序员声明如下变量时：

```
memmark  loc;
```

编译器会为它分配一个整型空间。然而，因为变量 loc 的类型是一个数组而不是一个整型，程序中对 loc 的引用实际上会变成一个指针。因此，当一个程序员这样写时：

```
mark(loc);
```

编译器就可以在不需要程序员使用 "&" 运算符的情况下传递 loc 的地址。那么对于 notmarked 的代码也就很清楚了，当程序员编写：

```
notmarked(loc)
```

来调用 notmarked 宏时，参数 loc 将会是只有一个元素的数组，而不是整数。因此，代码
间接引用了数组（即引用了 loc[0] 而不是 loc）以找到 loc 中存储的整数值。

597

23.8　标记的实现

　　mark.c 文件包含了内存标记系统中另外两个函数的代码：markinit 和 mark。系
统重启时会调用 markinit 函数（例如在 Xinu 系统中，它在 sysinit 函数中被调用）。
markinit 把被标记地址的数量设为 0 并分配互斥信号量。一旦 markinit 初始化了系统，
各个模块就可以通过调用 mark 函数来标记某一个地址了。

```
/* mark.c - markinit, mark */

#include <xinu.h>

int32   *marks[MAXMARK];              /* Pointers to marked locations */
int32   nmarks;                       /* Number of marked locations   */
sid32   mkmutex;                      /* Mutual exclusion semaphore   */

/*------------------------------------------------------------------------
 *  markinit  -  Called once at system startup
 *------------------------------------------------------------------------
 */
void    markinit(void)
{
        nmarks = 0;
        mkmutex = semcreate(1);
}


/*------------------------------------------------------------------------
 *  mark  -  Mark a specified memory location
 *------------------------------------------------------------------------
 */
status  mark(
          int32 *loc                  /* Location to mark             */
        )
{

        /* If location is already marked, do nothing */

        if ( (*loc>=0) && (*loc<nmarks) && (marks[*loc]==loc) ) {
                return OK;
        }

        /* If no more memory marks are available, indicate an error */

        if (nmarks >= MAXMARK) {
                return SYSERR;
        }

        /* Obtain exclusive access and mark the specified location */
```

598

```
        wait(mkmutex);
        marks[ (*loc) = nmarks++ ] = loc;
        signal(mkmutex);
        return OK;
}
```

mark 函数中的一行代码完成了标记地址的工作：

```
marks[ (*loc) = nmarks++ ] = loc;
```

这一行代码增加了标记的数量，指定了地址中保存的初始值，并使用这个数字作为正在被标注的地址的项在 marks 数组中的索引值。

23.9　观点

自本书第一版出版以来，工程师们已经写信告知在他们构建嵌入式软件系统时使用了内存标记的方法。换句话说，这个机制是非常实用的。作者在他研究生期间独立提出内存标记方法，目的是在一个理论课程中完成作业。讽刺的是，该课程的教授并不欣赏这种策略的实用性。

即使你已经浏览了本章的全部内容，请花一些时间留意上面讨论中提到的代码。在大多数计算机语言中，标记内存位置都需要很多行代码才能完成，同时也不能编译成最优的指令。在 C 语言中，该源代码会非常简洁，同时编译器也可以产生非常高效的实现。

23.10　总结

允许模块进行自我初始化的技术主要有几种。其中，使用一个已经初始化了的全局变量的标准编程技术可以通过在初始化过程中禁用中断拓展到并发编程环境中。一个混合策略可以限制中断禁用来执行初始化代码，同时也能够使用互斥信号量在中断开启时执行模块中的函数。

内存标记技术使得操作系统无须重载镜像便可重启。内存标记既高效又简洁，其通过声明只有一个元素的数组的技巧来允许程序员声明内存标记 x，即使 notmarked 和 mark 函数需要变量的地址，也依然可以把变量 x 作为参数传给它们。

练习

23.1　图 23-2 中模块所展示的函数 func_1 在使用 if 表达式检查全局变量 needinit 之前禁用中断，并在检查之后恢复中断。证明：移除函数 func_1 中对 disable 和 restore 函数的调用不会影响正确性。

23.2　拓展上一个练习，移除 func_1 中对 disable 和 restore 的调用和对全局变量 needinit 的条件检测（即假设 func_1 在调用 func_init 之后直接等待互斥量）。证明结果代码仍然是正确的。保留 if 表达式的优势是什么？

23.3　多个进程同时调用 notmarked 和 mark 会出现问题吗？请做出解释。

23.4　mark 中的代码也可以使用 notmarked 宏实现。该做法的缺点是什么？

23.5　修改第 10 章中的缓冲池函数以使它们拥有内存标记和自初始化功能。

23.6　考虑一个支持动态加载的操作系统（即系统可以在运行时把相关模块加载到内存）在该系统中内存标记有效吗？请做出解释。

异 常 处 理

我从不假设异常，因为异常打破规则。

——Sir Arthur Conan Doyle

24.1　引言

本章的主题是异常处理。由于底层硬件决定了异常的报告方式，所以操作系统处理异常时所使用的技术完全取决于硬件。我们将描述在示例平台上的异常处理方式，而其他系统和架构中的异常处理方式留给读者自己探索。

通常，异常处理涉及的细节要多于概念。因此与前面的章节不同，本章不会介绍太多的概念。读者应该把本章所讨论的内容作为一个实例，并牢记一旦使用其他硬件系统，处理异常的细节和技术都可能改变。

24.2　术语：故障、检测、陷阱和异常

有很多专业术语被用来描述在运行过程中可能出现的问题，并且许多硬件厂商也有自己专门的术语。早期计算机用检测（或机器检测）来表示一种内部硬件故障。例如，早期版本的 Xinu 系统运行在能够检测上电失败的硬件上。其原理是：当电压开始下降时，中央处理器通知操作系统该问题[⊖]。

601
～
603

最初，与软件引发的错误相反，术语故障被用来表述与硬件相关的问题。然而当按需调页被发明以后，术语缺页被用来描述所引用的页不在内存中的情况。随着页式内存分配的普及，缺陷开始与缺页相关，硬件和软件引发的缺陷之间的区分开始逐渐消失。

当一个故障出现时，硬件必须想方设法通知操作系统。一些厂商使用术语陷阱，并将其表述为由硬件陷入操作系统。正如我们所了解到的，当 I/O 设备需要服务时，硬件也必须通知操作系统，针对这种情况，硬件经常被设计成共享同一种机制来通知操作系统故障和中断的发生。

24.3　向量异常和可屏蔽中断

目前，大多数厂家使用通用术语异常来表征任何意外发生的状况，然而这种表述并不清晰。我们通常说硬件"引发一个异常"来表示出现了一个问题。异常是一个广泛的统称，其包括缺页、运算错误（例如除以零）、非法指令、总线错误和 I/O 中断，我们已经知道，操作系统能使用同一种向量机制来处理所有的异常。

尽管使用同一种机制，所有异常的处理也不尽相同。之所以有这些区别，主要原因是

⊖　虽然看似在断电的时候操作系统不太可能有时间做出什么响应，但是当发生意外断电时，Xinu 系统能够在完全断电之前打印出"电力故障"的提示信息。

有些异常可以被处理器屏蔽，有些则不能。我们知道，处理器可以禁用中断。可屏蔽中断的实现需要操作系统在内部硬件寄存器上设置屏蔽位。有些硬件只提供一位来表示是否被屏蔽（即中断被禁用或者启用），其他硬件则使用多位提供多级中断。在这种操作系统中，处理器可以允许高优先级设备发出中断请求，而屏蔽来自低优先级设备的中断请求。控制中断的硬件也可能会对特殊的中断向量号（IRQ）提供一种屏蔽，它允许一个处理器在某个特定的设备上禁用或者启用中断（例如，停止 WiFi 设备并且不影响其他设备）。

24.4 异常的类型

异常可以分为七个主要类型：
- 设备中断
- 运算异常
- 非法内存引用
- I/O 错误（总线错误）
- 保护故障
- 无效指令
- 硬件故障

604

前几章详尽地描述了多种设备中断，并且指出一个配置有误的设备可以发起一次无效的中断请求。运算异常包括除零错误和浮点上溢 / 下溢。在内存系统与其他 I/O 设备分离的硬件上，当软件引用地址越界时，硬件将触发内存异常。在引用内存地址必须对齐的精简指令集系统的计算机上，如果软件以非字的整数倍地址来存储或读取内存，将会触发内存错误。有些硬件并不区分非法内存引用和 I/O 错误，而将这两者统称为总线错误。I/O 错误并非总是意味着设备硬件出现故障，设备驱动程序给设备传递一个无效地址也可触发 I/O 错误。例如，如果 DMA 硬件在内存中使用的描述符环中包含一个无效指针，当 DMA 硬件尝试使用该指针时将引发错误。

当软件试图进行超出自身权限级别的操作时，将触发保护故障。例如，当应用程序试图执行操作系统的特权指令时，硬件会引发保护故障。

由于大多数代码由编译器生成，所以很少见到无效的指令，然而编码错误可能会使程序跳转到内存的非指令区域。因此程序员在编写代码时必须要特别小心，如使用了间接函数调用的与设备无关的 I/O 函数。

随着科技的发展，硬件故障也比较罕见。固态电子学使得硬件非常可靠。然而，由于设备电池电量用尽导致的电压降低将会引发一种特殊的异常。当电压下降到固定阈值以下时，硬件将无法正常运作。

24.5 处理异常

当发生意外中断时，解决方案很简单：忽略中断（或者当添加新的设备时，重新进行配置以将该设备添加到系统之中）。异常的处理则比较复杂，取决于系统的规模和目的以及异常的来源。尤其是，操作系统必须是正确可靠的。因此，如果是操作系统代码导了异常，那么问题将是非常严重的，甚至会导致系统崩溃。

然而当应用程序代码引发异常时，问题被限定在应用本身，并不会显得那么严重。两个通用的方法用于处理应用程序异常：终止和通知。终止是将导致异常的进程直接"杀死"。

通知则是操作系统调用与这个应用进程相关的异常处理程序来处理此次异常。这就是说，在应用程序开始执行时通知操作系统调用一个函数来捕获它预期会出现的异常。当异常发生时，操作系统会检查此程序是否定义这个异常的异常处理程序。如果已定义异常处理程序，那么操作系统调用它，并且之后允许程序继续进行。一些编程语言都拥有声明异常处理程序的方式。 | 605 |

对于嵌入式系统而言，从异常中恢复是非常困难甚至是不可能的。即使是在允许系统与用户交互的情况下，用户对于这些问题也鲜有作为。所以，当异常发生时，很多嵌入式系统除了重启就只能关机。

24.6　异常向量初始化

前文提到，虽然有些异常是可以屏蔽的，但是也有很多异常不能屏蔽。硬件使用异常来选择一个向量入口，并且假设这个入口包含处理程序的地址。因此，操作系统设计人员必须足够小心，以确保系统填充异常向量之前没有异常发生。

将异常和相应的处理程序关联起来、填充向量、构建调用处理程序的分派代码等，对操作系统的设计人员来说是一项繁琐的任务。底层硬件和高层操作系统抽象之间的不匹配使得很难定位触发异常的根源。举个例子来说，假如一个使用 DMA 的设备在跟踪内存中描述符环的指针时遇到了一个无效指针，此时硬件会引发异常，但是这个异常与当前执行的程序毫不相关。因此操作系统设计者很难识别问题的正确来源。

24.7　面对灾难时的 panic

我们的示例代码遵循 UNIX 的传统，并使用函数名称 panic 来表示对灾难问题的处理。只有处理不能继续进行的时候才会调用 panic。这个想法很简单，panic 使用一个字符串作为参数，在控制台显示字符串并停止处理器。这个工作的代码量很小：panic 并不会尝试恢复或者识别错误进程。

因为涉及许多硬件的特定细节，显示寄存器或处理器状态的 panic 函数版本可能需要使用汇编语言来进行编写。例如，面对由于某栈指针无效引发的异常时，panic 函数需要避免使用该栈。因此，为了能够在所有情况下都能工作，panic 代码不能仅仅将一个数值压栈或者简单地调用某个函数。同样，由于设备转换表中的地址可能不正确，需要从设备转换表中获取控制台设备信息的 panic 函数可能会无法正常工作。幸运的是这些都是比较极端的案例，发生的概率不大。因此许多操作系统设计者都会设计一个非常基础版本的 panic 函数，只要操作系统主体和运行时环境大体保持完整，该函数就能运行。 | 606 |

24.8　panic 函数的实现

我们的 panic 函数版本是经过精简了的。因为中断处理可能引发异常状况，panic 中第一步便是禁用中断，然后使用轮询式 I/O 在控制台上显示信息（即使用 kprintf）。为了停止处理器，代码进入一个无限循环，练习题中提到其他实现方法。

文件 panic.c 中的代码如下：

```
/* panic.c - panic */

#include <xinu.h>

/*------------------------------------------------------------------------
 * panic  -  Display a message and stop all processing
 *------------------------------------------------------------------------
 */
void    panic (
          char   *msg                        /* Message to display         */
        )
{
        disable();                            /* Disable interrupts         */
        kprintf("\n\n\rpanic: %s\n\n", msg);
        while(TRUE) {;}                       /* Busy loop forever          */
}
```

24.9   观点

处理异常比看上去要更加复杂。假设一个应用程序正在进行系统调用：尽管应用程序的进程仍在运行，但它执行的是操作系统代码。如果此时发生异常，该异常应当被认为是操作系统的问题，而不应该调用应用程序进程的异常处理程序。类似地，当应用程序在执行共享库中的代码时发生了异常，该异常处理过程应当与应用程序本身所产生的异常同等对待。异常处理中的这些差别要求操作系统能够准确地跟踪应用程序当前的具体运行状态。

进程交互所引起的异常也使得异常处理更加复杂。例如，如果一个 Xinu 进程不小心写入另一个进程的地址空间，那么第一个进程的行为将引发第二个进程的异常。因此，即使系统提供了捕获异常的机制，第二个进程的异常处理程序也可能无法预见该问题，从而没有办法从异常中恢复。

24.10   总结

捕捉和识别异常和意外中断是十分重要的，因为它们有助于对在操作系统实现中产生的错误进行分离。因此，有必要较早地创建错误检测函数，即使它们的实现是粗糙和简陋的。

在嵌入式系统中，一个异常通常会引起系统重启或死机。在 panic 实现一章的例子中没有假定中断依旧是允许的，并且没有试图使用操作系统函数，相反该代码禁用了中断，在控制台输出消息，并进入无限循环来阻止进一步的程序运行。

练习

24.1 重写 Xinu 使系统代码可连续重用，并修改 panic 函数使其等待 15s，然后跳转到起始位置（即重启 Xinu）。

24.2 在 panic 函数中，需要多少个运行时栈中的位置来处理一个异常？

24.3 设计一个允许执行中的进程捕获异常的机制。

24.4 有些处理器包含一个 halt 指令来关闭处理器。找出包含这种指令的系统案例，并且重新改写代码。

24.5 找出一种异常发生后 panic 函数不能被调用的情况，提示：在函数调用时发生了什么呢？

系统配置

> 若无变数，则万物皆无趣。
>
> ——Publilius Syrus

25.1 引言

本章通过解决一个实际问题来结束对操作系统的基本设计的讨论：如何对前面章节中的代码进行转换使其能够在有特定外围设备的计算机上工作。

本章讨论了配置的目的、静态配置和动态配置之间的权衡，并展示了一个基本的配置程序，该程序可以根据对系统的描述来生成与描述相匹配的源文件。

25.2 多重配置的需求

最早期的计算机被作为单片系统来设计，其硬件和软件的设计是同时进行的。设计者选定处理器、内存和 I/O 设备的细节，并设计一个操作系统来专门控制选定的硬件。之后几代计算机增加了一些选项，允许用户自主选择内存和磁盘的容量。随着产业的成熟，第三方供应商开始出售能够连接到计算机上的外围设备。目前可供选择的计算机硬件种类极为丰富——购买者可在不同供应商提供的众多外围设备中进行选择。因此，一个特定的计算机可以是多种硬件设备的组合，而且这种组合可能不同于其他计算机。

609
~
611

有两种广泛使用的方式来配置操作系统软件：

- 静态配置
- 动态配置

静态配置。静态配置方式适用于硬件不会发生变化的小型"独立"系统。设计者选择包括处理器、内存和一组外围设备在内的计算机硬件，一旦指定了所需的硬件，就会创建一个支持这些所选特定硬件的操作系统，而且不需要任何额外的软件模块。实际上，设计者不会为每个硬件创建新的操作系统，而是使用通用操作系统并选择系统模块的子集。通常情况下，硬件的规格会被输入到管理操作系统源代码的配置程序中，配置程序按照硬件规格选择目标硬件所需的模块，并将其他模块排除在外。当生成的代码编译、链接完成时，就可以认为已经为硬件做好了配置。

动态配置。即系统在运行时可以动态修改配置的一种方式，是除静态配置外的另一种方案。动态配置仅适用于有大容量内存和辅助存储器的系统，系统在开始运行时并不知道硬件规格的具体信息，系统会探测硬件并确认硬件是否存在，然后按照选中的硬件加载相应部分系统模块。当然，这些操作系统软件必须在本地磁盘上可用或者已经下载完毕（例如通过因特网）。

静态配置是一种早期绑定的方式，其主要优点是内存映像中只包含已存在硬件的模块，对于内存有限且无可用的辅助存储器的小型嵌入式系统来说，静态配置是一种理想的方式；

并且，因为在制作操作系统映像时系统代码就已经绑定了硬件信息，系统在开机引导的过程中无须花费时间识别这些硬件，所以系统可以立即启动。但是，提前配置的主要缺点是迁移性较差，除非是两台内存容量和设备规格等所有信息都相同的机器，否则，迁移后系统不能运行。

把配置的时间推迟到系统启动之后能够帮助设计者编写出更健壮的代码，一个单独的系统能够在多种硬件配置上执行。在启动阶段，系统使自己与运行时的特定的硬件相适应，动态配置的方式能够处理任意供应商提供的任意外围设备集。例如，单个操作系统映像可以配置不同品牌的磁盘、打印机、网络接口和视频屏幕。动态配置还允许一个系统在不停止的情况下适应硬件设备的变化（例如，当用户插入或拔出 USB 设备时）。

₆₁₂

25.3　Xinu 系统配置

作为嵌入式系统，Xinu 遵循静态配置方法，配置工作主要发生在系统编译和链接期间。当然，即使在某些嵌入式系统中，一部分配置工作也必须推迟到系统启动时再进行。例如，某些版本的 Xinu 在系统初始化期间会计算存储器的大小，而其他版本会使用动态配置方式来检测实时时钟的存在。如我们所知，当总线上电时一些总线硬件会选择 IRQ 和设备地址，对于这样的硬件，Xinu 必须等到它开始运行才能找到中断向量地址和设备的 CSR 地址。

为了方便管理配置并能自动选择设备驱动程序模块，Xinu 使用单独的配置程序——config 程序，它属于操作系统的一部分。我们并不需要查看它的源代码，但是，我们应该关注 config 程序如何运行：它需要一个包含规范的输入文件，并生成输出文件，该输出文件将会成为操作系统代码一部分。接下来的部分将介绍配置程序并展示一些示例。

25.4　Xinu 配置文件的内容

config 程序将一个命名为 Configuration 的文本文件作为输入。它解释输入文件并产生两个输出文件 conf.h 和 conf.c。我们已经介绍过输出文件，它包含对设备定义的常量和设备转换表的定义[⊖]。

Xinu 配置文件的内容是一个文本文件，由三部分组成，两两之间由分隔符"%%"划分。这三部分分别是：
- 第一部分：设备类型的类型声明。
- 第二部分：特定设备的设备规范。
- 第三部分：符号常量。

25.4.1　第一部分：类型声明

类型声明是为了应对系统可能包含特定硬件设备的多个副本的情况。例如，一个系统可能有两个使用 tty 这个抽象概念的 UART 设备，在这种情况下，包含 tty 驱动的函数集合必须明确针对每一个 UART 设备。多次手动输入规范容易导致错误，且可能产生不一致。因此，类型声明允许只输入规范一次，并分配一个在设备规范部分两个设备都能使用的名字。

₆₁₃

每一个类型声明为一种类型的设备定义一个名字，并为这个类型列出一个默认的设备驱动函数集合。这个声明还允许指定与设备关联的硬件类型。例如，类型声明：

⊖　conf.h 参见 14.9 节，conf.c 参见 14.14 节。

```
tty:
      on uart
              -i ttyinit       -o ionull       -c ionull
              -r ttyread       -g ttygetc      -p ttyputc
              -w ttywrite      -s ioerr        -n ttycontrol
              -intr ttyhandler                 -irq 8
```

定义一种名为 tty 的、使用在 UART 设备上的类型。tty 和 uart 既不是关键词也没有任何意义。它们仅仅是设计者所选择的名字。剩下的项指出类型 tty 的默认驱动函数。每一个驱动函数之前都有一个以负号开头的关键字。图 25-1 列出了可能的关键字并给出了它们的含义。注意：一个给定的规范并不一定需要使用所有关键字。特别地，由于每一个 CSR 地址对于一个设备来说是独一无二的，所以在类型声明中通常并不包括 csr 关键字。

关键字	含义
-i	执行 init
-o	执行 open
-c	执行 close
-r	执行 read
-w	执行 write
-s	执行 seek
-g	执行 getc
-p	执行 putc
-n	执行 control
-intr	处理中断
-csr	控制和状态寄存器地址
-irq	中断向量号

图 25-1　Xinu 配置文件中使用的关键字及其含义

25.4.2　第二部分：设备规范

Configuration 文件的第二部分包含了系统中每个设备的声明。声明需要给出设备的名称（例如 CONSOLE），并指明构成驱动的函数集合。在 Xinu 中，设备是一个抽象的概念，并不一定要与物理硬件设备相关联。例如，除了 CONSOLE 和 ETHERNET 等设备与底层硬件相一致外，设备部分还能列出伪设备，如用于 I/O 操作的 FILE 设备。

声明一个设备有两个目的。首先，它在设备转换表里给设备分配了位置，允许使用高层 I/O 原语来指明设备，而不需要程序员调用特定的驱动函数。其次，它允许 config 程序给每个设备分配一个次设备号。所有相同类型的设备都分配了从 0 开始的最小可用设备号。

当一个设备被声明后，其特定值可以按需提供，其驱动函数也可以被重写。例如，以下声明：

```
CONSOLE is tty  on uart -csr 0xB8020000
```

声明 CONSOLE 作为运行在 UART 硬件上的类型为 tty 的设备。此外，这个声明指出其控制和状态寄存器（CSR）的地址为 0xB8020000。

如果程序员想要测试新版本的 ttygetc，只需要改变规范为：

```
CONSOLE is tty  on uart -csr 0xB8020000  -g myttygetc
```

这里使用了 tty 声明中给出的默认驱动函数，但重写了 getc 函数以使用参数 myttygetc。需要注意的是，使用配置参数可以很方便地在不改变或者替换原文件的情况下改变函数。

示例类型声明包含了 on uart 语句。为了理解指定底层硬件的目的，请注意设计者有时希望在多种不同硬件上使用相同抽象概念。比如，假设系统包含两种类型的 UART 硬件。on 关键字允许设计者对两种硬件类型使用 tty 抽象并分配一个特定的控制块数组，即使不同硬件在底层细节和驱动方式上都会有所差异。

25.4.3　符号常量

除了定义设备转换表的结构外，conf.h 中还包含指明设备总数和每个类型数量的常量，而 config 程序生成此类常量以反映 Configuration 文件中的规范。例如，常量 NDEVS 是一个整数，用于指明已经配置的设备总数，设备转换表则包含了 NDEVS 个设备，与设备无关的 I/O 通常使用 NDEVS 来检测设备 ID 的有效性。

config 还生成一组定义的常量的集合，这些常量指明了每种类型的设备数量。驱动函数可以使用适当的常量来声明控制块数组。每个常量的形式都为 N*xxx*，其中 *xxx* 为类型名。例如，如果文件 Configuration 定义了两个 tty 类型的设备，conf.h 将包含下面这行代码：

615

```
#define Ntty  2
```

25.5　计算次设备号

下面我们来看看 config 程序生成的文件。conf.h 包含设备转换表的声明，conf.c 包含初始化表的代码。对于给定的设备，其 devtab 表项包含了指向设备驱动例程的指针集合，该例程与 open、close、read 和 write 等高层 I/O 操作相对应。该表项还包含了中断向量地址和设备的 CSR 地址（如果硬件允许系统在编译时得到这些地址）。设备转换表中的所有信息直接从文件 Configuration 中得到。

如上所述，设备转换表中的每个表项也包含一个次设备号。次设备号仅仅是用于区别多个相同类型设备的一个整数。回顾上节中提到设备驱动函数用次设备号作为控制块数组的索引，以与每个设备的一个特殊表项相关联。本质上，config 程序对每种类型的设备进行计数，当发现一个设备时，config 就根据设备类型分配下一个次设备号（数字从 0 开始）。例如，图 25-2 说明了在一个有 3 台 tty 设备和 2 台 eth 设备的系统中如何分配设备标识符和次设备号。

设备名	设备标识符	设备类型	次设备号
CONSOLE	0	tty	0
ETHERNET	1	eth	0
SERIAL2	2	tty	1
PRINTER	3	tty	2
ETHERNET2	4	eth	1

图 25-2　设备配置的示例

注意，三个 tty 设备的次设备号为 0、1 和 2，但它们的设备号为 0、2 和 3。

25.6　配置 Xinu 系统的步骤

为了配置 Xinu 系统，程序员需要编辑 Configuration 文件，依照要求增加或修改设备信息和符号常量。在运行过程中，config 程序首先读取和解析该文件，收集每种设备类型的信息；然后读取设备规范，分配次设备号并生成输出文件 conf.c 和 conf.h；最后，除了自动生成的符号常量，config 程序还将规范的第三部分中的符号常量也加入 conf.h 中，使它们对于操作系统函数可用。

在 config 生成了 conf.c 和 conf.h 的新版本后，conf.c 和所有在 conf.h 中引用的系统函数必须重新编译。

25.7　观点

操作系统的历史是从静态配置转变为动态配置的历史。一个有趣的问题是动态配置带来的收益是否大于其开销成本，例如，将启动 Xinu 所需的时间与启动大型系统（如 Windows 或 Linux）所需的时间进行比较，虽然计算机的底层硬件通常不会发生变化，但生产系统可能需要经历以下步骤：轮询总线找到存在的设备，加载驱动程序以及与每个设备进行交互。

一些系统（特别是在笔记本电脑上使用的系统）提供了一种允许快速重启的睡眠模式（有时称为休眠模式），可以不用完全关闭系统电源。睡眠模式可以存储处理器状态（例如，将运行的内存映像和硬件寄存器保存在磁盘上）。当用户重新启动机器时，系统从磁盘中还原机器状态。在系统恢复运行之前，只需要进行少量检查。例如，如果笔记本电脑在进入睡眠模式之前已连接到无线网络，而用户有可能将计算机移动到网络不可用的新位置上，那么系统恢复后操作系统必须检查网络连接。

25.8　总结

设计者寻求方法使操作系统能够支持配置，而不只是为特定的硬件建立完整的操作系统。静态配置（早期绑定的方式）在系统编译和链接时选择模块，而动态配置在运行时才加载如设备驱动等模块。

因为 Xinu 是为嵌入式系统设计的，所以它使用静态配置。config 程序读取 Configuration 文件并生成 conf.c 和 conf.h 文件，后两者定义和初始化设备转换表。将设备类型从设备声明中分离使得 config 程序能够计算次设备号。

练习

25.1　编写函数 myttyread，它循环调用 ttygetc 来满足需求。为了测试你的代码，修改 Configuration 文件以替换 ttyread 部分的代码。

25.2　调研其他系统是如何进行配置的？例如，Windows 启动时发生了什么？

25.3　如果每个操作系统函数都包含了 conf.h，那么任何对 Configuration 文件的修改都意味着生成一个新版本的 conf.h，而且整个系统必须重新编译。重新编写 config 程序将常量分布在几个不同的头文件中，以消除不必要的重编译。

25.4　讨论配置程序是否是值得的，包括一些使系统更容易配置所需的额外代价。记住程序员在系统第一次配置时很有可能对其缺乏经验和知识。

25.5 理论上，当将系统从一台计算机移植到另一台计算机时，系统的很多部分是需要改变的。除了设备外，如考虑处理器（不只是基本的指令集，也可能是某些模块的附加指令）、协处理器的可用性（包括浮点数）、实时时钟或时间解析，以及整型的字节序。证明如果配置系统具有以上的参数，那么生成的系统是不可测试的。

25.6 测量系统启动的时间和该系统休眠后恢复的时间。二者相差多少？

25.7 在上一个练习中，如果计算机移动到网络不可用的地方，系统的恢复时间会发生变化吗？

25.8 在以下条件下重新测量系统启动时间和该系统休眠后恢复的时间：（1）在系统休眠前插入三个USB设备且在系统休眠时拔掉这些设备；（2）在系统休眠前不插入USB设备，但在系统休眠时插入三个USB设备。

618

一个用户接口例子：Xinu shell

一个人需要明白，他不能控制一切……

——James Allen

26.1 引言

前面的章节把操作系统描述为函数的集合，应用程序可以调用这些函数来获得服务。但是，一般来说用户从来不会接触系统函数，而是调用应用程序，通过应用程序来访问底层系统函数。

本章将研究基础的用户接口——shell ⊖，用户可以通过它来启动应用程序并控制这些应用程序的输入输出。shell 的设计将遵循系统其他部分的模式，强调简单、优雅而不是纷杂的功能。本章将关注一些基础思想，这些思想使得 shell 不需要大量代码就能足够强大。本章还将介绍一些例子，包括解释用户命令的软件和用户可调用的应用程序。本章的解释器例子虽然只提供了基本功能，但是它能够说明几个重要的概念。

26.2 什么是用户接口

用户接口包括硬件和软件，用户可以与之交互执行计算任务并观察结果。因此，用户接口软件处于用户和计算机系统之间，其中用户指定需要做什么，而计算机系统则执行指定的任务。

用户接口设计的目标是创建一个工作环境，使得用户在其中可以方便而高效地执行计算任务。比如，大多数现代用户接口都利用了图形表示，它包含一系列图标，用户可以选择这些图标来启动应用。图像的使用使得应用程序的选择变得快捷，用户也不再需要记住一大堆应用程序名。

典型的小型嵌入式系统提供了两层用户接口：一层面向终端用户，另一层面向系统构建者。例如一个桌面系统会提供一个图形界面，通过这个界面，终端用户可以启动应用程序，然后与设备进行互动。然而，对于编写一个新软件、直接进入文件系统或进入文本命令来说，程序员都会调用一个低级别的交互界面，有时候这个界面称为终端界面。

26.3 命令和设计原则

业界一般使用命令行接口（Command Line Interface，CLI）来描述一个允许用户输入一系列文本命令的接口。许多嵌入式系统产品都提供了命令行接口。通常，一行输入对应一条命令，系统执行完一行命令再读取下一行命令。术语命令（command）的出现是因为大多数命令行接口都遵循相同的语法格式，每一行以一个名字开头指定行为，而后接着的参数用来

⊖　术语"shell"和 Xinu 系统中的其他许多思想都来自 UNIX。

指定该行为的详细内容以及该行为的对象。例如，想象一个系统使用命令 config 来控制与网络接口相关的设置，那么将 0 号网卡的 MTU 参数设置为 1500 的命令可能是：

```
config 0 MTU = 1500
```

所有可用命令的集合决定了用户可用的功能（即定义了计算系统的能力）。但是，好的设计不只是收集随机命令，它需要遵循以下原则：

- 功能性：充分满足所有需求。
- 正交性：一个指定任务只有一种方式执行。
- 一致性：命令遵循一致模式。
- 最小意外性：用户能预测结果。

26.4 一个简化 shell 的设计决策

程序员在设计一个 CLI 和处理命令的 shell 程序时，必须在许多备选方案中做出选择。下面列出了程序员面临的决策，描述了为简化的 Xinu shell 所做出的决策。

输入处理。在处理回退、字符回显、行删除的细节时，接口是让终端设备驱动处理还是自己处理？由于该选择决定了 shell 能够控制输入的程度，所以这是一个重要的决定。例如，现代 UNIX shell 在进行行输入编辑时允许使用 Control-B 和 Control-F 来移动光标的位置。而 Xinu 的 tty 驱动并没有提供这样的编辑功能。⊖ 我们选择使用 tty 驱动程序，它可以简化设计并减少代码量。练习中建议我们使用 shell 来解释所有输入字符，而不是使用 tty 驱动。

前台或者后台执行。shell 在开始执行一条命令前需要等待前一条命令完成吗？我们的 shell 遵循 UNIX 传统，允许用户决定是等待还是在前台或后台执行命令。

输入和输出的重定向。也与 UNIX 一样，我们的 shell 允许用户在调用命令时指定输入源地址和输出目的地址。这种技术称为输入输出重定向（I/O redirection），它允许每条命令像通用工具一样应用于各种文件和输入输出设备。提供重定向的 shell 也意味着输入输出格式是统一的——一个单一的重定向机制适用于所有命令。

类型化或非类型化参数。shell 是否应该检查一个给定命令的参数数量和类型，或者每个命令都应该处理参数？按照 UNIX 传统，我们的示例 shell 不会检查参数的数量，也不会解释参数值。相反，shell 将每个参数视为文本字符串，并将参数集再传递给命令。因此，每个命令必须检查它的参数是否有效。

26.5 shell 的组织和操作

shell 被组织成一个循环，其反复读取输入行并执行命令。读取一行后，shell 必须提取命令名、参数以及其他内容，如输入输出重定向或者后台执行指示。按照语法分析的标准惯例，我们将这些代码分为两个独立函数：一个进行词法分析，将字符分组生成符号（token）；另一个检查这些符号集合是否形成一个合法的命令。

使用独立的词法分析函数对我们的简单 shell 范例语法来说或许没有必要，并且减少小任务的工作量很诱人，然而，为了方便以后的扩展，我们还是选择了该组织方式。

⊖ Control-B 和 Control-F 的定义源于 Emacs 编辑器。

26.6　词法符号的定义

在词法层，我们的 shell 扫描输入行并将字符分组为具有语义的符号。图 26-1 列举了扫描器识别的词法符号以及分类符号时所用到的 4 种词法类型。

符号名称 （符号类型）	数值	输入字符	描述
SH_TOK_AMPER	0	&	"与"符号
SH_TOK_LESS	1	<	"小于"符号
SH_TOK_GREATER	2	>	"大于"符号
SH_TOK_OTHER	3	'…'	被引号引起来的字符串（单引号）
SH_TOK_OTHER	3	"…"	被引号引起来的字符串（双引号）
SH_TOK_OTHER	3	其他	非空格字符序列

图 26-1　Xinu shell 使用的词法符号

与大多数命令行处理器一样，我们力求灵活。字符串如"小于"（即"<"）被分配特殊含义。shell 使用带有引号的字符串作为词法符号，带有引号的字符串允许用户指定包含任意字符串的参数。引起来的字符串可以包含任意字符，包括被 shell 识别的特殊字符。Xinu shell 使用两种形式，而不是将转义字符串的复杂规则纳入字符串，每一个被引起来的字符串以单引号或者双引号开始，可以包含所有字符，包括空格、制表符和特殊字符，直到遇到相应的结尾引号。因此，字符串

　　'a string'

有 8 个字符，包括一个空格符。更为重要的则是因为两个引号可被识别，所以可以创建一个包含一个引号字符的字符串。例如，字符串

　　"don't blink"

有 11 个字符，包括一个单引号字符。词法扫描器移除两侧的引号，将剩下的字符串序列分类为 SH_TOK_OTHER。

词法扫描器将仅包含空格符或者制表符的字符定义为空白字符。两个 SH_TOK_OTHER 类型的符号之间至少有一个空白字符。其他情况下空白字符将被忽略。

624

26.7　命令行语法的定义

当一行输入被扫描并被分割成一系列词法符号时，shell 对这些符号进行解析，并验证它们是不是有效的序列。shell 所用的语法是：

```
command_name args* [redirection] [background]
```

方括号"[ ]"表示参数可选，星号"*"表示某项有 0 个或多个。字符串 command_name 表示命令的名称，arg* 表示参数可以有 0 个或多个，可选项 redirection 表示输入重定向、输出重定向，或者两者都有，background 表示是否后台执行。图 26-2 包含了利

用符号来定义有效输入的语法。

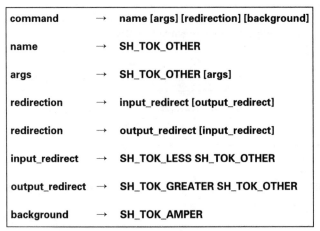

command	→	name [args] [redirection] [background]
name	→	SH_TOK_OTHER
args	→	SH_TOK_OTHER [args]
redirection	→	input_redirect [output_redirect]
redirection	→	output_redirect [input_redirect]
input_redirect	→	SH_TOK_LESS SH_TOK_OTHER
output_redirect	→	SH_TOK_GREATER SH_TOK_OTHER
background	→	SH_TOK_AMPER

图 26-2　示例 shell 的有效符号序列的语法

本质上，一个命令包含一个或者多个"其他"可选符号序列，它们表示重定向输入 / 输出或者后台执行的符号。一行中第一个符号必须是命令名。

26.8　Xinu shell 的实现

我们从 shell 中使用的常量和变量的定义开始来检查它的实现。文件 shell.h 包含这些声明。

```
/* shell.h - Declarations and constants used by the Xinu shell */

/* Size constants */

#define SHELL_BUFLEN    TY_IBUFLEN+1    /* Length of input buffer      */
#define SHELL_MAXTOK    32              /* Maximum tokens per line     */
#define SHELL_CMDSTK    8192            /* Size of stack for process   */
                                        /*    that executes command    */
#define SHELL_ARGLEN    (SHELL_BUFLEN+SHELL_MAXTOK) /* Argument area   */
#define SHELL_CMDPRIO   20              /* Process priority for command */

/* Message constants */

/* Shell banner (assumes VT100) */

#define SHELL_BAN0      "\033[1;31m"
#define SHELL_BAN1      "--------------------------------------------"
#define SHELL_BAN2      "    __    __   _                            "
#define SHELL_BAN3      "   \\ \\  \\ \\ / /  |__   __|  | \\ | |   | |  | |   "
#define SHELL_BAN4      "    \\ \\  \\ \\/ /   |  |    |  \\| |   | |  | |   "
#define SHELL_BAN5      "     / /\\ \\ \\   _| |_   | |\\  |   | |  | |   "
#define SHELL_BAN6      "    / /  \\ \\ \\  |_   _|  | | \\ |   \\ \\ -- /   "
#define SHELL_BAN7      "   --    --   -----   -  -  -    ----  -   "
#define SHELL_BAN8      "--------------------------------------------"
#define SHELL_BAN9      "\033[0;39m\n"

/* Messages shell displays for user */
```

625

```
#define SHELL_PROMPT      "xsh $ "          /* Command prompt              */
#define SHELL_STRTMSG     "Welcome to Xinu!\n"/* Welcome message          */
#define SHELL_EXITMSG     "Shell closed\n"/* Shell exit message           */
#define SHELL_SYNERRMSG   "Syntax error\n"/* Syntax error message         */
#define SHELL_CREATMSG    "Cannot create process\n"/* command error       */
#define SHELL_INERRMSG    "Cannot open file %s for input\n" /* Input err   */
#define SHELL_OUTERRMSG   "Cannot open file %s for output\n"/* Output err  */
                                            /* Builtin cmd error message   */
#define SHELL_BGERRMSG    "Cannot redirect I/O or background a builtin\n"

/* Constants used for lexical analysis */

#define SH_NEWLINE        '\n'              /* New line character          */
#define SH_EOF            '\04'             /* Control-D is EOF            */
#define SH_AMPER          '&'               /* Ampersand character         */
#define SH_BLANK          ' '               /* Blank character             */
#define SH_TAB            '\t'              /* Tab character               */
#define SH_SQUOTE         '\''              /* Single quote character      */
#define SH_DQUOTE         '"'               /* Double quote character      */
#define SH_LESS           '<'               /* Less-than character   */
#define SH_GREATER        '>'               /* Greater-than character      */

/* Token types */

#define SH_TOK_AMPER      0                 /* Ampersand token             */
#define SH_TOK_LESS       1                 /* Less-than token             */
#define SH_TOK_GREATER    2                 /* Greater-than token          */
#define SH_TOK_OTHER      3                 /* Token other than those      */
                                            /*   listed above (e.g., an    */
                                            /*   alphanumeric string)      */

/* Shell return constants */

#define SHELL_OK          0
#define SHELL_ERROR       1
#define SHELL_EXIT        -3

/* Structure of an entry in the table of shell commands */

struct  cmdent  {                           /* Entry in command table      */
        char    *cname;                     /* Name of command             */
        bool8   cbuiltin;                   /* Is this a builtin command?  */
        int32   (*cfunc)(int32,char*[]);/* Function for command            */
};

extern  uint32  ncmd;
extern  const   struct   cmdent  cmdtab[];
```

626

与 UNIX 系统命令驻留在文件中不同, 所有的 Xinu shell 命令都链接到映像中。shell 定义了一个数组列出可用的命令集、每个命令的名称以及该命令执行的函数。

文件 shell.h 的最后部分定义的 cmdtab 表负责保存 shell 命令信息。表中的每一项都是一个 cmdent 结构, 后者又包含 3 项: 命令名、指定命令是否严格要求内置执行

的布尔值，以及指向实现命令的函数的指针。后面各节将讨论命令表如何初始化以及如何
使用。

26.9 符号的存储

Xinu shell 使用的数据结构超乎寻常：它使用一个整型数组 toktyp 来记录每个符号
的类型的数字值。这些符号本身存储为以空值终止的字符串。为了节省空间，符号被打包
存储在一个字符串数组 tokbuf 组成的连续区域内，用一个整型数组 tok 来保存每个符号
的起始索引。Xinu shell 依赖于两个计数器：ntok，统计目前找到的符号数；tlen，统计
tokbuf 数组中保存的字符数。为了理解该数据结构，不妨考虑如下输入行的例子：

```
date > file &
```

该行包含 4 个符号。图 26-3 展示了词法分析器是如何通过填充数据结构来保存输入行
中所提取的符号的。

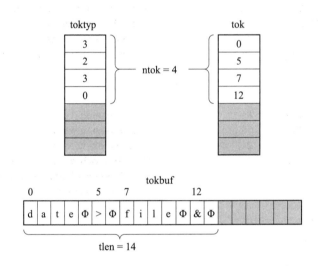

图 26-3　输入行 date>file & 的变量 tokbuf、toktyp、tok、ntok 和 tlen 的内容

如图 26-3 所示，符号自身保存在数组 tokbuf 中，空白字符被移除。每个符号以一个
空字符结尾。数组 tok 中保存的每个整数都是指向 tokbuf 的一个索引值——tok 的第 i 个
元素给出了第 i 个符号在 tokbuf 中的位置。最后，数组 toktyp 的第 i 个元素表明了第 i
个符号的类型。例如，输入行的第二个符号 " > " 的类型值是 2（SH_TOK_GREATER ⊖），它
的起始值是数组 tokbuf 的第 5 个元素，输入行的第三个符号 " file " 的类型值是 3（SH_
TOK_OTHER），它的起始值为数组 tokbuf 的第 7 个元素。

26.10 词法分析器代码

由于 Xinu shell 语法很简单，所以我们选择使用一个专门的、自上而下的词法分析器。
文件 lexan.c 包含这些代码。

⊖　图 26-1 列出了每个符号类型的数字值。

```
/* lexan.c  - lexan */

#include <xinu.h>

/*------------------------------------------------------------------------
 * lexan  - Ad hoc lexical analyzer to divide command line into tokens
 *------------------------------------------------------------------------
 */

int32   lexan (
        char        *line,          /* Input line terminated with   */
                                    /*   NEWLINE or NULLCH          */
        int32       len,            /* Length of the input line,    */
                                    /*   including NEWLINE          */
        char        *tokbuf,        /* Buffer into which tokens are */
                                    /*   stored with a null         */
                                    /*   following each token       */
        int32       *tlen,          /* Place to store number of     */
                                    /*   chars in tokbuf            */
        int32       tok[],          /* Array of pointers to the     */
                                    /*   start of each token        */
        int32       toktyp[]        /* Array that gives the type    */
                                    /*   of each token              */
        )
{
        char    quote;              /* Character for quoted string  */
        uint32  ntok;               /* Number of tokens found       */
        char    *p;                 /* Pointer that walks along the */
                                    /*   input line                 */
        int32   tbindex;            /* Index into tokbuf            */
        char    ch;                 /* Next char from input line    */

        /* Start at the beginning of the line with no tokens */

        ntok = 0;
        p = line;
        tbindex = 0;

        /* While not yet at end of line, get next token */
        while ( (*p != NULLCH) && (*p != SH_NEWLINE) ) {

                /* If too many tokens, return error */

                if (ntok >= SHELL_MAXTOK) {
                        return SYSERR;
                }

                /* Skip whitespace before token */

                while ( (*p == SH_BLANK) || (*p == SH_TAB) ) {
                        p++;
                }

                /* Stop parsing at end of line (or end of string) */
```

629

```
                ch = *p;
                if ( (ch==SH_NEWLINE) || (ch==NULLCH) ) {
                        *tlen = tbindex;
                        return ntok;
                }

                /* Set next entry in tok array to be an index to the    */
                /*    current location in the token buffer              */

                tok[ntok] = tbindex;      /* the start of the token     */

                /* Set the token type */

                switch (ch) {

                    case SH_AMPER:        toktyp[ntok] = SH_TOK_AMPER;
                                          tokbuf[tbindex++] = ch;
                                          tokbuf[tbindex++] = NULLCH;
                                          ntok++;
                                          p++;
                                          continue;

                    case SH_LESS:         toktyp[ntok] = SH_TOK_LESS;
                                          tokbuf[tbindex++] = ch;
                                          tokbuf[tbindex++] = NULLCH;
                                          ntok++;
                                          p++;
                                          continue;
                    case SH_GREATER:      toktyp[ntok] = SH_TOK_GREATER;
                                          tokbuf[tbindex++] = ch;
                                          tokbuf[tbindex++] = NULLCH;
                                          ntok++;
                                          p++;
                                          continue;

                    default:              toktyp[ntok] = SH_TOK_OTHER;
                };

                /* Handle quoted string (single or double quote) */

                if ( (ch==SH_SQUOTE) || (ch==SH_DQUOTE) ) {
                        quote = ch;       /* remember opening quote */

                        /* Copy quoted string to arg area */

                        p++;    /* Move past starting quote */

                        while ( ((ch=*p++) != quote) && (ch != SH_NEWLINE)
                                        && (ch != NULLCH) ) {
                                tokbuf[tbindex++] = ch;
                        }
                        if (ch != quote) {  /* string missing end quote */
                                return SYSERR;
                        }
```

630

```
                            /* Finished string - count token and go on     */

                            tokbuf[tbindex++] = NULLCH; /* terminate token  */
                            ntok++;           /* count string as one token  */
                            continue;         /* go to next token           */
            }

            /* Handle a token other than a quoted string               */

            tokbuf[tbindex++] = ch; /* put first character in buffer*/
            p++;

            while ( ((ch = *p) != SH_NEWLINE) && (ch != NULLCH)
                    && (ch != SH_LESS)  && (ch != SH_GREATER)
                    && (ch != SH_BLANK) && (ch != SH_TAB)
                    && (ch != SH_AMPER) && (ch != SH_SQUOTE)
                    && (ch != SH_DQUOTE) )  {
                            tokbuf[tbindex++] = ch;
                            p++;
            }

            /* Report error if other token is appended */

            if (        (ch == SH_SQUOTE) || (ch == SH_DQUOTE)
                || (ch == SH_LESS)    || (ch == SH_GREATER) ) {
                    return SYSERR;
            }

            tokbuf[tbindex++] = NULLCH;        /* terminate the token  */

            ntok++;                            /* count valid token    */

        }
        *tlen = tbindex;
        return ntok;

}
```

631

函数 lexan 的前两个参数给出了输入行的地址和字符数。后面的参数给出了图 26-3 中数据结构的指针。lexan 首先初始化找到的符号数量、输入行的指针以及数组 tokbuf 中的索引，然后进入 while 循环运行直到指针 p 到达输入行的结尾。

在处理符号时，lexan 跳过空白字符（即空格和制表符），将 tokbuf 的当前索引保存在 tok 中，用 switch 语句选择适用于下一个输入字符的行为。对于 3 个单字符符号（即 &、>和<），lexan 将符号类型记录在数组 toktyp 中，将符号以空值结尾存放在 tokbuf 数组中，递增 ntok，移动到字符串的下一个字符，然后继续执行 while 循环以处理下一个输入字符。

当字符不是这 3 个单字符符号时，lexan 将符号类型记录为 SH_TOK_OTHER，然后退出 switch 语句。此时有两种情况：符号是用引号引起来的字符串，或是以特殊字符或空白字符结尾的连续字符串。lexan 能够识别单引号和双引号字符，字符串以第一个匹配的引号或者行尾符结束。如果遇到行尾符，lexan 就返回 SYSERR；否则，它毫无保留地将字符串复制到 tokbuf 数组中，也就是说，它能包含任意字符，包括空白或者其他引号标记的

字符。当复制操作结束时，词法分析器添加一个 null 字符来定义符号的结尾。然后继续在
while 循环中寻找下一个符号。

代码的最后一部分处理由单个 token 字符和引号之外的连续字符组成的符号。代码进入
循环直到找到一个特殊字符或者空白字符，然后将字符串放在数组 tokbuf 接下来的位置
中。在继续处理下一个符号前，代码检查两个符号间是否有空白字符。

当 lexan 到达输入行结尾时，它就返回找到的符号数量。如果在执行阶段检测到一个
错误，lexan 就返回 SYSERR 给调用者，而不会尝试修复或复原问题。也就是说，发生错
误时的动作被编码为 lexan。练习中讨论了错误处理和建议的替代方案。

26.11　命令解释器的核心

尽管命令解释器中细节很多，但是最基本的算法还是不难理解的。本质上，其代码包含
一个重复读取输入行的循环，然后用 lexan 抽取符号、检查语法、传递参数，如果有必要，
还要进行 I/O 重定向，并且根据说明在后台或者前台运行命令。如果用户输入文件结束符
（Control-d）或者命令返回特殊的退出码，循环就会终止。

与词法分析器一样，命令解释器使用了一种特殊的实现。它的代码既不像传统的编译
器，也不包括独立的代码来检查符号序列是否有效。相反，在处理过程的每一步它都进行错
误检查。例如，在处理完后台参数和 I/O 重定向参数之后，Xinu shell 确认剩下的符号是否
都是 SH_TOK_OTHER 类型。

阅读代码会让实现方法更加清楚。shell 函数执行命令解释（下面的文件 shell.c 包
含这部分代码）。需要注意的是，代码中还声明了 cmdtab 数组，该数组中指定了命令集
和处理这些命令所对应的函数。此外代码还设置了外部变量 ncmd，用于指明表中命令的
数量。

在概念上，命令集独立于用于处理用户输入的代码。因此，将 shell.c 分为两个文件
是合理的：一个文件定义命令，另一个文件包含处理代码。然而，实际上这两个文件被合并
为一个，因为在这个例子中命令集很少，没有必要再增加一个文件。

```
/* shell.c  -  shell */

#include <xinu.h>
#include <stdio.h>
#include "shprototypes.h"

/*************************************************************************/
/* Table of Xinu shell commands and the function associated with each   */
/*************************************************************************/
const    struct  cmdent  cmdtab[] = {
        {"argecho",      TRUE,    xsh_argecho},
        {"arp",          FALSE,   xsh_arp},
        {"cat",          FALSE,   xsh_cat},
        {"clear",        TRUE,    xsh_clear},
        {"date",         FALSE,   xsh_date},
        {"devdump",      FALSE,   xsh_devdump},
        {"echo",         FALSE,   xsh_echo},
        {"exit",         TRUE,    xsh_exit},
        {"help",         FALSE,   xsh_help},
```

```
            {"ipaddr",       FALSE,   xsh_ipaddr},
            {"kill",         TRUE,    xsh_kill},
            {"memdump",      FALSE,   xsh_memdump},
            {"memstat",      FALSE,   xsh_memstat},
            {"ping",         FALSE,   xsh_ping},
            {"ps",           FALSE,   xsh_ps},
            {"sleep",        FALSE,   xsh_sleep},
            {"udp",          FALSE,   xsh_udpdump},
            {"udpecho",      FALSE,   xsh_udpecho},
            {"udpeserver",   FALSE,   xsh_udpeserver},
            {"uptime",       FALSE,   xsh_uptime},
            {"?",            FALSE,   xsh_help}

};


uint32  ncmd = sizeof(cmdtab) / sizeof(struct cmdent);

/************************************************************************/
/* shell  -  Provide an interactive user interface that executes       */
/*            commands.  Each command begins with a command name, has   */
/*            a set of optional arguments, has optional input or        */
/*            output redirection, and an optional specification for     */
/*            background execution (ampersand).  The syntax is:         */
/*                                                                      */
/*                  command_name [args*] [redirection] [&]              */
/*                                                                      */
/*            Redirection is either or both of:                         */
/*                                                                      */
/*                             < input_file                             */
/*                 or                                                   */
/*                             > output_file                            */
/*                                                                      */
/************************************************************************/

process shell (
            did32    dev                /* ID of tty device from which */
         )                              /*    to accept commands       */
{
        char     buf[SHELL_BUFLEN];     /* Input line (large enough for */
                                        /*    one line from a tty device */
        int32    len;                   /* Length of line read         */
        char     tokbuf[SHELL_BUFLEN +  /* Buffer to hold a set of     */
                      SHELL_MAXTOK];    /* Contiguous null-terminated  */
                                        /* Strings of tokens           */
        int32    tlen;                  /* Current length of all data  */
                                        /*    in array tokbuf          */
        int32    tok[SHELL_MAXTOK];     /* Index of each token in      */
                                        /*    array tokbuf             */
        int32    toktyp[SHELL_MAXTOK];  /* Type of each token in tokbuf */
        int32    ntok;                  /* Number of tokens on line    */
        pid32    child;                 /* Process ID of spawned child */
        bool8    backgnd;               /* Run command in background?  */
        char     *outname, *inname;     /* Pointers to strings for file */
                                        /*    names that follow > and < */
```

634

```
did32    stdinput, stdoutput;    /* Descriptors for redirected  */
                                 /*    input and output          */
int32    i;                      /* Index into array of tokens   */
int32    j;                      /* Index into array of commands */
int32    msg;                    /* Message from receive() for   */
                                 /*    child termination         */
int32    tmparg;                 /* Address of this var is used  */
                                 /*    when first creating child */
                                 /*    process, but is replaced  */
char     *src, *cmp;             /* Pointers used during name    */
                                 /*    comparison                */
bool8    diff;                   /* Was difference found during  */
                                 /*    comparison                */
char     *args[SHELL_MAXTOK];    /* Argument vector passed to    */
                                 /*    builtin commands          */
```

635
```
        /* Print shell banner and startup message */
        fprintf(dev, "\n\n%s%s\n%s\n%s\n%s\n%s\n%s\n%s\n%s\n%s\n",
                SHELL_BAN0,SHELL_BAN1,SHELL_BAN2,SHELL_BAN3,SHELL_BAN4,
                SHELL_BAN5,SHELL_BAN6,SHELL_BAN7,SHELL_BAN8,SHELL_BAN9);

        fprintf(dev, "%s\n\n", SHELL_STRTMSG);

        /* Continually prompt the user, read input, and execute command */

        while (TRUE) {

                /* Display prompt */

                fprintf(dev, SHELL_PROMPT);

                /* Read a command */

                len = read(dev, buf, sizeof(buf));

                /* Exit gracefully on end-of-file */

                if (len == EOF) {
                        break;
                }

                /* If line contains only NEWLINE, go to next line */

                if (len <= 1) {
                        continue;
                }

                buf[len] = SH_NEWLINE;  /* terminate line */

                /* Parse input line and divide into tokens */

                ntok = lexan(buf, len, tokbuf, &tlen, tok, toktyp);

                /* Handle parsing error */
```

```
                if (ntok == SYSERR) {
                        fprintf(dev,"%s\n", SHELL_SYNERRMSG);
                        continue;
                }

                /* If line is empty, go to next input line */

                if (ntok == 0) {
                        fprintf(dev, "\n");
                        continue;
                }

                /* If last token is '&', set background */

                if (toktyp[ntok-1] == SH_TOK_AMPER) {
                        ntok-- ;
                        tlen-= 2;
                        backgnd = TRUE;
                } else {
                        backgnd = FALSE;
                }


                /* Check for input/output redirection (default is none) */

                outname = inname = NULL;
                if ( (ntok >=3) && ( (toktyp[ntok-2] == SH_TOK_LESS)
                                ||(toktyp[ntok-2] == SH_TOK_GREATER))){
                        if (toktyp[ntok-1] != SH_TOK_OTHER) {
                                fprintf(dev,"%s\n", SHELL_SYNERRMSG);
                                continue;
                        }
                        if (toktyp[ntok-2] == SH_TOK_LESS) {
                                inname =  &tokbuf[tok[ntok-1]];
                        } else {
                                outname = &tokbuf[tok[ntok-1]];
                        }
                        ntok -= 2;
                        tlen = tok[ntok];
                }


                if ( (ntok >=3) && ( (toktyp[ntok-2] == SH_TOK_LESS)
                                ||(toktyp[ntok-2] == SH_TOK_GREATER))){
                        if (toktyp[ntok-1] != SH_TOK_OTHER) {
                                fprintf(dev,"%s\n", SHELL_SYNERRMSG);
                                continue;
                        }
                        if (toktyp[ntok-2] == SH_TOK_LESS) {
                                if (inname != NULL) {
                                        fprintf(dev,"%s\n", SHELL_SYNERRMSG);
                                        continue;
                                }
```

636

637

```
                                inname = &tokbuf[tok[ntok-1]];
                        } else {
                                if (outname != NULL) {
                                        fprintf(dev,"%s\n", SHELL_SYNERRMSG);
                                        continue;
                                }
                                outname = &tokbuf[tok[ntok-1]];
                        }
                        ntok -= 2;
                        tlen = tok[ntok];
                }

                /* Verify remaining tokens are type "other" */

                for (i=0; i<ntok; i++) {
                        if (toktyp[i] != SH_TOK_OTHER) {
                                break;
                        }
                }
                if ((ntok == 0) || (i < ntok)) {
                        fprintf(dev, SHELL_SYNERRMSG);
                        continue;
                }

                stdinput = stdoutput = dev;

                /* Lookup first token in the command table */

                for (j = 0; j < ncmd; j++) {
                        src = cmdtab[j].cname;
                        cmp = tokbuf;
                        diff = FALSE;
                        while (*src != NULLCH) {
                                if (*cmp != *src) {
                                        diff = TRUE;
                                        break;
                                }
                                src++;
                                cmp++;
                        }
                        if (diff || (*cmp != NULLCH)) {
                                continue;
                        } else {
                                break;
                        }
                }

                /* Handle command not found */

                if (j >= ncmd) {
                        fprintf(dev, "command %s not found\n", tokbuf);
                        continue;
                }
```

```
        /* Handle built-in command */

        if (cmdtab[j].cbuiltin) { /* No background or redirect. */
                if (inname != NULL || outname != NULL || backgnd){
                        fprintf(dev, SHELL_BGERRMSG);
                        continue;
                } else {
                        /* Set up arg vector for call */

                        for (i=0; i<ntok; i++) {
                                args[i] = &tokbuf[tok[i]];
                        }

                        /* Call builtin shell function */

                        if ((*cmdtab[j].cfunc)(ntok, args)
                                                == SHELL_EXIT) {
                                break;
                        }
                }
                continue;
        }

        /* Open files and redirect I/O if specified */

        if (inname != NULL) {
                stdinput = open(NAMESPACE,inname,"ro");
                if (stdinput == SYSERR) {
                        fprintf(dev, SHELL_INERRMSG, inname);
                        continue;
                }
        }
        if (outname != NULL) {
                stdoutput = open(NAMESPACE,outname,"w");
                if (stdoutput == SYSERR) {
                        fprintf(dev, SHELL_OUTERRMSG, outname);
                        continue;
                } else {
                        control(stdoutput, F_CTL_TRUNC, 0, 0);
                }
        }

        /* Spawn child thread for non-built-in commands */

        child = create(cmdtab[j].cfunc,
                SHELL_CMDSTK, SHELL_CMDPRIO,
                cmdtab[j].cname, 2, ntok, &tmparg);

        /* If creation or argument copy fails, report error */

        if ((child == SYSERR) ||
            (addargs(child, ntok, tok, tlen, tokbuf, &tmparg)
                                        == SYSERR) ) {
                fprintf(dev, SHELL_CREATMSG);
```

639

```
                          continue;
              }

              /* Set stdinput and stdoutput in child to redirect I/O */

              proctab[child].prdesc[0] = stdinput;
              proctab[child].prdesc[1] = stdoutput;

              msg = recvclr();
              resume(child);
              if (! backgnd) {
                          msg = receive();
                          while (msg != child) {
                                      msg = receive();
                          }
              }
      }

      /* Terminate the shell process by returning from the top level */

      fprintf(dev,SHELL_EXITMSG);
      return OK;
}
```

[640]　　主循环调用 lexan 将输入行分割为一个个符号，并开始处理具体的命令。首先，代码检查用户是否在最后添加了"&"符号。如果是，shell 设置布尔型变量 backgnd 为 TRUE，否则 backgnd 为 FALSE。该变量用来决定命令是否在后台运行。

　　在删除后台符号之后，shell 检查 I/O 重定向。命令中可以同时指定输入和输出重定向，且指定的顺序不限，但是必须在剩下符号的最后指定。因此，shell 会检查重定向两次。如果指定了两个重定向，shell 会检查这两个重定向是否都是输入或者都是输出。处理到此处时，shell 只保留文件名指针，而不试图打开文件 (打开文件在之后进行)。

　　删除指定 I/O 重定向的符号后，剩下的就是命令名和命令参数了。因此，在继续处理命令之前，shell 会迭代确认剩余的符号是否是"其他"类型 (SH_TOK_OTHER)。如果有不是的，代码输出错误消息并移到下一个输入行。在检查无误后，shell 执行相应的函数来运行该命令。

26.12　命令名查询和内部处理

　　每一行的第一个符号是命令的名字。命令的信息存储在 cmdtab 数组中，因此可以直接进行顺序查询，查看是否与当前的命令名相匹配。如果没有找到匹配的命令名，代码输出错误消息，并继续处理下一个命令。

　　我们的 shell 支持两种类型的命令——内部命令和外部命令。这两种命令的区别在于运行方式不同：shell 用传统的函数调用方式运行内部命令，而运行外部命令时则通过创建一个进程来执行。这样的区别也就意味着对于内部命令，用户无法设定其为后台运行并且也无法设定 I/O 重定向[⊖]。

　　为了检查一个命令是否是内部命令，shell 检查数组 cmdtab 中每一项的 cbuiltin 字

　　⊖　有一道练习题提示了一种方法，使内部命令和外部命令之间的区别不那么明显。

段。内部命令不允许重定向和后台运行。因此，shell 确认用户没有进行这两项设置，然后用 args 创建一个参数数组，并调用命令函数。26.13 节将介绍如何组织命令参数。

26.13　传递给命令的参数

示例 shell 参数传递策略与 UNIX shell 采用的策略一样。在调用命令时，shell 把从命令行中取得的符号作为未解析的以 null 结尾的字符串传递。shell 不知道一个命令需要多少个参数，也不知道传递的参数是否有意义。shell 只是负责传递这些参数，然后让命令自己检查和解析它们。

理论上，shell 可以传递任意数量的字符串参数，而参数的数量仅仅受限于输入行的长度。为了让编程简单统一，shell 创建了一个指针数组。在调用命令时只传递两个参数：一个是参数的个数，一个是参数指针数组。UNIX 将这两个参数命名为 argc 和 argv，Xinu 则称其为 nargs 和 args。这些名字只是一种约定——程序员在编写实现命令的函数时，可以给它们取任何名字。

示例 shell 采用了 UNIX 中的另一个约定：args 数组中的第一项是指向命令名的指针。通过下面的例子可以看到其中的细节。考虑这样一个命令行：

```
date -f illegal
```

尽管参数 illegal 在 Xinu 命令 date 中并不合法，但是 shell 只是简单地传递这些参数，然后让执行 date 命令的函数对这些参数的合法性进行检查。图 26-4 说明了 shell 向 date 函数传递的两个参数。

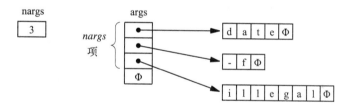

图 26-4　对输入行 date -f illegal，shell 传递给 date 命令的两个参数（nargs 和 args）

向命令传递一个整数（如 nargs）是很容易的，但是传递 args 数组则要复杂得多。本质上，shell 必须先创建数组 args，然后将它的地址传递给命令。这里分为两种情况：内部命令和外部命令。我们先考虑内部命令。

shell 解析完命令行并移除了 I/O 重定向和后台符号之后，变量 ntok 将包含剩下符号的个数，也就是 nargs。而且，数组 tok 中包含每个符号在 tokbuf 中的索引。因此，shell 通过计算每个符号的起始位置可以创建 args 数组。

为了形成 args 数组，代码迭代处理 ntok 个符号，对于第 i 个符号，计算下面的表达式：

```
&tokbuf[tok[i]]
```

也就是说，让 args[i] 表示 tokbuf 中的第 i 个符号的地址。初始化 args 数组后，shell 就调用相应的函数来完成内部命令。

26.14　向外部命令传递参数

第二种情况（外部命令）更加复杂。对于此种情况，示例 shell 创建一个单独的进程来运行外部命令，该进程可以在后台运行（即 shell 可以在后台运行命令，同时继续读取和处理新的输入行）。但问题来了：shell 应该用什么样的机制向进程传递参数？ shell 不能采用与内部命令相同的方式来传递参数，因为运行在后台的命令需要一份独立的参数副本，这些副本在 shell 继续处理其他命令时不会改变。

有两种方式可以解决外部命令的参数传递问题：shell 可以申请独立的内存来存储参数，或者把参数直接存储在进程中已经申请的一块内存中。因为 Xinu 在进程结束时不会自动释放堆内存，所以第一种方法要求 shell 记录为每个命令所申请的内存，这样就能够在进程结束时释放这些内存。为此，我们选择第二种方法：

> 在创建了一个运行命令的进程后，shell 将参数的副本放在进程的栈内，然后让进程运行。

参数应该放在进程栈的什么位置呢？尽管可以重写 create 函数，使栈顶有空间可用，但是这样做也是很复杂的。因此，我们选择使用栈底的空间。shell 在栈中存储一份 args 数组的副本，紧跟着是 tokbuf 中字符串的一份副本。当然，tokbuf 中字符串的地址必须赋予 args 副本中的指针。图 26-5 说明了图 26-4 中的数据如何分配到连续的内存区域中。

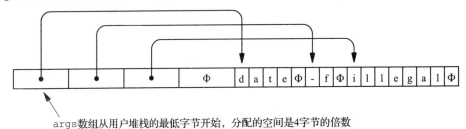

args数组从用户堆栈的最低字节开始，分配的空间是4字节的倍数

图 26-5　进程栈中的 args 数组和参数字符串的副本

将参数项复制到进程栈中的代码并没有加入 shell 中，我们用了一个独立的函数 addargs 来实现该功能。文件 addargs.c 包含该代码。

```
/* addargs.c - addargs */

#include <xinu.h>
#include "shprototypes.h"


/*------------------------------------------------------------------------
 *  addargs  -  Add local copy of argv-style arguments to the stack of
 *                a command process that has been created by the shell
 *------------------------------------------------------------------------
 */
status  addargs(
          pid32        pid,        /* ID of process to use        */
          int32        ntok,       /* Count of arguments          */
          int32        tok[],      /* Index of tokens in tokbuf   */
          int32        tlen,       /* Length of data in tokbuf    */
          char        *tokbuf,     /* Array of null-term. tokens  */
          void        *dummy       /* Dummy argument that was     */
                                   /*   used at creation and must */
                                   /*   be replaced by a pointer  */
                                   /*   to an argument vector     */
```

```
)
{
        intmask mask;                 /* Saved interrupt mask          */
        struct  procent *prptr;       /* Ptr to process' table entry   */
        uint32  aloc;                 /* Argument location in process  */
                                      /*   stack as an integer         */
        uint32  *argloc;              /* Location in process's stack   */
                                      /*   to place args vector        */
        char    *argstr;              /* Location in process's stack   */
                                      /*   to place arg strings        */
        uint32  *search;              /* pointer that searches for     */
                                      /*   dummy argument on stack      */
        uint32  *aptr;                /* Walks through args array       */
        int32   i;                    /* Index into tok array           */

        mask = disable();

        /* Check argument count and data length */

        if ( (ntok <= 0) || (tlen < 0) ) {
                restore(mask);
                return SYSERR;
        }

        prptr = &proctab[pid];

        /* Compute lowest location in the process stack where the        */
        /*      args array will be stored followed by the argument       */
        /*      strings                                                  */

        aloc = (uint32) (prptr->prstkbase
                - prptr->prstklen + sizeof(uint32));
        argloc = (uint32*) ((aloc + 3) & ~0x3); /* round multiple of 4  */

        /* Compute the first location beyond args array for the strings */

        argstr = (char *) (argloc + (ntok+1));   /* +1 for a null ptr    */

        /* Set each location in the args vector to be the address of     */
        /*      string area plus the offset of this argument             */

        for (aptr=argloc, i=0; i < ntok; i++) {
                *aptr++ = (uint32) (argstr + tok[i]);
        }

        /* Add a null pointer to the args array */

        *aptr++ = (uint32)NULL;

        /* Copy the argument strings from tokbuf into process's stack    */
        /*      just beyond the args vector                              */

        memcpy(aptr, tokbuf, tlen);
```

644

```
            /* Find the second argument in process's stack */

            for (search = (uint32 *)prptr->prstkptr;
                    search < (uint32 *)prptr->prstkbase; search++) {

                    /* If found, replace with the address of the args vector*/

                    if (*search == (uint32)dummy) {
                            *search = (uint32)argloc;
                            restore(mask);
                            return OK;
                    }
            }
            /* Argument value not found on the stack - report an error */

            restore(mask);
            return SYSERR;
    }
```

645

一旦建立了进程，进程表项中就包括栈顶地址和栈大小。因为在内存中栈向下增长，所以 addargs 通过栈顶地址减去栈大小就可以计算出栈地址的最低内存地址。然而，有些细节使得代码变得复杂。例如，因为指针必须字节对齐，所以 addargs 计算的栈的起始地址必须是 4 字节的倍数。因此，最后一个参数字符串的最后一字节可能比栈的最低地址的字节超出 3 字节。而且在图 26-5 中还可以看到，代码在 args 数组的最后加了一个空指针。

addargs 中的大部分代码还是如预期那样：计算 args 数组在栈中的起始地址，复制 args 数组和参数字符串到栈中。然而，最后一个在进程栈中迭代的 for 循环似乎看起来有些不正常：其查找传递到进程中的第二个参数，然后用 args 数组中的一个指针来替换它。在创建进程后，shell 用一虚拟值作为参数，并将这个值作为 dummy 参数传递到 addargs 中。因此，addargs 查找栈直到找到这个值，然后对其进行替换。

为什么用一个虚拟参数，然后再查找该参数呢？这是为了让 addargs 计算第二个参数的位置。尽管直接计算看起来更清晰，但是直接计算要求 addargs 了解初始进程栈的结构。用查找的方式意味着只要 create 函数知道创建进程的细节和栈的结构就可以了。当然，使用查找的方式也有一个缺点：shell 必须选择一个虚拟参数，并且保证该参数值不会在栈中很早出现。我们的 shell 使用变量 tmparg 的地址，而不是选择任意一个整数。

26.15 I/O 重定向

一旦创建了进程并执行命令，shell 就会调用 addargs 以将其参数复制到运行栈中，而剩下的工作就是处理输入输出重定向并开始执行进程了。为了重定向 I/O，shell 将设备描述符分配给进程表项中的数组 prdesc。其中两个关键值是 prdesc[0] 和 prdesc[1]，分别被 shell 用来设置标准输入（stdin）和标准输出（stdout）。

如何设置变量 stdin 和 stdout 的值？shell 将它们初始化为 dev，当调用 shell 时，需要将该设备描述符作为参数传入。通常，使用设备 CONSOLE 调用 shell。因此，如果用户没有重定向 I/O，那么执行命令的进程将"继承"控制台设备来进行输入和输出。如果用户重定向了 I/O，那么 shell 将变量 inname 和 / 或 outname 按照命令行指定的方式进行设置，否则将 inname 和 outname 设置为 NULL。在为命令进程分配 stdin 和 stdout 之前，

646

shell 检查 inname 和 outname。如果 inname 是非空值，shell 调用 open 和打开 inname 以用于读，并给描述符设置 stdin。类似地，如果 outname 是非空值，shell 调用 open 和打开 outname 以用于写入，并给描述符设置 stdout。

描述符应该在什么时候关闭？我们的示例代码假设命令会在其退出前关闭它的标准输入和标准输出描述符。shell 在命令执行完后不会清空描述符。强制所有命令在退出前关闭它们的标准 I/O 设备有一些缺点，这会使得命令难以理解、难以正确编程，因为命令需要记得关闭设备，即使代码中并没有打开它们。让 shell 来监控命令进程并且关闭标准 I/O 设备也很困难，因为命令进程是独立的，并且多个命令进程可以同时结束。后面练习题建议我们使用其他方法。

shell 代码的最后部分是运行命令进程。这里有两种情况。为了在前台中运行进程，shell 调用 resume 函数开始这个进程，然后调用 receive 函数等待进程结束消息（当进程退出时，kill 函数给 shell 发送一个消息）。对于在后台运行的情况，shell 启动命令进程，但并不等待。相反，主 shell 继续循环，并读取下一条命令。练习题中建议对代码进行一定的修改来提高正确性。

26.16　命令函数（sleep）的例子

为了理解命令进程参数，考虑函数 xsh_sleep，该函数实现 sleep 命令[⊖]。sleep 命令会根据自身参数的设定产生几秒的延迟。因此，通过调用 sleep 系统函数，一行代码就可以实现延迟。

下面展示的代码仅用于说明参数是如何解析的，以及命令函数如何输出一条帮助消息。文件 xsh.sleep.c 包含了该代码。

```
/* xsh_sleep.c - xsh_sleep */

#include <xinu.h>
#include <stdio.h>
#include <string.h>

/*------------------------------------------------------------------------
 * xsh_sleep  -  Shell command to delay for a specified number of seconds
 *------------------------------------------------------------------------
 */
shellcmd xsh_sleep(int nargs, char *args[])
{
        int32   delay;                  /* Delay in seconds             */
        char    *chptr;                 /* Walks through argument       */
        char    ch;                     /* Next character of argument   */

        /* For argument '--help', emit help about the 'sleep' command   */

        if (nargs == 2 && strncmp(args[1], "--help", 7) == 0) {
                printf("Use: %s\n\n", args[0]);
                printf("Description:\n");
                printf("\tDelay for a specified number of seconds\n");
                printf("Options:\n");
```

[⊖] 根据习惯，实现命令 X 的函数的文件被命名为 xsh_X。

```
            printf("\t--help\t display this help and exit\n");
            return 0;
    }

    /* Check for valid number of arguments */

    if (nargs > 2) {
            fprintf(stderr, "%s: too many arguments\n", args[0]);
            fprintf(stderr, "Try '%s --help' for more information\n",
                            args[0]);
            return 1;
    }

    if (nargs != 2) {
            fprintf(stderr, "%s: argument in error\n", args[0]);
            fprintf(stderr, "Try '%s --help' for more information\n",
                            args[0]);
            return 1;
    }

    chptr = args[1];
    ch = *chptr++;
    delay = 0;
    while (ch != NULLCH) {
            if ( (ch < '0') || (ch > '9') ) {
                    fprintf(stderr, "%s: nondigit in argument\n",
                            args[0]);
                    return 1;
            }
            delay = 10*delay + (ch - '0');
            ch = *chptr++;
    }
    sleep(delay);
    return 0;
}
```

648

26.17 观点

　　shell 的这种设计提供了很多选择。设计者几乎有完全的自由,因为 shell 像一个位于系统其他部分之外的应用程序一样运行,只有命令函数依赖于 shell。因此,与我们的示例一样,shell 使用的参数传递范例与系统其他部分有着显著的不同。类似地,设计者可以在不影响系统其他部分的情况下选择输入命令行的语法和语义解释方式。

　　也许 shell 设计最有趣的地方来自对命令理解能力的抉择。一方面,如果 shell 知道所有命令和它们的参数,shell 可以自动填充命令名并检查它们的参数,使实现该命令的代码变得更简单。另一方面,允许延迟绑定意味着更强的伸缩性,因为在有新命令产生的时候,shell 不需要进行改变,但作为权衡,每条命令都必须检查自己的参数。此外,设计者可以选择将每个命令方法编译到 shell 中或者如 UNIX 系统将每个命令作为一个单独的文件。

　　在我们的示例中,shell 演示了其设计过程中最重要的原则之一:以相对少的代码为用户提供强大的抽象。例如,考虑解释输入或输出重定向所需的代码量很小,以及识别作为请求后台执行命令的行尾"&"符号所需要的代码量很小。尽管实现很紧凑，但相比每条命令与用户交互时都提示输入和输出信息或者询问其是否需要在后台运行而言，I/O 重定向和后台处理还是使 shell 变得更加强大和友好。

26.18　总结

本章介绍了 shell——一个基本的命令行解释器。尽管示例代码很小，但它支持并发命令执行、输入和输出重定向，以及任意字符串参数传递。该实现在概念上分为两个部分：词法分析，用来读取一行文本并将字符分组为符号（token）；shell 函数，用来检查符号序列并执行命令。

这段示例代码演示了用户接口和由底层系统所提供的设备之间的关系。例如，尽管底层系统提供对并发进程的支持，但 shell 使并发执行可供用户使用。类似地，尽管底层系统提供打开设备或文件的能力，但 shell 使用户可以进行 I/O 重定向。

练习

26.1　重写一个 shell，使用 raw 模式处理所有的键盘输入。输入序列如 Control-P 会移动到"前一条"指令，Control-B 和 Control-F 分别解释为向后和向前移动一行，可类比 UNIX 中 ksh 或 bash 的实现方式。

26.2　重写图 26-2 中的语法，以移除可选符号"[ ]"。

26.3　修改 shell 使其允许内部命令中的 I/O 重定向。需要做哪些必要的修改？

26.4　设计一个改进版的 create 来处理 shell 的字符串参数，在创建进程时能够自动执行与 addargs 类似的函数。

26.5　改进 shell，使其可以作为一条命令使用。即允许用户执行命令 shell，从而开启一个新的 shell 进程。当子 shell 退出时，将控制权转移到原 shell 中。请仔细思考其中可能遇到的问题。

26.6　改进 shell，使其可以从文本文件中接受输入（即允许用户建立一个含有命令的文件，之后启动一个 shell 来解释它们）。

26.7　改进 shell，使其允许用户像重定向标准输出一样重定向标准错误输出。

26.8　阅读 UNIX 中的 shell 变量，并在 Xinu shell 中实现一个类似的变量机制。

26.9　查找在 UNIX shell 中如何将环境变量传递到命令进程中，并在 Xinu shell 中实现一个类似机制。

26.10　实现内联输入重定向，允许用户输入

```
command << stop
```

随后的输入行被以 stop 字符序列开始的一行终止。令 shell 将输入保存到临时文件中，使用临时文件作为标准输入来执行命令。

26.11　扩展命令表使其包含每条指令所需要的参数的数量和类型，并让 shell 在传递参数到命令前检查参数是否可行。列出让 shell 检查参数的优、缺点，至少各两条。

26.12　假设设计者决定在 shell 中添加 for 声明，这样用户可以重复执行命令，如：

```
for 1 2 3 4 5 6 7 8 9; command-line
```

这里 for 是关键字，command-line 是与当前 shell 可以接受的命令一样的命令行。设计者需要修改 shell 的语法和解析器吗？或者需要使 for 成为一个内部命令吗？请解释理由。

26.13 为 shell 添加命令补全功能，使用户可以通过 ESC 在命令中输入特定的前缀，并使 shell 输出完整的命令，等待用户添加参数并按 Enter 键。

26.14 UNIX 允许如下形式的命令行：

command_1 | command_2 | command_3

其中符号"|"，称为管道（pipe），用于指定一个命令的标准输出与下一个命令的标准输入相连接。为 Xinu 实现一个管道设备，并改进 shell 使其可以支持命令管道。

26.15 改进 tty 设备驱动和 shell，使其可以通过传入 CONTORL_c 杀死当前的执行进程。

26.16 改进 tty 设备驱动和 shell，使其可以通过传入 CONTORL_z 将当前正在执行的进程置于后台。

26.17 改进设计使得内部命令可以处理 I/O 重定向和后台处理：如果需要重定向或者后台处理，像一般命令一样对待该命令，并创建一个独立的进程。

26.18 本章介绍了在命令退出时关闭设备描述符的问题。改进系统使得 kill 函数在进程退出时自动关闭进程描述符。

26.19 示例中的 shell 调用 receive 来等待前台进程结束，但并未检查接收的消息。说明何种事件序列会使得 shell 在前台命令结束前继续执行。

651
~
652
26.20 改进 shell 代码，修复之前练习中存在的问题。

操作系统移植

进步，远不在于改变，而在于那些不变的东西。

——George Santayana

A1.1 引言

在本书中我们介绍了操作系统的内部实现。各章节主要描述了系统的抽象，讨论了设计上的折中方案，说明了怎样将代码融合到层级组织结构中，并且介绍了实现的细节问题。其中，第 25 章讲述了如何配置系统以允许代码可以在有多个外设的系统中运行。

本附录主要讨论两大问题。第一，如何将一个已经存在的操作系统移植到一个新的机器或者一个完全不同的硬件平台上。第二，一个操作系统可以以一种易于移植的方式来编写吗？为了回答第一个问题，本附录讨论了跨平台开发问题，并提供了一些很实用的意见。为了回答第二个问题，本附录将讨论一些可以提升操作系统可移植性的技术。

653

A1.2 动机：硬件的演化

尽管设计操作系统需要抓住高层抽象、设计有效的机制、理解小的细节，但是对操作系统的设计者来说，他们面临的最大挑战不是源于某些知识上的困难。挑战主要源于技术的频繁更新，以及随之而来的厂商为了生产新的产品，或者在已有的产品中添加新的特性而产生的经济压力。例如，在本次教材修订中，某硬件厂商就推出了两个新的硬件平台。其中一个平台改动较小，而另一个平台在处理器芯片、指令集、存储器结构和 I/O 设备上都发生了巨大的变化。

因为操作系统是与底层硬件直接交互的，所以即使硬件只发生很小的变化，也会对系统造成很大的影响。例如，如果硬件厂商改变硬件以便给闪存（Flash ROM）预留一片内存地址空间，那么操作系统中的内存管理软件必须做相应的修改。虽然这种修改看似简单，但是可能涉及页表、与 MMU 硬件进行交互的代码和按需分配内存的代码的改动。如果内存地址空间的大片地址都被用于预留，操作系统就需要改变它的地址分配策略。这里的要点是：

> 因为技术和经济上的某些因素引发硬件不断更新，所以操作系统的设计人员必须做好将系统移植到新的平台上的准备。

A1.3 操作系统移植的步骤

无论硬件如何变化，移植一个已有的操作系统到一个新的平台上终归比从头开始设计和构造一个新的系统简单。特别是在操作系统是用高级语言实现的情况下，移植这个系统到一个新的平台是非常简单的，因为编译器能做大部分的工作。

以 Xinu 作为参考，它的大部分代码都是用 C 语言实现的。如果在新的平台上能够运行

C编译器，那么它的源代码中的许多函数无须修改即可编译。对于那些处理基本数据结构（如整型、字符、数组和结构体）的函数，在不需要修改代码的情况下编译器就能编译，并且生成的二进制程序可以正确运行。即使在需要更改的情况下，源代码也只需要修改很少的部分（比如，编译器之间的不同所造成的调整）。

用高级编程语言（如 C）实现的操作系统，比用汇编语言实现的系统更容易移植到新的平台上。

〔654〕

假设一个操作系统使用 C 语言实现，我们来考虑将其移植到新平台上的步骤。特别地，图 A1-1 列出了移植 Xinu 的步骤。

步骤	描述
1.	学习新硬件的知识
2.	创建交叉开发工具
3.	学习编译器的调用规范
4.	创建引导机制
5.	设计一个基本的轮询输出函数
6.	加载和运行一个串行程序
7.	移植和测试基本内存管理器
8.	移植上下文切换和进程创建函数
9.	移植和测试其他进程管理函数
10.	创建一个中断分派器
11.	移植和测试实时时钟函数
12.	移植和测试tty驱动
13.	移植或创建以太网和其他设备的驱动
14.	移植网络协议栈，包括互联网协议
15.	移植远程磁盘和RAM磁盘模块
16.	移植本地和远程文件系统模块
17.	移植Xinu shell和其他应用程序

图 A1-1　移植 Xinu 到一个新平台所需要的步骤

注意表 A1-1 所列出来的步骤和 Xinu 操作系统层次结构之间的关系。本质上，移植和设计操作系统在模式上是一样的：低层次的结构先移植，然后是高层次的结构。下面将重点介绍每一步。

〔655〕

A1.3.1　学习硬件知识

步骤 1 可能看起来很直接、很简单。不幸的是，有些厂商不愿意暴露他们商业硬件和软件的细节。例如，一个流行实验平台的厂商拒绝提供关于 USB 硬件的任何细节，从而导致我们无法编写 USB 驱动程序。即使对于通用信息（比如，处理器指令集），厂商仍会选择将某些细节保密（比如总线地址空间的映射、硬件初始化顺序或者总线地址的细节）。尽管如此，在此附录接下来的部分，我们仍然假设这些需要的信息是可以得到的。

A1.3.2　创建交叉开发工具

如果需要移植操作系统的硬件平台已经有了一个可以运行的、具有完整功能的操作系统，那么步骤 1～6 都是可以跳过的，我们可以利用遗留操作系统编译和启动一个新的系统。但是，在大部分的情况下，目标平台都是新的，而且可能缺少一个生产系统所需的能力或不适合开发，因此操作系统设计者通常不依赖目标平台来支持软件开发。在这种情况下，设计者使用一种交叉开发的方法，即在常规计算机系统上运行编译器和链接器，但是通过配置生成目标机器上的代码。

有一种广泛应用的交叉开发环境由 GNU　C 编译器 gcc 组成，运行在诸如 Linux 或 BSD 等 UNIX 系统上。gcc 可以从以下网址免费下载和使用：

```
http://gcc.gnu.org
```

下载了 gcc 的源代码之后，程序员必须选择某些配置选项来指定所需的细节，如目标处理器类型和目标机器的字节序。程序员运行 UNIX 工具程序 make，以创建编译器、汇编器和链接器，进而为目标机器生成代码。

A1.3.3　学习编译器的调用规范

函数调用是操作系统基本组成部分的一个关键点，必须详细了解。例如，为了建立上下文切换机制，程序员必须精确地理解调用规范的所有细节。尽管硬件设计者的工作已经包含了子例程调用机制，但是对于程序员来说，理解硬件并不够，他们还必须应对编译器带来的附加需求。

使用开源编译器时调用规范可能是显而易见的。但是，操作系统的设计者需要了解各种特例的信息，并且很难找到问题的答案。幸运的是，这些信息一般都可以在网络上找到。

656

A1.3.4　建立引导机制

在编译和链接之后，程序映像必须下载到目标机器上。早期的嵌入式硬件要求将镜像刻录在单独的 ROM 芯片上，并安装在插槽上。幸运的是，现代系统使用了一些不那么费力的可选机制。在一般情况下，硬件包含的引导功能包括从 SD 存储卡或 USB 设备中读取映像、从控制台串行线路接收映像和通过网络下载映像。不过，除了系统开发人员，引导步骤并非广为人知。

以本书中使用的平台为例，我们首先建立映像，存储在 SD 卡中，并从 SD 卡启动。每次更改后都手动将 SD 卡从开发机移到目标平台是很乏味的。而通过网络下载就意味着开发人员可以在不接触硬件的情况下创建一个新映像并启动它。然而，找到从网络下载映像的方法有时是困难的。例如，Galileo 没有能够通过网络引导映像的设备，这就是为什么我们必须编写一个引导程序放在 SD 卡上，由该程序完成网络下载。无论选择哪种方法，都需要找到一种方法来引导目标机器上的映像副本。

A1.3.5   设计一个基本的轮询输出函数

移植操作系统的下一步需要程序员设计一种方法来运行输出字符的程序。在某些基本输入输出设备可用之前，程序员必须在没有提示的情况下工作——只能寄希望于映像正确下载并成功启动。所以，某些输入输出是非常宝贵的：一旦基本输入输出可用，程序员就可以很快地判断程序运行到哪里，而且能很快地找到问题所在。

因为早期的测试程序并没有包含中断处理，所以基本输入输出必须使用轮询机制。典型的方法是寻找一种方法来点亮 LED（比如通过使用 GPIO 引脚）。开发的关键在于 kputc 函数，该函数等待串口设备就绪，然后发送一个字符。两边的终端都必须在某些细节上（如波特率和每个字符的位数）保持一致，这可能会使调试过程变得乏味。为了简化代码，kputc 的第一个版本可以通过汇编语言来实现，并且可以将设备的某些信息（比如，控制和状态寄存器的地址和波特率）直接写在程序中。一旦字符输出是可用的，调试就可以进行得很快。

A1.3.6   加载和运行串行程序

一旦一个映像可以下载并且运行，那么下一步就是建立可以运行串行程序的环境。特别地，一个 C 程序的成功运行需要正确的内存访问机制设置（程序文本是可读的，而且数据位置可以被读出和写入）和一个运行时栈（这是函数调用所需要的）。

初始化环境的工作看起来很简单，但是它需要掌握硬件和编译器知识。例如，我们必须选择一种处理器模式；也必须选择堆栈指针的初值，而不与设备的 CSR 或内存洞有冲突。建议依赖于平台和编译器对帧指针或异常向量初始化（例如，为了防止一个无效的内存引用而产生另一个无效的内存引用）。

A1.3.7   移植和测试基本内存管理器

一旦知道了内存的分布，并且串行程序可以下载和运行在目标硬件上，那么程序员就可以移植和测试 4 个基本内存管理函数了：getmem、freemem、getstk 和 freestk。另外，除了基本的内存分配和释放测试，程序员需要专注在地址空间中的对齐上。有些硬件平台要求所有的内存访问是字对齐的，而另一些则不需要。在需要对齐的机器上，程序员应该确保内存释放链表以一种能使对齐正常工作的方式被初始化（即所有分配的块都从适当的边界上开始）。

A1.3.8   移植上下文切换和进程创建函数

一旦基本内存管理开始工作，程序员就可以移植进程管理函数了。特别地，程序员可以开始移植上下文切换、调度和进程创建函数。成功移植这三个基本进程管理函数是整个移植过程的重要步骤：与串行程序不同，这时已经形成了操作系统的雏形，并能够支持并发执行。

这一步骤存在两个难点。创建一个进程的存储信息需要了解关于机器状态和上下文切换操作的错综复杂的信息。而建立上下文切换机制是一个难点，因为它需要寻找一种能保存当前进程的所有状态信息，并且重新加载另一个进程的所有状态信息的方法。另外在保存备份的时候，忽略细节或者不经意间破坏状态信息很容易发生（比如，意外修改一个寄存器）。这让调试变得极度困难，因为错误可能直到系统尝试重新加载存储的状态信息时才被发现。

A1.3.9　移植和测试其他进程管理函数

一旦进程创建、调度和上下文切换正常工作，那么其他进程管理函数就可以很简单地添加进来。信号量函数和消息传递函数都可以移植和测试了。除了上下文切换，大部分进程管理函数都不依赖于硬件。当然，各个数据类型都可能会发生改变，而这依赖于底层硬件。例如，当将操作系统从 32 位的机器移植到 64 位时，msg32 这个数据类型可能会改变为 msg64。无论如何，移植信号量函数和消息传递函数都是一个相对比较简单的任务。 658

A1.3.10　创建一个中断分派器

在移植过程中，最后一个大的硬件障碍是中断。创建一个中断分派器需要对硬件有一个细致的了解。处理器、中断控制器和总线是怎样交互的？当中断发生的时候，硬件保存的是什么状态信息，以及什么状态信息是操作系统要求保存的？分派器怎么样判定哪个设备发生了中断？在中断结束的时候，分派器又怎样回到原来运行的程序？什么地址用于总线和设备？

中断细节的实现非常微妙。在许多机器上，输入输出都是内存映射的，输入输出设备（也许还有总线硬件）被映射到特定的地址。而为了访问输入输出设备，操作系统可能需要禁用或者避免使用内存缓存，因为输入输出必须访问底层硬件而不是缓存。

A1.3.11　移植和测试实时时钟函数

一旦中断分派移植成功，就需要一个示例设备来测试这个机制。一开始就测试实时时钟是合乎逻辑的，因为它是使用最简单的设备。在某些系统中，首先建立实时时钟处理程序是绝对必要的，因为时钟不能停止——如果系统启用了中断，那么时钟中断将会出现。时钟中断意味着进程可以调用 sleep() 来延迟一段特定的时间和使时间切片有效。

A1.3.12　移植和测试 tty 驱动

时钟中断与其他设备不同，因为它没有输入或输出。串行线路可能是同时拥有输入和输出功能的最简单的设备（有些硬件将输入和输出中断分开处理）。因此，tty 驱动需要同时测试输入和输出，确保所有的基本中断处理正常运行。

幸运的是，大部分系统都包含了串行线路，并且许多都使用如书中介绍的相同的 UART 硬件。因此，tty 驱动的许多代码（包括下半部）都可以简单地重新编译和使用。而步骤 A1.3.5 中的基本设备参数都可以适当地添加到设备转换表或者下半部中。

A1.3.13　移植或创建以太网和其他设备的驱动

一旦输入和输出通过了测试，就可以移植更复杂的设备驱动。使用 DMA 的设备（比如，磁盘和网络接口）需要缓冲池来支持，而且还需要更深入地了解 DMA 如何与内存缓存交互。然而，有一个基本系统会使调试更容易，因为程序员可以一次只专注于一台设备。 659

A1.3.14　移植包括互联网协议的网络协议栈

由于网络是基础设施，所以网络协议是操作系统的重要组成部分。有一些具有网络通信功能的嵌入式系统没有本地磁盘。一旦以太网驱动可用，增加更高层次协议是很简单的。移植可以先从网络输入进程开始；然后再增加 UDP、IP 和 ARP。一旦 UDP 可用，就可以进行互联网通信测试了。

A1.3.15　移植远程磁盘和 RAM 磁盘模块

移植一个 RAM 磁盘驱动是微不足道的，可允许程序员测试本地文件系统。即使平台没有磁盘，远程磁盘驱动也为平台提供了稳定存储。因此，移植 RAM 磁盘和远程磁盘是移植文件系统前的一个简单步骤。

A1.3.16　移植本地和远程文件系统模块

基于可用的磁盘驱动，移植一个基本文件系统是简单的。建议第一步移植和测试那些读和写索引块的函数；第二步移植和测试那些建立索引和数据块空闲链表的代码。一旦基本分配函数就位，就可以将目录添加进来，而整个文件系统也可以开始测试了。

A1.3.17　移植 Xinu shell 和其他应用程序

虽然应用很简便，但 shell 会显著增加系统的复杂性。因此，需要编写测试每个操作系统模块并在特殊情况进行实验的函数。一旦系统可以运行，最后一步就是移植一个 shell 和其他通用的应用程序了。

A1.4　适应变化的编程

操作系统的设计者怎么样才能与不断的变化作斗争？他们能够预期未来的硬件吗？一个系统的设计和实现能否适应未来的变化？设计者在这些问题上花费了数十年。大部分的早期操作系统都是针对特定硬件和用汇编语言来设计和实现的，且每个系统都使用新的抽象和机制从头开始设计和创建。当输入输出设备（例如磁盘）和操作系统抽象（例如文件）实现了标准化后，从头开始设计一个新的系统变得比修改现有操作系统更加耗时费力。现在，先进的操作系统采用两种技术来适应改变：

- 编译时 (compile time)：编写能生成不同版本的源代码。
- 运行时 (run-time)：允许操作系统动态更改的设计工具。

编译时。使系统具有适应性的一种方法是使用条件编译编写源代码，这样能够使给定的源程序在多个系统上执行。举一个简单的例子，考虑实现一个既能在拥有实时时钟的硬件上运行，又能在没有实时时钟的硬件上运行的操作系统。程序员可以根据硬件利用 C 预处理器来条件性地编译源代码。例如，如果预处理器变量 RT_CLOCK 已经定义，那么使用了实时时钟的函数就按照通用情况进行编译。在其他情况下，依赖于时钟的函数就会被报告错误的版本替换。第 13 章中的 sleep 函数可以用来阐述这种思路。为了适应这两种情况，函数 sleep 的代码可以写成下面的形式：

```
syscall sleep(
        uint32        delay              /* Time to delay in seconds    */
        )
{
#ifdef RT_CLOCK
        if (delay > MAXSECONDS) {
                return(SYSERR);
```

660

```
        }
        sleepms(1000*delay);
        return OK;
#else
        return SYSERR;
#endif
}
```

如果常量 RT_CLOCK 已经定义，那么 C 预处理器就按照第 13 章所述生成源代码。如果 RT_CLOCK 没有定义，那么 C 预处理器将会去掉 sleep 函数的主体，只生成一行源代码：

```
return SYSERR;
```

条件编译的主要优势在于高效性：与运行时进行测试判断不同，生成的源代码实际上是为指定的硬件量身定做的，这样的系统并没有包含不会被使用的代码（这一点在嵌入式系统中是非常重要的）。条件编译的主要问题是可读性差，在上述例子中，代码段很短，可以直接显示在屏幕上；而在实际系统中，有的条件块可能达到数百行代码。而且，如果两个条件有交互，条件代码可能嵌套。

运行时。最简单的增加运行时可移植性的方法就是使用条件执行。当操作系统启动时，它先收集硬件相关信息，并将其封装在一个全局数据结构中。例如，这个全局数据结构中的某个布尔变量可能指定这个硬件是否拥有实时时钟。每个操作系统函数都先询问这个全局数据结构，然后按照得到的信息采取相应行动。这种方法的最大优势就在于通用性——映像可以在不经过重新编译的情况下在新硬件上运行。

现在，此种运行时适应方法已经推广为将操作系统分成两个部分：一个包含基本进程管理功能的微核 (microkernel) 和一系列扩展功能的动态加载内核模块。理论上，移植一个微核到一个新的环境比直接移植整个系统简单，因为这个移植过程可以分块完成，即先移植微核，然后移植所需要的模块。

A1.5　总结

由于硬件一直在发生变化，所以系统的可移植性是非常重要的。移植一个操作系统到一个新环境的步骤与初始系统设计的模式是一样的：先移植低层次的系统，然后移植系统中的高层次部分。

有一些办法可以提高操作系统代码的可移植性。运用条件性编译的编译时方法具有最高的效率。而运用条件性执行的运行时方法允许一个映像运行在平台的多种版本上。最先进的运行时方法是利用微内核动态加载内核模块，这样就可以在需要时移植这些模块了。

661

662

Xinu 设计注解

A2.1 引言

本附录包含一系列关于 Xinu 的特点和底层设计的非正规的注解。这些注解并不是教程，也不是关于这个系统的完整描述。相反，它们只是关于这些特性和功能的简明总结。

A2.2 概括

嵌入式范例。由于嵌入式系统的需要，Xinu 遵循交叉开发范例。程序员使用传统计算机来开发创建、编辑、交叉编译和交叉链接 Xinu 软件，通常计算机运行的是某个版本的 UNIX 操作系统，如 Linux。交叉开发软件的输出结果就是一个内存映像。一旦这个映像被创建，程序员需要将它下载到目标系统上（通常是通过计算机网络）。最后，程序员启动运行在目标嵌入式系统上的这个映像。

源代码组成。Xinu 软件源代码由少量的、遵循 UNIX 系统组织风格的目录构成。与将每个模块的所有文件放在一个单独目录相反，所有文件被分组到少量的几个目录中。例如，所有 include 文件放在一个目录下，所有构成内核源代码的文件放在另一个目录中。不过设备驱动代码例外，每个给定设备驱动源文件放在以这个设备类型命名的子目录中。Xinu 源代码树的子目录组织如下：

[663]

./compile	包含编译和链接一个映像所需指令的 Makefile。
/bin	编译时调用的可执行脚本。
/binaries	编译后的二进制 Xinu 函数（.o 文件）。
./config	配置程序的源代码以及 Makefile。
/conf.h	配置 include 文件（复制到 ../include）。
/conf.c	配置声明（复制到 ../system）。
./device	设备驱动的源代码，每个设备类型分到一个子目录中。
/tty	tty 驱动的源代码。
/rfs	远程文件访问系统的源代码，包括主设备和远程文件伪设备。
/eth	以太网驱动源代码。
/rds	远程磁盘驱动源代码。
/…	其他设备驱动的目录。
./include	所有 include 文件。
./shell	Xinu shell 和 shell 命令源代码。
./system	Xinu 内核函数的源代码。
./lib	库函数源代码。
./net	网络协议软件源代码。

A2.3 Xinu 特性

注意：下面是 Xinu 实现中需要的注意事项（它们不包含在 Xinu 的教程里面）：

- 系统支持多个并发进程。
- 每个进程通过它的进程 ID 识别。
- 进程 ID 是进程表中的索引。
- 系统包含计数信号量。
- 每个信号量通过它的 ID 识别，这个 ID 是信号量表中的索引。
- 系统支持实时时钟，用于同等优先级进程之间的循环调度和计时延迟。
- 给每个进程分配一个优先级，以用于进程调度。进程优先级是可以动态修改的。
- 系统支持多个 I/O 设备，也支持多种 I/O 设备类型。
- 系统包含一系列不依赖于设备的 I/O 原语。
- 控制台设备使用 tty 抽象，在这个抽象中，字符存放在输入和输出队列中。
- tty 驱动支持的模式：raw 模式透明地传送字符；cooked 模式支持字符回显、带删除的行编辑、流量控制和 crlf 映射。
- 系统包含一个可以发送和接收以太网数据包的以太网驱动，这个驱动使用 DMA 技术。
- Xinu 包含一个本地文件系统，它支持在没有预分配空间的情况下文件的并发增长，该本地文件系统只拥有一个单一层次的目录结构。
- Xinu 还包含了一种允许通过远程服务器访问文件的机制。
- 系统包含一种用于进程间通信的消息传递机制；每个消息只有一个字长。
- 进程是动态的。进程可以被创建、挂起、重启或终止。
- Xinu 包含一个低层次的用于分配和释放堆区域或进程栈的内存管理器，以及一个高层次的用于创建缓冲池的内存管理器。这个缓冲池包含了一系列固定大小的缓冲区。
- Xinu 包含一个配置程序，能够根据指定的信息生成 Xinu 系统。这个配置程序允许用户选择一系列设备并设置系统参数。
- 系统提供基于 TCP 和 UDP 的网络接入。

A2.4 Xinu 实现

函数和模块。系统的源代码由一系列函数组成。一般情况下，每个文件对应于一个系统调用（例如，文件 resume.c 包含系统调用 resume）。除了系统调用函数外，文件还可能包含系统调用所需要的实用函数。

重要文件。在大多数情况下，每个重要的系统函数都放在一个单独的文件中。例如，resume 函数放在 resume.c 中。下面列出的是在 Xinu 中有重要作用的其他文件。

Configuration：一个包含了设备信息和描述系统和硬件的常量的文本文件。config 程序使用文件 Configuration 作为输入，生成 conf.c 和 conf.h。

conf.h：由 config 程序生成，它包含声明和常量（包括输入输出设备的已定义名称），如 CONSOLE。

conf.c：由 config 程序生成，它包含设备转换表的初始化信息。

kernel.h：被整个内核使用的通用符号常量和类型声明。

prototypes.h：所有系统函数的原型声明。

xinu.h：主要的 include 文件，其以正确的顺序包含所有头文件。大部分 Xinu 函数只需要包含 xinu.h。

process.h：进程表项结构声明；状态常量。

semaphore.h：信号量表项结构声明；信号量常量。

tty.h：tty 设备控制块、缓冲区和其他 tty 常量。

bufpool.h：缓冲池常量和格式。

memory.h：低层次内存管理使用的常量和结构。

ports.h：高层次进程间通信机制的定义。

sleep.h：实时时钟延迟函数的定义。

queue.h：通用的进程队列处理函数的声明和常量。

resched.c：选择下一个运行进程的 Xinu 调度器，resched 需要调用上下文切换程序 ctxsw。

ctxsw.S：从一个执行中的进程切换到另一个进程的上下文切换功能。它包含一小段汇编代码。

666

initialize.c：系统初始化函数 sysinit、其他初始化代码以及空进程代码（进程 0）。

userret.c：当进程退出时一个用户进程返回到的函数。userret 从来不会返回。它必须终止执行它的进程，因为堆栈不包含有效帧或返回地址。

platinit.c：特定平台的初始化。

A2.5　主要的概念和实现

进程状态。每个进程在它的进程表项中都有一个 prstate 字段，用于存储其状态。定义进程状态信息的常量拥有 PR_*xxxx* 这样一种形式。其中，PR_FREE 意味着进程表项并没有被利用。PR_READY 意味着进程在就绪链表中，可以被处理器调用。PR_WAIT 意味着进程正在等待信号量（由 prsem 提供）。PR_SUSP 意味着进程处在挂起状态，这时它不在任何一个链表中。PR_SLEEP 意味着进程在睡眠进程的队列中，在超时后将会被唤醒。PR_CURR 意味着进程（仅此一个）正在运行。正在运行的进程不在就绪链表中。PR_RECV 意味着进程阻塞且正在等待接收消息的状态。PR_RECTIM 是定时阻塞等待，当计时器超时或者消息到达时（无论哪个先发生）它都会醒来。

计数信号量。信号量位于数组 semtab 中。数组中的每个元素对应一个信号量，每个信号量拥有一个计数值 (scount) 和状态信息 (sstate)。如果信号量槽没有被赋值，那么其状态是 S_FREE，否则就是 S_USED。如果这个计数值是负 P，那么信号量表中表项的头和尾字段指向由等待该信号量的 P 个进程组成的先进先出队列的头和尾。如果这个计数值是非负 P，那么没有进程正在等待且队列是空的。

阻塞的进程。无论是哪种原因造成阻塞的进程都不会有使用处理器的资格。任何阻塞当前运行进程的操作都会迫使它放弃处理器的拥有权，并让其他进程运行。阻塞在信号量上的进程处于与这个信号量有关的队列中。由于时间延迟造成阻塞的进程是在睡眠进程队列中。其他阻塞进程则不在任何队列中。ready 函数将阻塞进程移到就绪链表，使进程可以使用处理器。

睡眠进程。进程调用 sleep 函数来延迟一段指定的时间，则该进程会被添加到睡眠进程增量链表中。进程只能使自己进入睡眠。

进程队列和有序链表。 Xinu 系统有一个单独的数据结构,用于所有的进程链表。这个结构包含每个链表的头和尾的表项,以及每个进程的表项。其中第一个 NPROC 表项(0~NPROC-1)对应系统中的 NPROC 个进程,接下来的表项是成对分配的,每对意味着一个链表的头和尾。

将所有链表的头和尾保存在一个数据结构中的优点在于:入队、出队、测试是否为空,|667|
以及从中间删除(例如,当进程被终止时)等功能将只被一小部分函数(文件 queue.c 和 queue.h)控制。空队列的头和尾是指向对方的,因此测试一个链表是否为空非常简单。链表可以是顺序的,也可以是先进先出。如果链表是先进先出的,那么每个表项的键是可以忽略的。

空进程。 进程 0 是一个随时准备运行或者正在运行的空进程。注意,进程 0 从来不会运行可能导致它阻塞的代码(例如,它不能等待信号量)。因为空进程在中断的时候可能运行,所以中断代码也不能等待信号量。当系统启动时,初始化代码创建一个进程来执行 main 函数,然后就变成一个空进程(即执行无限循环)。因为它的优先级比其他进程低,所以空进程只在没有其他进程处于就绪状态的时候才会运行。

netin 进程。 网络输入进程 netin 反复读取和处理传入的数据包,netin 不能被阻塞,否则所有网络输入会停止。因此,如果一个互联网协议要求应答(例如,响应一个 ICMP
ping 请求),那么传出的数据包放在 IP 输出进程 ipout 的队列中。
|668|

索　引

索引中的页码为英文原版书的页码，与书中页边标注的页码一致。